生物工程
生物技术
系　列

普通高等教育"十三五"规划教材

浙江省重点教材建设项目

工业微生物育种学

金志华　金庆超 | 主编

化学工业出版社

·北京·

本书是在《工业微生物遗传育种学原理与应用》基础上，补充最新研究成果和吸收大量读者的宝贵意见后重新编写而成，为浙江省重点建设教材项目。全书分7章，包括绪论、工业微生物学基础、遗传信息的表达与调控、基因突变与诱变育种、基因重组与杂交育种、重组DNA技术与分子育种、菌种保藏与专利保护等。本书力求内容全面，系统性强，理论与实践并重，方法与实例并蓄，并能反映工业微生物育种学的最新研究成果。

本书可作为高等院校生物工程、生物技术、制药工程等专业本科生的教材，也可作为从事医药、食品、酶制剂等微生物发酵领域的生产、管理、研究和开发的科技人员的参考书。

图书在版编目(CIP)数据

工业微生物育种学/金志华，金庆超主编．—北京：化学工业出版社，2015.4（2023.4重印）
普通高等教育“十三五”规划教材
浙江省重点建设教材项目
ISBN 978-7-122-23055-3

Ⅰ.①工…　Ⅱ.①金…②金…　Ⅲ.①工业-微生物学-菌种-遗传育种-高等学校-教材　Ⅳ.①Q939.97

中国版本图书馆CIP数据核字（2015）第034174号

责任编辑：赵玉清　　文字编辑：周　倜
装帧设计：刘剑宁

出版发行：化学工业出版社（北京市东城区青年湖南街13号　邮政编码100011）
印　　装：北京虎彩文化传播有限公司
787mm×1092mm　1/16　印张15　字数371千字　2023年4月北京第1版第5次印刷

购书咨询：010-64518888　　售后服务：010-64518899
网　　址：http://www.cip.com.cn
凡购买本书，如有缺损质量问题，本社销售中心负责调换。

定　　价：48.00元

编写人员名单

主　编　金志华　金庆超

编　者　（按姓名笔画排序）

杨　郁　吴志革　张丽靖　林建平

金庆超　金志华　胡　升　梅乐和

前　言

自2006年《工业微生物遗传育种学原理与应用》出版发行以来，得到了广大读者的认可、支持和鼓励，许多读者也提出了宝贵的意见和建议。

在《工业微生物遗传育种学原理与应用》出版后的8年间，随着基因组学、蛋白质组学、转录组学、代谢组学等组学技术的迅速发展，工业微生物学也得到了快速的发展，出现了系统生物技术与合成生物学等新兴技术。为了更好地反映工业微生物育种学领域的最新进展，我们对已出版教材的内容进行补充、修改和调整，并将书名更改为《工业微生物育种学》。与《工业微生物遗传育种学原理与应用》相比，我们主要补充了部分内容，如增加了第2章工业微生物学基础，在最后一章中增加了微生物与基因的专利保护，使内容更全面；对许多章节内容进行了有机的整合，将上原书的11章整合成现在的7章，使得现教材系统性更强，理论与应用结合更紧密；增加了最新进展，如在第6章中增加了系统生物技术与合成生物学等。

鉴于编者学术水平有限，疏漏和不足之处难免存在，敬请读者批评指正。

编　者

2015年2月

目　录

1 绪论

工业微生物是指通过工业规模培养能够获得特定产品或达到特定社会目标的微生物。工业微生物与工农业生产和人们的日常生活有着极其密切的关系，无论是传统的发酵工业，还是以基因工程为核心的现代生物技术都离不开工业微生物。优良的微生物菌种是发酵工业的基础和关键，要使发酵工业产品的产量和质量有所提高，最关键的是要选育优质的微生物菌种。因此，工业微生物遗传育种一直是发酵工业的研究热点和难点，在发酵工业中占有极其重要的地位。

1.1 工业微生物及其应用

1.1.1 工业微生物

工业微生物是指应用于发酵工业的微生物。发酵一词来源于拉丁语沸腾的派生词，用于描述酵母作用于果汁或麦芽浸出液时的现象。其实，这种沸腾现象是由果汁或麦芽浸出液中的糖在缺氧条件下被降解而产生二氧化碳引起的。

在生物化学中，将没有外源的最终电子受体的生物氧化模式称为发酵，而将有外源的最终电子受体的生物氧化模式称为呼吸。根据外源电子最终受体是不是分子氧，把呼吸分为有氧呼吸（外源电子最终受体为分子氧）和无氧呼吸（外源电子最终受体为无机氧化物）。在工业微生物学中，发酵是指利用微生物进行的有机物的酶促转化过程。根据所用微生物的需氧情况，发酵可以分为厌氧发酵和好氧发酵。

作为工业微生物，一般要满足以下要求：遗传上稳定，又要对诱变剂敏感；容易产生营养细胞、孢子或其他繁殖体，种子的生长必须迅速、旺盛；必须是纯种，有自身保护机制，能抵抗杂菌污染；产生产物的时间短，在一定时间内能产出预期数量的产物；产物容易分离提纯。只有具备了这些条件的菌株，才能保证发酵产品的产量和质量，这既是发酵工业的最低要求，也是发酵工业的最大目的。

从土壤中分离得到的野生型微生物能适应环境，但不能按人的意志生产人类所需要的物质或产量很小。因此必须对野生型微生物进行菌种选育使微生物产生数量远远超过它本身需要的物质或不是它正常产生的新物质。

1.1.2 工业微生物的应用状况

1.1.2.1 氨基酸发酵

氨基酸发酵起始于1958年，其中谷氨酸是生产最早、产量最大的氨基酸。氨基酸发酵所用的微生物主要是短杆菌和棒杆菌属的一些种，如黄色短杆菌、乳糖发酵短杆菌、北京棒杆菌、谷氨酸棒杆菌等。由于氨基酸的应用范围不断扩展（从用于医疗疾病到作为食品、饲料添加剂和调味品等）和微生物发酵技术的发展，近几十年通过发酵来生产氨基酸的规模不断扩大（如谷氨酸产量为37万吨/年，赖氨酸产量为4万吨/年），品种也不断增加（已有17种可以发酵法或酶法生产）。

由于对氨基酸生物合成途径和代谢调节机制研究的深入，采用人工诱发营养缺陷型和代谢调节型突变株，使氨基酸发酵的品种不断增多和产量迅速增加，推动了氨基酸发酵工业的迅速发展。营养缺陷型突变株的遗传特性是缺失了生物合成目的氨基酸外的某种氨基酸或其他代谢产物的酶，从而使合成目的氨基酸的量大大增加；而代谢调节型突变株的生化特性是由于提高了合成目的氨基酸的酶的活力，从而使目的氨基酸的合成量大大增加。

除发酵法外，酶法也是氨基酸生产的一种重要方法。如天冬氨酸可用芽孢杆菌、大肠杆菌或琥珀酸杆菌由延胡索酸和铵盐转化形成；色氨酸可用异常汉逊氏酵母或藤黄微球菌由邻氨基苯甲酸或吲哚丙酮酸转化形成。酶法生产氨基酸主要运用了固定化酶技术，其特点是可连续生产，原料可直接转化为产品。

在发酵法生产氨基酸中最引人注意的技术是运用重组DNA技术构建基因工程菌，提高了氨基酸生产水平。如利用重组DNA技术构建的苏氨酸和高丝氨酸的基因工程菌进行发酵生产，使这些氨基酸的发酵水平得到了不断的提高。

1.1.2.2 抗生素发酵

自20世纪40年代青霉素应用于临床以来，抗生素为人类的健康作出了卓越的贡献。1928年英国科学家Fleming发现了在含金黄色葡萄球菌的平板上污染了青霉菌后，在青霉菌周围细菌不能生长的现象。他把这个青霉菌分离出来后再进行培养，发现其培养液能抑制各种细菌生长，并经动物试验证实其没有毒性，他依照青霉菌（*Penicillum*）的名字将其中的活性成分命名为青霉素（penicillin）。十年后，Chain和Florey经过进一步研究得到了青霉素的结晶品并使其应用于临床。第二次世界大战期间，为了治疗细菌感染，美国政府邀请Chain和Florey到美国帮助开发青霉素的生产。经过Chain和Florey与美国制药公司的共同努力，建立了适合于工业生产的沉没发酵技术。他们主要采用X射线照射法进行诱变育种提高青霉菌合成青霉素的能力，以及采用含玉米浆的培养基进行发酵，使青霉素工业生产取得了成功，由此开创了抗生素时代。

青霉素在临床上的奇异疗效，激发了世界各国有关学者的研究热情。1944年Waksman发现了由链霉菌产生的链霉素用于治疗由细菌特别是结核杆菌引起的感染有特效。这个发现使人们对从土壤中寻找由放线菌产生的抗生素充满了信心。此后陆续发现了氯霉素、金霉素、土霉素、制霉菌素、红霉素、丝裂霉素C等，由此造就了抗生素发展的黄金时代。

一般认为抗生素的定义应为在低浓度下有选择性地杀死或抑制它种生物机能的微生物小分子次级代谢产物及其衍生物。根据抗生素的化学结构，通常将抗生素分为五大类：β-内酰胺类（如青霉素、头孢菌素）、氨基糖苷类（如链霉素、卡那霉素、庆大霉素）、大环内酯类（如红霉素、螺旋霉素、吉他霉素）、四环类（金霉素、土霉素、四环素）和多肽类（多黏菌素、放线菌素、杆菌肽）。生产抗生素所用的微生物种类很多，主要为放线菌（主要是链霉菌）和霉菌。

由于抗生素的大量使用，临床上出现了耐药菌，过敏反应也时有发生，这就促使药物化学家去寻找能对付耐药菌和提高疗效的药物。对已有抗生素进行结构改造来寻找具有更好疗效的衍生物是一个主要的研究方向，因此抗生素发展到20世纪60年代后出现了一个新的研究领域，即进入了半合成抗生素的时代。

近年来由于生命科学各领域的迅速发展，现在抗生素的研究已扩展到从微生物的代谢产物中寻找具有生理活性物质（如酶抑制剂、免疫调节剂、受体拮抗剂和抗氧化剂等）的研究。

1.1.2.3 微生物酶制剂发酵

酶是一种具有催化活性的蛋白质。20 世纪 40 年代末，生产 α-淀粉酶的深层液体发酵首先在日本实现了工业化生产，标志着现代酶制剂工业的开始。酶制剂根据其来源可以分为动物、植物及微生物酶；依据其用途可分为工业用、分析用及药用。目前已有 100 多种酶能够大规模工业化生产，其中大部分是通过微生物发酵生产的。微生物作为酶源具有以下特点：可大量生产；筛选方便，短期内可处理上千个菌株；通过环境改变或遗传变异，有可能大大提高酶活性和酶产量；生产周期短，成本低；各种酶有高度专一性，而不同的微生物所产生的同一催化反应酶又有一定的差异，这些特性使酶可广泛适应不同的操作条件。

固定化酶和固定化活细胞技术、基因工程技术以及酶的改造和化学修饰等的研究，极大地推动了酶生产的工业化，尤其是淀粉酶和蛋白酶进展非常快。

酶制剂的用途非常广泛，尤其是作为临床医疗、诊断和分析用的酶制剂，是一个富有前景的领域，如链激酶（溶血栓、提高创伤和烧伤疗效）、己糖激酶（分析葡萄糖，诊断血糖及糖尿病）、乳酸脱氢酶（分析血清谷丙转氨酶，诊断病毒性肝炎、黄疸、急性心肌梗死）等。

1.1.2.4 有机溶剂和有机酸发酵

有机溶剂和有机酸都是微生物的初级代谢产物，与工业生产和人们的日常生活有着密切的关系，也是工业发酵中历史最悠久、吨位最大、价格最低的产品。自 20 世纪 50 年代以来，有机酸和溶剂发酵工业受到了来自石油化工的竞争，但由于微生物发酵的原料是可再生资源（如淀粉、纤维素等），获得的产品更适合于食品、医药等，加上微生物育种与生产工艺方面的进步，这些传统的发酵工业仍然具有强大的生命力。

微生物生产的溶剂及其他化工产品包括酒精、丙酮、丁醇、丁二醇等。重要的微生物有梭菌，它能产生各种各样的有机溶剂，如丙酮、丁醇、异丙醇、丁酸等，常用的梭菌有丁酸梭菌、丙酮丁醇梭菌、乙酸丁醇梭菌。丁二醇是合成橡胶工业的重要原料，它可由葡萄糖在气杆菌属和赛氏杆菌属的一些种的作用下产生。甘油可由耐高渗透压酵母如假丝酵母等在通风条件下用发酵法生产。

有机酸在食品加工、医药、化工等领域的许多方面都有广泛的应用。发酵法生产有机酸涉及的微生物主要是细菌、霉菌等。有机酸中生产最早、产量最大的是柠檬酸。

1.1.2.5 核酸类发酵

许多核苷酸类物质如 5′-IMP 和 5′-GMP 等具有强化食品风味的功能，因此利用微生物发酵生产核苷和核苷酸的主要应用领域是在食品工业中作为风味强化剂。核苷、核苷酸及其衍生物的另一重要应用领域是用于临床治疗药物，如嘌呤类似物 8-氮鸟嘌呤和 6-巯基嘌呤具有与抗生素类似的功能，可以用于抑制癌细胞的生长；S-腺苷甲硫氨酸及其盐类用于治疗帕金森氏症、失眠并具有消炎镇痛作用。

目前工业上主要通过酶法水解 RNA 来生产核苷酸。RNA 的来源很广，如啤酒厂的废酵母、单细胞蛋白及其他发酵工业的废菌体，其中从酵母中提取 RNA 最常见。RNA 水解酶一般来自 *Penicillium citrinum* 和 *Streptomyces aureus* 两个菌种的突变株。有些核苷和核苷酸类产品采用直接发酵法生产，如肌苷、5′-IMP和5′-GMP等。

1.1.2.6 微生物多糖发酵

微生物多糖在化工、医药方面的应用具有广泛的前途，如由甘蓝黑腐病黄单胞菌产生的黄原胶可用于石油工业和消防，也可作为增加食品黏度的添加剂；由大型真菌产生的多糖类物质则是传统的滋补性药物，具有抗癌功能。

1.1.2.7 微生物生理活性物质的发酵

随着生命科学各领域的迅速发展，从微生物的代谢产物中寻找具有生理活性的物质（如酶抑制剂、免疫调节剂、受体拮抗剂和抗氧化剂等）是近几年的研究热点之一。这类物质是在抗生素研究的基础上发展起来的。为了区别于一般抗生素并强调其在医疗上应用的可能性，Monaghan等将这类物质称为"生物药物素"（biopharmacetin）。国内不少学者认为这类物质和一般抗生素均为微生物次级代谢产物，它们在生物合成机制、筛选研究程序及生产工艺等许多方面都有共同的特点，因此将它们统称为微生物药物（microbial medicine）。

（1）酶抑制剂　从酶学研究的历史来看，第一代酶学研究是以阐明各种酶的一级结构和高级结构为标志；第二代酶学研究是以阐明酶的催化机制和限定分解机制为标志，这对理解酶的生理意义有着重要的作用；而对酶抑制剂的研究有可能对炎症、免疫、补体反应、致癌、癌的转移、病毒感染等各种疾病的病因予以阐明并提出治疗方案，这个领域被称为第三代酶学研究。如棒酸是β-内酰胺类酶抑制剂，与β-内酰胺类抗生素合用，可提高β-内酰胺类抗生素的抗菌活性。洛伐他丁是3-羟基-3-甲基-戊二酰辅酶A还原酶（HMG-CoA，胆固醇生物合成过程中的第一个酶）的抑制剂，可用于降血脂。血管紧张素转化酶（ACE）能将无活性的十肽血管紧张素Ⅰ转化为有活性的八肽血管紧张素Ⅱ，还可将有血管舒张活性的血管舒张肽转化为无活性的七肽，对调节血压起重要作用，因此，ACE抑制剂具有降血压作用。蛋白激酶C（PKC）属于丝氨酸/苏氨酸特异性的一类蛋白激酶，对细胞的信号传导起重要作用，并有控制细胞生长分化和促瘤的活性，因此，PKC抑制剂有抗肿瘤活性。

（2）免疫调节剂　微生物产生的免疫调节剂可以分为免疫抑制剂和免疫增强剂。免疫抑制剂对人体器官移植的抗免疫排斥反应起关键性的作用，如环孢菌素A、FK-506、雷帕霉素等。

（3）受体拮抗剂　根据对受体配体结合的抑制作用筛选出来的受体拮抗剂可能具有特异性强、毒性小的药理作用。如由曲霉产生的缩胆囊素（CCK）受体拮抗剂可用于治疗与CCK有关的胃肠系统紊乱，由链霉菌产生的催产素受体抑制剂可用于延缓早产等。

1.1.2.8 维生素类生理活性物质

这类产品包括维生素A、维生素B_2、维生素B_{12}、维生素C和维生素D，以及一些维生素的前体，如维生素C的前体山梨醇，维生素A的前体β-胡萝卜素以及维生素D的前体麦甾固醇等。

1.1.2.9 激素类药品

真菌和细菌的数十个属的许多种具有进行甾体转化的能力，用微生物进行的甾体转化主要有羟化、脱氢、加氢、环氧化等反应以及侧连或母核开裂反应等。

1.1.2.10 食品发酵

食品发酵是工业微生物最古老的内容，主要包括酿酒发酵和调味品发酵。酒类饮料主要利用酵母菌发酵制作。酒类大致可以分发酵酒（啤酒、葡萄酒、绍兴酒）、蒸馏酒（白酒）

和配制酒（药酒）。调味食品主要有酱油、豆浆、食醋、乳制品。酱油和豆浆是用酱油曲霉酿制的；食醋是用醋杆菌进行有氧发酵生产的；乳制品是用乳酸菌或和酵母混合发酵制备的。

1.1.2.11 单细胞蛋白（SCP）

单细胞蛋白是以烃类、酒精或工农业废物为原料，通过大规模培养酵母或细菌，取出细胞，经干燥和灭菌后可以作为人类食物或动物饲料。制造单细胞蛋白的微生物种类繁多，因不同的原料而异。

1.1.2.12 微生物环境净化

环境保护已逐渐成为人类的共识，也是可持续发展战略的重要组成部分。微生物在环境保护中扮演着十分重要的角色，微生物法已经成为污水、废气和固体废弃物处理的主要方法。微生物在有毒、有害化合物的降解及受污染环境的生物修复中也发挥着重要的作用。

微生物对工业废水的处理可分为厌氧处理法和好氧处理法两种。厌氧处理法是采用厌氧消化器把微生物可降解的有机物转换成甲烷、CO_2、水和其他气体。好氧处理法是指好氧微生物在污水中进行有氧发酵的处理方法。污水中的有机物被微生物吸附后，菌体繁殖成为凝块状的菌胶团，通过一系列的生化反应，包括有机物分解、菌体合成以及部分菌体死亡、自我消化等最终放出气体产物以及相应的热量，从而使污水得到净化。活性污泥菌胶团是由细菌、霉菌、藻类和原生动物等多种微生物形成的凝集团。

1.1.2.13 微生物冶金

利用微生物进行石油脱硫、探矿、冶金是近年来研究和开发的一项新技术，特别是细菌冶金，适用于贫矿、尾矿和稀有矿的处理。细菌冶金主要利用氧化亚铁硫杆菌等自养细菌具有把亚铁氧化为高铁、把硫和低价硫化物氧化为硫酸的能力，将含硫金属矿石（主要是尾矿、贫矿）中的金属离子形成硫酸盐而释放出来。用此法浸出的金属有铜、钴、锌、铅、铀、金等。

1.2 遗传学及其研究的对象

遗传学是生命科学领域中一门核心学科，主要研究遗传物质的结构与功能以及遗传信息的传递与表达。遗传学这一学科名称是由英国遗传学家贝特森（W. Bateson）于1909年首先提出的。遗传学可以进一步分为传递遗传学（也称为经典遗传学）、分子遗传学和群体遗传学三个主要的亚学科。经典遗传学主要研究遗传物质纵向传递的规律以及基因型与表型的关系。分子遗传学侧重研究基因的结构、功能和横向传递。结构是指遗传物质的化学本质与精细结构，功能是指遗传物质的复制、表达、调控、重组与变异。群体遗传学研究群体中基因频率和基因型频率以及影响其平衡的各种因素。

与生命科学其他学科相比，遗传学具有以下特点：① 遗传学是一门推理性的学科，遗传学的研究方法是根据自然现象或实验数据推理出一种假设，然后通过实验加以验证；② 多学科交叉与融合；遗传学主要建立在生物化学、细胞生物学和统计学的基础上，但又涉及生命科学的各个领域；③ 发展快，遗传学的发展非常快，新理论、新技术、新成果层出不穷；④ 应用性强，转化为生产力的周期短。以遗传学为理论基础，已派生出许多应用学科，如动植物及微生物育种学、优生学、生物工程学等。

1.3 遗传学的形成与发展

1.3.1 孟德尔以前及同时代的一些遗传学说

公元前5世纪希波克拉底（Hippocrates）提出了第一个遗传学理论，他认为子代之所以具有亲代的特征是因为在精液或胚胎里集中了来自身体各部分的微小代表元素。按照这一观点，后天获得的性状是可以遗传的。100年后亚里士多德（Aristotle）认为亲代残缺，下一代不一定残缺，因而提出精液不是提供胚胎组成的元素，而是提供后代的蓝图。生物的遗传不是通过身体各部分样本的传递，而是个体胚胎发育所需信息的传递。可惜这一精辟的见解当时未能引起人们的重视。

1809年拉马克（J. B. Larmrck）提出了用进废退的进化论观点，并由此得出获得性状（acquired characteristics）是可以遗传的。这是拉马克一生中最大的错误，可悲的是这一错误观点一直延续到19世纪60年代。

1866年达尔文（Darwin）提出了泛生论（hypothesis of pangensis），认为身体各部分存在一种胚芽或泛子（pangens），它决定所在细胞的分化和发育。各种泛子随着血液循环汇集到生殖细胞中，在受精卵发育过程中，泛子又不断流到不同的细胞中控制所在细胞的分化，产生一定的组织器官。显然这一观点是受到希波克拉底理论的影响，但在血液中根本就找不到所谓的泛子，所以这一理论是不能成立的。

1883年威廉（W. Roux）提出有丝分裂和减数分裂的存在可能是由于染色体组成了遗传物质，他还假定了遗传单位沿着染色体做直线排列。1883年和1885年魏斯曼（Weismann）提出了种质论，认为许多细胞可分为种质和体质两部分，种质是独立的、连续的，能产生后代的种质和体质。种质的变异将导致遗传的变异，而环境引起的变异是不连续的。

1869年高尔顿（F. Galton）用数理统计方法研究人类智力的遗传，发表了“天才遗传”，认为变异是连续的，亲代的遗传性在子女中各占一半，并彻底混合，即“融合遗传论”。由于他所选择的研究性状是数量性状，所以虽然他的结论是正确的，但只适合于数量性状，不能作为遗传的普遍规律。

1.3.2 遗传学的诞生

在孟德尔以前就已经有一些植物学家做了植物杂交实验，并取得了显著的成绩。如1797年奈特（T. Knight）将灰色和白色的豌豆进行杂交，结果杂交一代全部是灰色，而杂交第二代产生灰色和白色。1863年诺丹发表了植物杂交的论文，他认为：① 植物杂交的正交和反交的结果是相同的；② 在杂种植物的生殖细胞形成时负责遗传性状的要素互相分开，进入不同的性细胞中，否则就无法解释杂种二代所得到的结果。

1866年奥地利遗传学家孟德尔（G. J. Mendel）根据8年植物杂交实验，发表了“植物杂交实验”的论文（即现在的孟德尔分离定律和自由组合定律），但他的工作当时并未引起重视。直到1900年，狄夫瑞斯（H. Devries）、科伦斯（C. F. J. Correns）和切尔迈克（E. V. Tschermak）三位植物学家分别同时发现了这篇论文和它的价值，才使孟德尔学说重见天日，并建立了遗传学这门学科，这就是所谓孟德尔定律的重新发现。

1901 年狄夫瑞斯提出了“突变”这一名词。1902 年 Sutton 和 Boveri 首先提出了染色体是遗传物质的载体的假设。1902～1909 年贝特森先后创用了遗传学（genetics）、等位基因（allele）、纯合体（homozygous）、杂合体（heterozygous）、上位基因（epistatic gene）等名词。1909 年约翰逊（Johannsen）创用了基因（gene）、基因型（genotype）和表型（phenotype）等名词。此时遗传学的雏形已形成，遗传学作为一门新的学科终于诞生了。

1.3.3 遗传学的发展

遗传学的发展大致可分为三个时期。

第一个时期是细胞遗传学时期（1910～1940 年）。此时期主要是确立了遗传的染色体学说。1910 年摩尔根（Morgan）和他的学生们用果蝇做材料研究性状的遗传方式，提出了连锁交换定律，并确定基因直线排列在染色体上。这样，就形成了一套经典遗传学的理论体系。经典遗传学的基本单位是一个不可再分而且是抽象的基因。

第二个时期是微生物遗传学和生化遗传学时期（1941～1969 年）。这一时期的特点是遗传学研究的对象从真核生物转向原核生物，并更深入地研究基因的精细结构和生化功能。重大成果有“一个基因一个酶”的建立（Beadle and Tatum，1941）、遗传物质为 DNA 的确定（Avery，1944）、跳跃基因的发现（B. McClintock，1951）、DNA 双螺旋结构模型的建立（Watson and Crick，1953）、中心法则的提出（Crick，1958）。此期间遗传的基本单位是顺反子（cis-trons），它是具有一定功能的实体，在不同的位点上可以发生突变和重组。

第三个时期是分子遗传学时期，从 1953 年双螺旋结构模型的建立到现在。此期间的主要贡献有乳糖操纵子模型的建立（Jacob and Monod，1961）、遗传密码的破译（Nirengerg and Khirana，1964）、逆转录酶（Temin，1975）、DNA 合成酶（Kornberg，1958）、限制性内切酶的发现（Arber，1962，1968；Smith，1978）、DNA 体外重组技术的建立（Berg，1972）、DNA 测序（Sanger and Gilbert，1977）、转座子的移动（Sharpino，1980）、核酶的发现（Cech and Altman，1981）、PCR 技术的建立（Swithies，1986）、内含子的发现（Sharp and Roberts，1977）、体细胞克隆羊的成功（Wilmut，1997）以及人类基因组计划的完成（1990 年 10 月启动，2000 年 6 月完成框架图，2002 年 2 月完成精细图）。现在基因的概念是一段可以转录为功能性 RNA 的 DNA，它可以重复、断裂的形式存在，并可转座。

1.4 工业微生物遗传育种学及其研究进展

工业微生物遗传育种学是一门应用科学技术，其理论基础是微生物遗传学和生物化学，研究对象为微生物遗传和变异，研究内容涉及范围非常广泛，最主要的是基因突变、重组以及突变菌株与重组菌株的筛选，研究目的是微生物代谢产物的高产、优质和新产品的开发。

工业微生物育种学是建立在微生物遗传和变异基础上的。所谓遗传就是指亲代与子代相似的现象，而变异是指亲代与子代之间或者同一亲代产生的不同子代之间存在的某种差异。遗传和变异是生命活动的基本属性之一。遗传与变异既对立又统一，变异是绝对的，遗传是相对的。没有变异，生物界就失去了进化的素材；而没有遗传，变异也无从积累和提升。对菌种选育而言，没有变异就没有选择（选育）的素材；没有遗传，选育得到的优良性状就不能进行培育。

微生物发酵生产水平的高低和产品质量的好坏是由所用菌种的遗传型和环境条件共同决定的。菌种的遗传型是内因，是决定微生物发酵生产水平高低和产品质量好坏的根本，可通过菌种选育来提高。环境条件包括培养基、培养条件及发酵装备，是外因，对微生物发酵生产水平和产品质量起着重要的作用，外因可以通过内因起作用，通过优化环境条件可以提高发酵的产量和质量。因此，工业微生物育种在发酵工业中占有重要的地位，它决定了发酵生产水平与产品质量，决定了发酵产品是否具有工业化生产价值以及发酵过程的成败。

工业微生物遗传育种技术主要有以下几种。

(1) 自然选育　自然选育是不经人工处理而利用微生物的自发突变进行的纯种分离方法，又称单菌落分离。自然选育是一种简单易行的育种方法，通过自然选育可以达到纯化菌种、防止菌种退化、稳定生产、提高产量的目的。迄今为止，自然选育仍是工业微生物育种的重要手段之一，尤其在企业中广泛应用此法来稳定和提高菌种的生产能力。自然选育的局限性是自发突变频率低，难以提高菌种的生产水平。

(2) 诱变育种　诱变育种是以人工诱发基因突变为基础的育种技术。诱变育种过去是工业微生物育种的主要方法，至今仍然是行之有效的重要方法。大多数发酵产品的生产菌种都是用此法选育得到的，如青霉素通过诱变育种生产水平达到了 50g/L，比原始菌株提高了 4000 倍以上。

(3) 杂交育种　杂交育种是以基因重组为基础的育种技术。杂交育种可以把不同菌株的优良性状集中于重组体中，还能克服长期使用诱变剂后造成的生长周期延长、孢子减少、代谢缓慢等缺陷，另外，杂交育种还是增加新产品的手段之一。

(4) 推理育种　推理育种是根据微生物代谢产物的生物合成途径和代谢调节机制，通过人工诱发突变的技术筛选获得改变微生物正常代谢途径的突变株，从而人为地使目标代谢产物选择性地大量合成和积累的育种技术。从严格意义上来说，推理育种属于诱变育种的范畴。推理育种的特点是破坏了微生物正常代谢调节机制的天然屏障。与传统的诱变育种相比，它具有定向性、工作量适中、效率高等优点。推理育种的兴起标志着诱变育种已发展到理性阶段。

(5) 代谢工程育种　代谢工程是指利用基因重组技术对细胞代谢网络进行功利性修饰。要完成这一过程首先要对细胞的分解代谢和合成代谢中的多步级联反应进行合理设计，然后利用 DNA 重组技术强化和（或）灭活控制代谢途径的相关基因。代谢工程是一种定向的育种方法，它需要透彻理解细胞的代谢途径、编码生物合成酶的基因以及基因表达调控等基本问题。

(6) 基因组重排育种　基因组重排育种是 2002 年新报道的对微生物整个基因组进行重排的育种方法。基因组重排技术采用的具体方法是循环原生质体融合。循环原生质体融合产生同源重组的概率要比常规原生质体融合高得多，能产生各种各样的突变组合，从而达到快速进化微生物表型的目的。基因组重排技术的另一个优点是无需了解微生物的代谢途径、编码生物合成酶的基因以及基因表达调控等。

(7) 系统生物技术　系统生物技术是指在对细胞生命活动规律的整体理解的基础上，改造某一代谢通路以提高目标产物产量。其最大的特点是全域性研究，特别是全基因组基因表达的时序及环境适用性研究、蛋白质组的时序及环境适用性研究、代谢组的时序及环境适用性研究等。这种全域性的研究可以发掘微生物生物合成的调控基因，为菌种改进、重构微生物基因组及表达调控系统提供更全面的理论基础。

（8）合成生物学　合成生物学是在基因组技术为核心的生物技术基础上，以系统生物学思想为指导，综合生物化学、生物物理和生物信息技术，利用基因和基因组的基本要素及其组合，设计、改造、重建或制造生物分子、生物体部件、生物反应系统、代谢途径与过程乃至具有生命活力的细胞和生物个体。系统生物学是将整个生物系统作为整体进行研究，即采用“自上而下”的反向工程策略；合成生物学则关注人工合成新型的材料、设备和系统，即采用“自下而上”的正向工程策略。合成生物学的重要特征：①基于现有知识和技术进行创新研究；②采用工程化手段；③以应用为目标。

从工业微生物遗传育种的发展史可以看出，诱变育种是工业微生物育种的最主要和最基础的手段，但它是盲目的，工作量大、效率低。推理育种的兴起标志着诱变育种发展到理性阶段，导致了氨基酸、核苷酸、抗生素等微生物代谢产物的高产菌株大批地投入生产。代谢工程育种是工业微生物育种的比较先进的方法，是真正的定向育种。代谢工程在微生物代谢产物的菌种选育中已取得了很大的进展，并在初级代谢产物的生产中已经得到了广泛应用，但在次级代谢产物的生产中成功应用的实例还不多。这主要是由于目前对次级代谢产物的生物合成途径及编码生物合成酶的基因缺乏深入理解。基因组重排育种是21世纪新发展的育种技术，是一种行之有效的分子育种技术，它普遍适用于各种微生物代谢产物产生菌的遗传改造。以高通量组学分析和计算机建模或仿真的系统整合为核心的系统生物技术进行微生物菌种改良是微生物育种技术的发展目标，也是目前最高水平的系统生物学技术策略。合成生物学学科还很年轻，具有巨大的应用开发潜力，发展极为迅速。目前主要在三个领域进行菌株改造和合成应用：能源与化工，生物技术和医药，合成生物学的技术研发。

1.5　工业微生物遗传育种学的学习方法

工业微生物遗传育种学的理论基础是微生物遗传学和生物化学。因此，要学好工业微生物遗传育种学，首先必须掌握工业微生物学、遗传学和生物化学的基础知识。只有掌握了这些基础知识，才能学好工业微生物遗传育种学。

工业微生物遗传育种学是一门应用科学技术，因此，除了学习理论知识外，还必须做大量实验，只有这样才能掌握工业微生物育种的实验技能，才能真正学好工业微生物遗传育种学。

由于遗传学、分子生物学的发展非常快，新理论、新技术、新成果层出不穷。因此，微生物育种工作者必须及时了解国内外有关的先进科学技术，并灵活而巧妙地应用到育种工作中去，使微生物育种技术不断更新和发展。

2 工业微生物学基础

人类利用微生物已有几千年的历史，但是微生物的发现却是在16世纪显微镜被发明之后。微生物类群庞大、种类繁多，依据细胞结构的不同，可将其分为原核细胞型微生物、真核细胞型微生物和非细胞型微生物。传统的、被多数学者接受的生物分类系统是1969年魏塔克（Robert H. Whitakker）提出的五界学说，其包括动物界、植物界、原生生物界、真菌界和原核生物界。我国科学家王大耜等于1977年提出增设病毒界。按此六界系统，微生物分属于病毒界、原核生物界、原生生物界和真菌界（表2.1）。

表2.1 微生物的分类

三型	大类	系统分类
非细胞型微生物	病毒(亚病毒和真病毒)	病毒界
原核细胞型微生物	细菌、放线菌、蓝细菌、支原体、衣原体、立克次氏体	原核生物界
真核细胞型微生物	单细胞藻类、原生动物	原生生物界
	真菌(酵母菌、霉菌和蕈菌)	真菌界

众所周知，体积越小，其比面值K（K=表面积/体积）就越大。例如鸡蛋、豌豆和原生动物（直径150μm）的比面值K分别约为1.5、6和400。由于微生物的个体极其微小，因而其比面值极大。例如一个直径为1μm的球菌，其比面值K竟达到60000。具有小体积大面积这一突出特点的微生物造就了任何其他生物所不能比拟的特性。

(1) 种类多　人们已经发现并已认识的微生物种类大约有20万种，其中绝大多数为较容易观察和培养的真菌、藻类和原生动物等大型微生物。据粗略估计，微生物的种类约有几百万种。人类已经开发利用的微生物则仅占已发现微生物种类的约1%，都是与人类的生活、生产关系最密切的那些种类。此外，在现有环境中还存在着极其大量的“不可培养的”(unculturable) 微生物。

(2) 分布广　微生物因其形体微小、重量轻，故可以随着风和水流到处传播。在空气、水、土壤和动植物体表体内，到处都充满了大量的各种微生物。例如曾测得1cm^3的空气中就有几万个微生物，1mL港口海水就有十几万个微生物，1g肥沃土壤竟有几亿到几十亿个微生物，一个成年人体内所携带的微生物总重量约为1kg，人的粪便中约有三分之一是微生物的菌体。可以说微生物是无处不有，无孔不入，几乎到处都是微生物活动的场所。只要环境条件合适，它们就可以在那里大量地繁殖起来。

(3) 繁殖快　微生物惊人的生长繁殖速度是其他任何生物都望尘莫及的。若以体重增加一倍的时间计算，小牛约需五六十天，小鸡约需一二十天，野草也需十几天，而生长速度最快的微生物只需十几小时就足够了。一般细菌的世代时间为几十分钟至一百多分钟。在最适宜的培养条件下，人们最熟悉的大肠杆菌每12.5min就可分裂出新的一代，一个多小时就

“五世同堂”了。当然，实际上人为创造的最适培养条件，也只能维持数小时，细菌不可能无限制地进行指数分裂。这一特性在发酵工业上有着重要的实践意义。人们只需在常温常压及近中性的 pH 条件下，利用简单的营养物质就可以生产出大量菌体蛋白质。此外，由于微生物繁殖速度快，代谢产物积累就迅速，因而发酵周期短，生产效率高，在短时间内就可以获取大量有用的发酵产品。

（4）代谢强　微生物的代谢强度比起高等生物要高出几百至几万倍。例如，产朊假丝酵母合成蛋白质的能力比大豆植株要强几百倍，而比肉用公牛要强好几万倍。这为微生物的高速生长繁殖和产生大量代谢产物提供了充足的物质基础。

（5）易变异　微生物容易发生变异的主要原因，是个体多为单细胞或结构简单的多细胞，甚至非细胞结构，繁殖快，与外界环境直接接触。因而在受到外界物理或化学因素影响后，很容易引起细胞内的遗传物质发生突变，导致遗传性状发生改变，包括形态或生理表型上的变异。微生物容易变异的特性对人类而言既有益又有害。一方面，人们可以采用各种物理的、化学的诱变因素对微生物群体进行诱变处理，然后再用适当的方法筛选出正突变菌株，从而提高或增加菌株的某种性能。而这种诱变育种过程往往可在短时间内就能进行和实现。如用于生产青霉素的产黄青霉，最初筛选时，每毫升发酵液仅含约 20Ul 的青霉素，但经过多次诱变选育后，每毫升已超过 5 万单位了。另一方面，工业生产中应用的优良生产菌种，如果使用或保存不妥，也很容易发生负突变，使产量大大降低甚至不再积累某种产物。更为严重的是病原微生物对人类医疗上使用的某些抗生素产生了耐药性变异，使抑菌的用药浓度不断提高。例如 20 世纪 40 年代初至今，成人患者的青霉素注射剂量，已由每天 10 万单位提高到 100 万单位甚至上千万单位。

微生物学的研究经历了形态学、生理学以及分子生物学时期的发展。二战时期对于抗生素的巨大需求，带动了微生物学研究向工业化大生产的转化，促进了以工业微生物作为研究对象的专门学科——工业微生物学的发展。它从工业生产需要出发来研究微生物的生命及其代谢途径，以及人为控制微生物代谢的规律性。工业微生物学的目的就在于兴利除弊，要利用大部分有益的微生物为人类造福，设法控制腐败微生物或少数病原微生物，以减少其破坏性和危害性。本章主要介绍工业微生物的形态与分类、营养与生长、代谢与调节，以及工业微生物筛选的基本知识。

2.1　常见工业微生物的形态与分类

工业微生物包括所有工业上应用的微生物，以及一些工业生产上必须处理的杂菌。微生物的形态是微生物鉴别和分类的基本依据，在微生物学研究和发酵生产中，必须熟悉常见和常用微生物的形态，能够区分培养菌和污染菌。下面主要介绍在微生物发酵生产中经常遇到的细菌、放线菌、酵母菌、霉菌及危害细菌、放线菌生长的噬菌体。

2.1.1　原核微生物

2.1.1.1　细菌

细菌是一类细胞细而短、结构简单、细胞壁坚韧、以二等分裂方式繁殖、水生性较强的原核微生物。细菌的形态通常有球状、杆状、螺旋状三类，自然界中杆菌最常见，球菌次之，螺旋菌最少。

细菌细胞构造可分为一般构造和特殊构造两类。一般细菌都具有的构造称一般构造，包括细胞壁、细胞膜、细胞质和核区等；另一类特殊构造仅在部分细菌中或特殊环境条件下才形成，主要是鞭毛、芽胞、荚膜、伞毛等。典型的细菌细胞构造见图 2.1。

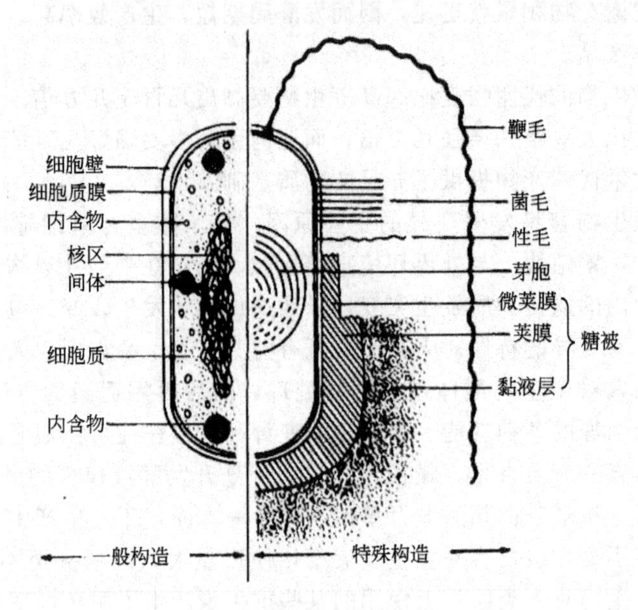

图 2.1　细菌细胞模式结构

细菌细胞壁的主要组分是由氨基糖和氨基酸组成的肽聚糖，但肽聚糖层的厚薄不同。1884 年丹麦医生 C. Gram 创立的革兰氏染色法可用以区分细菌细胞壁结构的不同。该方法将细菌分为两类：革兰氏阳性菌（G^+）和革兰氏阴性菌（G^-）。革兰氏阳性菌细胞壁的肽聚糖含量高，脂类含量低，因此在染色过程中用乙醇处理会使细胞壁脱水，肽聚糖层孔径变小、通透性降低，结晶紫-碘复合物就不会被脱色。而革兰氏阴性菌的细胞壁肽聚糖含量低，脂类含量高，染色时脂类被乙醇溶解，细胞壁通透性增加，结晶紫-碘复合物被脱色，于是显复染剂的红色。革兰氏阳性菌细胞壁上结合了一种特有的称为磷壁酸的酸性多糖，这是革兰氏阴性菌所没有的。外膜是革兰氏阴性菌细胞壁的最外层，其化学成分为脂多糖、磷脂和若干种外膜蛋白，这是革兰氏阴性菌所特有的。

某些细菌的细胞壁外包被了一层厚度不定的透明黏液物质，以保护细菌免受外部不适环境的影响。该黏液物质相当厚时，称为荚膜（capsule），荚膜的含水量很高，在实验室中通过负染色法可方便地在光镜下观察到。它的成分一般是多糖，依细菌种类不同而异。例如肠膜明串珠菌（*Leuconostoc mesenteroides*）产生葡聚糖，变异链球菌（*Streptococcus mutans*）产生果聚糖，棕色固氮菌（*Azotobacter vinelandii*）产生海藻酸。荚膜的产生有时会影响工厂的经济效益。但是荚膜有时也可用于生产，如葡聚糖经加工后可作为代血浆。致病菌荚膜的产生与它们的致病性有关。

细菌细胞壁厚约 10nm，坚韧而略有硬度，有保护和成形的作用，细菌可以仅在细胞壁的保护下生活在低张力的培养基上。高度嗜盐细菌和支原体缺乏细胞壁，其中支原体以寄生于动物的形式生活在等渗环境。

细菌壁内有一层很薄的细胞膜，该膜十分柔软，作为水溶性物质的可透性膜。

有些细菌是可运动的，并且具有鞭毛（图 2.2）。鞭毛是生长在细菌表面的长丝状、波曲的蛋白质附属物，其数目为一至数十条，具有运动功能。鞭毛很细，约 50nm，通常只能用电镜观察，但经特殊染色后在光镜下可见。

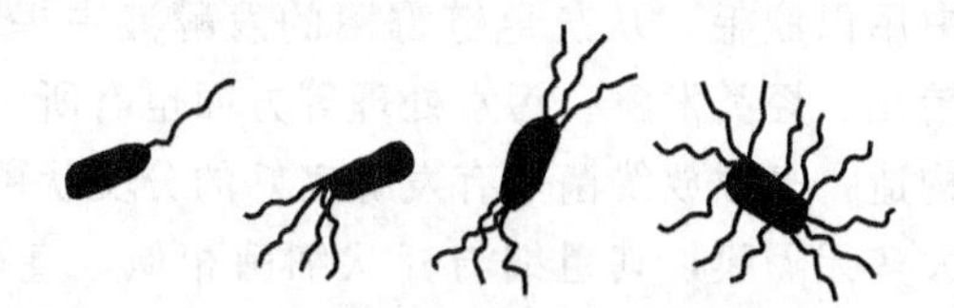

图 2.2　细菌的鞭毛着生类型

一些革兰氏阴性菌具有十分纤细、短直、中空且数量较多的蛋白质附属物，称为纤毛，具有菌体附着在物体表面的功能。性纤毛存在于一些革兰氏阴性菌上，具有向受体菌传递遗传物质的作用。

某些细菌在其生长发育后期，在细胞里形成的一个圆形的抗逆性休眠体，称为芽胞（图 2.3），一个细胞只形成一个芽胞，故它无繁殖功能。芽胞是整个生物界中抗逆性最强的生命体，是否能消灭芽胞是衡量各种消毒灭菌手段的最重要的指标。芽胞是细菌的休眠体，在适宜的条件下可以重新转变成为营养态细胞。产芽胞细菌的保藏多用其芽胞。芽胞与营养细胞相比化学组成存在较大差异，容易在光学显微镜下观察。

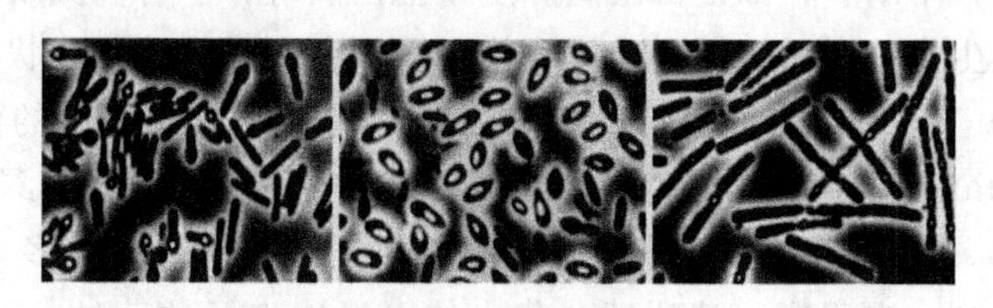

图 2.3　细菌的芽胞

大多数细菌通过横向二元裂殖分为两个相等部分，进行繁殖（图 2.4）。在横隔膜出现之前核物质分为两部分，继而分裂成两个形态、大小和构造完全相同的子细胞。

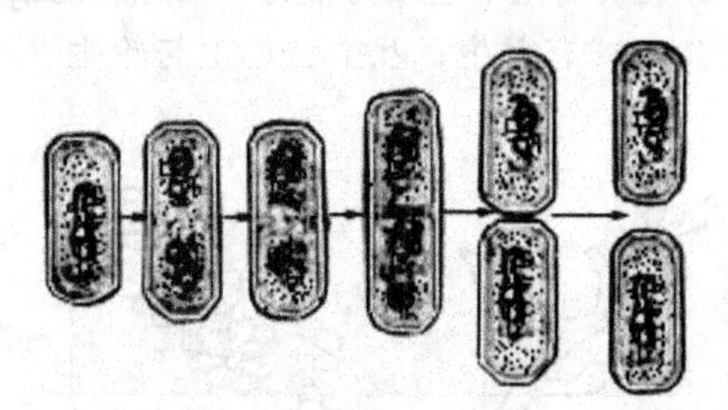

图 2.4　细菌的裂殖

2.1.1.2　放线菌

放线菌是一类形态极为多样、多数呈丝状生长的原核微生物。放线菌的细胞构造、细胞壁的化学成分和对噬菌体的敏感性与细菌相似，但在菌丝的形成和以外生孢子繁殖等方面则类似于丝状真菌。它以菌落呈放射状而得名。

大多数放线菌的生活方式为腐生，少数为寄生。放线菌在自然界分布广泛，主要以孢子或菌丝状态存在于土壤、空气和水中，尤其中性或微碱性的土壤中数量最多。土壤特有的泥腥味，主要是放线菌的代谢产物所致。

放线菌对人类最突出的贡献就是它能产生大量、种类繁多的抗生素，目前广泛应用的抗生素约70%是各种放线菌所产生，而链霉菌属产的抗生素又占其中的80%。但近年来从稀有放线菌发现的新抗生素日益增多。有些放线菌还用来生产维生素和酶。如由弗氏链霉菌产生的蛋白酶已在制革工业中用以脱毛，从灰色链霉菌的发酵液中提取维生素 B_{12} 等。此外，放线菌在酶抑制剂、甾体转化、烃类发酵、污水处理等方面也有所应用。

（1）放线菌的形态和构造　多数放线菌具有发育良好的分支状菌丝体，少数为杆状或原始丝状的简单形态。菌丝大多无隔膜，其粗细与杆状细菌相似，直径为1μm左右。细胞中具核区而无真正的细胞核，细胞壁含有胞壁酸与二氨基庚二酸，而不含几丁质和纤维素。以与人类关系最密切、分布最广、种类最多、形态最典型的链霉菌属为例，放线菌主要由菌丝和孢子两部分组成。

根据菌丝的着生部位、形态和功能的不同，放线菌的菌丝可分为基内菌丝、气生菌丝和孢子丝三种（图2.5）。链霉菌的孢子落在适宜的固体基质表面，在适宜条件下吸收水分，孢子肿胀，萌发出芽，进一步向基质的四周表面和内部伸展，形成基内菌丝，又称初级菌丝（primary mycelium）或者营养菌丝（vegetative mycelium），直径在0.2～0.8μm之间，色淡，主要功能是吸收营养物质和排泄代谢产物。基内菌丝可产生黄、蓝、红、绿、褐和紫等水溶色素和脂溶性色素，色素在放线菌的分类和鉴定上有重要的参考价值。放线菌中多数种类的基内菌丝无隔膜，不断裂，如链霉菌属和小单孢菌属等；但有一类放线菌，如诺卡氏菌型放线菌的基内菌丝生长一定时间后形成横隔膜，继而断裂成球状或杆状小体。

气生菌丝（aerial mycelium）是基内菌丝长出培养基外并伸向空间的菌丝，又称二级菌丝（secondary mycelium）。在显微镜下观察时，一般气生菌丝颜色较深，比基内菌丝粗，直径为1.0～1.4μm，长度相差悬殊，形状直伸或弯曲，可产生色素，多为脂溶性色素。

当气生菌丝发育到一定程度，其顶端分化出的可形成孢子的菌丝，称为孢子丝（spore hypha），又称繁殖菌丝。孢子成熟后，可从孢子丝中逸出飞散。孢子丝的形态及其在气生菌丝上的排列方式，随菌种不同而异，是链霉菌菌种鉴定的重要依据。孢子丝的形状有直形、波曲、钩状、螺旋状，螺旋状的孢子丝较为常见，其螺旋的松紧、大小、螺数和螺旋方向因菌种而异。孢子丝的着生方式有对生、互生、丛生与轮生（一级轮生和二级轮生）等多种。

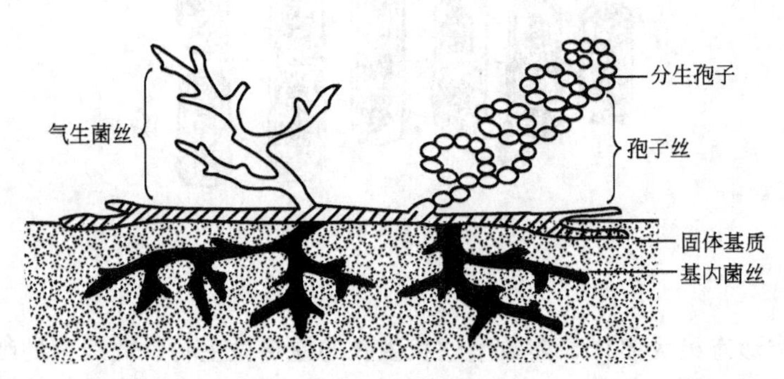

图2.5　放线菌的菌丝

孢子丝发育到一定阶段便分化为孢子（spore）。在光学显微镜下，孢子呈圆形、椭圆形、杆状、圆柱状、瓜子状、梭状和半月状等，即使是同一孢子丝分化形成的孢子也不完全相同，因而不能作为分类、鉴定的依据。孢子的颜色十分丰富。孢子表面的纹饰因种而异，在电子显微镜下清晰可见，有的光滑，有的褶皱状、疣状、刺状、毛发状或鳞片状，刺又有粗细、大小、长短和疏密之分，一般比较稳定，是菌种分类、鉴定的重要依据。

(2) 菌落形态　放线菌的菌落由菌丝体组成。放线菌菌丝纤细，生长缓慢，相互交错，所以形成的菌落较小而且质地致密，表面干燥、多皱、绒状。放线菌基内菌丝长在培养基内，菌落与培养基结合较紧，不易挑起。幼龄菌落因气生菌丝尚未分化成孢子丝，所以不易与细菌菌落相区分。当放线菌形成大量的分生孢子而布满菌落表面后，形成表面呈细粉状或颗粒状的典型放射状菌落。由于放线菌的菌丝和孢子常产生各种色素，所以菌落正反两面有时会呈现不同色泽。

(3) 繁殖方式　放线菌以无性繁殖方式为主。部分气生菌丝上端形成孢子丝。孢子丝成熟后便分化成孢子。孢子的形成方式是通过横隔分裂过程完成的。横隔分裂基本上可归纳为两种类型。

① 细胞膜内陷，再由外向内逐渐收缩形成一完整的横隔膜，因而把孢子丝分割成许多分生孢子。

② 细胞壁和细胞膜同时内陷，再逐渐向内缢缩，最终将孢子丝缢裂成一串分生孢子。

2.1.2　真核微生物

真核细胞由原生质体和细胞壁组成，原生质体由细胞质及其中的所有细胞器组成，并由细胞质膜所包围。其中包含膜体系，将胞内分隔为独立的空间。另外，核膜将核物质与细胞质分开，核膜上的小孔（核孔）作为核物质与细胞质的联系通道。细胞质中除了有膜细胞器，如线粒体、叶绿体、液泡、内质网、高尔基体，还有核糖体和各种颗粒。繁殖过程中存在有丝分裂和减数分裂。真核微生物包括真菌、单细胞藻类、黏菌和原生动物，其中真菌又分为酵母菌、丝状真菌（霉菌）和蕈菌三类。这里主要介绍酵母菌和霉菌。

2.1.2.1　酵母菌

酵母菌在自然界分布很广，主要分布于偏酸性含糖量较高的水生环境中。酵母菌约有56属500多种，是人类利用最早的微生物。千百年来，酵母菌及其发酵产品大大改善和丰富了人类的生活，如各种酒类生产，面包制造，甘油发酵，饲用、药用及食用单细胞蛋白生产，还可以从菌体中提取核酸、麦角甾醇、辅酶A、细胞色素c、凝血质和维生素等生化药物。少数酵母菌能引起人或其他动物的疾病，其中最常见的如白假丝酵母（*Cndida albicans*）和新型隐球菌（*Cryptococcus neoformans*）引起的鹅口疮、阴道炎、轻度肺炎和慢性脑膜炎等疾病。

(1) 酵母菌的形态和构造　大多数酵母菌为单细胞，基本形态为球形、卵圆形、圆柱形或香肠形。有些酵母菌（热带假丝酵母，）进行一连串的芽殖后，长大的子细胞与母细胞并不立即分离，其间仅以极狭小的接触面相连，这种藕节状的细胞串称为“假菌丝”。酵母菌细胞直径一般约为细菌的10倍，最典型的和重要的酿酒酵母（*Saccharomyces cervisiae*）细胞大小为（2.5～10）μm×（4.5～21）μm。酵母菌的形态和构造见图2.6。

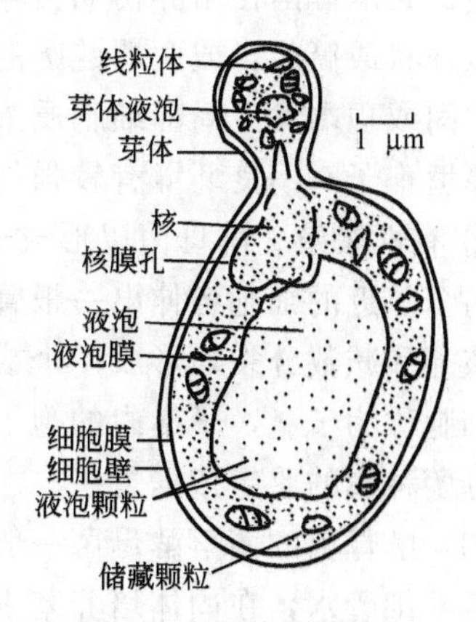

图2.6　酵母菌细胞的模式结构（引自张惟杰）

① 细胞壁　酵母菌细胞壁厚约25nm，约占细胞干重的25%，幼龄时较薄，具有弹性，随菌龄增加变硬变厚。细胞壁具3层结构——外层为甘露聚糖，内

层为葡聚糖，其间夹有一层蛋白质分子。位于细胞壁内层的葡聚糖是维持细胞壁强度的主要物质。此外，细胞壁上含有少量类脂和以环状形式分布于芽痕周围的几丁质。

用玛瑙螺（*Helix pomatia*）的胃液制得的蜗牛消化酶，对酵母的细胞壁具有良好的水解作用，可用来制备酵母菌的原生质体，或水解酵母菌的子囊壁，以释放子囊孢子。

② 细胞膜　位于细胞壁内侧，厚约 7nm，细胞膜的主要成分为蛋白质和类脂，少量糖类，类脂中含有甾醇，其中麦角甾醇居多，经紫外线照射形成维生素 D_2。

③ 细胞核　酵母菌具有多孔核膜包裹起来的定形细胞核。在电子显微镜下，可看到核膜是一种双层单位膜。　酵母细胞核是其遗传信息的主要储存库。在 *Saccharomyces cerevisiae* 的核中存在 17 条染色体。

④ 其他结构　在有氧条件下，酵母菌细胞内会形成许多杆状或线状线粒体；缺氧时酵母菌细胞内只能形成无嵴的、没有氧化磷酸化功能的简单线粒体，其大小和数量显著减少。线粒体 DNA 是环状分子，约占酵母细胞总 DNA 量的 15%～23%，其复制相对独立。在成熟的酵母菌细胞中存在有 1 个或多个大液泡，多为球形、透明。假丝酵母属（*Candida*）某些种的细胞内微体明显，其内含有接触酶、乙醛酸循环酶系、细胞壁多糖降解酶等。

（2）酵母菌的繁殖酵母菌以无性繁殖为主，无性繁殖包括芽殖、裂殖和产生无性孢子。有性繁殖主要是产子囊孢子。繁殖方式对酵母菌鉴定极为重要。

① 无性繁殖

a. 芽殖（budding）　是酵母菌最常见的一种无性繁殖方式。在良好的营养和生长条件下，酵母生长迅速，所有细胞上都长有芽体，芽体上还可形成新芽体，进而出现呈簇状的细胞团。子细胞与母细胞在交界的隔离壁处分离。在母细胞上留下一个芽痕（bud scar），在子细胞上相应地留下一蒂痕（birth scar）。经钙荧光素或樱草灵等荧光染料染色，可在荧光显微镜下看到芽痕、蒂痕。根据母细胞表面留下的芽痕数目，可以推测该细胞的年龄。

b. 裂殖（fission）　少数酵母菌如裂殖酵母属（*Schizosaccharomyces*）具有与细菌相似的二元裂殖方式。其过程是细胞伸长，核分裂为二，细胞中央出现隔膜，将细胞横分为两个大小相等、各具一个核的子细胞。

c. 产生无性孢子（ballistospore）　少数酵母菌如掷孢酵母属（*Sporobolomyces*）可在卵圆形营养细胞上生出小梗，梗上形成肾形的掷孢子，掷孢子成熟后通过特有喷射机制射出。地霉属酵母菌在培养初期菌体为完整的多细胞丝状，在培养后期从菌丝内横隔处断裂，形成短柱状或筒状，或两端钝圆的细胞，称为节孢子。白假丝酵母（*Candida albicans*）在菌丝中间或顶端发生局部细胞质浓缩和细胞壁加厚，最后形成一些厚壁休眠体，称为厚垣孢子。厚垣孢子对不良环境有较强的抵抗力。

② 有性繁殖　酵母菌以形成子囊和子囊孢子（ascospore）的方式进行有性繁殖。其过程是两个邻近的细胞各伸出一根管状原生质突起，然后相互接触并融合而成一个通道，经质配、核配和减数分裂，形成 4 个或 8 个子核，每一子核和其周围的原生质形成孢子。含有孢子的细胞称为子囊，子囊内的孢子称为子囊孢子。酵母有性生殖产生的孢子形状及表面特征是酵母菌种属的鉴定依据之一。

（3）酵母菌的菌落酵母菌一般都是单细胞微生物，与细菌相比，细胞粗而短，在细胞间充满着毛细管水，在固体培养基表面形成的菌落也与细菌相似，一般具有湿润、较光滑、有一定的透明度、容易挑起、菌落质地均匀以及正反面和边缘、中央部位的颜色都很均一等特点。由于酵母的细胞比细菌的大，细胞内颗粒较明显、细胞间隙含水量相对较少以及不能运动等特点，菌落较大、较厚、外观较稠和较不透明。菌落颜色比较单调，多数都呈乳白色或矿烛色，少数为红色，个别为黑色。一般菌落表面隆起，边缘十分圆整，但会产大量假菌丝的酵母，其菌落较平坦，表面和边缘较粗糙。因酒精发酵，酵母菌的菌落一般会散发出一股酒香味。

2.1.2.2 霉菌

“霉菌”这一名词并非分类学名词，而是一个俗称。霉菌属于丝状真菌（filamentous fungi），仅是真菌的一部分。凡在营养基质上形成绒毛状、棉絮状或蜘蛛网形丝状菌体的真菌，统称为霉菌。在自然界中，真菌的种类极多，形态多样。根据菌丝体形态及有性繁殖的特征，将真菌分为4个纲。除了担子菌外，其他3个纲中均有霉菌分布。

霉菌在自然界分布极为广泛，与人类关系密切，对工农业生产、医疗实践、环境保护和生物学基础理论研究都有一定贡献，如在工业上可用于柠檬酸、葡萄糖酸等多种有机酸，淀粉酶、蛋白酶和纤维素酶等多种酶制剂，青霉素和头孢霉素等抗生素，核黄素等维生素，麦角碱等生物碱，真菌多糖和植物生长刺激素（赤霉素）等产品的生产。某些霉菌还可用于对甾族化合物的生物转化生产甾体激素类药物。在基础理论研究方面，如对粗糙脉孢菌（*Neurospora crassa*）和构巢曲霉（*Aspergillus nidulans*）的研究为生化遗传学建立提供了大量资料。另外，有些霉菌能引起工农业产品霉变，也能引起植物和动物疾病，如马铃薯晚疫病、小麦锈病、稻瘟病和皮肤癣症等。

（1）霉菌的形态与构造　霉菌的营养体由菌丝构成，分支的菌丝相互交错在一起，形成菌丝体。霉菌菌丝直径一般为3～10μm，与酵母细胞类似，但比细菌或放线菌的细胞约粗10倍。较原始的真菌中萌发的菌丝体形成多核结构，如藻状菌纲中的毛霉、根霉、犁头霉等的菌丝［图2.7（a）］。而较高等的真菌的菌丝体则具有规则分布的横隔，如子囊菌纲、担子菌纲和半知菌类的菌丝皆有横隔［图2.7（b）］。

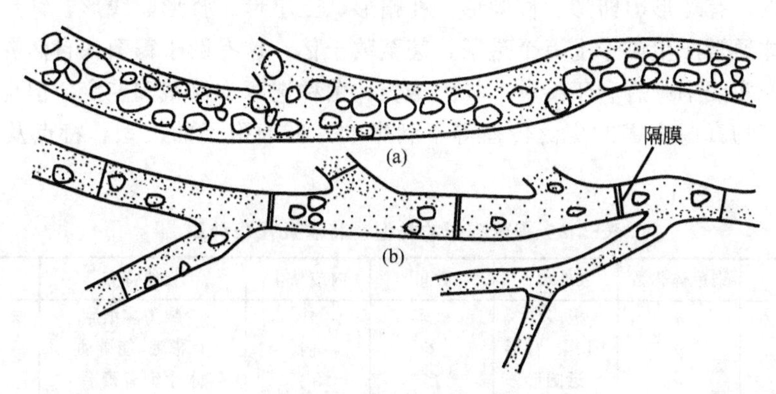

图2.7　霉菌的营养菌丝

(a) 无隔菌丝的一部分；(b) 有隔菌丝的一部分

霉菌丝状细胞的构造与酵母菌细胞十分相似。菌丝最外层为厚实、坚韧的细胞壁，其内有细胞膜，膜内空间充满细胞质。细胞核、线粒体、核糖体、内质网、液泡等与酵母菌相同。除少数低等水生霉菌的细胞壁中含纤维素外，大部分霉菌的细胞壁的成分主要是几丁质，可用蜗牛消化酶等消化霉菌的细胞壁，以制备霉菌的原生质体。

真菌孢子在适宜固体培养基上发芽而成的霉菌菌丝，因其生长部位及功能的不同，可分为两种类型。长在营养基质内部，以吸收营养为主的菌丝称为营养（基内）菌丝（vegetative myclium）；伸出培养基长在空气中的菌丝称为气生菌丝（aerial mycelium）。不同的真菌在长期进化过程中，对各自所处的环境条件产生了高度的适应性，有些霉菌的菌丝会聚集成团，构成一种称为菌核的坚硬休眠体。根霉属（*Rhizopus*）等低等真菌匍匐菌丝与固体基质接触处分化出具有固着和吸收养料功能的假根（图 2.8）。某些专性寄生真菌的营养菌丝上分化出可侵入细胞内形成指状、球状、丝状的吸器。

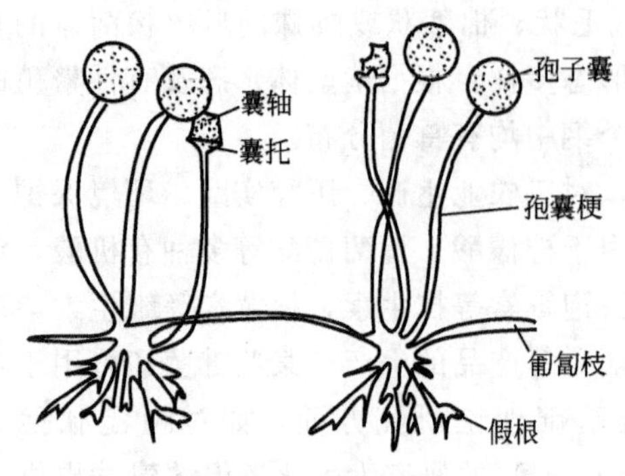

图 2.8 根霉的假根

（2）霉菌的菌落特征 霉菌的细胞呈丝状，在固体培养基上形成营养菌丝（基内菌丝）和气生菌丝，气生菌丝间无毛细管水，因此其菌落特征与细菌和酵母菌明显不同，而与放线菌接近。但霉菌菌落形态较大，质地比放线菌疏松，外观干燥，不透明，呈现或紧或松的蛛网状、绒毛状或棉絮状。菌落与培养基连接紧密，不易挑取。由于气生菌丝及其分化出来的子实体（孢子等）的颜色比分散于固体基质内的营养菌丝的颜色较深，菌落中心气生菌丝的生理年龄大于菌落边缘的气生菌丝，其发育分化和成熟度较高，颜色较深，菌落正反面的颜色及边缘与中心的颜色常不相同。各种霉菌在一定培养基上形成的菌落大小、形状、颜色等相对稳定，因此菌落特征是霉菌分类鉴定的重要依据之一。

（3）霉菌的繁殖 霉菌有多种繁殖方式，除了由一段任意菌丝生长成新的菌丝体外，还可通过有性或无性方式产生孢子进行繁殖。一般来说，工业发酵中真菌的有性生殖只在特定条件下发生，一般培养条件下少见，所以霉菌主要通过无性孢子繁殖。

霉菌的孢子与细菌芽胞有很大差别，具备小、轻、干、多、形态色泽各异、休眠期长及抗逆性强等特点，有球形、卵形、椭圆形、礼帽形、土星形、肾形、线形、针形及镰刀形等形态。每个个体通常产生成千上万个孢子，甚至数千亿。这有助于霉菌在自然界的广泛传播和繁殖。在生产实践中则有利于接种、扩大培养、菌种选育、保藏和鉴定，但也容易造成污染、霉变和动植物真菌病害的广泛传播等不利影响。霉菌孢子的类型、特点及代表种属见表 2.2。

表 2.2 霉菌孢子的类型、特点及代表种属

孢子类型		染色体倍数	外形	数量	内或外生	其他特点	实例
无性孢子	分生孢子	n	极多样	极多	外	少数为多细胞	曲霉、青霉
	游动孢子	n	圆、梨、肾形	多	内	有鞭毛、能游动	壶菌
	孢囊孢子	n	近圆形	多	内	水生型有鞭毛	根霉、青霉
	厚垣孢子	n	近圆形	少	外	在菌丝顶或中间	总状毛霉
	节孢子	n	柱形	多	外	各孢子同时形成	白地霉
有性孢子	接合孢子	$2n$	近圆形	1	内	厚壁、休眠、大	根霉、毛霉
	卵孢子	$2n$	近圆形	1 至几个	内	厚壁、休眠	德氏腐霉
	子囊孢子	n	多样	一般 8 个	内	长在子囊内	红曲

（4）霉菌的生活史 霉菌的整个生活史是指霉菌从一个孢子开始经过一定的生长发育，到最后又产生孢子的过程，由无性繁殖和有性繁殖两个阶段组成，二者交替进行。

无性世代是指无性孢子生成后立即萌发，形成新的菌丝体，菌丝体上又分化出无性孢子的过程。有性世代是指两性单倍体菌丝细胞形成配子囊，经过质配形成双核细胞，经核配形成双倍体细胞核，再经过减数分裂形成单倍体孢子，孢子萌发形成新菌丝体的过程。当具备发育有性孢子的条件时，则在菌丝体上分化雌性和雄性细胞而进入有性世代。所有有性孢子萌发后都长出单倍体菌丝，进入无性周期。有许多真菌在其生活史中至今只发现它们的无性世代而没有发现有性世代，因而在分类上将它们统称为半知菌类。

2.1.3 非细胞型微生物

口蹄疫、烟草花叶病等一些传染病直到19世纪末仍无法获得其病原细菌。1892年，伊万诺夫斯基（Iwanovski）发现烟草花叶病的感染因子的滤过性。1898年，贝杰林克（M. W. Beijerinck）证实了伊万诺夫斯基的结果，并将这类过滤性病原称为病毒。1915年英国人陶尔德（Twort）在培养葡萄球菌时，发现菌落上出现透明斑。用接种针接触透明斑后，再向另一菌落上接触，不久接触的部分又出现透明斑。1917年在法国巴黎巴斯德研究所工作的加拿大籍微生物学家第赫兰尔（d'Herelle）也观察到痢疾杆菌的新鲜液体培养物能被加入的某种污水的无细菌滤液所溶解，混浊的培养物变清。若将此澄清液再行过滤，并加到另一敏感菌株的新鲜培养物中，结果同样变清。这种现象被称为陶尔德-第赫兰尔（Twort-d'Herelle）现象。第赫兰尔将该溶菌因子命名为噬菌体（bacteriophage，phage）。

大部分病毒对人体、牲畜、庄稼及工业微生物有害，因此病毒研究的任务之一就是阻止病毒的侵袭。人类和动物可以受特殊措施保护，比如通过物理或化学方法进行抗病毒处理。病毒只能通过敏感性菌种的培养获得。病毒包括植物病毒、动物病毒和微生物病毒。传统上也将微生物病毒分为感染原核宿主细胞和真核宿主细胞两类，其中以细菌为寄生对象的称为噬菌体。

国际病毒分类委员会（International Committee for Taxonomy of Viruses，ICTV）在1982年通过了关于病毒分类的第4次报告，即病毒分类的第4个方案，提出了更适用于所有病毒的分类和命名原则。具体原则：①核酸的类型、结构和分子量；②病毒体的形状和大小；③病毒体的形态学结构；④病毒体对乙醚、氯仿等脂溶剂的敏感性；⑤血清学性质和抗原关系；⑥ 病毒在细胞培养上的繁殖特征；⑦对脂溶剂以外其他物化因子的敏感性；⑧流行病学特征。据此最新病毒分类系统将现知病毒分为7大类，共59科。

2.1.3.1 病毒的形态及构造

绝大多数的病毒都是能通过细菌滤器的微小颗粒，多数直径在20～200nm之间。病毒的形态观察及其大小的精确测定必须借助电镜。最大的病毒是直径为450nm的虫痘病毒，最小病毒之一是菜豆畸矮病毒，其直径为9～11nm。

动物病毒多为球、卵或砖形；植物病毒多为杆、丝状，少数为球状。在电子显微镜下观察噬菌体有三种基本形态：蝌蚪形、微球形和丝状。噬菌体大多为蝌蚪形。噬菌体的基本形态见图2.9。

大多数病毒的化学组成是核酸和蛋白质。少数较大的病毒还含有脂类和多糖（常以糖脂、糖蛋白方式存在）。有的病毒还含有聚胺类化合物及无机阳离子等组分。每种病毒只含单一类型的核酸（DNA或RNA）。动物病毒有的是DNA型，有的是RNA型；植物病毒绝大多数是RNA型；噬菌体多数为DNA型，少数为RNA型。核酸分单链的和双链的。

从形态和核酸结构上可将噬菌体分为六个群，见表2.3。

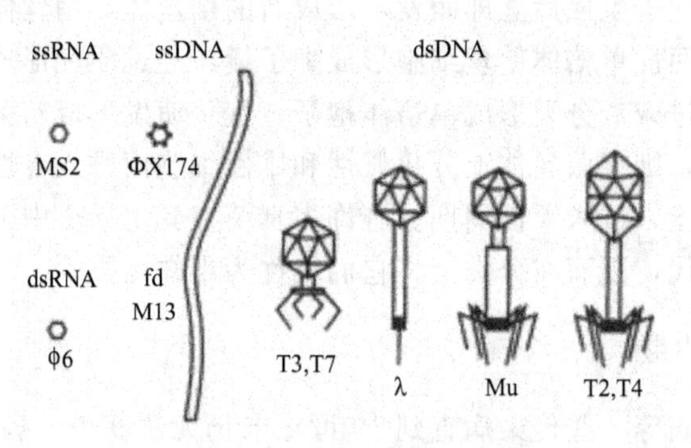

图 2.9 噬菌体的基本形态

表 2.3 噬菌体的六个群的形态及核酸结构

核酸结构	描述	例子	
		大肠杆菌噬菌体	其他噬菌体
双链 DNA	蝌蚪形收缩性长尾噬菌体：具六角头部及可收缩的尾部	T 偶数	极毛杆菌属：12S，PB-1 沙门氏菌属：66t
双链 DNA	蝌蚪形非收缩性长尾噬菌体：具六角头部及长的无尾鞘的不可收缩的尾部	T1、λ	极毛杆菌属：PB-2 棒状杆菌属：B 链霉菌属：K1
双链 DNA	蝌蚪形非收缩性短尾噬菌体：具六角头部及短且不可收缩的尾部	T3、T7	极毛杆菌属：12B 芽胞杆菌属：GA/1
单链 DNA	丝状噬菌体：无头部、蜿蜒如丝	fd、fl、M13	极毛杆菌属
单链 DNA	六角形大顶壳粒噬菌体：六角头部、六个顶角各有一个较大的壳粒，无尾部	ΦX174、S13	沙门氏菌属：ΦR
单链 RNA	六角形小顶壳粒噬菌体：有六角头部	MS2、Qβ、f2	极毛杆菌属：7S，PP7 柄细菌属

大肠杆菌 T 系噬菌体是目前研究得最广泛而又较深入的细菌噬菌体，编号 T1～T7，这类噬菌体呈蝌蚪形。大肠杆菌 T4 噬菌体为典型的蝌蚪形噬菌体，由头部和尾部组成。头部为由蛋白质壳体组成的廿面体，内含 DNA；尾部则由不同于头部的蛋白质组成，其外包围有可收缩的尾鞘，中间为一空髓，即尾髓。有的噬菌体的尾部还有颈环、尾丝、基板和尾刺（图 2.10）。

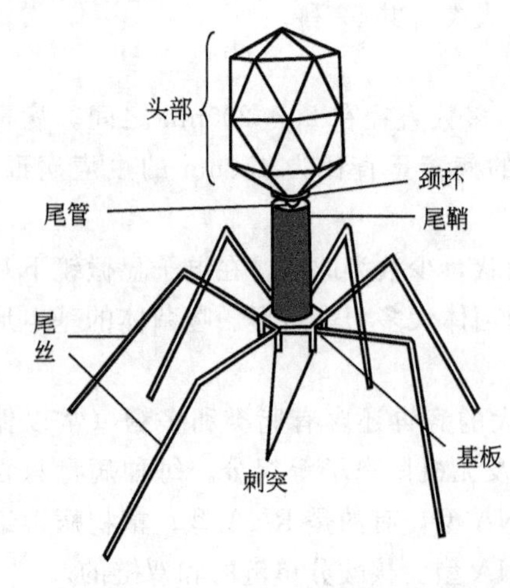

图 2.10 *E. coli* 的 T4 噬菌体模式图

2.1.3.2 噬菌体的繁殖方式

与其他细胞型的微生物不同，噬菌体和其他病毒粒并不存在个体的生长，而只有其两种基本成分的合成和装配过程，所以同种病毒粒间无年龄和大小之分。根据噬菌体与宿主细胞的关系可分为烈性噬菌体（virulent phage）和温和性噬菌体（temperate phage）。凡侵入细胞后，进行营养繁殖，导致细胞裂解的噬菌体称烈性噬菌体。而侵入细胞后，与宿主细胞 DNA 同步复制，并随着宿主细胞的生长繁殖而传下去，一般情况下不引起宿主细胞裂解的噬菌体，称温和性噬菌体。但在偶尔的情况下，如遇到环境诱变物甚至在无外源诱变物情况下可自发地产生成熟噬菌体。

大肠杆菌 T 系偶数噬菌体的生活周期研究得最早和较深入，这里以 T 系偶数噬菌体为代表介绍噬菌体的增殖，其增殖周期可分为五个阶段。

(1) 吸附 (adsorption)　敏感细菌的细胞表面具有吸附噬菌体的特异性受点。当噬菌体和敏感细胞混合时，发生碰撞接触，噬菌体的吸附点与细菌的接受点可以互补结合，这是一种不可逆的特异性反应。一种细菌可以被多种噬菌体感染，这是因为宿主细胞表面对各种噬菌体有不同的吸附受点。吸附时，噬菌体尾部末端尾丝散开，固着于特异性的受点，随之尾刺和基板固定在受点上。不同的噬菌体粒子吸附于宿主细胞的部位也不一样，如大肠杆菌 T 系噬菌体大多吸附于宿主细胞壁上；大肠杆菌丝状噬菌体 M13 只吸附在大肠杆菌性伞毛的末端；而枯草杆菌噬菌体 PBS2 则吸附在细菌鞭毛上。吸附过程受许多内外因子的影响，如噬菌体的数量、pH、温度、阳离子浓度等。

(2) 侵入 (penetration)　吸附后，尾管端的少量溶菌酶水解细胞壁的肽聚糖，使细胞壁产生一小孔，然后尾鞘收缩，将头部的核酸通过中空的尾髓压入细胞内，而蛋白质外壳则留在细胞外。大肠杆菌 T 系噬菌体只需几十秒就可以完成这个过程。通常一种细菌可以受到几种噬菌体的吸附，但细菌只允许一种噬菌体侵入，如有两种噬菌体吸附时，首先进入细菌细胞的噬菌体可以排斥或抑制第二者入内，即使侵入了，也不能增殖而逐渐消解。尾鞘并非噬菌体侵入所必不可少的。有些噬菌体没有尾鞘，也不收缩，仍能将核酸注入细胞。但尾鞘的收缩可明显提高噬菌体核酸注入的速率，如 T2 噬菌体的核酸注入速率就比 M13 的快 100 倍左右。

(3) 复制 (replication)　复制包括噬菌体 DNA 复制和蛋白质外壳的合成。噬菌体 DNA 进入宿主细胞后，立即以噬菌体 DNA 为模板，利用细菌原有的 RNA 合成酶来合成早期 mRNA，由早期 mRNA 翻译成早期蛋白质。这些早期蛋白质主要是病毒复制所需要的酶及抑制细胞代谢的调节蛋白质。在这些酶的催化下，以亲代 DNA 为模板，半保留复制的方式，复制出子代的 DNA。在 DNA 开始复制以后转录的 mRNA 称为晚期 mRNA，再由晚期 mRNA 翻译成晚期蛋白质。这些晚期蛋白质主要组成噬菌体外壳的结构蛋白质，如头部蛋白质、尾部蛋白质等。

(4) 装配 (assembly)　当噬菌体的核酸、蛋白质分别合成后即装配成成熟的、有侵染力的噬菌体粒子。在 T4 噬菌体的装配过程中，约需 30 种不同蛋白质和至少 47 个基因参与，其装配过程见图 2.11。主要步骤包括：DNA 分子的缩合，通过衣壳包裹 DNA 而形成

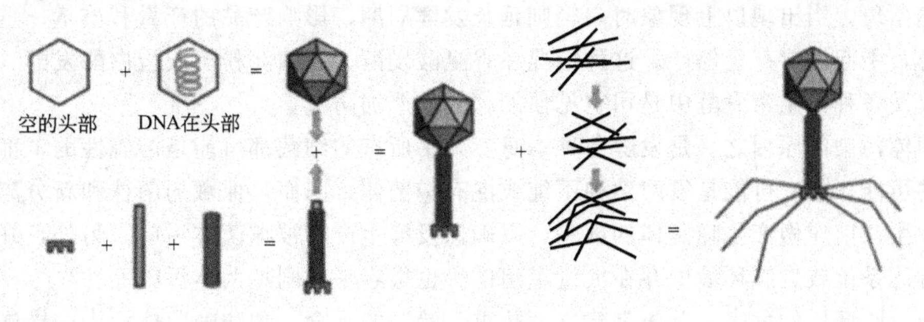

图 2.11　T 偶数噬菌体装配过程模式图

完整头部，尾丝和尾部的其他部件的独立装配，头尾结合，最后装上尾丝。

（5）释放（release）　当宿主细胞内的大量子代病毒成熟后，由于水解细胞膜的脂肪酶和水解细胞壁的溶菌酶的作用，自细胞内部促进细胞裂解，从而实现病毒的释放，即成熟的病毒粒子从被感染细胞内转移到外界。*E. coli* 的 T 系噬菌体就是这样释放的。大量噬菌体吸附在同一宿主细胞表面并释放众多的溶菌酶，最终因外在的原因导致细胞裂解，这种现象称为自外裂解，这种现象不会导致大量子代噬菌体产生。还有一些纤丝状的噬菌体，例如 *E. coli* 的 fl、fd 和 M13 等，它们的衣壳蛋白在合成后都沉积在细胞膜上。噬菌体成熟后并不破坏细胞壁，而是一个个噬菌体 DNA 穿过细胞膜外侧时才与衣壳蛋白结合，然后穿出细胞。在这种情况下，宿主细胞仍可继续生长。

2.1.3.3　噬菌斑

在宿主细菌液体培养基中，噬菌体可以使混浊的菌悬液变得澄清。而在长有宿主细菌的固体培养基平板上，噬菌体可以裂解细菌形成一个具有一定形状、大小、边缘和透明度的空斑，即噬菌斑。每种噬菌体的噬菌斑有一定的形态，可作为鉴定噬菌体的依据之一，也可用于纯种分离和计数。据测定，一个噬菌斑中一般含有 $10^7 \sim 10^9$ 个噬菌体粒子。

效价（titre）是微生物或其产物、抗原与抗体活性高低的标志。噬菌体效价表示每毫升试样中所含有的具侵染性噬菌体粒子数。通常采用双层平板形成噬菌斑进行噬菌体的计数，见图 2.12，以每毫升中含有的噬菌斑形成单位表示。

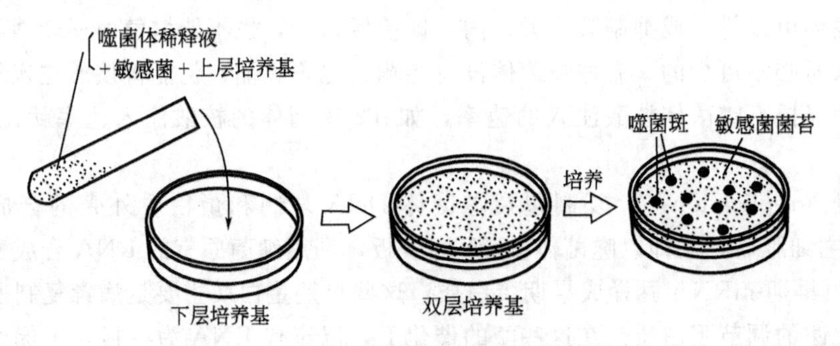

图 2.12　利用双层平板法形成噬菌斑的过程

2.1.3.4　生产上噬菌体的防治

噬菌体对生产的影响主要体现在对微生物发酵工业的危害上，抗生素、味精、有机溶剂和酿酒发酵等经常会受到噬菌体的污染。当发酵液受噬菌体污染后，往往会出现一些明显的异常现象，如碳源和氮源消耗缓慢；发酵周期明显延长；发酵液色泽和稠度改变；pH 值异常变化；发酵产物锐减；镜检时，可发现有大量异常菌体出现；对敏感菌做平板检查时，出现大量噬菌斑。当出现以上现象时，轻则延长发酵周期，影响产品的产量和质量；重则无法继续发酵，引起倒罐甚至停产。这种情况在谷氨酸发酵、细菌淀粉酶或蛋白酶发酵、丙酮丁醇发酵以及各种抗生素发酵中是司空见惯的，故应严加防范。

噬菌体污染的原因之一是发酵菌种本身。几乎所有的细菌都可能是溶源性的，都有产生噬菌体的可能。也有可能是发酵菌种不纯或混有噬菌体，因而，保藏的菌株和新分离菌株在用于工业生产前应做产生噬菌体的试验，以确保发酵生产不被噬菌体污染。另外，好氧发酵的空气过滤系统或发酵环境中存在大量噬菌体等也很容易加剧噬菌体污染。

要防治噬菌体的危害，首先是建立“防重于治”的观念。预防噬菌体污染的措施如下。

① 杜绝噬菌体的各种来源。加强管道及发酵罐的灭菌，定期监测发酵罐、管道及周围

环境中噬菌体的数量变化。空气过滤系统应严格灭菌，并确保干燥。排气系统应有分离装置，并合理设计排水沟。噬菌体易被酸、碱杀死，受热（60～70℃时5～10min）变性，对氧化物敏感。化学消毒剂，如0.5%甲醛、1%新洁而灭或漂白粉等都可杀灭噬菌体。对可能沾污噬菌体的地面可洒放漂白粉或石灰等。

② 决不排放或随便丢弃活菌液。 活菌是噬菌体赖以增殖的宿主，控制其排放能消除环境中出现特定的噬菌体。摇瓶菌液、种子液、检验液和发酵后的菌液绝对不能随便丢弃或排放；正常发酵液或污染噬菌体后的发酵液均应严格灭菌后才能排放；发酵罐的排气或逃液均须经消毒、灭菌后才能排放。

③ 决不使用可疑菌种。 认真检查斜面、摇瓶及种子罐所使用的菌种，坚决废弃任何可疑菌种。

④ 不断筛选抗性菌种，并经常轮换生产菌种。选育和使用抗噬菌体的生产菌株是一种较经济有效的手段，定期轮换生产菌种，可以防止某种噬菌体污染扩大，避免生产不会因噬菌体污染而中断。

⑤噬菌体污染后的补救措施。预防不成，一旦发现噬菌体污染时，要及时采取合理措施。如果发现污染时发酵液中的代谢产物含量已较高，即应及时提取；如在发酵前期发现噬菌体污染，可补加营养再灭菌并接种抗噬菌体菌种后再继续发酵，以挽回损失。目前防治噬菌体污染的药物还很有限，低剂量的金霉素、四环素或氯霉素等抗生素或“吐温60”、“吐温20”或聚氧乙烯烷基醚等表面活性剂均可抑制噬菌体的增殖或吸附，而对菌体没有明显的抑制作用。

2.2 微生物的营养与生长

微生物同其他生物一样，新陈代谢是其生命基本特征之一。通过代谢，微生物与外部环境进行物质和能量的交换。微生物从外部环境中摄取其生命活动必需的能量和物质，以满足正常生长和繁殖需要的过程称为营养。营养是生命活动的起点，为一切生命活动提供了必需的物质基础，并可能为人类提供各种有益的代谢产物。

2.2.1 微生物的六大类营养物质

微生物细胞含有80%左右的水分和20%左右的干物质，它主要是由C、H、O和N等元素组成，约占全部干物质的90%～97%，此外还含有各种无机矿物质，依次为P、K、Mg、Ca、S、Na及微量元素。这些化学组成基本决定了微生物生长所需的营养物质类型。另外某些微生物分泌的代谢产物的化学成分可能会影响到微生物的生长，如一些抗生素和维生素生产中应额外添加某些无机元素，一些抗生素、氨基酸含有大量氮元素，在发酵生产时就必须适量添加。

2.2.1.1 水

微生物细胞的含水量很高，细菌、酵母菌和霉菌的营养体分别含水80%、75%和85%左右，水是微生物细胞的重要组成部分。同时，水是微生物进行代谢活动的介质，可保证几乎一切生化反应的进行，维持生物大分子结构的稳定性。有时还直接参与了一部分生化反应，如蓝细菌等少数微生物利用水中的氢还原CO_2以合成糖类。微生物离开了水就不能进行生命活动。但有些情况下，由于水与溶质或其他分子结合而不能被微生物利用，这种状态的水称为“结合水”，而只有“游离水”才可以被微生物所利用。

2.2.1.2 碳源

微生物细胞含碳量约占干重的50%，因此除水分外需要量最大的营养要素是碳。一切能满足微生物生长繁殖所需碳元素的营养物，称为碳源。把所有微生物作为一整体考察，其可利用的碳源范围包括糖类、醇类、有机酸、氨基酸、蛋白质、脂类、烃类以及二氧化碳或碳酸盐类等。其中二氧化碳或碳酸盐类是无机碳，其余均为有机碳。微生物的碳源谱虽广，但最广泛利用的是糖类，其次是有机酸类、醇类和脂类等。少数微生物能利用酚、氰化物等有毒物质作为碳源，可用于治理“三废”。针对某一具体微生物来说，碳源差异极大，例如洋葱伯克雷尔德氏菌（*Burkholderia cepacia*）可利用的碳源竟有90种之多，而一些甲烷氧化菌仅能利用甲烷和甲醇两种。

异养微生物虽然能利用各种有机碳源，但有些生长在动物的血液、组织和肠道中的致病微生物，还需要提供少量CO_2才能正常生长。对于一切异养微生物来说，碳源物质通过机体内一些复杂的化学反应，最终用于构成细胞物质或为机体提供完成整个生理活动所需的能量，所以往往兼作能源物质。

2.2.1.3 氮源

细胞的干物质中氮含量仅次于碳和氧，它是构成微生物细胞中核酸和蛋白质的重要元素。凡能够提供微生物生长繁殖所需要氮元素的营养源，统称氮源。从分子态的氮到复杂的含氮化合物都能被微生物作为氮源利用，包括NH_3、铵盐、硝酸盐、N_2等无机氮源和蛋白质、尿素、氨基酸、核酸等有机氮源。但对于不同类型的微生物，其氮源可利用范围差异较大。工业生产常用的氮源有黄豆饼粉、花生饼粉、蛋白胨、牛肉膏、玉米浆、蚕蛹粉等，但在生产不同的发酵产物时所采用的氮源也是有差异的。

除少数微生物在只含无机氮源的培养基中不能生长外，能利用无机氮源的微生物，一般也能利用有机氮源。有机氮源中的氮往往是蛋白质或其降解产物，微生物需要通过自身分泌的胞外蛋白水解酶将蛋白质降解后加以利用。因此，以蛋白质形式存在的有机氮源被称为“迟效性氮源”，而无机氮源或是以蛋白质降解产物形式存在的有机氮源则称为“速效氮源”。

固氮微生物能利用分子态氮合成自己需要的氨基酸和蛋白质，当但固氮微生物以无机氮或有机氮作为氮源时，便失去了固氮能力。固氮微生物主要是原核微生物，包括与植物共生的固氮菌以及蓝细菌、固氮细菌等自生固氮菌。

2.2.1.4 矿质营养

微生物的生命活动中，除了需要碳源、氮源和能源之外，还需要其他元素，例如硫、磷、钠、钾、镁、钙、铁等元素，还需要某些微量的金属元素，诸如钴、锌、钼、镍、钨、铜等。上述元素大多是以盐的形式来提供给微生物的，因此被称为无机盐或矿质营养。这些无机盐是组成生命物质的必要成分，或是维持正常生命活动必需的，有些则是用于促进或抑制某些物质的产生。主要矿质元素的来源和功能见表2.4。

表2.4 主要矿质元素的来源和功能

元素	生理功能
P	核酸、磷酸和辅酶的成分
S	含硫氨基酸（半胱氨酸、甲硫氨酸等）的成分；含硫维生素（生物素、硫胺素等）的成分
K	某些酶（果糖激酶、磷酸丙酮酸转磷酸酶等）的辅因子；维持电位差和渗透压
Na	维持渗透压；某些细菌和蓝细菌所需
Ca	某些胞外酶的稳定剂；蛋白酶等的辅因子；细菌形成芽胞和某些真菌形成孢子所需
Mg	固氮酶等的辅因子；叶绿素等的成分

续表

元素	生理功能
Fe	细胞色素的成分；合成叶绿素；白喉毒素和氯高铁血红素
Mn	超氧化物歧化酶、氨肽酶和L-阿拉伯糖异构酶等的辅因子
Cu	氧化酶及酪氨酸酶的辅因子
Co	维生素B_{12}复合物的成分；肽酶的辅因子
Zn	碱性磷酸酶及多种脱羧酶、肽酶和脱氢酶的辅因子
Mo	固氮酶和同化型及异化型硝酸盐还原酶的成分

2.2.1.5 能源

能为微生物生命活动提供最初能量来源的营养物质和辐射能称为能源。能源可分为两大类：化能和光能。少数微生物可利用光能，绝大多数微生物的能源是化学物质。不同微生物的能源谱为如下。

能源谱
- 化学物质（化能营养型）
  - 有机物：化能异养微生物的能源（同于碳源）
  - 无机物：化能自养微生物的能源（不同于碳源）
- 辐射能（光能营养型）：光能自养微生物和光能异养微生物的能源

各种异养微生物的能源就是其碳源，化能自养微生物的能源都是一些还原态无机物质。如NH_3、NH_4^+、NO_3^-、S、H_2S、H_2和Fe^{2+}等。能利用这些物质的微生物均为细菌，如硝酸细菌、亚硝酸细菌、硫细菌、氢细菌和铁细菌等。

在微生物的营养要素和营养物质中，有些要素或物质仅有一种功能，有些则具有多种功能。如光照仅提供能量；还原态物质大多具有双重以上功能，如NH_3同是硝酸细菌的氮源和能源物质；氨基酸和蛋白质具有氮源、碳源和能源3种功能。

2.2.1.6 生长因子

微生物生长必需的微量有机物质称为生长因子，主要包括维生素、氨基酸和碱基（嘧啶和嘌呤）。生长因子不提供能量，也不参与细胞结构组成，它们大多为酶的组成，与微生物代谢有着密切关系。

生长因子虽是一种重要的营养要素，但它与碳源、氮源和能源物质不同，并非所有微生物都需从外界吸收，有些微生物可以自身合成。按微生物与生长因子间的关系将微生物分为3种类型。一是生长因子自养型微生物，能自身合成各种生长因子，不需外界供给。通常把这种不需生长因子而能在基础培养基上生长的菌株称为野生型或原养型菌株。多数真菌、放线菌和部分细菌属于这种类型。二是生长因子异养型微生物，它们自身缺乏合成一种或多种生长因子的能力，需外源提供所需生长因子才能生长。通常将由于自发或诱发突变等原因从野生型菌株产生的需要特定生长因子才能生长的菌株称为营养缺陷型（auxotroph）菌株。乳酸菌、各种动物病原菌和支原体等属于生长因子异养型微生物。三是生长因子过量合成微生物，它们在代谢活动中向细胞外分泌大量的维生素等生长因子，可用于维生素的生产。如阿舒假囊酵母（*Eremothecium ashbya*）的维生素B_2产量可达2.5g/L发酵液。

不同微生物合成氨基酸的能力差异很大。有的细菌能自己合成所需的全部氨基酸，不需从外界补充；有的细菌合成能力极弱，如肠膜明串珠菌需要从外界补充19种氨基酸和维生素才能生长。

2.2.2 微生物的营养类型

在长期的进化过程中，受生态环境的影响，微生物中分化出了各种各样的营养类型（表2.5）。虽然营养类型的划分方法很多，但较多的是根据微生物获取主要营养要素即能源、碳源和供氢体的不同来划分，即光能无机营养型、光能有机营养型、化能无机营养型、化能有机营养型四种不同的营养类型，见表2.6。

表2.5 微生物营养类型的分类

分类标准	营养类型	主要特点
能源	光能营养型(phototroph)	以光作为能源
	化能营养型(chemotroph)	靠各种化学反应来获取能量
碳源	自养型(aototroph)	生物合成能力强,能将简单的无机物合成复杂的细胞物质
	异养型(heterotroph)	生物合成能力差,不能将简单的无机物合成复杂的细胞物质
供氢体	无机营养型(lithotroph)	H^+的来源为无机物
	有机营养型(orgnotroph)	H^+的来源为有机物
以合成氨基酸能力分	氨基酸自养型(aminoacidautootroph)	能将简单的氮源自行合成所需要的一切氨基酸
	氨基酸异养型(aminoacidheterotroph)	需从外界吸收现成的氨基酸
以生长因子需要分	野生型(wide type)或原养型(prototroph)	能在基本培养基上生长
	营养缺陷型(auxotroph)	只能在完全培养基或相应的补充培养基上生长
以取食方式分	渗透营养型(osmotroph)	营养物质通过微生物细胞的细胞膜选择性地吸收
	吞噬营养型(phagocytosis)	多数原生动物直接以细胞质膜包围并吞噬营养物
以所取死或活的有机物分	腐生型(saprophytism)	利用无生命活性的有机物
	寄生型(parasitism)	利用有生命活性的有机物

表2.6 微生物的主要营养类型

营养类型	能源	氢供体	主要碳源	实例
光能无机营养型(光能自养型)	光	无机物	CO_2	蓝细菌,藻类
光能有机营养型(光能异养型)	光	有机物	CO_2及简单有机物	红螺菌科细菌
化能无机营养型(化能自养型)	无机物	无机物	CO_2	硝化细菌,硫化细菌,铁细菌,氢细菌,硫黄细菌
化能有机营养型(化能异养型)	有机物	有机物	有机物	绝大多数细菌,全部真核微生物

2.2.3 微生物的生长

2.2.3.1 微生物生长的测定

微生物生长是细胞物质有规律地、不可逆增加，导致细胞体积扩大的生物学过程，这是个体生长的定义。繁殖是微生物生长到一定阶段，由于细胞结构的复制与重建并通过特定方式产生新的生命个体，即引起生命个体数量增加的生物学过程。微生物的个体生长特点是时间很短，很快就进入繁殖阶段，生长与繁殖难以分开。因此，常常以群体生长作为细菌生长的指标，除有特定的目的以外，在微生物的研究和应用中，只有群体的生长才有意义，而群体生长常常表现为细胞数目或物质的增加。对细胞物质的增加可以用生物量来表示。对于单细胞微生物生长进行测定时，既可取细胞数，也可选取细胞重量作为生长的指标；而对于多细胞，特别是丝状真菌，则以菌丝生长的长度或菌丝的重量为生长指标。微生物生长的测定主要有计繁殖数和测生长量等方法。

(1) 计繁殖数

①显微直接测数法　适用于单细胞的微生物类群。测定时用细菌计数器或血细胞计数板（适用于酵母、真菌孢子等）在光学显微镜下直接观察细胞并进行计数。此法十分常用，但得到的数目是包括死细胞在内的总菌数。可用特殊染料对活菌染色再进行显微计数，如细菌经吖啶橙染色后，在紫外线显微镜下可观察到细胞发出橙色荧光，而死细胞则发出绿色荧

光，因此可用以区别活菌和死菌。

②平板菌落计数法　迄今最广泛采用的主要活菌计数方法，适用于各种好氧菌和厌氧菌，具体分为平板涂布法和倾注法。其主要操作是把稀释后的一定量菌液通过浇注或涂布的方法，让其内的微生物单细胞一一分散在琼脂平板上（内），待培养后，每一活细胞就形成一个单菌落，即“菌落形成单位”（colony forming unit，cfu），根据皿上形成的 cfu 数去推算菌样的含菌数。此法所得到的数值往往比直接法测定的数字小。另外，操作较繁琐且要求操作者技术熟练，在混合微生物样品中只能测定占优势并能在供试培养基上生长的类群。

(2) 测生长量

① 干重法　直接测定生长量的较常用方法。收集单位体积培养液中菌体，以清水洗净，然后在 100℃左右烘干细胞或减压干燥，称重。由干重可知鲜重：细菌干重为鲜重的 20%～25%，酵母干重为鲜重的 15%～30%，丝状真菌干重为鲜重的 10%～15%。

② 比浊法　可使用光电比色计测定，通过测定菌悬液的光密度或透光率反映细胞的浓度，是测定悬液中细胞数的快速方法，一般选用 450～650nm 波段。因细胞浓度仅在一定范围内与光密度呈直线关系，因此待测菌悬液的细胞浓度不应过低或过高，培养液的色调也不宜过深，颗粒性杂质的数量应尽量减少。要连续跟踪某一培养物的生长动态，可用带有侧臂的三角烧瓶做原位测定。

③ 生理指标法　以代谢作用所消耗或产生的物质的量表示微生物的生长量。如微生物对 O_2 的吸收、产生 CO_2 的量、发酵糖产酸量、测含氮量、测含碳量以及测磷、DNA、RNA、ATP、DAP（二氨基庚二酸）等，可以根据实验目的和条件适当选用，其应用的前提是作为生长指标的那些生理活动不受生长以外的其他因素影响。

2.2.3.2　微生物的群体生长规律

将少量微生物细胞接种到恒定容积的液体培养基中，随着微生物生长繁殖，营养物质消耗，代谢产物积累，微生物逐渐衰亡，其过程有一定规律。

(1) 单细胞微生物的生长曲线　单细胞微生物的生长和繁殖难以分开，通常以群体的生长作为单细胞微生物生长的指标。将少量单细胞纯培养接种到一定容积的新鲜培养液中，在适宜条件下培养，该群体就会由小到大，发生有规律的增长。如以培养时间为横坐标、以微生物细胞数目的对数为纵坐标就可画出一条单细胞微生物的典型生长曲线（图 2.13）。根据微生物的生长速率常数，即每小时分裂次数的不同，一般可把典型生长曲线粗分为延滞期、对数期、稳定期和衰亡期 4 个时期。

① 延滞期（lag phase）　又称迟缓期、停滞期或适应期。细胞特点：分裂迟缓、代谢活跃、细胞体积增长较快；细胞中 RNA 含量增高，原生质嗜碱性加强；对不良环境条件较敏感；合成代谢活跃，易产生诱导酶。延迟期的长短与菌种的遗传性、菌龄及移种前后所处的培养条件等因素有关。

② 对数期（logarithmic phase）　又称指数期（exponential phase）。细胞特点：生长速率常数 R 最大，细胞代谢活性最强，合成新细胞物质最快，细胞数以几何级数增加，增代时间最短。处于对数期的微生物个体形态、化学组成和生理特性等较一致，代谢旺盛，生长迅速，代时（单个细胞完成一次分裂所需的时间）稳定，是研究基本代谢的良好材料，也是发酵生产的良好种子。

③ 稳定期（stationary phase）　又称恒定期或最高生长期。其特点是生长速率常数等

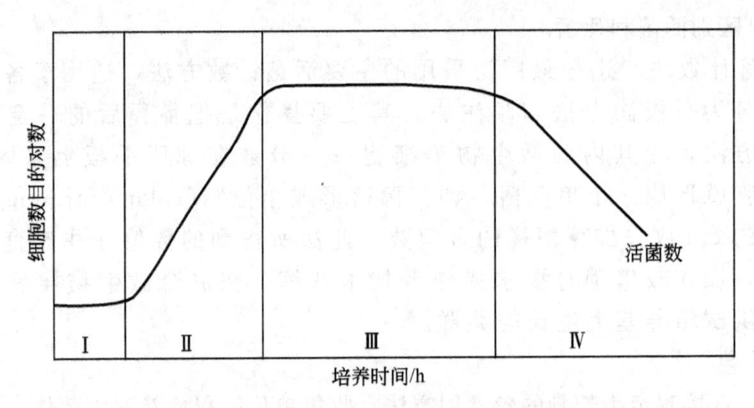

图 2.13　单细胞微生物的典型生长曲线

于零，细胞增殖与死亡处于动态平衡，总数不再增加。细胞内储存物的积累增加，菌体出现颗粒、脂肪球等，大多数芽孢细菌在此阶段形成芽孢。是生产上收获菌体和代谢产物的重要阶段。

这时的菌体产量达到了最高点，而且菌体产量与营养物质的消耗间呈现出有规律的比例关系，生产上称为产量常数（y）。

y＝菌体总生长量/消耗营养物质总量

y 值的大小可说明该种微生物同化效率的高低。

稳定期的长短，与菌种和外界环境条件有关。生产上可通过补料、调节 pH、调整温度等措施，延长稳定期，以积累更多的代谢产物。

④ 衰亡期（decline phase）　在衰亡期中，微生物的个体死亡速度超过新生速度，整个群体呈现负生长状态（R 为负值）。细胞形态发生多形化，例如会发生膨大或不规则的退化形态；有的微生物因为蛋白水解酶活力的增强而发生自溶；有的微生物进一步合成或释放抗生素等次生代谢产物；芽孢杆菌往往在此期释放芽孢等。

产生衰亡期的原因主要是外界环境对继续生长越来越不利，引起细胞内的分解代谢明显超过合成代谢，继而导致大量菌体死亡。

(2) 丝状真菌的生长曲线　多细胞微生物的生长，以菌丝干重作为衡量生长的指标，丝状真菌的生长过程大致可分为停滞期、迅速生长期和衰亡期。因为丝状真菌的繁殖不以几何倍数增加，故无对数生长期（图 2.14）。

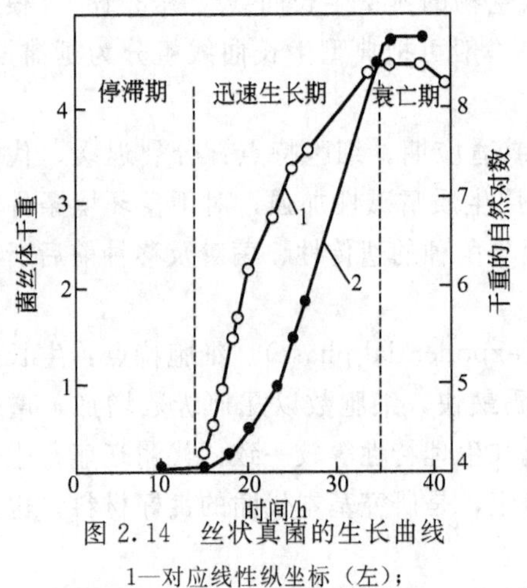

图 2.14　丝状真菌的生长曲线

1—对应线性纵坐标（左）；
2—对应对数纵坐标（右）

2.2.3.3　影响微生物生长的主要因素

生长是微生物与外界环境因子共同作用的结果。一方面，微生物需要从环境中摄入生长和生存所必需的营养物质，只能在一定的环境条件（温度、湿度及 pH）下才能够生存，而环境条件的变化会引起微生物的形态、生理、生长和繁殖牲发生变化；另一方面，微生物也向环境中排泄出各种代谢产物，抵抗和适应环境变化，甚至影响和改变环境。

(1) 温度　温度主要通过影响微生物膜的流动性和生物大分子的活性而影响微生物的生

命活动。具体表现在两个方面：一方面，随着温度升高，微生物细胞中的蛋白质和酶活性增强，生物化学反应加快，生长速率提高；另一方面，随温度上升，微生物细胞中对温度较敏感的组成成分（如蛋白质、核酸等）会受到不可逆的破坏。温度对微生物生长速率的影响见图 2.15。

在最低温度和最适温度之间，微生物的生长速率随温度的升高而增加。最低温度是微生物生长的下限，低于该温度微生物将停止生长。反复冻融会使细胞内的水分变成冰晶，造成细胞明显脱水，此外冰晶往往还造成细胞尤其细胞膜的物理损伤，从而导致细胞死亡。若采取快速冷冻，同时在细胞悬液中加入保护剂（如甘油、血清、葡萄糖等），则可减少冰冻对细胞的有害效应。实验室中常利用冰晶体损伤微生物细胞的特性进行细胞的破碎。细菌等微生物细胞经历三次以上的反复冻融过程可达到较好的破壁效果。微生物可以在低温下较长期地保存其生活能力，因此常用低温保藏微生物。

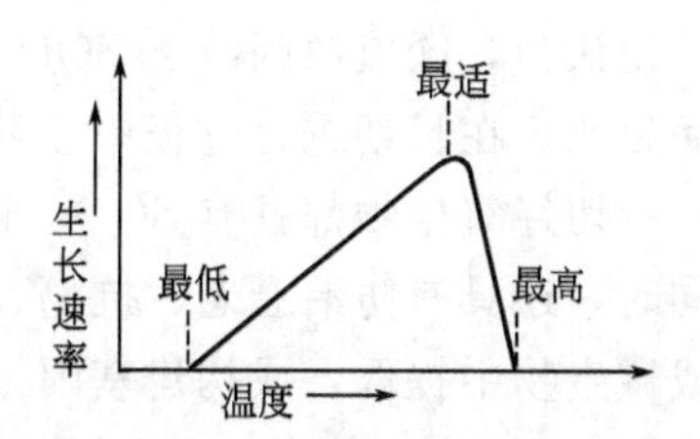

图 2.15　温度对微生物生长速率的影响

最适温度是使微生物生长繁殖最快的温度，代时也最短。但它不一定就是微生物一切代谢活动最好的温度。例如乳酸链球菌虽然在 34℃下生长最快，但获得细胞总量最高的温度是 25～30℃，发酵速度最快的温度则为 40℃，而乳酸产量最高的温度是 30℃。研究不同微生物在生长或积累代谢产物阶段时的不同最适温度，对提高发酵生产的效率具有十分重要的意义。根据最适生长温度不同，可将微生物分为三大类（表 2.7）。

表 2.7　微生物的生长温度类型

微生物类型		生长温度范围/℃			分布的主要区域
		最低	最适	最高	
嗜冷微生物	专性嗜冷型	−12	5～15	15～20	极地区
	兼性嗜冷型	−5～0	10～20	25～30	海洋、冷泉及冷藏食品
嗜温微生物	室温型	10～20	20～35	40～45	腐生
	体温型	10～20	35～40	40～45	寄生
嗜热微生物		25～45	50～60	70～95	温泉、堆肥、表层水、加热器等

(2) 氧气　不同微生物要求不同的通气条件。根据微生物与氧气的关系，可以将微生物分为五种不同的类型：专性好氧菌、专性厌氧菌、兼性厌氧菌、微好氧菌和耐氧菌。

① 专性好氧菌　包括绝大多数真菌和多数细菌、放线菌、蓝细菌，它们以氧为呼吸链的最终电子受体，最后与氢离子结合成水。在呼吸链的电子传递过程中，释放出大量能量，供细胞维持生长和合成反应使用。氧还参与一些生化反应。细胞含超氧化物歧化酶（SOD）和过氧化氢酶。好氧菌缺氧就不能生长。

② 专性厌氧菌　包括梭菌属、拟杆菌属、脱硫弧菌属和绝大多数产甲烷菌，它们利用结合态的氧。细胞缺少过氧化氢酶、过氧化物酶和超氧化物歧化酶，无法消除超氧阴离子自由基的毒害作用，暴露在空气中将停止生长，甚至很快死亡。

③ 兼性厌氧菌　包括许多细菌、酵母菌和病原微生物中的一些类群。具有两套呼吸酶系，有氧时以氧作为受氢体进行呼吸作用，无氧时则以代谢的中间产物为受氢体进行发酵作用，通常在有氧时长得更好些。细胞含 SOD 和过氧化氢酶。

④ 微好氧菌　只能在含氧量为 2%～10%的微好氧条件下生长，通过呼吸链并以氧为最终氢受体而产能。如片球菌属、霍乱弧菌、氢单胞菌、发酵单胞菌和拟杆菌属。

⑤ 耐氧菌　可在分子氧存在下进行厌氧生活的厌氧菌，在生长中不需要氧，分子氧对它也无毒害。不具有呼吸链，仅靠专性发酵获得能量。细胞内存在 SOD 和过氧化物酶，但无过氧化氢酶。通常的乳酸菌多为耐氧菌。

1971 年 McCord 和 Fridovich 提出的 SOD 学说可以较好地解释厌氧菌的氧毒害机制。该学说认为，厌氧菌因缺乏 SOD，易被生物体内极易产生的超氧阴离子自由基（$O_2^- \cdot$）毒害而致死。在长期进化过程中生物体发展了去除超氧阴离子自由基等各种有害活性氧的机制，一切好氧生物都具有 SOD。近年的研究发现 SOD 在清除生物体内的超氧阴离子自由基的同时，还具有防治衰老、抗癌、防白内障、治疗放射病和肺气肿等疗效，可直接从动物血液或微生物中提取，或构建基因工程菌的方法来开发这种医疗用酶。

(3) pH　环境 pH 对微生物生长的影响主要是可引起细胞膜电荷的变化，从而影响微生物对营养物质的吸收，影响代谢过程中酶的活性；改变营养物质的可给性和有害物质的毒性。pH 不仅影响微生物的生长，甚至影响微生物的形态。

与温度对微生物的影响类似，各种微生物有其最低生长 pH 值、最适生长 pH 值和最高生长 pH 值。最适生长 pH 值偏酸性的微生物，称为嗜酸性微生物，最适生长 pH 值偏碱性的称嗜碱性微生物。一般酵母菌和霉菌适宜 pH4～6 的环境，放线菌适宜 pH 为 7.5～8，细菌则为 6.5～7.5。环境 pH 值超过最低或最高生长 pH 值就会使一般微生物致死。同一种微生物在不同的生长阶段和不同生理生化过程中，对环境 pH 要求不同，微生物生长繁殖的最适 pH 与其合成某种代谢产物的最适 pH 常不一致，在生产实践中，按需要改变 pH 值，可提高生产效率。微生物代谢活动会改变环境 pH 值，而 pH 变化往往对发酵生产不利，需及时调整 pH 值，可以采用以下的相应措施：

pH 调节措施
- “治标”
  - 过酸时：加 NaOH、Na_2CO_3 等碱中和
  - 过碱时：加 H_2SO_4、HCl 等酸中和
- “治本”
  - 过酸时
    - 加适当氮源：如尿素、$NaNO_3$、NH_4OH 或蛋白质等
    - 提高通气量
  - 过碱时
    - 加适当碳源：糖、乳酸、油脂等
    - 降低通气量

2.2.4　微生物培养基

培养基（medium 或 culture medium）是一种人工配制的、适合微生物生长繁殖或产生代谢产物用的混合养料。任何培养基都应具备微生物所需要的六大营养要素，且其间的比例是合适的。培养基一旦配成，必须立即进行灭菌，否则很快引起杂菌丛生，并破坏其固有成分和性质。

2.2.4.1　培养基选用和设计的原则

针对不同的微生物、不同的营养要求，可以采用不同的培养基。但是，培养基的配制必须遵循一定的原则。

(1) 目的明确　在设计新培养基前，首先要明确配制该培养基的目的。如果某培养基将用于实验室研究，则一般不必过多地计较其成本。但必须明确对该培养基是作一般培养用，还是作精细的生理、代谢或遗传等研究用，再考虑按天然培养基或合成培养基的要求来设计。拟培养的微生物对象也十分重要。不同大类的微生物，对培养基中碳源与氮源间的比例、pH 的高低、渗透压的大小、生长因子的有无以及特殊成分的添加等都要作相应的

考虑。

(2) 营养物质应满足微生物需要　不同微生物对营养的需求差异很大，应根据所培养菌种对各营养要素的不同要求进行配制。如异养型微生物的培养基成分必须含有机物，而自养微生物的培养基成分则是无机的。一般培养时可以采用现成的培养基，如细菌采用肉汤蛋白胨培养基、放线菌采用高氏 1 号合成培养基、酵母采用麦芽汁培养基、霉菌采用查氏合成培养基。

(3) 营养物的浓度和比例协调　培养基中各种营养要素的数量和比例要合适，否则不能满足微生物生长的需要或是抑制微生物的生长。在大多数化能异养菌的培养基中，各营养要素间在量上的比例大体符合以下十倍序列的递减规律：H_2O＞C 源＋能源＞N 源＞P、S＞K、Mg＞生长因子。其中碳源与氮源的比例（即 C/N）更为重要。C/N 是指在微生物培养基中元素 C 与 N 的比值，粗略表示可用还原糖与粗蛋白质含量比。不同微生物要求不同的 C/N。如细菌和酵母菌培养基中的 C/N 约为 5/1。

如果某培养基将用于大规模的发酵生产上，则用作“种子”的培养基，一般其营养成分宜丰富些，尤其氮源的含量应较高（即 C/N 低）；相反，如拟用作大量生产代谢产物的发酵培养基，一般氮源含量宜比“种子”培养基稍低（即 C/N 高）。除了对不同类型的微生物应考虑其特定条件外，在设计发酵培养基时，还应特别考虑到生产的代谢产物是初级代谢产物，或是次级代谢产物。如生产次级代谢产物，例如抗生素、维生素或赤霉素等，则应考虑是否在其中加入特殊元素（如维生素 B_{12} 中的 Co）或特定前体物质（如生产苄青霉素时加入的苯乙酸）。

(4) 物理化学条件适宜

① pH　各大类微生物一般都有它们合适的生长 pH 范围。细菌的最适 pH 在 7.0～8.0，放线菌在 pH7.5～8.5，酵母菌在 pH3.8～6.0，而霉菌则在 pH4.0～5.8。对于具体的某一种微生物来说，都有其特定的最适 pH 范围。

微生物在生长繁殖过程中会产生引起培养基 pH 改变的代谢产物，如不适当地加以调节，就会抑制甚至杀死其自身，因而在设计此类培养基时，就要考虑到培养基的 pH 调节能力。通过培养基内在成分发挥的调节作用，称为 pH 的内源调节。内源调节主要有以下两种方法。

第一种是采用磷酸缓冲液的方式。调节 K_2HPO_4 和 KH_2PO_4 两者浓度比就可获得从 pH6.0 至 pH7.6 的一系列稳定的 pH，当两者为等物质的量浓度比时，溶液的 pH 可稳定在 pH6.8。其反应原理如下：

$$K_2HPO_4 + HCl \longrightarrow KH_2PO_4 + KCl$$

$$KH_2PO_4 + KOH \longrightarrow K_2HPO_4 + H_2O$$

第二种是采用加入 $CaCO_3$ 作“备用碱”的方式。$CaCO_3$ 在水溶液中溶解度极低，加入至液体或固体培养基中时，不会使培养液的 pH 明显升高。但当微生物生长过程中不断产酸时，它就逐渐被溶解，产生的 CO_2 可以从培养基中逸出，继而发挥调节培养基 pH 的作用。有时也可用 $NaHCO_3$ 来调节。

与内源调节相对应的是外源调节，外源调节是指按实际需要不断或间断流加酸液或碱液到培养液中的调节方法。

② 其他　培养基中其他的一些物化指标也会影响微生物的培养。培养基中水的活度应符合微生物的生理要求（a_w 值在 0.63～0.99 之间）。大多数等渗溶液适宜微生物的生长，

高渗溶液会使细胞发生质壁分离，而低渗溶液则会使细胞吸水膨胀。少数细菌如金黄色葡萄球菌则能在3mol/L NaCl的高渗溶液中生长。能在高盐环境（2.8～6.2mol/L NaCl）生长的微生物常被称为嗜盐微生物。培养基中各种成分及其浓度等指标的优化间接地确定了培养基的水活度和渗透压，通常在配制培养时不必测定这类指标。此外，各种微生物对培养基的氧化还原电位等也有不同的要求。

2.2.4.2 培养基的种类

微生物培养基的种类繁多，一般可按不同的分类系统和依据将培养基分成不同的类型。

（1）根据对培养基成分的了解程度分类

① 天然培养基　指一类利用动、植物或微生物体包括用其提取物制成、成分含量不完全清楚且变化不定的培养基。例如培养细菌的牛肉膏蛋白胨培养基。该培养基的优点是营养丰富、种类多样、配制方便、价格低廉，缺点是化学成分不完全清楚且不稳定。因此，这类培养基只适用于一般实验室中的菌种培养、发酵工业中生产菌种的培养和某些发酵产物的生产等。

常见的天然培养基成分有：麦芽汁、肉浸汁、鱼粉、麸皮、玉米粉、花生饼粉、玉米浆及马铃薯等。实验室中常用牛肉膏、蛋白胨及酵母膏等。

② 合成培养基　又称组合培养基，是一类按微生物的营养要求精确设计后用多种高纯化学试剂配制成的培养基。例如培养放线菌的高氏1号培养基、培养真菌的查氏培养基等。合成培养基的优点是成分清楚精确、稳定性好；缺点是价格较贵，配制麻烦，且微生物生长缓慢。因此，通常仅适用于营养、代谢、生理、生化、遗传、育种、菌种鉴定或生物测定等对定量要求较高的研究工作中。

③ 半合成培养基　又称半组合培养基，指一类主要以化学试剂配制，同时还加有某种或某些天然成分的培养基。例如培养真菌的马铃薯蔗糖培养基等。严格地讲，凡含有未经特殊处理的琼脂的任何合成培养基，实质上都是一种半合成培养基。半合成培养基特点是配制方便，成本低，微生物生长良好。发酵生产和实验室中应用的大多数培养基都属于半合成培养基。

（2）根据培养基的物理状态分类

① 液体培养基　呈液体状态的培养基为液体培养基。广泛用于微生物学实验和生产，在实验室中主要用于微生物的生理、代谢研究和获取大量菌体，在发酵生产中绝大多数发酵都采用液体培养基。

② 固体培养基　呈固体状态的培养基都称为固体培养基。固体培养基有在液体培养基中加入凝固剂后制成的；有直接用天然固体状物质制成的，如培养真菌用的麸皮、大米、玉米粉和马铃薯块培养基；还有在营养基质上覆上滤纸或滤膜等制成的，如用于分离纤维素分解菌的滤纸条培养基。

常用的固体培养基是在液体培养基中加入适量凝固剂（约2%的琼脂或5%～12%的明胶）形成的遇热熔化、冷却后凝固的培养基。常用的凝固剂有琼脂、明胶和硅胶等。其中，琼脂是最优良的凝固剂。现将琼脂与明胶两种凝固剂的特性列在表2.8中。

表2.8　琼脂与明胶部分特性的比较

项目	化学成分	营养价值	熔化温度	凝固温度	常用浓度	分解性	透明度	黏着力	耐加压灭菌
琼脂	聚半乳糖的硫酸酯	无	约96℃	约40℃	1.5%～2%	罕见	高	强	强
明胶	蛋白质	作氮源	约25℃	约20℃	5%～12%	极易	高	强	弱

固体培养基在科学研究和生产实践中用途较广，例如用于菌种分离、鉴定、菌落计数、检测杂菌、育种、菌种保藏、抗生素等生物活性物质的效价测定及获取真菌孢子等方面，在食用菌栽培和发酵工业中也常使用固体培养基。

③ 半固体培养基　指在液体培养基中加入少量凝固剂（如0.2%～0.5%的琼脂）而制成的半固体状态的培养基。半固体培养基有许多特殊的用途，如可以通过穿刺培养观察细菌的运动能力，进行厌氧菌的培养及菌种保藏等。

④ 脱水培养基　又称脱水商品培养基或预制干燥培养基，指含有除水以外的一切成分的商品培养基，使用时只要加入适量水分后灭菌即可，是一类成分精确、使用方便的现代化培养基。

(3) 根据培养基的功能分类

① 种子培养基　是供孢子发芽、生长的培养基。一般要求营养成分相对比较丰富，氮源和维生素比例较高。其目的在于获得生长良好的菌体，同时兼顾菌种对发酵条件的适应能力。菌种的质量关系到发酵生产的成败，所以种子培养基的质量非常重要。

② 发酵培养基　是供菌种生长、繁殖并合成产物的培养基。一般原料较粗，所含碳源往往高于种子培养基，有时添加前体、促进剂或抑制剂，以获得最大限度的代谢产物为目的。若产物含氮量高，则应增加氮源。在大规模生产时，原料应来源充足，成本低廉，还应有利于产物的分离提取。

③ 选择性培养基　是一类根据某微生物的特殊营养要求或其对某些物化因素的抗性而设计的培养基，该培养基具有使混合菌样中的劣势菌变成优势菌的功能，广泛用于菌种筛选等领域。选择性培养基主要有两种。一是利用目的微生物对某种营养物的特殊需求而使它们富集以达到选择目的，这种培养基又称为加富培养基，如以纤维素为唯一碳源的培养基可用于分离纤维素分解菌，用石蜡油来富集分解石油的微生物等。二是通过加入不妨碍目的微生物生长而抑制非目的微生物生长的物质以达到选择的目的，这种培养基又称为抑制性选择培养基，如分离放线菌用的高氏1号培养基中加入数滴10%的苯酚，可以抑制霉菌和细菌的生长；在培养基中加入7.5%NaCl时抑制大多数细菌，但不抑制葡萄球菌，可以选择培养葡萄球菌。

④ 鉴别培养基　是一类在成分中加有能与目的菌的无色代谢产物发生显色反应的指示剂，只须用肉眼辨别颜色就能方便地从近似菌落中找到目的菌菌落的培养基。最常见的鉴别培养基是伊红美蓝乳糖培养基，即EMB培养基。它在饮用水和乳品的大肠菌群数等细菌的检验及遗传学研究工作中有着重要的用途。

EMB培养基中的伊红和美蓝两种苯胺染料可抑制G^+细菌和一些难培养的G^-细菌。在低酸度下，这两种染料会结合并形成沉淀，起着产酸指示剂的作用。大肠杆菌能强烈分解乳糖而产生大量混合酸，菌体表面带H^+，故可染上酸性染料伊红，又因伊红与美蓝结合，故使菌落染上深紫色，且从菌落表面的反射光中还可看到绿色金属闪光，其他几种产酸力弱的肠道菌的菌落为棕色，而肠道内的沙门氏菌和志贺氏菌不发酵乳糖，形成无色的菌落。

属于鉴别培养基的还有：明胶培养基可以检查微生物能否液化明胶；醋酸铅培养基可用来检查微生物能否产生H_2S气体等；血琼脂可用于区分溶血性和非溶血细菌。

需要注意的是，选择性培养基与鉴别培养基只是为理解和讲述方便而定的标准，实际应用时这两种培养基的功能往往结合在同一种培养基中。例如上述EMB培养基既有鉴别不同肠道菌的作用，又有抑制G^+菌和选择性培养G^-菌的作用。

2.3 微生物的代谢与调节

代谢（metalsolism）是推动生物一切生命活动的动力源，通常指细胞内发生的各种化学反应的总称，包括合成代谢（同化作用）和分解代谢（异化作用）。微生物不停地从外界环境吸收适当的营养物质，在细胞内合成新的细胞物质和储藏物质，并储存能量，即同化作用，这是其生长、发育的物质基础；同时，又把衰老的细胞物质和从外界吸收的营养物质分解变成简单物质，并产生一些中间产物作为合成细胞物质的原料，最终将不能利用的废物排出体外，以热量的形式散失一部分能量，即异化作用。在物质代谢的过程中伴随着能量代谢的进行，在物质的分解过程中，一部分能量以高能磷酸键的形式储存在腺苷三磷酸（ATP）中，主要用于维持微生物的生理活动或供合成代谢需要。

根据代谢产物在微生物体内的作用不同，又可将代谢分成初级代谢与次级代谢两种。初级代谢是指能使营养物质转换成细胞结构物质、维持微生物正常生命活动的生理活性物质或能量的代谢，其产物称为初级代谢产物。次级代谢是指某些微生物产生非细胞结构物质和维持其正常生命活动的非必须的代谢，如一些微生物积累发酵产物的代谢过程（抗生素、毒素、色素等）。

2.3.1 微生物的产能代谢

微生物在生命活动中需要能量，能量代谢是一切生物代谢的核心。能量代谢的中心任务是生物体如何把外界环境中的多种形式的最初能源转换成通用能源——ATP，即产能代谢。微生物不同，其产能方式也不同，如化学营养型微生物通过生物氧化获得生长所需的能量，光能营养型微生物则是通过光能转化获得生长所需要的能量，其中大部分能量是以高能磷酸键形式储藏在ATP分子内，供需要时用。

2.3.1.1 化能异养型微生物的生物氧化

化能异养型微生物的能量来自有机物的氧化，按微生物细胞内发生的氧化还原反应最终电子受体的不同分为发酵、呼吸两种类型。发酵是以有机物作为最终电子受体，呼吸包括有氧呼吸和无氧呼吸。

(1) 发酵　发酵是厌氧条件下微生物在生长过程中获得能量的一种方式。在反应过程中，有机物既是发酵基质，又是氧化还原反应过程中的电子最终受体，通常是基质本身未完全氧化的某种中间产物，同时放出能量和产生各种代谢产物。这里的发酵应称为生理学发酵，与工业上所称发酵不同。工业上所说的发酵是指微生物在有氧或无氧条件下通过分解与合成代谢将某些原料物质转化为特定产品的过程。供微生物发酵的有机质主要是葡萄糖，葡萄糖在微生物中主要通过EMP、HMP、ED及PK等厌氧分解途径形成多种中间代谢物。在不同的微生物细胞及不同环境条件下，这些中间代谢物进一步转化形成各种不同的发酵产物。根据发酵产物的不同，发酵可以分为乙醇发酵、乳酸发酵、丙酮丁醇发酵、混合发酵等。

① 乙醇发酵　酵母菌的乙醇发酵和酒精、白酒、葡萄酒、啤酒等各种酒类生产关系密切，是一种应用与研究最早、发酵机制清楚的发酵类型。在发酵过程中，酵母菌利用EMP途径将葡萄糖分解为丙酮酸，然后在丙酮酸脱羧酶催化下脱羧形成乙醛，乙醛在乙醇脱氢酶作用下被还原为乙醇。丙酮酸脱羧酶是乙醇发酵的关键性酶。该酶主要存在于酵母菌细胞

中，它以焦磷酸硫胺素（TPP）为辅基，催化丙酮酸脱羧形成乙醛。

在酵母菌的乙醇发酵中，发酵条件对发酵过程与产物影响很大。如发酵过程中的通气状况、培养基组成及 pH 控制均对发酵终产物产生影响。乙醇发酵是一种厌氧发酵，如将厌氧条件改为好氧条件，葡萄糖分解速度降低，乙醇生成停止。当重新回到厌氧条件时，葡萄糖分解加速，伴随大量乙醇产生。巴斯德首先发现这种现象，故称为巴斯德效应。

正常的乙醇发酵在弱酸性条件下进行，称为Ⅰ型发酵。1 分子葡萄糖经发酵产生 2 分子乙醇和 $2CO_2$。如果在发酵培养基中加入适量亚硫酸氢钠，则乙醇发酵转变为甘油发酵，形成大量甘油和少量乙醇，该发酵称为Ⅱ型发酵。其机理为：$NaHSO_3$ 与乙醛结合形成复合物，封闭了乙醛，使它不能作为受氢体。磷酸二羟丙酮代替乙醛作为受氢体，形成 α-磷酸甘油，在 α-磷酸甘油酯酶的催化下，脱去磷酸，生成甘油。在这种类型的甘油发酵中 $NaHSO_3$加入量不能过多，否则会使酵母菌中毒而停止甘油发酵。由于培养基中 $NaHSO_3$ 仅加至亚适量，仍有部分乙醛可作为受氢体形成乙醇并产生能量，维持菌体生长。

若将发酵液 pH 控制在弱碱性（pH7.6），酵母菌的乙醇发酵转向甘油发酵，发酵主产物为甘油，伴随产生少量乙醇、乙酸和 CO_2，该发酵称为Ⅲ型发酵。其机理为：微碱性环境中，乙醛不能作为受氢体，在两个乙醛分子间发生歧化反应，1 分子乙醛被氧化为乙酸，另 1 分子乙醛被还原为乙醇，磷酸二羟丙酮代替乙醛作为受氢体，被还原为甘油。由于在这种类型的甘油发酵中不产生 ATP，故细胞没有足够能量进行正常的生理活动，因而认为这是一种在静息细胞内进行的发酵。该发酵中有乙酸产生，乙酸累积会导致 pH 下降，使甘油发酵重新回到乙醇发酵。因此，利用该途径生产甘油时，需不断调节 pH，维持 pH 在微碱性。

部分细菌也能利用 EMP 和 ED 途径进行乙醇发酵，但其发酵过程均与酵母菌通过 EMP 途径产生乙醇的途径不同。如严格厌氧且能在极端酸性条件下生长的胃八叠球菌(*Sarcina ventriculi*)利用 EMP 途径进行乙醇发酵；运动发酵单胞菌通过 ED 途径进行乙醇发酵。

② 乳酸发酵　乳酸发酵指某些细菌在厌氧条件下利用葡萄糖生成乳酸及少量其他产物的过程。能进行乳酸发酵的细菌被称为乳酸菌。常见的乳酸菌有乳杆菌、乳链球菌、明串珠菌及双歧杆菌等。乳酸菌虽然多是一些兼性厌氧细菌，但乳酸发酵却是在严格厌氧条件下完成的。乳酸菌通过 EMP、HMP 和 PK 途径进行乳酸发酵。

a. 同型乳酸发酵　细菌利用 EMP 途径发酵葡萄糖，产物主要为乳酸的称为同型乳酸发酵，如乳链球菌（*Streptococcus lactis*）、乳酸乳杆菌（*Lactobacillus casei*）等进行的乳酸发酵。

b. 异型乳酸发酵　发酵葡萄糖形成的产物除乳酸外还有其他物质的发酵类型。一些肠膜明串珠菌因缺乏 EMP 途径的重要酶——醛缩酶和异构酶，依赖 HMP 途径，葡萄糖发酵产物为乳酸、乙醇和 CO_2。双歧杆菌经 PK 途径发酵葡萄糖形成的产物除乳酸外还有乙醇和乙酸，所进行的乳酸发酵属于异型乳酸发酵。北方渍酸菜、南方泡菜是常见的自然乳酸发酵。

③ 混合酸与丁二醇发酵　埃希氏菌属（*Escherichia*）、沙门氏菌属（*Salmonella*）和志贺氏菌属（*Shigella*）等肠细菌中的一些细菌，能利用葡萄糖进行混合酸发酵[图 2.16(a)]：葡萄糖经 EMP 途径分解为丙酮酸，该酸在不同酶催化下进一步转化为琥珀酸、乳酸、乙酸、甲酸、乙醇、CO_2 和 H_2 等多种代谢产物。

大肠杆菌可将丙酮酸裂解生成乙酰 CoA 与甲酸，甲酸在酸性条件下可以进一步裂解生成 CO_2 和 H_2，故大肠杆菌发酵葡萄糖能产酸产气。肠杆菌属（*Enterobacter*）和沙雷氏菌属（*Serratia*）中的一些细菌，能利用葡萄糖进行丁二醇发酵[图 2.16（b)]，产生大量的丁二醇和少量乳酸、乙醇、CO_2 和 H_2 等多种代谢产物。

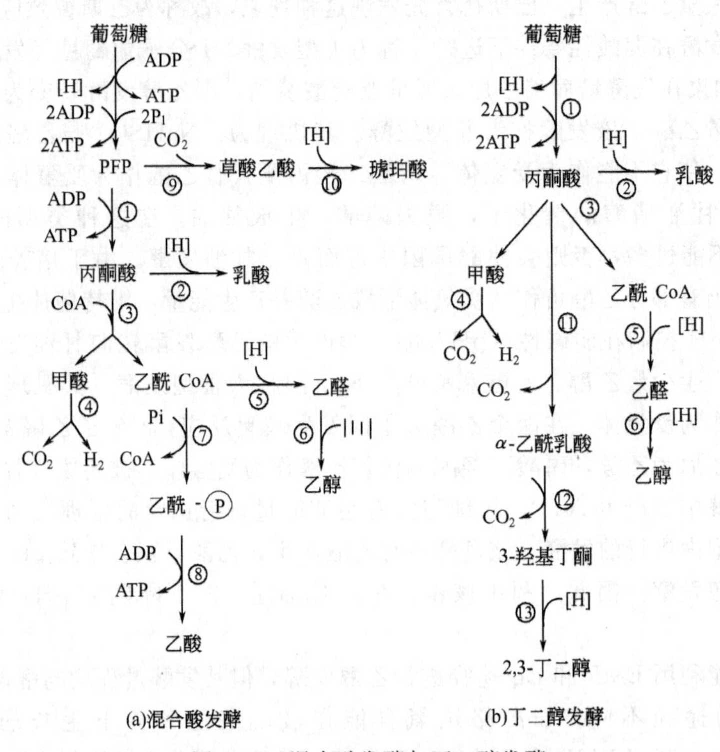

(a)混合酸发酵　　(b)丁二醇发酵

图 2.16　混合酸发酵与丁二醇发酵

④ 丙酮丁醇发酵　丁酸梭菌和丙酮丁醇梭菌在发酵葡萄糖的过程中，由于丁酸积累导致发酵液 pH 下降，使丁酸发酵转变为丙酮-丁醇发酵，丙酮酸分别可以转变成丙酮和丁醇。

⑤ 氨基酸的发酵产能——Stickland 反应　少数厌氧梭菌，如生孢梭菌（*Clostridium sporogenes*）利用一些氨基酸兼作碳源、氮源和能源，其产能机制是通过部分氨基酸的氧化与一些氨基酸的还原相偶联的独特发酵。其典型反应为甘氨酸与丙氨酸之间的 Stickland 反应，它们的总反应式为：

$$2\underset{\displaystyle NH_2}{\underset{|}{C}}H_2COOH + CH_3\underset{\displaystyle NH_2}{\underset{|}{C}}HCOOH + ADP + Pi \longrightarrow 3CH_3COOH + CO_2 + 3NH_3 + ATP$$

在 Stickland 反应中，作为氢供体者主要有丙氨酸、亮氨酸、异亮氨酸、缬氨酸、组氨酸、丝氨酸、苯丙氨酸、色氨酸和酪氨酸等；作为氢受体者主要有甘氨酸、脯氨酸、鸟氨酸、精氨酸和甲硫氨酸等。

（2）呼吸　呼吸是大多数微生物用来产生能量（ATP）的一种方式。呼吸与发酵不同，基质在氧化过程中放出的电子不是直接交给有机物，而是通过一系列电子传递链最终交给电子受体。电子传递链是指由许多氢和电子载体按其氧化还原电势升高的顺序排列、传递电子与质子的传递链。吸吸的一个重要特征是基质上脱下的氢通过电子传递链交给最终电子受体的过程中伴随ATP生成，这种产生ATP的方式称为氧化磷酸化。图2.17是好氧呼吸中的典型电子传递链组成。

① 有氧呼吸（aerobic respiration）　简称呼吸（respiration），是一种最重要最普遍的生物氧化过程。在有氧呼吸中，葡萄糖彻底分解为CO_2和H_2O，形成大量ATP。该分解过程分为两个阶段：在第1阶段，葡萄糖分解为2分子丙酮酸，由EMP、HMP和ED途径完成；第2阶段，丙酮酸通过三羧酸循环彻底分解，形成CO_2和H_2O，产生大量ATP。三羧酸循环也称柠檬酸循环，是绝大多数异养微生物在有氧条件下彻底分解丙酮酸等有机底物的重要方式，是微生物物质代谢的枢纽，它将微生物的分解代谢和合成代谢连为一体。三羧酸循环的主要反应产物为CO_2和ATP，但有一些重要的工业发酵产品如谷氨酸和柠檬酸，也是通过TCA循环生产的。谷氨酸钠是重要的调味品——味精，过去用酸法水解小麦面筋或大豆蛋白来生产，现在用微生物发酵法以葡萄糖为原料大量生产，谷氨酸由α-酮戊二酸通过转氨基形成，α-酮戊二酸是三羧酸循环的中间体。目前谷氨酸发酵的生产菌种为谷氨酸棒杆菌（*Corynebacteriam glatamicum*）。

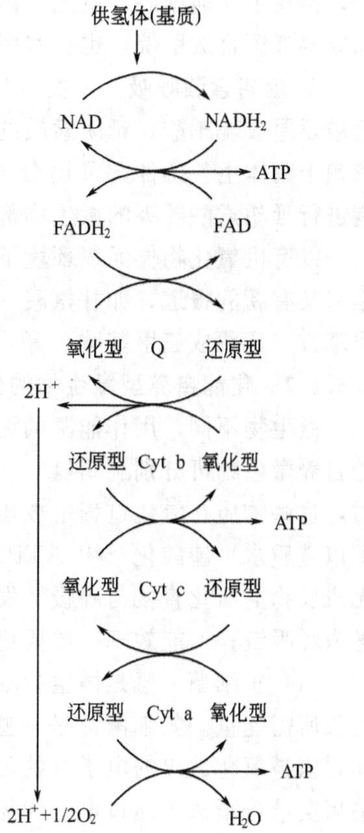

葡萄糖通过糖酵解和三羧酸循环等反应生成$NADH_2$和$FADH_2$可通过呼吸链被氧化，放出的电子经呼吸链传递交给分子氧，同时生成相应分子的ATP。呼吸链的递氢（或电子）和受氢过程与磷酸化反应相偶联并产生ATP，一分子葡萄糖最多净产38分子ATP。

供氢体(基质)
NAD　$NADH_2$
ATP
$FADH_2$　FAD
氧化型　Q　还原型
$2H^+$
还原型　Cyt b　氧化型
ATP
氧化型　Cyt c　还原型
还原型　Cyt a　氧化型
ATP
$2H^+ + 1/2O_2$　H_2O

图2.17　好氧呼吸中典型的电子传递链

少数微生物的有氧呼吸不彻底，氧化最终产物不是CO_2和H_2O，而是较少的有机物，如醋杆菌，在进行有氧呼吸时大量积累醋酸，这种氧化称不完全氧化。

② 无氧呼吸（anaerobic respiration）　以非氧无机物为最终电子受体的生物氧化过程，能作为无氧呼吸最终电子受体的有NO_3^-、SO_4^{2-}、Fe^{3+}、CO_2等无机物或延胡索酸等有机物。

a. 硝酸盐呼吸　微生物以硝酸盐为最终电子受体的生物学过程通常称为硝酸盐呼吸，其在微生物生命活动中具有两种功能：一是在有氧或无氧条件下所进行的利用硝酸盐作为氮源营养物，称为同化性硝酸盐还原作用；二是在无氧条件下某些兼性厌氧微生物利用硝酸盐作为呼吸链的最终电子受体，又称反硝化作用。

能进行硝酸盐呼吸的都是一些兼性厌氧微生物，通过称为硝酸盐还原细菌，这些细菌主要生活在土壤与水环境中。在通气不良的土壤中，反硝化作用会造成氮肥的损失，其中间产物NO和N_2O还会污染环境，应设法防止。

b. 硫酸盐呼吸　又称反硫化作用，有些硫酸盐还原细菌如脱硫弧菌等严格厌氧菌在无氧条件下获取能量的方式，其特点是底物脱氢后，经呼吸链递氢，最终由末端氢受体硫酸盐受氢，在递氢过程中与氧化磷酸化作用相偶联而获得ATP。硫酸盐呼吸的最终还原产物是H_2S。在浸水或通气不良的土壤中，厌氧微生物的硫酸盐呼吸生成H_2S含量过高会造成水稻烂秧。

c. 碳酸盐呼吸　一类以 CO_2 或重碳酸盐作为呼吸链末端氢受体的无氧呼吸。是在厌氧条件下进行的，具有这类功能的微生物主要为产甲烷菌。甲烷细菌为严格厌氧菌，分布很广，存在于江河湖底、淤泥、沼泽地及动物消化道中，以 H_2 为电子供体、CO_2 为电子受体和碳素来源合成甲烷，也有些甲烷细菌能以甲酸、乙酸和甲醇为碳源合成甲烷。

d. 延胡索酸呼吸　一类以延胡索酸作为最终电子受体的无氧呼吸，延胡索酸接受电子后被还原成琥珀酸。延胡索酸的还原作用是由细菌细胞质膜上的电子传递链所催化的，还原依赖于菌体生长条件，可用分子氢、甲酸、NADH、乳酸等作为延胡索酸还原的供氢体。能进行延胡索酸呼吸的微生物都是一些兼性厌氧菌，如埃希氏菌属、变形杆菌属等肠杆菌。

以有机氧化物作无氧环境下呼吸链的末端氢受体、类似于延胡索酸呼吸的无氧呼吸在近年来又有新的报道，如甘氨酸（还原成乙酸）、二甲基亚砜（还原成二甲基硫化物）、氧化三甲基胺（还原成三甲基胺）等。

2.3.1.2　化能自养型微生物的生物氧化

微生物不同，用作能源的无机物也不相同，如氢细菌、硝化细菌、硫细菌和铁细菌等化能自养微生物可分别利用氢气、铁、硫或硫化物、氨或亚硝酸盐等无机物作为生长用能源物质，这些物质在氧化过程中放出的电子有的可以通过电子传递水平磷酸化产生 ATP，有的则以基质水平磷酸化产生 ATP。绝大多数化能自养菌是好氧菌，其能量代谢主要特点有：无机底物的氧化直接与呼吸链发生联系；呼吸链的组分更为多样化，氢或电子可从任一组分进入呼吸链；产能效率一般要比异养微生物更低。

（1）氢细菌　氢是微生物细胞代谢中的常见代谢产物，许多细菌能通过对氢的氧化获得生长所需能量。氢细菌都是一些呈革兰氏阴性的兼性化能自养菌，能利用分子氢为电子供体，氢被氧化放出的电子有的可以直接交给电子载体泛醌、维生素 K_2 类物质和细胞色素，最后交给分子氧，通过电子和氢离子在呼吸链上的传递产生 ATP 和用于细胞合成代谢所需的还原力，以 CO_2 为唯一碳源进行生长。

氢细菌：$H_2 + 1/2O_2 \longrightarrow H_2O + 56.7kcal$[1]

（2）硝化细菌　利用空气中的氧将氨气氧化成亚硝酸，再将亚硝酸氧化成硝酸，在氧化的过程中释放能量以合成有机物。硝化细菌有两种类型：一种是将氨氧成亚硝酸的亚硝化细菌；另一种是将亚硝酸盐氧化成硝酸盐的硝化细菌。这两类细菌往往是伴生在一起，其共同作用下将氨氧化成硝酸盐，避免亚硝酸积累产生的毒害作用。此类细菌在自然界氮素循环中也起着重要作用。

（3）硫细菌　硫细菌能够利用一种或多种还原态或部分还原态的硫化合物（包括硫化物、元素硫、硫代硫酸盐、多硫酸盐和亚硫酸盐等）作为能源，硫化物与元素硫都可以被相应的硫细菌氧化成硫酸盐，并通过基质水平或电子传递水平磷酸化的方式转变成 ATP。

（4）铁细菌　少数细菌，如铁细菌，能将二价铁盐氧化成三价铁化合物，并能利用此氧化过程中产生的能量来同化二氧化碳进行生长。氧化亚铁硫杆菌在富含 FeS_2 的煤矿中繁殖，产生大量的硫酸和 $Fe(OH)_3$，可造成严重的环境污染。pH 值为 0 时，铁氧化放出的能量要大大地多于 pH 为 7 环境下的铁氧化释放值，因此铁细菌通常是在酸性条件下生长。

2.3.1.3　光能营养型微生物的能量代谢

光能作为一种辐射能，不能被生物直接利用，只有当光能通过光合生物的光合色素吸收

---

[1] 1kcal＝4.1840kJ。

与转变成化学能——ATP以后，才能用于生物的生长。

按照光能营养型生物的光合磷酸化中电子的流动路线及ATP形成方式，光合磷酸化分为环式光合磷酸化、非环式光合磷酸化及紫膜光合磷酸化3种类型。

（1）环式光合磷酸化厌氧光合细菌中存在的通过光驱动的电子循环式传递形成ATP的过程称为环式光合磷酸化。其过程为：菌绿素分子在光照下被光量子激发并逐出电子，使菌绿素分子带正电荷。被逐出的电子经脱镁菌绿素、泛醌、Cyt b及Cyt c组成的循环式传递返回到带正电的菌绿素分子，在Cyt b与Cyt c间形成ATP（图2.18）。环式光合磷酸化的产物只有ATP。其特点是进行不产氧光合作用，即不能利用H_2O作为还原CO_2的供氢体，而能利用还原态无机物（H_2S、H_2）或有机物作还原CO_2的氢供体。

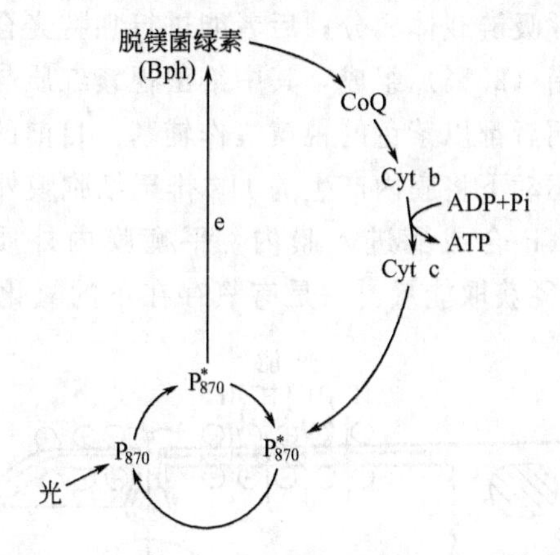

图2.18 环式光合磷酸化

这类细菌主要属于红螺菌目，是一群典型的水生细菌，由于其细胞内所含的菌绿素和类胡萝卜素的量和比例的不同，使菌体呈现出红、橙、蓝绿、紫红、紫或褐的不同颜色。

（2）非环式光合磷酸化　非环式光合磷酸化是蓝细菌、藻类及各种绿色植物利用光能产生ATP的共同途径，通过光驱动的电子在电子传递链上单向流动形成ATP、NADPH和O_2的过程。例如在红螺细菌里就存在有这种非环式光合磷酸化的产能方式（图2.19）。其特点为：电子的传递途径属非循环式的；在有氧条件下进行；有PSⅠ和PSⅡ两个光合系

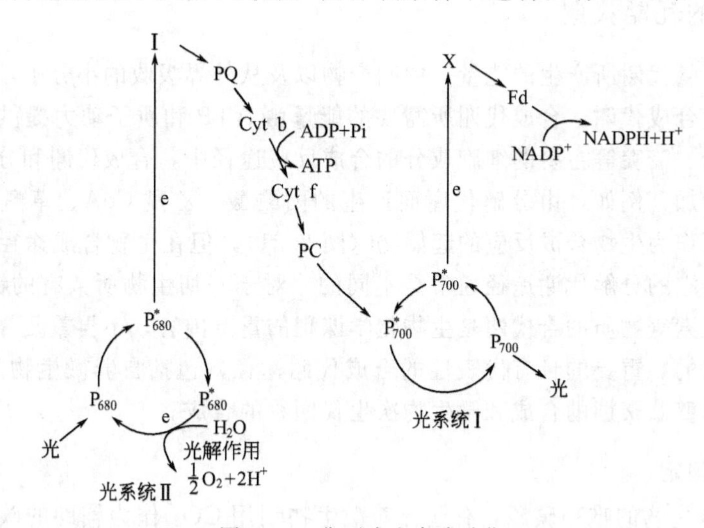

图2.19 非环式光合磷酸化

统；反应中同时产生 ATP（经 PSⅠ）、还原力 NADPH（经 PSⅡ）和 $O_2$3 种产物；NADPH 中的［H］来自 H_2O 光解释放的 H^+ 和 e。

（3）紫膜光合磷酸化　嗜盐菌在无叶绿素和菌绿素参与的条件下吸收光能产生 ATP 的过程称为紫膜光合磷酸化。这是目前已知的最简单的光合磷酸化，与经典由叶绿素、菌绿素所进行的光合磷酸化不同，是在 20 世纪 70 年代发现的，仅存在于嗜盐细菌中。

嗜盐菌是一类必须在高盐环境（3.5～5mol/L NaCl）中才能生长的古细菌。广泛分布于盐湖、晒盐场及盐腌海产品中，咸鱼上的紫红斑块就是嗜盐菌细胞群。该类群的主要代表为盐生盐杆菌（*H. halobium*）及红皮盐杆菌（*H. cutirubrum*）。

嗜盐菌细胞膜制备物包括红膜与紫膜两个组分，前者主要含细胞色素和黄素蛋白等用于经典电子传递磷酸化反应的呼吸链载体成分；后者能进行独特光合作用，由称作细菌视紫红质的蛋白组分（75%）和类脂（25%）组成，其中细菌视紫红质与人眼视网膜上柱状细胞中所含的视紫红质蛋白相似，两者都以紫色的视黄醛作辅基。目前的研究认为，细菌视紫红质具有质子泵功能，在光量子驱动下将膜内产生的 H^+ 排至细胞膜外，使紫膜内外形成质子梯度；膜外质子通过膜上的 ATP 合成酶进入膜内，平衡膜内外质子差额时合成 ATP（图 2.20）。嗜盐菌可通过两条途径获取能量：一是有氧存在下的氧化磷酸化途径；二是氧浓度

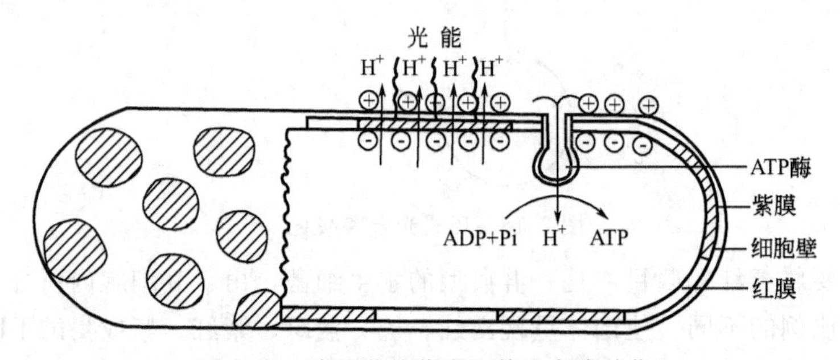

图 2.20　嗜盐菌的紫膜及其光合磷酸化

低、光照适宜条件下的紫膜光合磷酸化途径。紫膜光合作用机理的进一步揭示将为太阳能高效利用及海水淡化等提供科学依据。

2.3.2　微生物的耗能代谢

微生物利用能量代谢所产生的能量、中间产物以及从外界吸收的小分子，合成复杂的细胞物质的过程称为合成代谢。合成代谢所需要的能量由 ATP 和质子动力提供。糖类、氨基酸、脂肪酸、嘌呤、嘧啶等主要的细胞成分的合成反应途径中，合成代谢和分解代谢虽有共同的中间代谢物参加，例如，由分解代谢而产生的丙酮酸、乙酰 CoA、草酰乙酸和三磷酸甘油醛等化合物可作为生物合成反应的起始物（图 2.21），但在生物合成途径中，一个分子的生物合成途径与它的分解代谢途径通常是不同的。对于一切生物所共有的糖类、蛋白质、核酸、脂类和维生素等物质的合代谢是生物化学课程的重点内容，不再重复介绍。这里择要介绍微生物所特有的、重要的且有代表性的合成代谢途径，包括自养微生物的 CO_2 固定以及生物固氮、细胞壁肽聚糖的合成和微生物次生代谢物的合成。

2.3.2.1　CO_2 的固定

CO_2 是自养微生物的唯一碳源，有些异养微生物利用 CO_2 作为辅助的碳源。将空气中的 CO_2 同化成细胞物质的过程，称为 CO_2 的固定作用。微生物同化 CO_2 有自养式和异养

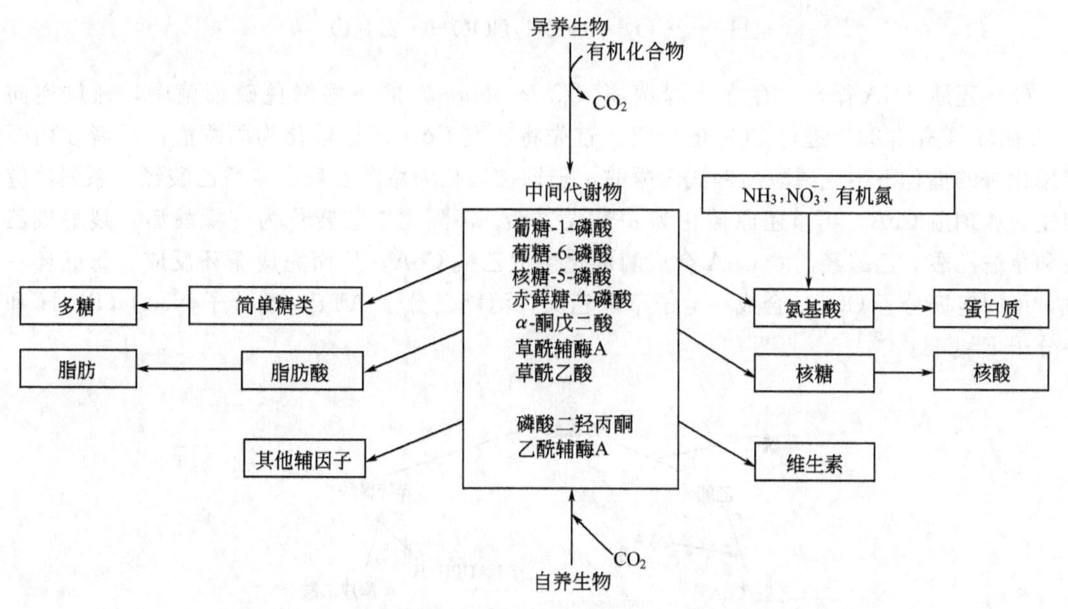

图 2.21　分解代谢和合成代谢过程中的重要中间产物

式两种方式。在自养式中，CO_2 加在一个特殊的受体上，经过循环反应，使之合成糖并重新生成该受体。在异养式中，CO_2 被固定在某种有机酸上，异养微生物即使能同化 CO_2，也必须靠吸收有机碳化合物生存。自养微生物同化 CO_2 所需要的能量来自光能或无机物氧化所得的化学能。固定 CO_2 的途径主要有卡尔文循环、厌氧乙酰 CoA 途径、还原 TCA 循环和羟基丙酸途径。

(1) 卡尔文循环　存在于所有化能自养微生物和大部分光合细菌中。经卡尔文循环同化 CO_2 的途径可划分 CO_2 的固定、被固定的 CO_2 的还原和 CO_2 受体的再生三个阶段。卡尔文循环每循环一次，可将六分子 CO_2 同化成一分子葡萄糖（见图 2.22）。

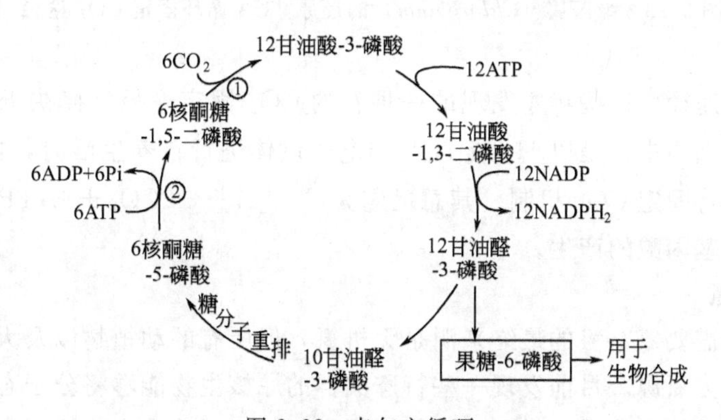

图 2.22　卡尔文循环

由 6 分子 CO_2 还原成 1 分子果糖-6-磷酸的过程；

①核酮糖二磷酸羧化酶；②磷酸核酮糖激酶；图中 18 ATP 来自光反应或氧化磷酸化，

12 $NADPH_2$ 来自光反应或逆电子流传递

(2) 厌氧乙酰 CoA 途径　又称活性乙酸途径，是一些产乙酸菌、硫酸盐还原菌和产甲烷菌等化能自养细菌在厌氧条件对二氧化碳进行固定的一条途径。它只以 2 分子的二氧化碳即能合成乙酸，可能是生命形成初期重要的合成有机物的方式。其总反应式为：

$$4H_2+2CO_2 \longrightarrow CH_3COOH+2H_2O$$

(3) 还原 TCA 循环　存在于绿菌属（*Chlorobium*）的一些绿色硫细菌中，通过逆向 TCA 循环（图 2.23）进行 CO_2 的固定。首先将乙酰 CoA 还原羧化为丙酮酸，后者在丙酮酸羧化酶的催化下生成磷酸烯醇式丙酮酸，随即被羧化为草酰乙酸，草酰乙酸经一系列反应转化为琥珀酰 CoA，再被还原羧化为 α-酮戊二酸。α-酮戊二酸转化为柠檬酸后，裂解成乙酸和草酰乙酸。乙酸经乙酰 CoA 合成酶催化生成乙酰 CoA，从而完成循环反应。每循环一次，可固定四分子 CO_2，合成一分子草酰乙酸，消耗三分子 ATP、两分子 NAD（P）H 和一分子 $FADH_2$。

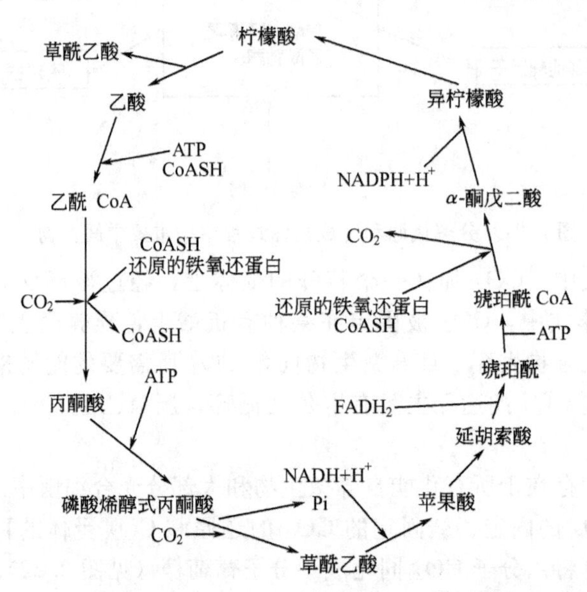

图 2.23　绿菌属（*Chlorobium*）的还原 TCA 循环固定 CO_2 途径

(4) 羟基丙酸途径　近些年才发现的一种新的 CO_2 固定途径，存在于橙色绿屈挠菌和多种嗜酸嗜热的古细菌中，是以 H_2 或 H_2S 作电子供体进行自养生活时，把 2 个 CO_2 分子转变成乙醛酸的独特固定 CO_2 机制。其总反应为：4［H］$+2CO_2+3ATP \longrightarrow$乙醛酸，其中的关键步骤是羟基丙酸的产生。

2.3.2.2　生物固氮

所有的生命都需要氮，氮的最终来源是无机氮，但所有的动植物以及大多数微生物都不能利用分子态氮作为氮源。目前发现一些特殊类群的原核生物能够将分子态氮还原为氨，然后再由氨转化为各种细胞物质。微生物将氮还原为氨的过程称为生物固氮（图 2.24）。

具有固氮作用的微生物有细菌、放线菌和蓝细菌的近 50 个属，目前尚未发现真核微生物具有固氮作用。固氮微生物根据其与高等植物以及其他生物的关系，可分为三大类：自生固氮菌、共生固氮菌和联合固氮菌。好氧自生固氮菌以固氮菌属（*Azotobacter*）较为重要，固氮能力较强。厌氧自生固氮菌以巴氏固氮梭菌（*Clostridium pasteurianum*）较为重要，但固氮能力较弱。共生固氮菌中最为人们所熟知的是根瘤菌（*Rhizobium*），它与其所共生的豆科植物有严格的种属特异性，而弗兰克氏菌（*Frankia*）与非豆科植物共生固氮。营联

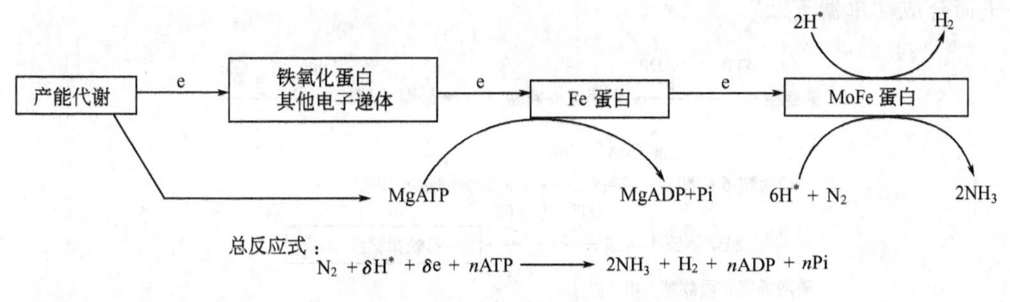

图 2.24　固氮的生化途径

合固氮的固氮菌有雀稗固氮菌（*A. paspali*）、产脂固氮螺菌（*Azospirillum lipoferum*）等，它们在某些作物的根系黏质鞘内生长发育，并把所固定的氮供给植物，但并不形成类似根瘤的共生结构。

微生物之所以能够在常温常压条件下固氨，关键是靠固氮酶的催化作用。固氮酶的结构比较复杂，由铁蛋白和钼铁蛋白两个组分组成。固氮反应必须在有固氮酶和 ATP 的参与下才能进行，每固定 1 mol 氮大约需要消耗 21 mol ATP，这些能量来自于氧化磷酸化或光能磷酸化。固氮时需要一些特殊的电子传递体，其中主要的是铁氧还蛋白和以 FMN 作为辅基的黄素氧还蛋白。铁氧还蛋白和黄素氧还蛋白的电子供体来自 NADPH，受体是固氮酶。

2.3.2.3　肽聚糖的生物合成

微生物特有的结构大分子种类较多，如原核生物细菌壁中的肽聚糖、磷壁酸、脂多糖等，以及真核微生物细胞壁中的葡聚糖、甘露聚糖、纤维素和几丁质等。这里仅介绍既有代表性又有重要意义的肽聚糖的生物合成。

肽聚糖是绝大多数原核微生物细胞壁所含的特有成分，是由“双糖五肽”单体聚合而成的网状大分子，具有重要的生理功能，尤其是青霉素、万古霉素、恶唑霉素与杆菌肽等许多重要抗生素作用的靶物质。肽聚糖的生物合成机制复杂，整个合成过程约有 20 步，其中研究得较清楚的是 G^+ 细菌——金黄色葡萄球菌（*Staphylococcus aureus*）的肽聚糖合成过程。根据合成部位的不同，可以分解成细胞质中、细胞膜上以及细胞膜外 3 个合成阶段（图 2.25）。合成部位的转移须借助能够转运与控制肽聚糖结构元件的载体，目前已知有尿苷二磷酸（UDP）和细菌萜醇两种载体的参与。

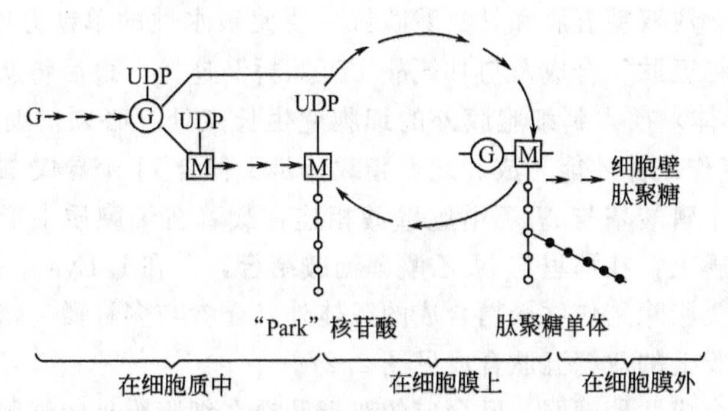

图 2.25　肽聚糖合成的三个阶段及其主要中间代谢物

G 为葡萄糖；Ⓖ为 *N*-乙酰葡糖胺；Ⓜ为 *N*-乙酰胞壁酸；

“Park”核苷酸即 UDP-*N*-乙酰胞壁酸五肽

（1）在细胞质中合成“单糖五肽”　首先由葡萄糖合成 *N*-乙酰葡糖胺和 *N*-乙酰胞壁

酸，进而合成“单糖五肽”。

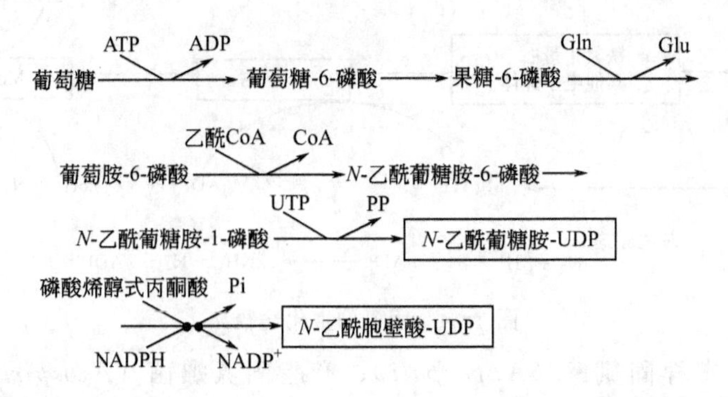

N-乙酰胞壁酸形成后进一步合成“单糖五肽”，其中丙氨酸二肽合成的两步反应均可被环丝氨酸（恶唑霉素）抑制（图 2.26）。

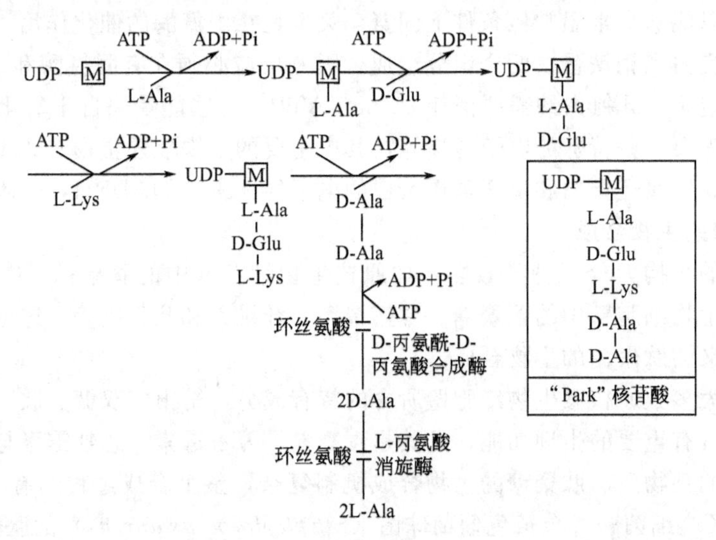

图 2.26 金黄色葡萄球菌由 *N*-乙酰胞壁酸合成“Park”核苷酸的过程

图中的M表示 *N*-乙酰胞壁酸；在大肠杆菌中，L-Lys 被 mDAP 所代替

（2）在细胞膜中合成双糖五肽和甘氨酸肽桥　要使亲水性的单糖五肽进入疏水性质膜，并在质膜上完成“双糖五肽”合成及与甘氨酸“五肽桥”连接，最后将肽聚糖单体（双糖五肽-甘氨酸五肽桥复合体）插入到细胞膜外的细胞壁生长点处，必须借助一种称为细菌萜醇（bactoprenol）的类脂作载体才能完成。此类脂载体是 1 种含 11 个异戊二烯单位的 C55 类异戊二烯醇，它通过两个磷酸基与 *N*-乙酰胞壁酸相连，载着在细胞质中形成的 UDP-*N*-乙酰胞壁酸五肽转到细胞膜上，在那里与 *N*-乙酰葡糖胺结合，并在 L-Lys 上接上五肽$(Gly)_5$，形成双糖肽亚单位。该类脂除用作肽聚糖合成的载体外，还参与多种微生物胞外多糖和脂多糖的生物合成。细菌质膜上的双糖五肽合成见图 2.27。

（3）在细胞膜外合成肽聚糖网　已合成的双糖肽插在细胞膜外的细胞壁生长点中并交联形成肽聚糖。首先是多糖链的伸长。双糖肽先是插入细胞壁生长点上作为引物的肽聚糖骨架（至少含 6～8 个肽聚糖单体的分子）中，通过转糖基作用使多糖链延伸一个双糖单位；其次是通过转肽酶的转肽作用使相邻多糖链交联（图 2.28）。转肽时先是 D-丙氨酰-D-丙氨酸间的肽链断裂，释放出一个 D-丙氨酰残基，然后倒数第 2 个 D-丙氨酸的游离羧基与邻链甘氨

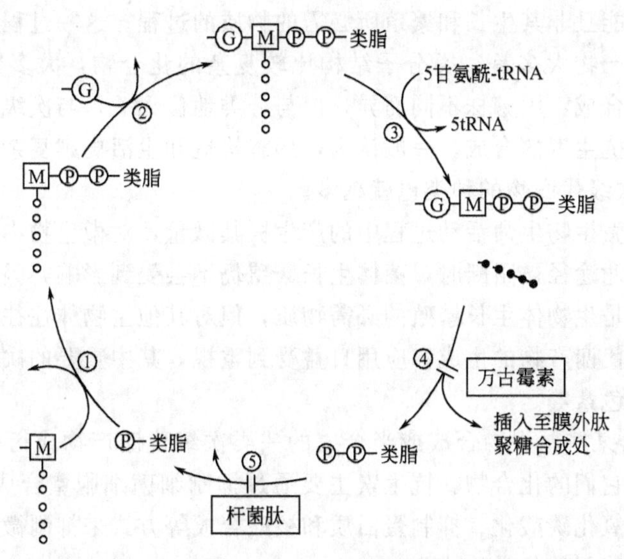

图 2.27 在细胞膜上进行的由“Park”核苷酸合成肽聚糖单体（“类脂”即类脂载体，反应④与⑤可分别被万古霉素和杆菌肽所抑制）

酸五肽的游离氨基间形成肽键而实现交联。转肽作用为青霉素所抑制，原因是青霉素是D-丙氨酰-D-丙氨酸的结构类似物，两者互相竞争转肽酶的活性中心。当转肽酶与青霉素结合后，双糖肽间的肽桥无法交联，这样的肽聚糖就缺乏应有的强度，结果就形成原生质体或球状体这样的细胞壁缺损的细胞，在低渗透压环境下极易破裂而死亡。青霉素抑制肽聚糖的生物合成，因此青霉素只对正在生长繁殖的细菌有抑制作用，而对非生长状态的静止细胞无抑制作用。

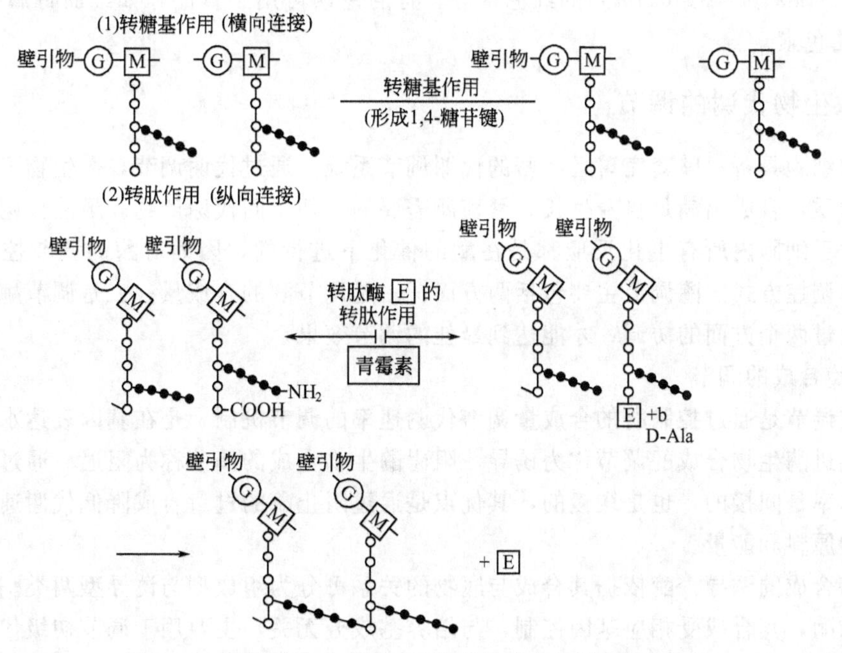

图 2.28 肽聚糖的合成最后阶段的转糖基作用和转肽作用

2.3.2.4 微生物次级代谢物的合成

次级代谢是指微生物在一定的生长时期，以初级代谢产物为前体，合成一些对于该微生物没有明显的生理功能且非其生长和繁殖所必需的物质的过程。这一过程的产物，即为次级代谢产物。次级代谢产物大多是一类分子结构比较复杂的化合物，大多数分子中都含有苯环。次级代谢产物的合成，因菌株不同而异，但与分类地位无关；与次级代谢的关系密切的质粒可能控制着多种抗生素的合成。一般认为，形态构造和生活史越复杂的微生物（如放线菌和丝状真菌），其次级代谢物的种类也就越多。

次级代谢产物在微生物生命活动过程中的产生极其微量，对微生物本身的生命活动没有明显作用，当次级代谢途径被阻断时，菌体生长繁殖仍不会受到影响，因此，它们没有一般性的生理功能，也不是生物体生长繁殖的必需物质，但对其他生物体往往具有不同的生理活性作用。因此，次生代谢产物的生成和应用日益受到重视，其中重要的次级代谢产物包括抗生素、毒素、激素、色素等。

① 抗生素　是由某些微生物合成或半合成的一类次级代谢产物或衍生物，是能抑制其他微生物生长或杀死它们的化合物。抗生素主要通过抑制细菌细胞壁合成、破坏细胞质膜、作用于呼吸链以干扰氧化磷酸化、抑制蛋白质和核酸合成等方式来抑制微生物的生长或杀死它们，是临床上广泛使用的化学治疗剂。

② 毒素　有些微生物在代谢过程中，能产生某些对人或动物有毒害的物质，称为毒素。微生物产生的毒素有细菌毒素和真菌毒素。

③ 激素　某些微生物能产生刺激动物生长或性器官发育的激素类物质，目前已发现微生物能产生 15 种激素，如赤霉素、细胞分裂素、生长素等。

④ 色素　许多微生物在生长过程中能合成不同颜色的色素。有的在细胞内，有的分泌到细胞外。色素是微生物分类的一个依据。微生物所产生的色素，根据它们的性状区分为水溶性和脂溶性色素。水溶性色素，如绿脓菌色素、荧光菌的荧光色素等。脂溶性色素，如灵杆菌（*Bacterium prodigiosum*）的红色素等。有的色素可用于食品，如红曲霉属（*Monascus*）的红曲色素。

2.3.3 微生物代谢的调节

微生物细胞具备一整套完善且严密的代谢调节系统，通过代谢调节，微生物可最经济地利用营养物质，合成出满足自身生长、繁殖所需要的一切中间代谢产物。虽然代谢调节方式很多，但由于细胞内所有生化反应都是在酶的催化下进行的，因而对酶的调节控制是最主要、有效的调控方式。酶调节主要包括两方面：一是调节酶的合成量；二是调节酶分子的催化活性。通过两个方面的协调，才能达到最佳的调节效果。

2.3.3.1 酶合成的调节

酶合成调节是通过控制酶的合成量调节代谢速率的调节机制，是在基因表达水平上的调节。凡能促进酶生物合成的调节称为诱导，阻碍酶生物合成的调节称为阻遏。通过酶合成量调节代谢速率是间接的，也是缓慢的，其优点是通过阻止酶的过量合成降低代谢速率，节约生物合成的原料和能量。

（1）酶合成的诱导　酶依据其合成与底物的关系可分为组成型与诱导型两类。组成酶是细胞固有的酶，其合成受相应基因控制，与培养基成分无关，主要用于调节初级代谢。诱导酶是细胞为适应外来底物或底物结构类似物而合成的酶。如 *E. coli* 在含乳糖培养基上产生的 β-半乳糖苷酶和半乳糖苷渗透酶就是由于乳糖存在而诱导产生的。能促进诱导酶产生的物质称为诱导物。底物、难以代谢的底物结构类似物及底物前体均可作为诱导物，有些非底物的诱导物比底物具有更好的诱导效果，见表2.9。例如，除底物乳糖能诱导β-半乳糖苷酶合成外，乳糖的结构类似物异丙基-β-D-硫代半乳糖苷（IPTG）的诱导效应高于乳糖1000倍左右。诱导酶和组成酶的区别在于酶合成调节体系受控制的程度不同，在微生物育种中，常采取诱变等手段使之转化为组成酶，以利于大量积累相应的代谢产物。

表2.9 几种诱导酶的正常底物与非底物高效诱导物

酶	正常底物	非底物高效诱导物
β-半乳糖苷酶	乳糖	异丙基-β-D-硫代半乳糖苷
甘露糖链霉素酶	甘露糖	α-甲基甘露糖苷
脂肪族酰胺酶	乙酰胺	N-甲基乙酰胺

酶合成的诱导分为协同诱导与顺序诱导两种类型。协同诱导指一种底物能同时诱导几种酶的合成，它主要存在于较短的代谢途径中，如将乳糖加入到*E.coli*培养基中，细胞同时合成β-半乳糖苷透过酶、β-半乳糖苷酶和半乳糖苷转乙酰酶。顺序诱导指先合成分解底物的酶，再依次合成分解各中间产物的酶，达到对复杂代谢途径的分段调节。在*E.coli*中，最初的诱导物乳糖诱导了代谢乳糖酶系的合成，将乳糖转化成半乳糖，半乳糖在细胞内浓度升高，又触发了与半乳糖代谢相关酶的诱导合成。正是酶的诱导机制，使得微生物在只有代谢需要时才合成相关的酶，从而避免营养物和能量的浪费。

（2）酶合成的阻遏　在微生物的代谢过程中，当某途径的末端产物过量时，可通过阻碍该代谢途径中包括关键酶在内的一系列酶的生物合成，彻底控制代谢和末端产物合成。这种作用称为反馈阻遏（feedback repression）。酶的阻遏在微生物中是很普遍的现象，常出现在与氨基酸、嘌呤、嘧啶的生物合成有关的酶中。例如，大肠杆菌色氨酸合成酶的生成就受到这种效应的调控，当在培养基中加入色氨酸时，在2～3min内细胞中色氨酸合成酶的生物合成就停止。可见，阻遏作用有利于微生物从合成源头节省有限的养料与能量。

（3）酶合成调节的机制　酶合成的诱导和阻遏以相反方向影响酶的生物合成，它们的作用机制相似，可以用Monod和Jacob提出的操纵子学说来解释。

Monod和Jacob于1960年提出的操纵子（operon）学说的要点是：在染色体的DNA链上有调节基因和操纵子，操纵子包括一串功能相关联的启动子（promoter）、操作子（operator）和结构基因（structural gene）。启动子是RNA聚合酶识别、结合并起始mRNA转录的一段DNA碱基序列。操作子是位于启动子和结构基因之间的碱基序列，能与阻遏物（一种调节蛋白）相结合。如操作子上结合有阻遏蛋白，转录就受阻；如操作子上没有阻遏蛋白结合着，转录便顺利进行，所以操作子就像一个“开关”似地操纵着mRNA的转录。结构基因是操纵子中编码酶蛋白的碱基序列。操纵子分两类：一类是诱导型操纵子，只有当存在诱导物时，其转录频率才最高，并随之转译出大量诱导酶，如乳糖、半乳糖和阿拉伯糖分解代谢的操纵子等；另一类是阻遏型操纵子，只有当缺乏辅阻遏物时，其转录效率才最高。由阻遏型操纵子所编码的酶的合成，只有通过去阻遏作用才能启动，如组氨酸、精氨酸和色氨酸合成代谢的操纵子等。这里以最典型和研究得最清楚的乳糖操纵子和色氨酸操纵子来阐明。

①*E.coli*乳糖操纵子（lac）模型　由lac启动子、lac操作子和3个结构基因所组成，三个结构基因分别编码β-半乳糖苷酶、渗透酶和转乙酰酶，是负调节的代表（图2.29）。在缺乏乳糖等诱导物时，其由调节基因编码的调节蛋白（即lac阻遏物）一直结合在操作子

上，抑制着结构基因进行转录。当有诱导物乳糖存在时，乳糖与 lac 阻遏物相结合，后者发

(1)存在诱导物(乳糖)时,mRNA得到转录

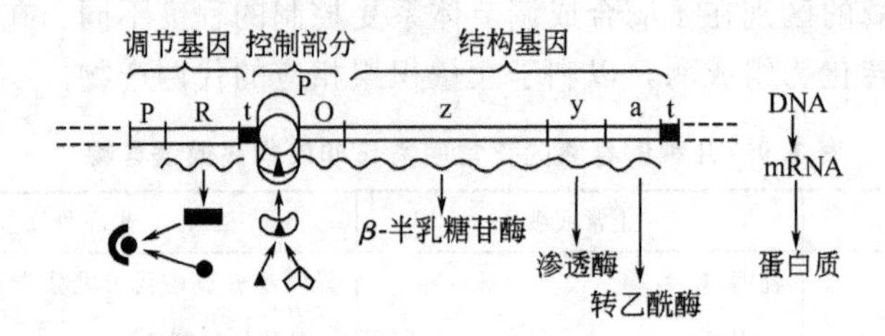

(2)不存在诱导物时,mRNA无法转录

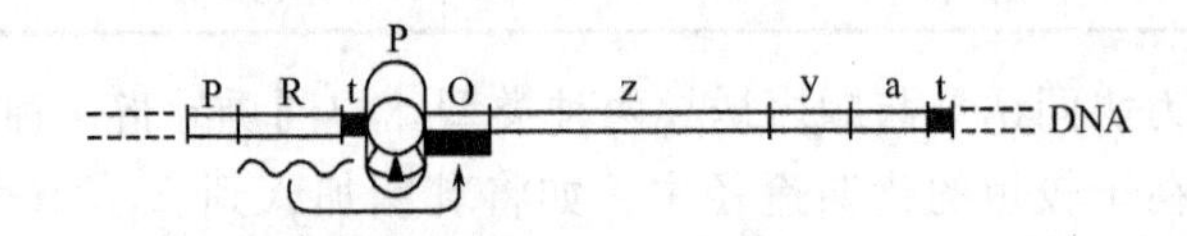

(3)诱导物和辅阻遏物(葡萄糖)都存在时

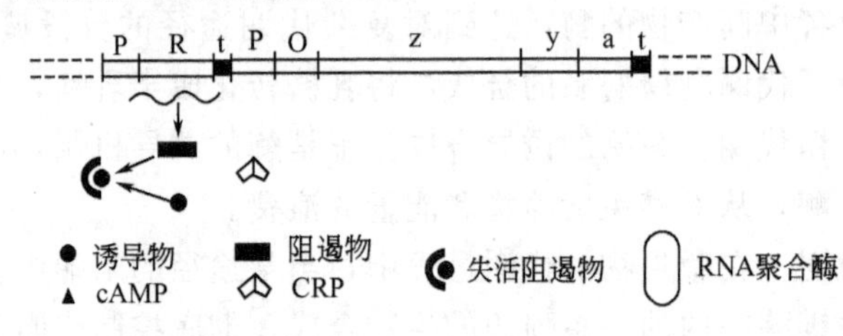

图 2.29　乳糖操纵子的调节示意图

P：启动子；O：操作子；z，y，a：三个结构基因；R：调节基因；t：终止基因

生构象变化，结果降低了 lac 阻遏物与操作子间的亲和力，使它不能继续结合在操纵子上。其操纵子的“开关”被打开，转录和转译顺利进行。当诱导物耗尽后，lac 阻遏物再次与操纵基因相结合，这时转录的“开关”被关闭，酶就无法合成，同时，细胞内已转录好的 mRNA 也迅速地被核酸内切酶所水解，所以细胞内酶的合成速度急剧下降。如果通过诱变方法使之发生 lac 阻遏物缺陷突变，就可获得解除调节，即在无诱导物时也能合成 β-半乳糖苷诱导酶的突变株。此外，lac 操纵子还受到正调节的控制。当第二种调节蛋白 CRP（cAMP 受体蛋白）或 CAP（降解物激活蛋白）直接与启动基因结合时，RNA 多聚酶才能连接到 DNA 链上而开始转录。CRP 与 cAMP 的相互作用，会提高 CRP 与启动基因的亲和性。葡萄糖会抑制 cAMP 的形成，从而阻遏了 lac 操纵子的转录。

② *E. coli* 色氨酸操纵子模型　色氨酸操纵子的阻遏是对合成代谢酶类进行正调节的典型例子。*E. coli* 色氨酸操纵子也是由启动子、操作子和结构基因 3 部分组成（图 2.30）。启动子位于操纵子的开始处；结构基因上有 5 个基因，分别编码“分支酸→邻氨基苯甲酸→磷酸核糖邻氨基苯甲酸→羧苯氨基脱氧核糖磷酸→吲哚甘油磷酸→色氨酸”途径中的 5 种酶。其调节基因（*trp R*）远离操纵基因，编码一种称为阻遏蛋白原的调节蛋白。末端产物色氨酸起到辅阻遏物的作用，与阻遏蛋白结合形成一个有活性的完全阻遏蛋白，与操作子相结合，使转录的“开关”关闭，无法进行结构基因的转录和转译。在没有末端产物色氨酸的情况下，阻遏蛋白原处于无活性状态，操作子的“开关”始终打开，这时结构基因的转录和转译可正常进行，参与色氨酸合成的酶大量合成。

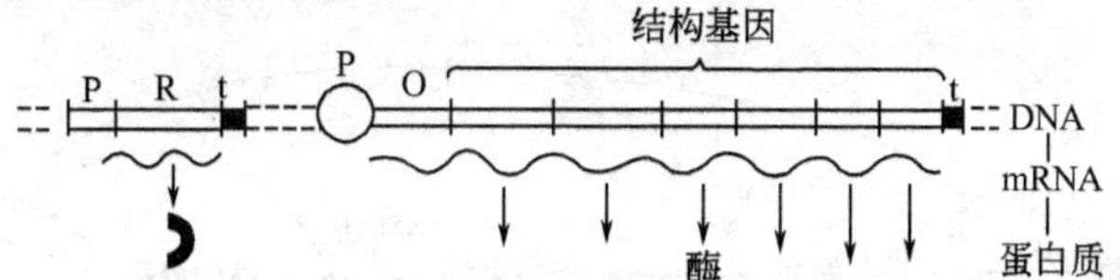

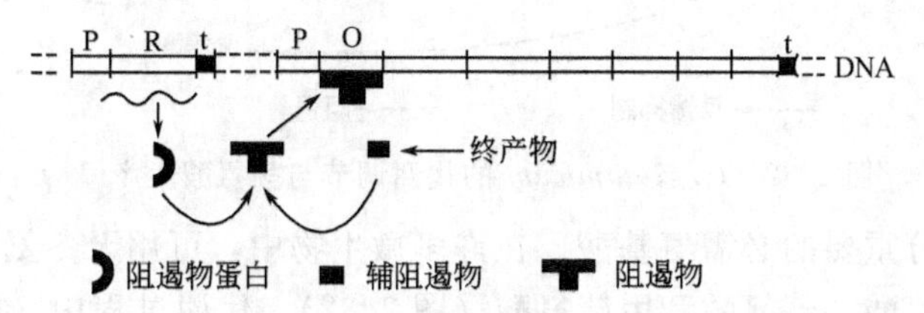

图 2.30 通过末端产物的反馈阻遏对酶合成的正调节

2.3.3.2 酶活性的调节

酶活性调节是指一定数量的酶，通过其分子构象或分子结构的改变来调节其催化反应的速率，是在酶分子水平上的一种调节。它是通过改变现成的酶分子活性来调节新陈代谢的速率，包括酶活性的激活和抑制。酶活性调节受多种因素影响，底物的性质和浓度、环境因子以及其他酶的存在都有可能激活或抑制酶的活性。酶活性的激活是指在分解代谢途径中，后面的反应被较前面反应的中间产物所促进，称为前馈作用。酶活性的抑制主要指反馈抑制，主要表现在某代谢途径的末端产物过量时，可反过来直接抑制该途径的第一个酶的活性，促使整个反应过程减慢或停止，从而避免了末端产物的过多累积。在微生物代谢的酶活性调节中较常见的是末端产物的反馈抑制。

受反馈抑制的这种酶一般都是变构酶（allosteric enzyme），它的酶活力调控的实质就是变构酶的变构调节。一般来说，变构酶分子具有多个亚基，包括催化亚基和调节亚基。变构酶的激活和抑制过程见图 2.31。当效应物与调节亚基结合后，通过构象的改变，可改变催化亚基的活性中心对底物的亲和力和催化能力，促进或抑制酶活力，使整个代谢途径的快、慢受到调节，这种效应称为变构效应，又叫协同效应。有的效应物能促进活性中心对底物的亲和力，称为激活剂，而有的效应物则降低活性中心与底物的结合，称为抑制剂。

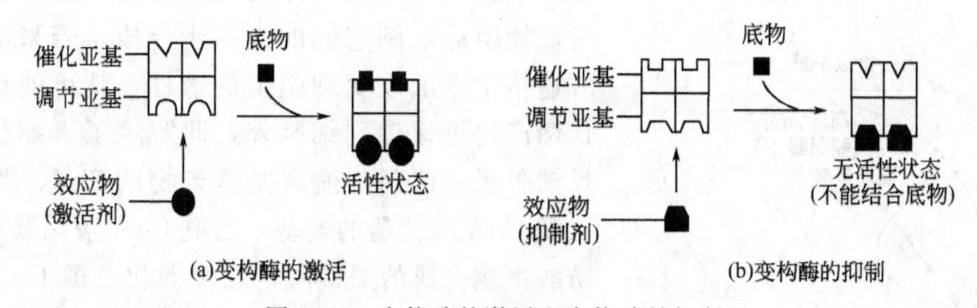

图 2.31 变构酶的激活和变构酶的抑制

2.3.3.3 代谢调控在发酵工业中的应用

在发酵工业中，代谢调节是调节微生物生命活动众多方法之一，目的是使微生物累积更多的为人类所需的有益代谢产物。下面是通过调节代谢途径而提高发酵生产效率的 3 个实例。

（1）应用营养缺陷型菌株解除反馈调节生产赖氨酸　营养缺陷型菌株在直线式的生物合成途径中不能累积终端代谢产物，而只能累积中间代谢产物，但在分支代谢途径中，通过解除某种反馈调节，就可使某一分支途径的末端代谢产物得到累积。

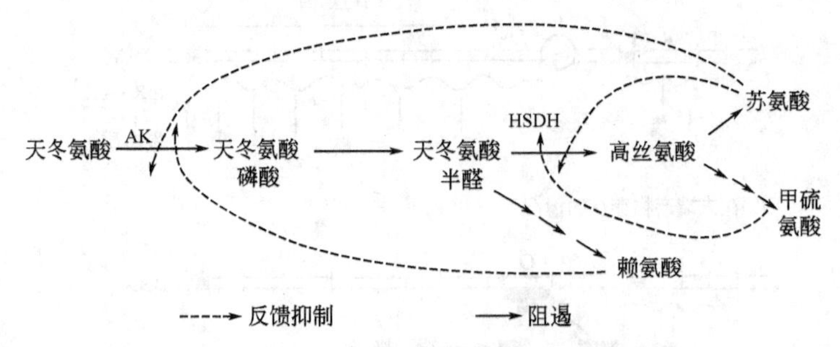

图 2.32　*C. glutamicum* 的代谢调节与赖氨酸生产

赖氨酸是一种十分重要的必需氨基酸。在许多微生物中，可用天冬氨酸做原料，通过分支代谢途径合成出赖氨酸、苏氨酸和甲硫氨酸（图 2.32）。代谢过程中，由于赖氨酸对天冬氨酸激酶（AK）有反馈抑制作用，而天冬氨酸除用于合成赖氨酸外，同时也作为甲硫氨酸和苏氨酸的原料，因此在正常细胞内很难累积较高浓度的赖氨酸。

为解除正常的代谢调节以获得赖氨酸的高产菌株，工业上选育了谷氨酸棒杆菌（*Corynebacterium glutamicum*）的高丝氨酸缺陷型菌株作为赖氨酸的发酵菌种。因其不能合成高丝氨酸脱氢酶（HSDH），也即不能合成高丝氨酸，更不能产生苏氨酸和甲硫氨酸，在补给适量高丝氨酸（或苏氨酸和甲硫氨酸）的条件下，可在含较高糖浓度和铵盐的培养基上，产生大量的赖氨酸。

(2) 应用抗反馈调节突变株解除反馈调节高产苏氨酸　抗反馈调节突变株因对反馈抑制不敏感或对阻遏有抗性，所以能累积大量末端代谢产物。例如，黄色短杆菌（*Brevibacterium flavum*）的抗 α-氨基-β-羟基戊酸菌株能累积苏氨酸（图 2.33）。抗性突变株的高丝氨酸脱氢酶已不再受苏氨酸的反馈抑制，可使发酵液中苏氨酸的浓度达到 13g/L；对此突变株进一步诱变获得甲硫氨酸缺陷株，因解除甲硫氨酸对合成途径中的两个反馈阻遏点，进一步使苏氨酸浓度提高至 18g/L。

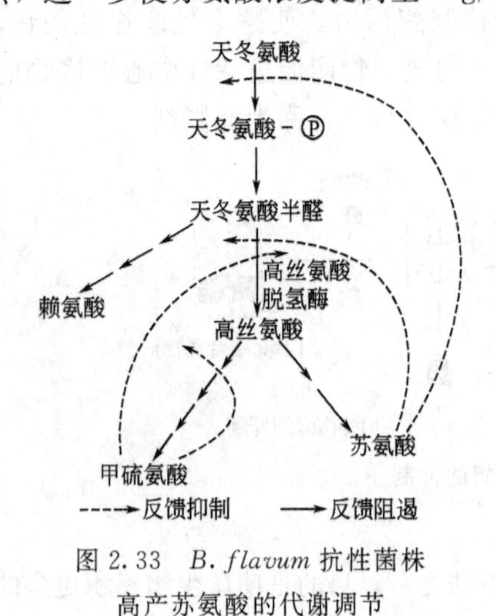

图 2.33　*B. flavum* 抗性菌株高产苏氨酸的代谢调节

(3) 控制细胞膜的渗透性　细胞膜对于微生物细胞内外物质的运输具有高度选择性。在发酵工业上，细胞内的代谢产物经常以较高浓度累积，而通过反馈阻遏限制它们的进一步合成。若采取生理学或遗传学方法改变细胞膜的透性，就可使细胞内的代谢产物迅速渗到细胞外，即解除了末端代谢物的反馈阻遏和抑制，提高发酵产物的产量。生物素是乙酰 CoA 羧化酶的辅基，乙酰 CoA 羧化酶是细胞脂肪酸生物合成的关键酶，它可催化乙酰 CoA 的羧化并生成丙二酸单酰 CoA，进而合成细胞膜磷脂的主要成分脂肪酸；青霉素抑制细胞壁肽聚糖合成中的转肽酶活性，引起肽聚糖结构中肽桥无法交联，造成细胞壁的缺损。因此，控制生物素和青霉素的适量浓度，可改变细胞膜的透性，进而提高代谢产物的产量。

另外，利用油酸缺陷型突变株也能提高细胞膜渗透性，继而提高发酵产量。油酸为细胞膜磷脂中的重要脂肪酸，因油酸缺陷型突变株不能合成油酸而使细胞膜缺损。

2.4 工业微生物筛选

2.4.1 工业微生物的来源

微生物是地球上分布最广、种类最丰富的生物种群。微生物除了能生活在动植物可以生长的环境中外，还可以生活在动植物不能生长的环境中。为了适应环境对微生物生存造成的压力，它们常常能产生许多特殊的生理活性物质。所以过去、现在和将来，微生物都是人类获取生理活性物质的丰富资源。

在发酵工业中，微生物菌种起到关键的作用。只有具备了良好的菌种基础，才能通过改进发酵工艺和设备，得到理想的发酵产品。目前，工业生产上应用的优良菌株，绝大多数是从自然界中分离，并经过筛选及培养条件的优化而得到的，如从意大利撒丁岛的污水中就分离得到第一株头孢菌素生产菌，淀粉酶产生菌、纤维素酶产生菌都可以从土壤中分离得到等。

工业微生物最初都是来源于自然界，如土壤、空气、江、河、湖、海等。在实际研究工作中，工业微生物的来源主要有以下三个途径。

① 向菌种保藏机构索取有关的菌株，再进行筛选，得到所需菌株。如 ATCC (American Type Culture Collection，美国标准菌种收藏所)、NCTC（英国国家典型菌种保藏所)、CCCCM（中国微生物菌种保藏管理委员会）等。

② 从自然界如土壤、水、空气、动植物体等中采集样品，从中进行分离筛选。

③ 从一些发酵制品中分离所需菌株，如从酱油中分离蛋白酶产生菌，从酒醪中分离淀粉酶或糖化酶产生菌。这一类发酵制品经过长期的自然选择，从中容易筛选到理想的菌株。

工业微生物菌种对生产和研究工作来讲都是非常重要的。进行科学研究及发酵工业的生产都离不开对菌种特别是良种的筛选及研究应用。所以，从自然界或者是发酵制品中分离筛选理想菌株，在目前的研究及应用方面占主体地位。

2.4.2 工业微生物的筛选步骤与方法

我国幅员辽阔，各地气候条件、土质条件、植被条件差异很大，这为自然界中各种微生物的存在提供了良好的生存环境。自然界中微生物种类繁多，估计不少于几十万种，但目前已为人类研究及应用的不过千余种。由于微生物到处都有，无孔不入，所以它们在自然界大多是以混杂的形式群居于一起的。而现代发酵工业是以纯种培养为基础，故采用各种不同的筛选手段，挑选出性能良好、符合生产需要的纯种是工业育种的关键一步。

典型的工业微生物筛选步骤包括：

① 从自然界中分离所需菌株；

② 对菌种进行增殖培养；

③ 把分离到的野生型菌株进行分离纯化；

④ 进行代谢产物鉴别；

⑤ 菌种保藏及作为进一步育种的出发菌株。

筛选过程详见图 2.34。另外，如产物与食品制造有关，还需对菌种进行毒性鉴定。

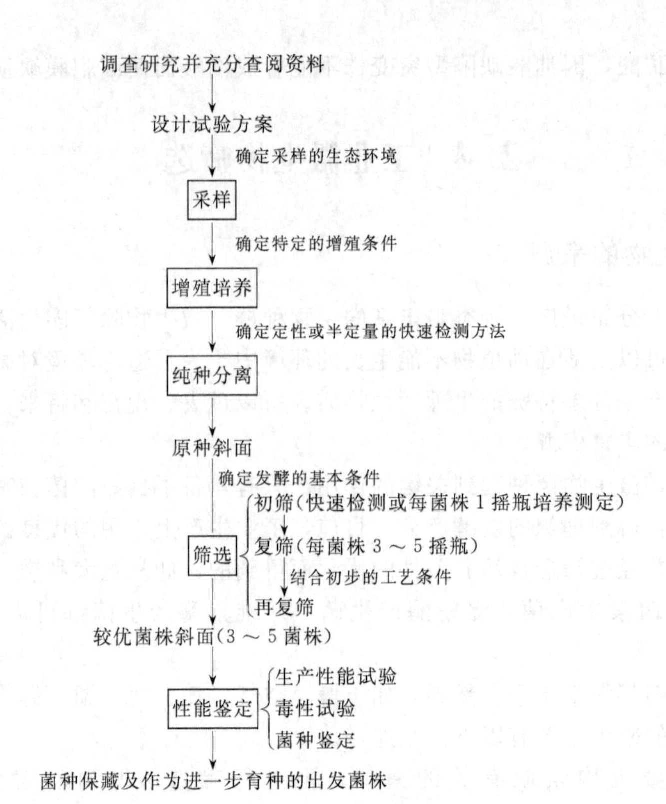

图 2.34 典型的工业微生物筛选流程

2.4.2.1 采样

在采集微生物样品时，要遵循的一个原则是材料来源越广泛，就越有可能获得新的菌种。特别是在一些极端环境中，如高温、高压、高盐、低 pH 以及海洋中，存在着适应各种环境压力的微生物类群，是尚待开发的重要资源。

（1）从土壤中采样　土壤具备微生物生长所需的营养、水分和空气，是微生物最集中的地方。各种微生物由于生理特性不同在土壤中的分布也随着地理条件、养分、水分、土质、季节而变化，因此，需要根据分离筛选的目的，到相应的地方去采集土壤样品。

① 土壤有机质和通气状况　土壤有机质和通气状况影响微生物在土壤中的分布。一般耕作土、菜园土、近郊土壤中有机质丰富，土壤成团粒结构状态，通气保水性能好，营养充足，微生物生长旺盛，数量多，尤其适合于细菌、放线菌生长。山坡上的森林土，枯枝落叶多，植被厚，有机质丰富，加上遮阳潮湿，适合于霉菌、酵母菌生长繁殖。沙土、无植被的山坡土、新耕植的生土、瘠薄土等土壤中，微生物数量少。

从土壤的纵剖面看，5～25cm 的土层是采样最好的土层。5cm 以内的表层土，由于阳光照射，蒸发量大，水分少，加上紫外线的杀菌作用，造成微生物数量少。25cm 以下的土层，由于土质紧密，空气量不足，养分与水分缺乏，因此微生物也较少。

② 土壤酸碱度和植被状况　土壤 pH 会影响微生物的种类。一般来说，偏碱（pH7.0～7.5）的土壤适合于细菌、放线菌生长；偏酸（pH7.0 以下）的土壤适合于霉菌、酵母菌生长。土壤植被状况也影响微生物的分布。一般果树下的土壤中酵母菌较多；番茄地或腐烂番茄堆积处有较多的维生素 C 产生菌；豆科植物的植被下，根瘤菌数量较多。

③ 地理条件　南方土壤比北方土壤中微生物多，特别是热带、亚热带地区的土壤。原因是南方温度高，温暖季节长，雨水多，相对湿度高，植物种类多，植被覆盖面大，土壤有

机质丰富，土质肥沃，造成微生物得天独厚的优越生长条件。

④ 不同季节　不同季节微生物数量有明显的区别。冬季温度低、气候干燥，微生物生长繁殖缓慢，数量少；春季，微生物生长旺盛，数量逐渐增加，但南方春季雨水多，土壤含水量高，通气不良，会影响微生物繁殖；经过夏季到秋季，有7～10个月处在较高的温度和丰富的植被下，土壤中微生物的数量比任何时候都多。因此，秋季是采土样分离微生物的最理想的季节。

⑤ 采样方法　采土样时，先用铲除去表层土，取5～25cm深处的土样10～15g，装入事先准备好的塑料袋，对塑料袋编号并记录地点、土质、植被、时间等，取样后马上分离。若样品多或路途遥远，难以做到及时分离，则可事先做好试管斜面，取3～4g样品直接加到斜面上培养，以避免因不能及时分离而导致微生物死亡。

(2) 根据微生物生理特点采样　不同微生物对碳、氮的需求不一样，因此分布也有差异，如森林土有很多枯枝落叶，富含纤维素，适合于利用纤维素作碳源的纤维素酶产生菌生长；肉类加工厂、饭店排水沟的污泥中，有较多的蛋白酶产生菌；面粉加工厂、糕点厂、酒厂、淀粉加工厂等场所，容易分离到产生淀粉酶、糖化酶的菌株；油田附近的土壤中容易筛选到利用碳氢化合物为碳源的菌株；甜果、蜜饯或甘蔗渣堆积处，有不少酵母菌或耐高渗透压的酵母菌。

在筛选具有特殊性质的微生物时，需要根据不同微生物独特的生理特性到相应的地点进行采样。如筛选高温酶产生菌时，通常到温度较高的地方，如南方、温泉、火山爆发处以及北方的堆肥中采样；分离低温酶产生菌可以到温度较低的地方，如南极、北极、冰窖、深海中采样；分离耐压菌通常到海洋底部采样；分离耐高渗透压的酵母菌通常到甜果、蜜饯或甘蔗渣堆积处采样。

(3) 在特殊环境下采样

① 局部条件的影响　微生物的分布除了受本身的生理特性和环境条件综合因素的影响之外，还受到局部条件的影响。如北方气温较低，高温微生物少，但在该地区的温泉或堆肥中高温微生物较多。又如氧气充足的地方应该只适合于好氧菌生长，但实际上也存在一些厌氧菌。

海洋对于微生物来说也是一个特殊的局部环境。海洋独特的高盐度、高压力、低温及光照条件，使海洋微生物具有特殊的生理特点，能产生一些不同于陆地来源的特殊产物。如深海鱼类肠道内的嗜压古细菌可以产生二十碳五烯酸（EPA）和二十二碳六烯酸（DHA）。

② 极端条件的影响　微生物一般在中温、中性pH条件下生长，但在绝大多数微生物不能生长的高温、低温、酸性、碱性、高盐、高辐射强度的环境下，也有少数微生物存在，这类微生物被称为极端微生物。极端微生物生活所处的特殊环境，导致它们具有不同于一般微生物的生理生化特性，因而有可能筛选到特殊的生理活性物质。

嗜冷菌的最适生长温度为15℃，主要分布在常冷的环境中，如南北两极地区、冰洞、深海等环境中，这类微生物在低温发酵时可产生许多风味食品且可节约能源及减少中温菌的污染。嗜热微生物是高温酶的来源，存在于火山、温泉等环境。嗜碱菌的最适生长pH通常在9～10之间，存在于碱湖、碱性泉、碱地甚至海洋中，这类菌可以产生碱性蛋白酶和碱性纤维素酶等，可作为洗涤剂的添加成分，碱性淀粉酶也可以用于纺织品工业及皮革工业。

2.4.2.2　富集培养

在自然界获得的样品，是很多种类微生物的混杂物，一般采用平板划线法或稀释法进行纯种分离。但在大多数采集的样品中，所需微生物不是优势菌种或数量很少。因此，为了增加分离成功率，通常通过富集培养增加待分离菌种的数量。

富集培养是根据微生物生理特点，设计一种选择性培养基，取土壤、水等样品少许加到培养基中，给目的微生物创造一个最适的生长环境，经过一定时间的培养，目的微生物迅速地生长繁殖，数量上占了绝对的优势，从中可以有效地分离到所需菌株。一般可以通过控制营养成分、培养条件及抑制不需要的菌类等方面来进行。

富集培养主要根据不同种类微生物对碳氮源、pH、温度、需氧等生理因素的要求不同进行控制，又称为施加选择压力分离法，多应用于筛选水解酶产生菌。对那些能分泌蛋白酶、淀粉酶、纤维素酶等胞外酶的菌种，具有很强的分解有机碳或有机氮的能力，从中取得营养，得到优先生长繁殖。而另一些微生物不能分解这些物质，所以繁殖很慢或不能繁殖。还有一些微生物的富集培养，可以根据它们对 pH、温度及某种营养物质利用的专一性不同进行控制培养，达到分离纯化的目的。

根据微生物对环境因子耐受性，可根据连续富集培养的方法分离降解高浓度污染物的环保菌。如以甲醛作唯一碳源对样品进行富集培养，等底物完全降解后，再转接到新鲜的含甲醛的富集培养集中，重复培养几次。在此过程中，将甲醛的浓度逐步提高，最后就能得到可降解高浓度甲醛的微生物。

为了抑制一些不需要的微生物生长，也可以加入一些专一性的抑制剂。如分离细菌时，加 50U/mL 制霉菌素或 30U/mL 多灵菌，抑制霉菌、酵母菌生长。分离放线菌时，加几滴 10%酚，抑制霉菌和细菌生长；或加青霉素（抑制 G^+）、链霉素（抑制 G^-）各 30～50U/mL以及丙酸钠 10μg/mL（抑制霉菌）。分离霉菌和酵母菌时，加青霉素、链霉素和四环素各 30U/mL，抑制细菌和放线菌。分离根霉和毛霉等霉菌时，可以加入 0.1%去氧胆酸钠或山梨糖，防止霉菌孢子蔓延。

除上述控制条件外，还可通过高温、高压、加入抗生素等方法减少非目的微生物的数量，使目的微生物数量增加，达到富集的目的。如从土壤中分离芽胞杆菌时，由于芽胞杆菌具有耐高温特性，通常 100℃很难杀死，要 121℃才能彻底死亡，而一般细菌或微生物营养体只要在巴斯德灭菌温度 60～70℃加热 10min，则可致死，因此，可先将样品在 80℃加热 10min 或 100℃加热 5min，以杀死不产芽胞的微生物。

富集培养对那些含有的微生物数量较少的样品是必要的。但如果按通常分离方法，在培养基平板上能出现足够数量的目的微生物，则不必进行富集培养，直接进行纯化分离就可以了。

2.4.2.3 纯种分离

富集培养以后的样品中目的微生物虽然已占了优势，但其他微生物仍然存在。因此，为了获得某一特定的微生物菌种，必须对富集培养后的样品进行纯化分离。

（1）纯种分离的基本方法　纯种分离通常采用稀释法和画线法。画线法是用接种针挑取微生物样品在固体培养基表面画线，培养后获得单菌落。画线法简便、快速，但所得到的单菌落不一定是纯种。稀释法是先将样品经无菌水或生理盐水稀释后，再涂布到固体培养基上，培养后获得单菌落。稀释法使微生物样品分散更加均匀，获得纯种的概率更大。

（2）通过控制营养和培养条件进行纯种分离

① 控制分离培养基中的营养成分　不同微生物对碳源、氮源的需求不一样。因此需要事先了解被分离微生物的营养要求，设计一种合理快速的分离培养基，这样就能够收到事半

功倍的效果。例如以淀粉为碳源的培养基可鉴别菌落能否产生淀粉酶；以纤维素为碳源的培养基可鉴别菌落能否产生纤维素酶；以酪蛋白为氮源的培养基可鉴别菌落能否产生蛋白酶。

② 控制培养基的 pH 值　不同微生物对 pH 值的要求不同。细菌、放线菌的生长繁殖一般要求偏碱（pH7.0～7.5）的生长环境，而霉菌和酵母菌则要求偏酸（pH4.5～6.0）的生长环境。因此，配制分离培养基时应调节 pH 到被分离微生物的要求范围，这样既有利于所需菌种的生长，也可排除一部分不需要的菌种。例如分离柠檬酸产生菌时，调节培养基的 pH 到 2.0～2.5，这样有利于分离到产生柠檬酸的黑曲霉。又如分离碱性蛋白酶和碱性脂肪酶产生菌时，可以将培养基 pH 调到 9～11，能起到浓缩这些菌种的作用。

培养基 pH 还要考虑其他成分。微生物在生长繁殖过程中，由于代谢作用，会产生酸和碱，使 pH 会发生变化。一般培养基 C/N 高，培养后倾向于酸性，反之则倾向于碱性。无机盐的性质也会影响 pH 变化，如 $(NH_4)_2SO_4$ 是生理酸性氮源，$NaNO_3$ 是生理碱性氮源。为了维持培养基的 pH 值，一般要加入磷酸盐，使培养基具缓冲能力。如果培养基中的酸碱度变化很大，磷酸盐的缓冲容量不足，则可加入适量碳酸钙，以不断中和菌体代谢过程中产生的酸类，使培养基的 pH 保持在恒定的范围内。

③ 控制培养温度　各类微生物的生长温度不同。根据微生物对生长温度的需求不同，可将微生物分为三类：第一类是嗜热微生物，最适温度 50～60℃；第二类为嗜温微生物，最适生长温度是 20～40℃；第三类是嗜冷微生物，最适温度为 15℃以下。因此可控制培养温度以获得所需要的微生物。

④ 供氧条件的控制　不同微生物对氧的需求不一样，好氧菌要在有氧条件下培养，而厌氧菌则要在厌氧条件下才能生长。

分离厌氧菌，要采取厌氧培养法，培养过程中要除去氧气。可在分离培养基中加入还原剂，如半胱氨酸、D 型维生素 C、硫化钠等，快速画线后，立即置真空密封容器中（充二氧化碳或氮气）；也可利用焦性没食子酸和 NaOH 反应，除去氧气。

(3) 利用平皿的生化反应进行分离（图 2.35）　这是利用特殊的分离培养基对微生物

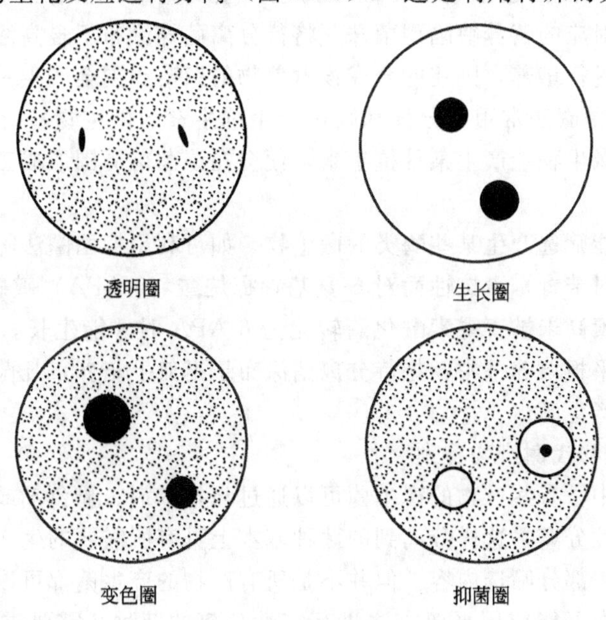

图 2.35　平皿快速检测法示意图

进行初步分离的方法。分离培养基是根据目的微生物的特殊生理特性或其代谢产物的生化反应进行设计的。通过观察微生物在特殊分离培养基上的生长情况或生化反应进行分离，可显著提高目的微生物分离纯化的效率。

① 透明圈法　在平板培养基中加入溶解性较差的底物，使培养基混浊。将含目的微生物的待分离样品接种到此培养基中进行培养，能分解底物的微生物便会在菌落周围产生透明圈，透明圈的大小可初步反映该菌株利用底物的能力。该法多用于分离水解酶产生菌，如以淀粉为碳源的培养基可鉴别菌落能否产生淀粉酶；以纤维素为碳源的培养基可鉴别菌落能否产生纤维素酶；以酪蛋白为氮源的培养基可鉴别菌落能否产生蛋白酶。根据菌落周围形成的透明圈的有无和大小，可以大致确定酶活力的有无和强弱。

产有机酸的微生物也可采用透明圈法进行分离。在分离培养基中加碳酸钙，使之形成混浊状，把土样悬浮液涂到平板上，如在培养过程中产酸，则能把菌落四周的碳酸钙水解，形成清晰的透明圈。

② 变色圈法　在分离培养基中加入指示剂或显色剂，可使所需微生物能被鉴别出来。如分离谷氨酸产生菌时，在培养基中加入溴百里酚蓝，它是一种酸碱指示剂，变色范围在pH6.2～7.6，当pH6.2以下时为黄色，当pH7.6以上时为蓝色。若平板上出现产酸菌，其菌落周围会变成黄色，可挑取黄色菌落，进一步筛选谷氨酸产生菌。

分离降脂微生物的常用方法是把维多利亚兰和脂类混合，制成琼脂培养基平板，起始pH调为中性，将土样悬浮液分离在平板上，具有降脂能力的菌落产生脂酶，水解脂类底物，使pH由中性下降到酸性，即阳性降脂反应能显示粉红色到蓝色的变化。若起始pH为碱性，则阳性降脂反应从咖啡色变成蓝绿色，能使脂类底物与降脂后的脂肪酸区别开来。

分离蛋白酶产生菌时，除可用酪蛋白作底物，观察菌落周围有无透明圈外，还可以吲羟乙酸酯为底物，能产生碱性蛋白酶的芽胞杆菌菌落，由于水解吲羟乙酸酯而产生3-羟基吲哚，后者能氧化产生蓝色产物，以此鉴别菌落是否产蛋白酶。

③ 生长圈法　生长圈法通常用于分离和筛选产生氨基酸、核苷酸和维生素的微生物。所用工具菌是一些相对应的营养缺陷型菌株。将待分离菌株涂布于含高浓度的工具菌并缺少所需营养物的平板上进行培养，则在能合成该营养物的菌落周围会产生一个混浊的生长圈。

④ 抑菌圈法　抑菌圈法常用于分离和筛选产生抗生素的微生物。所用工具菌为抗生素的敏感菌。若被分离微生物能产生某种抗生素，便会在该菌落周围形成工具菌不能生长的抑菌圈。

利用抑菌圈法还能筛选产生某些酶类的微生物。如可利用抑菌圈法筛选青霉素酰化酶产生菌。工具菌为一种对苄青霉素抗性而对6-氨基青霉烷酸（6-APA）敏感的黏性沙雷氏菌。这种菌只有当苄青霉素尚未被青霉素酰化酶转化为6-APA时才能生长。具体做法是将工具菌和苄青霉素混合于平板培养基中，将待分离菌涂布于平皿上培养，凡菌落周围出现抑菌圈的即为青霉素酰化酶产生菌。

2.4.2.4　菌株的筛选和代谢产物鉴别

在菌种分离工作中，有些产物的产生菌可以通过与指示剂、显色剂或底物等的生化反应在平皿上直接进行定性分离，这样分离到的菌种基本上具有所需要的生产性能。这种分离方法实际上已经包含了一部分筛选内容。但并不是所有产物的产生菌都可以应用平皿定性方法进行分离。对于这一类不能应用平皿方法进行定性分离的菌种，需要进行常规生产性能测定。另外，即使已通过平皿定性分离的菌种也需要进一步筛选和更加精确的定量测定。

生产性能测定分为初筛和复筛。初筛要求筛选的菌株尽可能多，筛选的菌株越多，就越有希望筛选到所需要的菌株。由于初筛时筛选的菌株很多，工作量很大，所以，为了提高筛选效率，需要设计一种快速、简便的筛选方法。初筛可以采用摇瓶培养法，也可以采用固体培养法。初筛时产物测定可以采用琼脂平板测定法，如筛选产生淀粉酶的菌株时，可以将分离得到的菌株，点种在含有淀粉的琼脂平板上，适温培养后，测量形成的水解圈直径和菌落直径的比值来初步表示酶活力的强弱。

通过初筛得到的较好菌株，需要进一步进行筛选，即复筛。复筛通常采用摇瓶振荡培养法，而且一个菌株要接种3～5个摇瓶，培养后的产物测定要采用精确检测法，如脂肪酶用氢氧化钠滴定法，蛋白酶用分光光度法等。但精确检测法操作繁琐、测定时间长，因此有时也结合琼脂平板法进行筛选。如在水解酶的筛选过程中，可以把所有摇瓶复筛的菌株发酵，用琼脂平板法测定一遍，将其中活性圈大而清晰的菌株发酵液进一步采用精确检测法测定，选出较优良的菌株2～3株。

在复筛过程中，也可以结合多种培养基和培养条件如温度、pH、供氧量等进行筛选。

2.4.2.5　菌种保藏及作为进一步育种的出发菌株

在经过一系列筛选程序得到的优良微生物菌种，需用适合的保藏方法进行保藏，尽量保持其重要的性状，并可作为进一步育种的出发菌株，通过经典的或现代化的育种手段，使其更好地应用于工业生产。

此外，自然界的一些微生物在一定条件下将产生毒素，为了保证食品的安全性，凡是与食品工业有关的菌种，除啤酒酵母、脆壁克鲁维酵母、黑曲霉、米曲霉和枯草杆菌无须做毒性试验外，其他微生物均需通过两年以上的毒性试验。

2.4.3　工业微生物筛选实例

2.4.3.1　淀粉酶产生菌的筛选

淀粉是由葡萄糖通过α-1，4-糖苷键构成的直链淀粉和α-1，6-位有分支的支链淀粉组成的。主要淀粉酶可分为α-淀粉酶、β-淀粉酶、葡萄糖淀粉酶和异淀粉酶4大类。利用淀粉遇碘液变蓝色的特性，将分离后的微生物接种在含有淀粉的固体培养基表面进行培养，利用滴加碘液后菌落周围出现的透明圈可判断该菌是否产生淀粉酶。

（1）从土壤中采样　在面粉厂、高淀粉含量农作物等周边采集土壤样品，用无菌水制备1∶10土壤悬液。取悬液100～200μL，涂布接种到牛肉膏蛋白胨培养基平板，将平板倒置于30～32℃培养24～48h。

（2）筛选及产物鉴别　从平板上挑取少许菌苔，先接种淀粉斜面培养基，再转接淀粉培养基平板，30～32℃培养24～48h，在平板上滴加稀碘液（或卢戈氏碘液），如菌落周围出现透明圈的，则初步判断该菌落能产生淀粉酶。

从水解圈大的菌株对应的斜面取菌，接入产淀粉酶发酵培养基，30～32℃振荡培养48h，将发酵液过滤或离心，取清液检测淀粉酶活力。

（3）复筛　选择淀粉酶活力高的若干菌株进一步培养，从中筛选出淀粉酶活高且稳定的菌株，保藏作为生产菌或进一步育种的出发菌株。

2.4.3.2　脂肪酶产生菌的筛选

有些微生物能产生胞外脂肪酶，将三磷酸甘油酯水解成自由脂肪酸、磷酸甘油酯和甘油供其吸收利用。

（1）采样　到油脂厂、乳品厂或肉制品厂采集含油污泥的样品。

（2）富集培养　将含菌样品用生理盐水做 1∶10 稀释，取 5mL 稀释液接入 50mL 富集培养基中，30℃振荡培养 5 天。

（3）分离纯化　从产生混浊的富集培养基取样稀释，选择合适稀释度的菌液涂布于含油脂及溴甲酚紫的平板倒置培养，如菌落周围形成黄色透明圈（脂肪酸与溴甲酚紫反应形成），则表明该菌株能分解利用培养基中的油脂。

（4）初筛　将分离平板上的产酶菌落编号，接种斜面培养基，并同时转接入含溴甲酚紫的初筛培养基平板上，30℃培养 2 天，用游标卡尺测量菌落直径和变色圈直径，以变色圈直径与菌落直径的比值作为初筛依据，选出高酶活菌株。

（5）复筛　将初筛确定的高酶活菌株，从斜面培养物取菌，接入装有 50mL 产脂肪酶发酵培养基的 250mL 摇瓶中，30℃振荡培养 3 天。将培养液用漏斗加滤纸过滤，取清液检测脂肪酶活力。

（6）脂肪酶活力测定　脂肪酶从油脂中分解出脂肪酸，脂肪酸可以被过量的 NaOH 中和，然后用 HCl 回滴就可以测定出脂肪酸的量。在规定条件下，每分钟释放出 1μmol 游离脂肪酸所需的酶量定义为 1 个脂肪酶活力单位（U）。

霉菌、酵母菌和细菌的许多种类都产生脂肪酶，从特定环境采集样品，改变培养基组成、pH 和培养温度，可分离到不同种类的脂肪酶产生菌。

3 遗传信息的表达与调控

随着遗传学的发展，遗传物质的特点不断被认识：①它必须携有生物的各种遗传信息；②它必须能够精确地复制，这样才能稳定地传递遗传信息；③它必须能够变异，如果没有变异，生物就不能改变和适应，进化也不会发生。1897 年瑞士生物化学家 J. F. Miescher 发现了核酸，但当时人们并不知道它的意义。到 20 世纪初，美国生物学家 W. S. Sutton 发现了染色体的基本结构，并认为染色体与遗传有关。随后，T. H. Morgan 确定了遗传物质位于染色体上，指出基因是染色体的一个片段。至 20 世纪 40 年代，Kossel、Levene 和 Jones 等确定了脱氧核糖核酸（DNA）的化学组成，但却不知道 DNA 是构成基因的化学物质。直至 1944 年 O. T. Avery 等通过肺炎链球菌（*Streptococcus pneumoniae*）的体外转化实验直接证明了 DNA 是遗传物质。随后几年，James Watson 和 Francis Crick 提出了 DNA 双螺旋结构模型，进一步明确了 DNA 是遗传信息的载体，基因是 DNA 分子上的一个片段。除了 DNA 外，少部分生物如某些病毒和噬菌体是以 RNA 为遗传物质的。至此，人们已经明确核酸就是遗传物质，随后，有关核酸的研究得到了快速发展，生命科学研究进入了新时代。

3.1 遗传物质的结构和功能

3.1.1 染色体

在细胞中，遗传物质核酸主要与蛋白质相结合，这种结构称染色体（chromosome）。染色体为遗传物质的主要载体，它在原核生物、真核生物和病毒中广泛存在。核酸（主要指 DNA）包装为染色体具有几个重要功能：首先，染色体是 DNA 的紧密结构，更适合存在于细胞中；其次，完全裸露的 DNA 分子在细胞中是相当不稳定的，而染色体 DNA 是非常稳定的，这种包装可以保护 DNA 免受损伤，进而可以保证其编码的信息可以忠实地传递下去；再次，只有包装成染色体的 DNA 才能在每次细胞分裂时有效地将遗传物质传递给两个子代细胞；最后，染色体可将每个 DNA 分子全面地组织起来，这种组织有助于遗传信息的表达以及亲本染色体之间的重组，使所有生物的不同个体之间产生多样性。

真核生物的染色体在细胞分裂间期主要以染色质（chromatin）的形式存在。染色质是由 DNA 的一段特定区域与蛋白质结合形成的复合体构成的，其中 50%以上的成分是蛋白质，在这些结合蛋白中，大部分是小的碱性蛋白质，即组蛋白（histone），包括五种类型，分别是 H2A、H2B、H3、H4 和 H1，前四种蛋白又称为核心组蛋白（core histone），它们是组成染色质的基本单位——核小体的主要蛋白成分。其他含量较低的结合蛋白，通常称为非组蛋白（none-histone protein）。这些蛋白质除了维持染色质的基本结构外，其中部分 DNA 结合蛋白还可调控 DNA 的转录、复制、修复和重组。

染色质中蛋白质另一个重要功能就是压缩DNA。DNA的压缩主要是通过调控DNA与组蛋白的结合实现的。DNA与组蛋白结合所形成的结构称为核小体（nucleosome)。它是染色质的基本组成单位。压缩结构的DNA长度只有线性状态下的万分之一，而核小体结构的形成是将DNA能够压缩得如此紧密的过程的第一步。核小体是由核小体核心颗粒和H1组蛋白构成的，核小体核心颗粒是由H2A、H2B、H3、H4组蛋白的各两个分子所形成的八聚体和146bp的DNA构成的。DNA环绕在组蛋白八聚体上，绕在八聚体的DNA进出端靠组蛋白H1来锁定。在某些细胞类型中，组蛋白H1比较不稳定，会被一种组蛋白变异体H5代替。组蛋白H5可与DNA紧密结合，将DNA更加致密地进行压缩，这样往往造成染色质结构的过分紧密，从而导致基因不能转录。核小体之间靠连接区DNA相互连接形成“念珠”状的染色质丝，不同的物种和组织之间，连接区DNA长度在不同物种间变化很大，一般为10～140bp。串成“念珠”状的核小体在组蛋白H1的作用下，将DNA进一步压缩，形成直径约为30nm的纤丝，纤丝的每一圈由六个核小体组成。纤丝进一步弯曲，并结合在细胞核的基质上形成染色体，如图3.1。

一般来说，真核生物的染色体是线状的，每条染色体上有两个拷贝，就是通常所说的二倍体（diploid)。同一个染色体的两个拷贝称为同源染色体（homolog)，分别来自父本和母本。除了二倍体外，某些是单倍体或多倍体。单倍体（haploid）细胞每条染色体只有一个拷贝，并且参与有性生殖（例如，精子和卵子都是单倍体细胞)。多倍体（polyploid）细胞中每条染色体都超过两个拷贝。在极端状态下，有些细胞的每条染色体的拷贝数可能有数百甚至数千。无论染色体数目多少，真核染色体总是包含在由膜包围的称为细胞核（nucleus）的细胞颗粒中。

尽管原核生物的基因组都比较小，仍需对其DNA进行压缩，这样才能在微小细胞中正常发挥遗传物质的信息传递功能。但是，目前对原核DNA的压缩机理了解尚少。细菌一般没有组蛋白和核小体，却有其他小的碱性蛋白质，这些蛋白质可能会有相似的功能，这些蛋白有时候也称为类组蛋白。例如，在大肠杆菌中，DNA与蛋白质相互作用形成“脚手架”形结构。在这种结构中，DNA链形成了50～100个功能域或环。每个环都是超螺旋结构，每个环的DNA有两个端点被蛋白质固定，每个环有50～100kb，如图3.2。最后DNA结合蛋白将这些环状DNA功能域进一步压缩形成染色体。

典型的原核生物的染色体是环形的，仅有一个完整的染色体拷贝，是由支架（scaffdd）和向四周伸出的很多个DNA功能环组成的，位于细胞中央，这个区域称为类核(nucleoid)。然而，当原核生物迅速分裂时，正在复制过程的那部分染色体会存在两个甚至四个拷贝。原核细胞中还经常携带一个或多个小的独立的环状DNA，称为质粒（plasmid)。与较大的染色体DNA不同，质粒通常不是细菌生长所必需的，而是携带着赋予细菌良好特性的基因，如抗生素抗性基因。此外，质粒有别于染色体DNA的另一个特征是每个细胞中可以有多个完整拷贝存在。

3.1.2 核酸

核酸是生物体内的高分子化合物，包括DNA和RNA两大类。脱氧核糖核酸（DNA）是细胞中最重要的分子，它含有生物的全部遗传信息；核糖核酸（RNA）可作为某些病毒的遗传物质。

3.1.2.1 DNA的结构

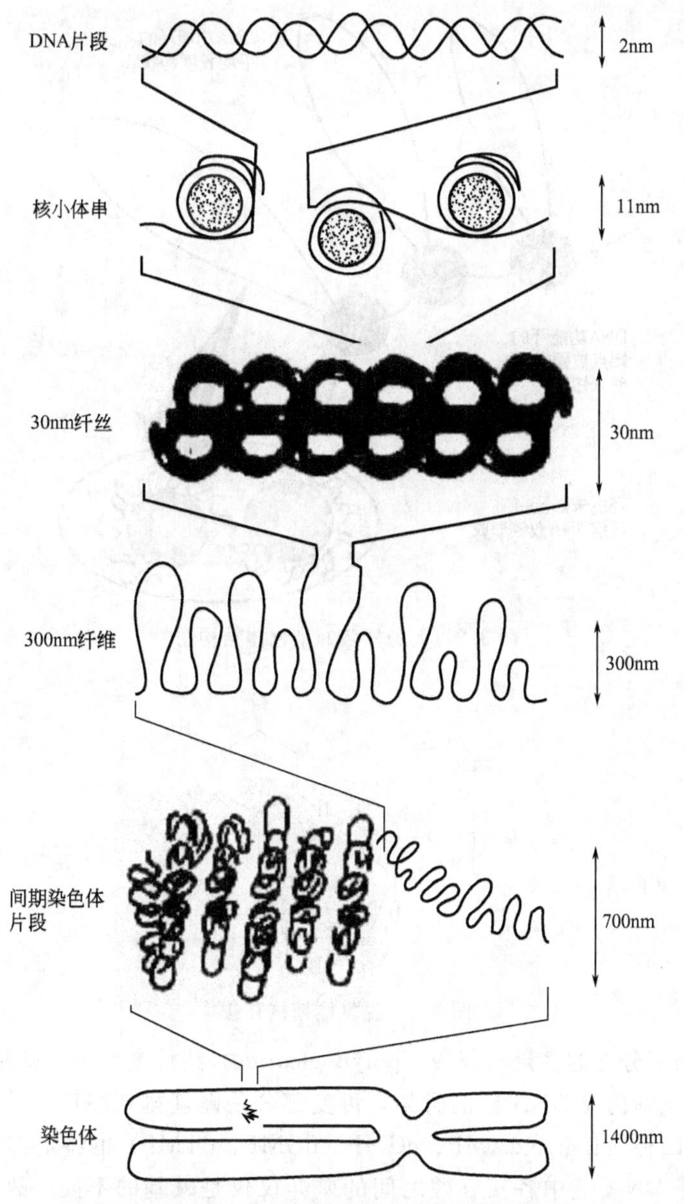

图 3.1 DNA 分子压缩成染色体的过程示意图

DNA 是由脱氧核糖核苷酸单体组成的长双链螺旋分子。一个脱氧核糖核苷酸（deoxyribonucleotide）由三部分组成：一分子戊糖（脱氧核糖，deoxyribose）、一分子含氮碱基和一分子磷酸基（见图 3.3）。

脱氧核糖是一个环状五碳糖。五碳糖的 1′碳原子与嘧啶或嘌呤以糖苷键连接就称为核苷。在 DNA 中有四种含氮碱基：腺嘌呤（adenine，A）、鸟嘌呤（guanine，G）、胞嘧啶（cytosine，C）和胸腺嘧啶（thymine，T）。腺嘌呤和鸟嘌呤被称为嘌呤（purine）碱基，胞嘧啶和胸腺嘧啶则被称为嘧啶（pyrimidine）碱基。核苷中戊糖的 5′碳位的羟基再与磷酸以磷酸酯键连接而成为一个核苷酸分子。由四种碱基组成四种核苷酸分子，分别是脱氧腺苷酸（dAMP）、脱氧鸟苷酸（dGMP）、脱氧胞苷酸（dCMP）和脱氧胸苷酸（dTMP）。一个核苷酸的 5′碳位磷酸与下一个核苷酸的 3′碳—OH 形成 3′，5′-磷酸二酯键，这样由很多单

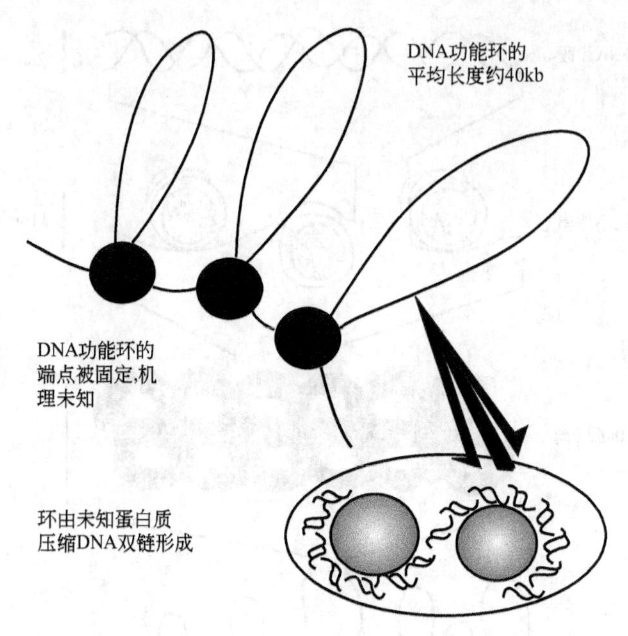

图 3.2 大肠杆菌的染色体结构图

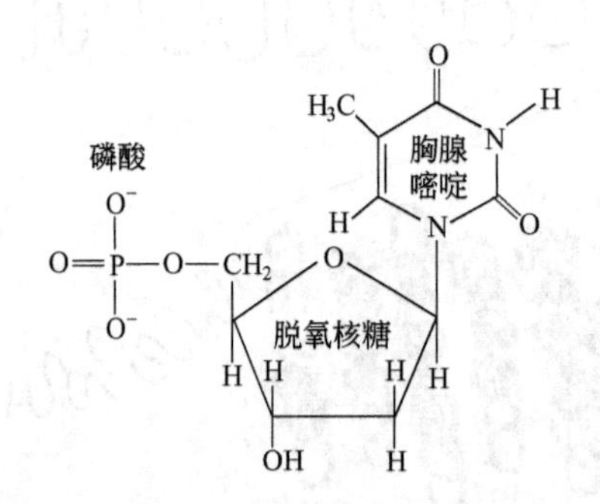

图 3.3 脱氧核糖核苷酸

核苷酸聚合形成的不分支的多聚核苷酸（polynucleotide）线性大分子，就是 DNA 链，见图 3.4。其中磷酸和戊糖构成 DNA 链的骨架，可变部分是碱基排列顺序。核酸是有方向性的分子，DNA 链中四种核苷酸（dAMP、dCMP、dGMP、dTMP）的特定排列顺序称为 DNA 的一级结构。由于 DNA 链中各核苷酸之间的差异仅仅是碱基的不同，故又可称为碱基顺序。每条 DNA 链有一个 5′末端和一个 3′末端，即 5′末端总是有一个核苷酸的 5′位磷酸基不再与其他核苷酸相连，3′末端总是有一个核苷酸 3′位羟基不再连有其他核苷酸。如未特别注明 5′和 3′末端，一般约定，碱基序列的书写是由左向右书写，左侧是 5′末端，右侧为 3′末端。

DNA 在一级结构基础上形成了可发挥遗传信息传递功能的二级结构，DNA 双螺旋（double helix model）是核酸二级结构的重要形式。它是在 1953 年由 Watson 和 Crick 提出的，揭示了遗传信息是如何储存在 DNA 分子中，以及遗传性状何以在世代间得以稳定遗传，见图 3.5。主要内容包括：①DNA 分子由两条互相缠绕成双螺旋结构的多聚核苷酸链组成，两条 DNA 链围绕一共同轴心形成一右手螺旋结构，双螺旋的螺距为 3.4nm，直径为 2.0nm；②链的骨架由交替出现的、亲水的脱氧核糖基和磷酸基构成，位于螺旋外侧；③DNA 双螺旋是右旋的，每一螺旋有 10 个碱基对，碱基位于双螺旋的内侧，两条链中的嘌呤

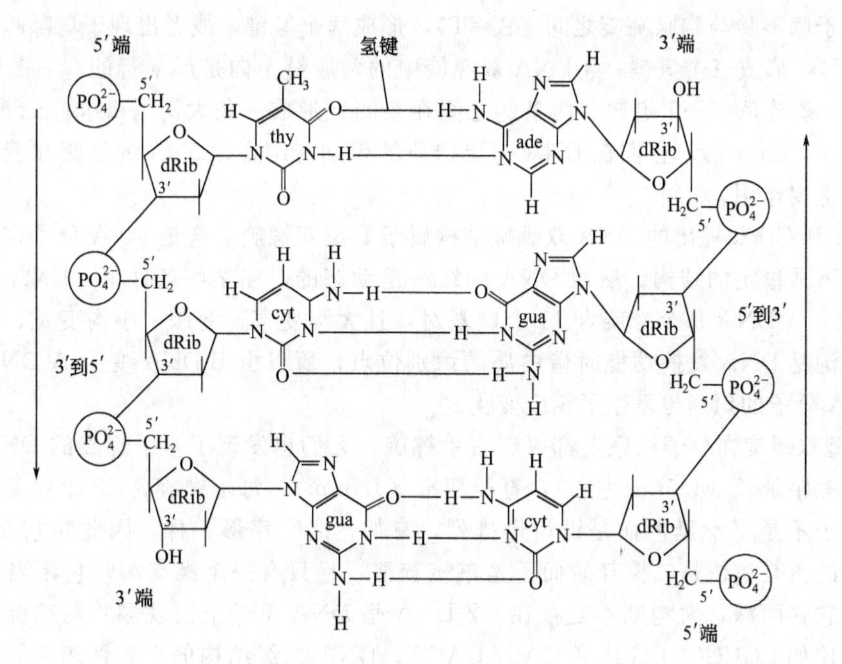

图 3.4　DNA 的化学结构

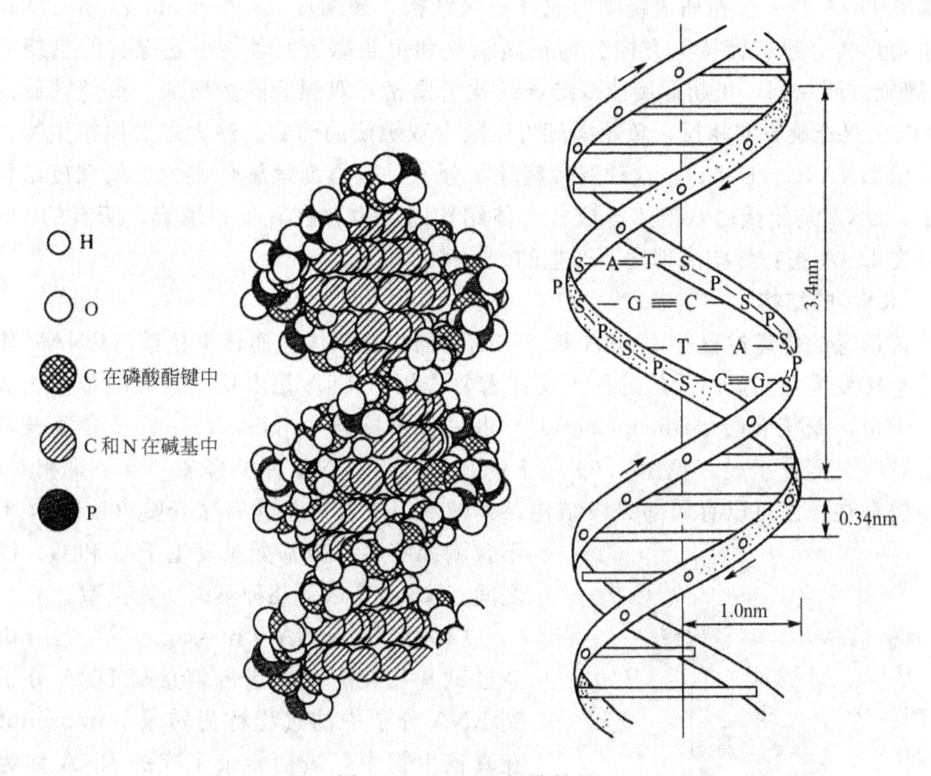

图 3.5　DNA 双螺旋结构

和嘧啶碱基以其疏水的、近于平面的环形结构彼此密切相近，平面与双螺旋的长轴垂直，一条链中的嘌呤碱基与另一条链中位于同一平面的嘧啶碱基之间以氢链相连，称为碱基互补配对或碱基配对（complementary base pairing），碱基对层间的距离为 0.34nm，碱基互补配对总是出现于腺嘌呤与胸腺嘧啶之间（A=T），形成两个氢键，或者出现于鸟嘌呤与胞嘧啶之间（G≡C），形成三个氢键；④DNA 双螺旋中的两股链走向是反平行的，一条链是 5′→3′走向，另一条链是 3′→5′走向。两条链之间在空间上形成一条大沟（major groove）和一条小沟（minor groove），它们在 DNA 与蛋白质的识别与结合、DNA 的复制和遗传信息的表达中具有重要作用。

Watson 和 Crick 提出的 DNA 双螺旋结构属于 B 型双螺旋，这是 DNA 分子在水性环境和生理条件下最稳定的结构。然而 DNA 的结构是动态的，在某些条件下，DNA 分子呈现出 A 型构象，A-DNA 每个螺旋含 11 个碱基对，且大沟变窄、变深，小沟变宽、变浅。由于大沟、小沟是 DNA 发挥功能时蛋白质的识别位点，所以由 B-DNA 变为 A-DNA 后，蛋白质对 DNA 分子的识别也发生了相应变化。

A、B 型双螺旋在分子构象上都属于右手螺旋，人们也发现了左手螺旋的 DNA 链。左手双螺旋的螺距延长（4.5nm 左右），直径变窄（1.8nm），每个螺旋含 12 个碱基对，分子长链中磷原子不是平滑延伸而是锯齿形排列，有如“之”字形一样，因此叫它 Z 型构象。这一构象中的重复单位是二核苷酸而不是单核苷酸，且只有一个螺旋沟，它相当于 B 构象中的小沟，它狭而深，大沟则不复存在。Z-DNA 是 DNA 单链上出现嘌呤与嘧啶交替排列所形成的，比如 CGCGCGCG 或者 CACACACA。DNA 二级结构的多态性表明，生物体中最为稳定的遗传物质也可以采用不同的姿态来实现其丰富多彩的生物学功能。

双螺旋 DNA 进一步扭曲盘绕则形成其三级结构，超螺旋（supercoiling）是 DNA 三级结构的主要形式。超螺旋按其方向分为正超螺旋和负超螺旋两种。正超螺旋的盘绕方向与 DNA 双螺旋方同相同，正超螺旋使双螺旋结构更紧密，双螺旋圈数增加。负超螺旋的盘绕方向与 DNA 双螺旋方向相反，负超螺旋可以减少双螺旋的圈数。绝大多数原核生物都是共价封闭环状 DNA（cccDNA），这种双螺旋环状分子一般再度螺旋化成为负超螺旋结构。真核生物中，DNA 与组蛋白八聚体形成核小体结构时，也存在着负超螺旋。所有的 DNA 超螺旋都是在 DNA 拓扑异构酶催化下产生的。

3.1.2.2　RNA 的结构

在遗传信息的传递过程中，DNA 是遗传信息的主要载体，而核糖核酸（RNA）则主要在遗传信息转变为功能蛋白质的过程中发挥重要作用。RNA 是由核糖核苷酸单体组成的单链分子。一个核糖核苷酸（ribonucleotide）由一分子核糖（ribose）、一分子含氮碱基和一分子磷酸基三个部分组成（见图 3.6）。与 DNA 相比，RNA 种类繁多，分子量相对较小，一般以单链存在，但可以有局部二级结构，其碱基组成特点是含有尿嘧啶（uridin，U）而不含胸腺嘧啶，碱基配对发生于 C 和 G、U 和 A 之间。RNA 有以下几种不同功能类型。

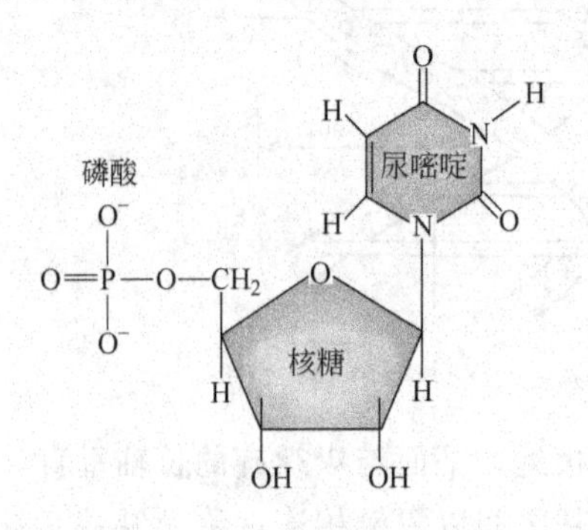

图 3.6　核糖核苷酸

（1）信使 RNA（messager RNA，mRNA）　通过碱基互补配对将遗传信息从 DNA 分子抄录到 RNA 分子中的过程称为转录（transcription）。在真核生物中，最初转录生成的 RNA 称为不均一核 RNA（heterogeneous nuclear RNA，hnRNA），然而合成蛋白质的模板是成熟的 mRNA，且在细胞浆中才能发挥作用。hnRNA 是 mRNA 的未成熟前体。两者之间的差别主要有两点：一是 hnRNA 核苷酸链中的一些片段将不出现于相应的 mRNA 中，这些片段称为内含子（intron），而那些保留于 mRNA 中的片段称为外显子（exon），也就是说，hnRNA 在转变为 mRNA 的过程中经过剪接，被去掉了一些片段，余下的片段被重新连接在一起；二是 mRNA 的 5′末端被加上一个 7-甲基鸟核苷三磷酸（m^7Gppp）帽子，在 mRNA 的 3′末端多了一个多聚腺苷酸（polyA）尾。多聚腺苷酸尾一般由数十个至一百多个腺苷酸连接而成。随着 mRNA 存在时间的延续，这段 polyA 慢慢变短。因此，目前认为这种 3′末端结构可能与增加转录活性以及使 mRNA 趋于稳定有关。原核生物的成熟 mRNA 没有这种首、尾结构。

（2）转移 RNA（transfer RNA，tRNA）tRNA 是蛋白质合成中的氨基酸转运分子。tRNA 分子有 100 多种，各可携带一种氨基酸，将其转运到核蛋白体上，供蛋白质合成使用。tRNA 是细胞内分子量最小的一类核酸，由 70～120 核苷酸构成，各种 tRNA 无论在一级结构上，还是在二级、三级结构上均有一些共同特点。tRNA 中含有 10%～20%的稀有碱基（rare bases），如甲基化的嘌呤 mG、mA，二氢尿嘧啶（DHU），次黄嘌呤等。此外，tRNA 内还含有一些稀有核苷，如胸腺嘧啶核糖核苷、假尿嘧啶核苷（Ψ，pseudouridine）等。tRNA 分子内的核苷酸通过碱基互补配对形成多处局部双螺旋结构，未成双螺旋的区带构成所谓的环，这就是三叶草形结构（clover-leaf structure），如图 3.7。在此二级结构中，从 5′末端起的第一个环是 D 环，以含二氢尿嘧啶为特征；第二个环为反密码子环，其环中部的三个碱基可以与 mRNA 中的三联体密码子形成碱基互补配对，构成所谓的反密码子（anticodon），在蛋白质合成中解读密码子，把正确的氨基酸引入合成位点；第三个环为 TΨC 环，以含胸腺核苷和假尿苷为特征；在反密码子环与 TΨC 环之间，往往存在一个额外环，由数个乃至二十余个核苷酸组成，所有 tRNA 的 3′末端均有相同的 CCA 末端结构，tRNA 所转运的氨基酸就连接在此末端上。尽管各种 tRNA 分子的核苷酸序列和长度相差较大，但均形成了倒 L 形的三级结构。在这个结构中，tRNA 的 3′末端含 CCA 末端结构的氨基酸臂位于一端，反密码子环位于另一端，D 环和 TΨC 环虽在二级结构上各处一方，但在三级结构上却相互邻近。tRNA 三级结构的维系主要是依赖核苷酸之间形成的各种氢键。

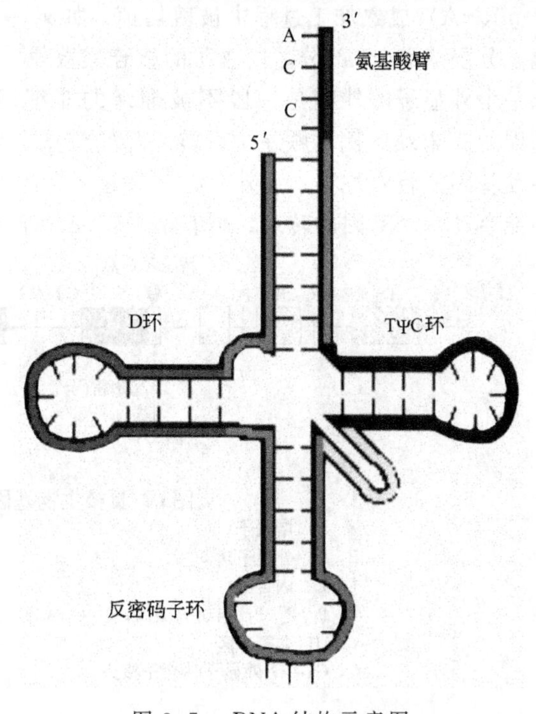

图 3.7　tRNA 结构示意图

（3）核糖体 RNA（ribosomal RNA，rRNA）核糖体 RNA 是细胞内含量最多的 RNA，约占 RNA 总量的 80%以上。它和核糖体蛋白（ribosmal protein）共同组成蛋白质合成的场所——核糖体（ribosome）。原核生物和真核生物的核糖体均由大、小亚基组成。原核生物 rRNA 分为 5S、16S、23S 三种。对大肠杆菌来说，大亚基由 5S、23S rRNA 和

31种核糖体蛋白构成，小亚基则由16S rRNA和21种核糖体蛋白构成。真核生物rRNA分为5S、5.8S、18S、28S四种，其大亚基含28S、5.8S、5S三种rRNA和近50种核糖体蛋白，小亚基含18S rRNA和30多种核糖体蛋白。

(4) 其他RNA分子　小核RNA (small nuclear RNA, snRNA) 存在于真核细胞的细胞核内，是一类称为小核糖体复合体 (snRNP) 的组成成分，分别为U1、U2、U4、U5、U6 snRNA等，均为小分子核糖核酸，长106～189个核苷酸，其功能是在hnRNA转变为成熟mRNA的过程中，参与RNA的剪接，并且在将mRNA从细胞核运到细胞浆的过程中起着十分重要的作用。小胞浆RNA (small cytosol RNA, scRNA) 又称为7SL-RNA，长约300个核苷酸，主要存在于细胞浆中，是蛋白质定位合成于粗面内质网上所需的信号识别体 (signal recognization particle) 的组成成分。

3.1.3 基因和基因组

基因 (gene) 是DNA分子中携带有特定遗传信息的核酸片段，是遗传信息的最小功能单位。它能够表达出一个有功能的肽链或功能RNA分子。对于编码蛋白质的结构基因来说，基因是决定一条多肽链的DNA片段。根据其是否具有翻译功能可以把基因分为两类：第一类是编码蛋白质的基因，它具有转录和翻译功能，包括编码酶和结构蛋白的结构基因以及编码阻遏蛋白的调节基因；第二类是只有转录功能而没有翻译功能的基因，包括tRNA基因和rRNA基因。真核生物与原核生物的基因结构存在明显区别。

多数真核生物的基因为不连续基因。所谓不连续基因就是基因的编码顺序在DNA分子上是不连续的，被非编码顺序所隔开，这种基因又称为割裂基因 (split gene)，如图3.8。编码的顺序称为外显子 (exon)，是一个基因表达为多肽链的部分；非编码顺序称为内含子 (intron)，又称插入顺序 (intervening sequence, IVS)。内含子只转录，在前体mRNA (pre-mRNA) 成熟加工过程中被剪切掉。如果一个基因有几个内含子，一般总是把基因的外显子分隔成$n+1$部分。内含子的核苷酸数量一般比外显子多许多倍。在第一个外显子和最末一个外显子的外侧是一段不被翻译的非编码区，称为侧翼顺序 (flanking sequence)。在基因的5′末端的侧翼顺序中，转录起始位点上游往往含有一个启动子 (promoter)，它能够启动基因的转录过程。另外，在转录起始点的上游或下游，一般还有增强子 (enhancer)，它不能启动一个基因的转录，但有增强转录的作用。最后，在基因的末端往往有一段特定顺

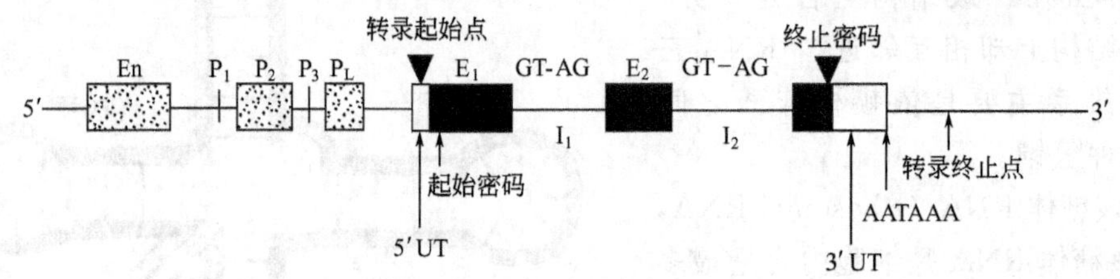

图3.8 真核生物基因结构示意图

En 增强子；
E_1、E_2 外显子；
I_1、I_2 内含子；
P_1、P_2、P_3 启动子(TATA框、CAAT框、GC框)；
UT 非翻译区；
GT-AG 外显子-内含子接头

序，它具有转录终止的功能，这段终止信号的顺序称为终止子（terminator）。因此，一个典型的真核生物结构基因包括四个区域：①前导区，位于编码区上游，相当于 RNA 的 5′末端非编码区（非翻译区）；②编码区，包括外显子与内含子；③尾部区，相当于 RNA 的 3′末端非编码区（非翻译区）；④调控区，包括启动子、增强子和终止子等，主要分布于基因的侧翼顺序区域。与真核生物相比，原核生物基因较短，它的编码区都是连续的，没有内含子，其他结构与真核生物类似。

基因组（genome）是一个细胞中遗传物质的总和。真核细胞常为二倍体，所以其基因组是指细胞中的单套染色体上的遗传物质的总和。真核生物的基因组结构复杂，基因数庞大，除基因内含子序列外，在基因间也存在大量的不编码序列，如基因间隔区（spacer）和重复序列等，这些序列高达 90%以上。间隔区是指基因间不编码的部分，有的转录称转录间隔区，有的不转录称为非转录间隔区。在一个基因组中，真核生物的大多数基因在单倍体中是单拷贝的。然而有些基因或者基因间隔区的部分 DNA 在基因组上存在大量的重复序列。根据 DNA 重复序列的多少，可分为轻度重复序列（2～10 个拷贝）、中度重复序列（10 至数百个拷贝）和高度重复序列（数百至数千个拷贝）。尽管对这些非编码区域的功能了解较少，但存在如此大量的这些序列应与真核生物在进化上的复杂性密切相关。另外，基因组中有许多来源相同、结构相似、功能相关的基因，它们可串联在一起，也可相距很远，这样的一组基因称为基因家族（gene family）。其中大部分有功能的家族成员之间相似程度很高，但也有些家族成员间的差异很大，甚至还有无功能的假基因。基因组内还存在着可转移的 DNA 片段，称为转座因子（transfer factor）。转座因子可在同一细胞的染色体和同一染色体的不同位点之间转移，产生多种遗传效应。

原核生物一般只有一个环状的染色体 DNA 分子，其上所含有的基因为一个基因组。原核生物的基因组相对较小，但可以编码基因的 DNA 序列高达 75%左右。正是因为小的基因组上含有的核酸数量有限，原核生物基因在基因组上的排列存在着一种非常特别的结构——操纵子（transcriptional operon），如图 3.9。其中的结构基因为多顺反子（polycistron），即数个功能相关的结构基因串联在一起，受同一个调节区的调节。数个操纵子还可以由一个共同的调节基因（regulatory gene）即调节子（regulon）所调控。还有些基因共用同一段 DNA 区域，称为重叠基因（overlapping gene）。这样可更经济地利用有限的基因组。与真核生物一样，原核生物基因组上也存在转座因子。特别值得一提的是，几乎所有的细菌还存在着一些小的染色体外遗传物质——质粒。质粒 DNA 上常携带有一些特殊的基因，如抗生素的抗性基因、寄主致病基因等，赋予细菌一些特殊的功能性状。这些质粒具有自身独立复制的能力。正因如此，它们被用来作为基因工程的运载工具——载体。

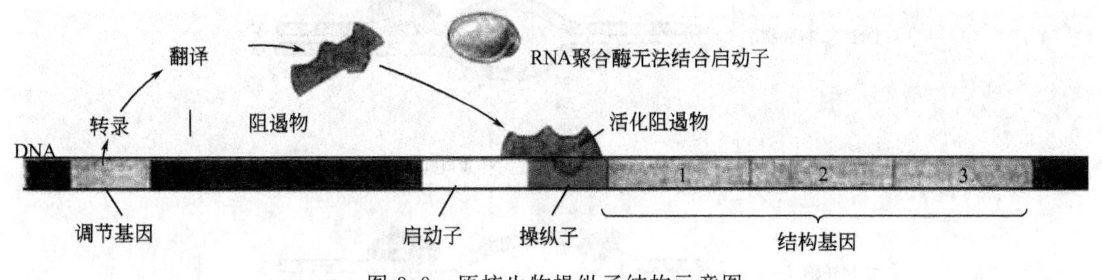

图 3.9　原核生物操纵子结构示意图

3.2 DNA复制

DNA作为遗传物质的基本特点就是在细胞分裂前进行准确的自我复制（self-replication），使DNA的量成倍增加，将遗传信息由亲代传递给子代。DNA在复制时首先两条链之间的氢键断裂，两条链分开，然后以每一条链作为模板各自合成一条新的DNA链，这样新合成的子代DNA分子中一条链来自亲代DNA，另一条链是新合成的，这种复制方式称为半保留复制（semiconservative replication）。DNA复制的过程主要分成起始阶段、DNA链的延长和终止阶段。

3.2.1 DNA复制的起始阶段

在DNA复制的起始阶段，复制是从DNA分子上的特定部位开始的，这一部位叫做复制起始点（origin of replication），常用ori或O表示。细胞中的DNA复制一经开始就会连续复制下去，直至完成细胞中全部基因组DNA的复制。DNA复制从起始点开始直到终点为止，每个这样的DNA单位称为复制子或复制单元（replicon）。在原核细胞中，每个DNA分子只有一个复制起始点，因而只有一个复制子。而在真核生物中，DNA的复制是从许多起始点同时开始的，所以每个DNA分子上有许多复制子。

DNA开始复制时，复制起始蛋白（initiator）首先结合在复制起始位点上，然后解链酶（helicase）打开DNA双链之间的氢键，解开双链，形成一个复制叉（replicative fork，从打开的起点向一个方向形成）或一个复制泡（replicative bubble，从打开的起点向两个方向形成），如图3.10。解链酶需要ATP分解供给能量。单链结合蛋白（single strand binding

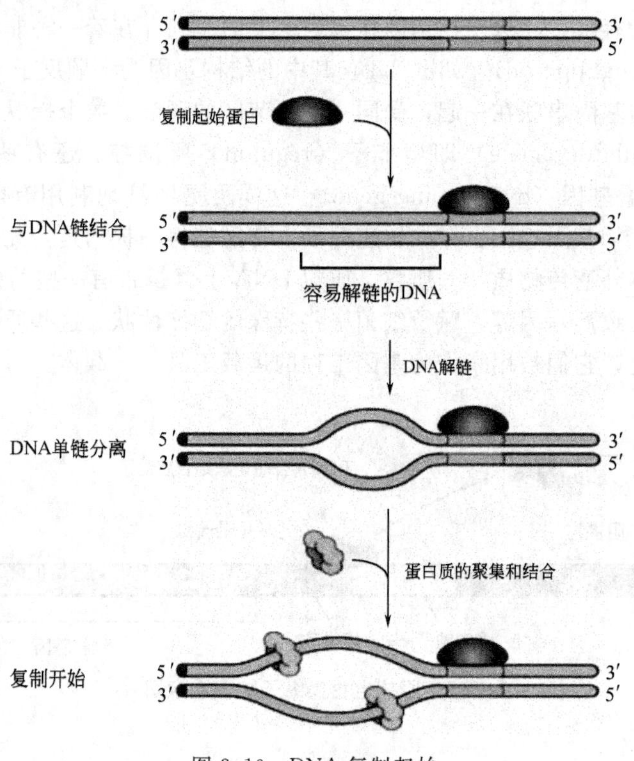

图3.10 DNA复制起始

proteins，SSBP）与解开的单链 DNA 结合使其稳定，不会再度螺旋化并且避免核酸内切酶对单链 DNA 的水解，保证了单链 DNA 作为模板时的伸展状态，SSBP 可以重复利用。在复制叉向前移动时造成其前方 DNA 分子所产生的正超螺旋，必须由拓扑异构酶来解决。拓扑异构酶（topoisomerase）是一类改变 DNA 拓扑性质的酶，广泛存在于原核生物及真核生物中，在体外可催化 DNA 的各种拓扑异构化反应，在生物体内它们可能参与了 DNA 的复制与转录。在 DNA 复制时，复制叉行进的前方 DNA 分子部分产生正超螺旋，拓扑酶可松弛超螺旋，有利于复制叉的前进及 DNA 的合成。DNA 复制完成后，拓扑酶又可将 DNA 分子引入超螺旋，使 DNA 缠绕、折叠、压缩以形成染色质。由于 DNA 两条链的方向相反，以 3′到 5′方向的那条母链为模板合成的新 DNA 链称为前导链（the leading strand），以 5′到 3′方向的另外一条母链为模板合成的新 DNA 链称为后随链（the lagging strand），这两条方向不同的链的复制方式是不完全相同的。对前导链 DNA 的合成来说，在复制起点处以短片段 RNA 为引物与单链 DNA 结合启动前导链的合成。这种短 RNA 片段的长度十几个至数十个核苷酸不等，是由引物酶（primase）合成的，RNA 引物的 3′-OH 末端提供了由 DNA 聚合酶催化形成 DNA 分子第一个磷酸二酯键的位置。由于新 DNA 链是从 5′到 3′方向合成的，所以前导链的前进方向与复制叉打开方向是一致的，因此前导链的合成的起始相对简单，并且是连续进行的。一旦前导链 DNA 的聚合作用开始，后随链 DNA 的合成也随着开始。由于后随链 DNA 合成的前进方向与复制叉的打开方向相反，因此它的合成方式是不连续。在此过程中，高度解链的模板 DNA 首先与多种蛋白质因子形成的引发前体来促进引物酶结合上来，共同形成引发体（primosome），它连续地与引物酶结合并解离，从而在不同部位引导引物酶催化合成 RNA 引物，在引物 RNA 引导下先以片段的形式合成 DNA，这些 DNA 片段就叫做冈崎片段（Okazaki fragments），原核生物冈崎片段含有 1000～2000 个核苷酸，真核生物一般有 100～200 个核苷酸。最后再将多个冈崎片段连接成一条完整的链。由于前导链的合成是连续进行的，而后随链的合成是不连续进行的，所以从总体上看 DNA 的复制是半不连续复制，如图 3.11。就 DNA 复制的方向而言，从一个特定位点解链，沿着两个相反的方向各生长出两条链，形成一个复制泡，这种定点开始双向复制是原核生物和真核生物 DNA 复制最主要的形式。在某些物种中，还有定点开始单向复制和两点开始单向复制两种形式，前者是从一个起始点开始，以同一方向生长出两条链，形成一个复制叉；后者是从两

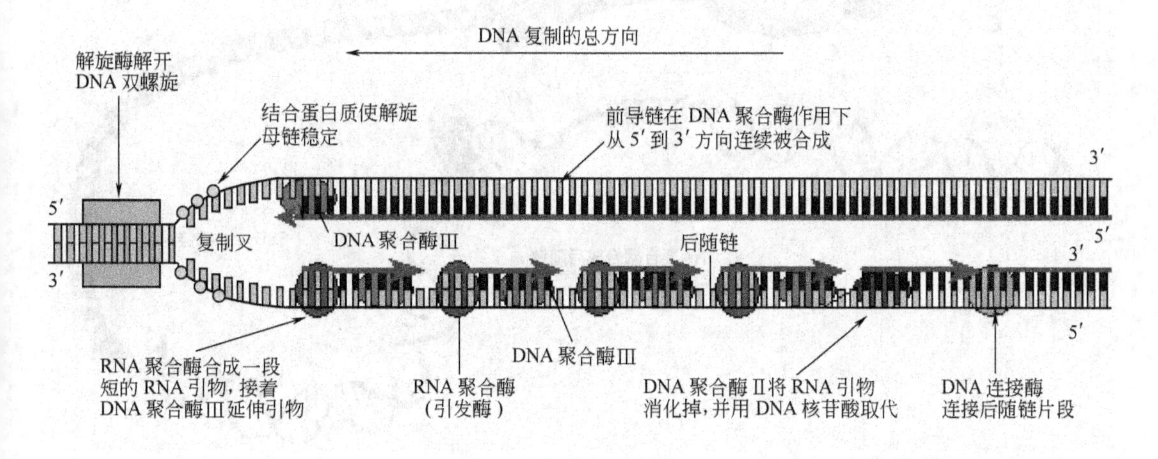

图 3.11　DNA 半不连续复制示意图

个起点开始的，形成两个复制叉，各以一个单一方向复制出一条新链。

3.2.2 DNA 链的延长

DNA 复制开始后，需要 DNA 聚合酶催化新链的延长。在原核生物中，主要有 DNA 聚合酶Ⅰ、Ⅱ和Ⅲ（DNA polymeraseⅠ、Ⅱ、Ⅲ）三种酶参与染色体 DNA 的复制过程。真核生物中则有 DNA 聚合酶 α、β、δ 和 ε 四种酶的参与。在原核生物中，在复制叉上，RNA 引物和模板识别后，DNA 聚合酶Ⅲ取代引物酶，将核苷酸添加到 RNA 引物上启动新 DNA 链的延伸。新 DNA 链开始延伸后，DNA 聚合酶将 RNA 引物消化掉，并用正确的 DNA 核苷酸取代 RNA 核苷酸以填补缺口。在真核生物中，DNA 聚合酶 α 与引物酶在复制叉上结合，引物酶先进行 RNA 引物的合成，然后 DNA 聚合酶进行 DNA 的合成。DNA 聚合酶 α/引物酶复合体的延伸能力相对较低，所以很快就被高延伸性的 DNA 聚合酶 δ 或聚合酶 ε 取代，这个过程称为聚合酶的切换（polymerase switching）。新生 DNA 链的延伸开始后，在没有其他蛋白质存在的情况下，DNA 聚合酶在复制叉上仅能合成 20～100 个碱基对后就从模板上脱离下来。DNA 聚合酶在复制叉上具有的高延伸能力的关键原因在于它们与被称为 DNA 滑动夹（DNA sliding clamp）的蛋白质的结合，如图 3.12。这些蛋白质由多个相同亚基构成，并组装成“油炸圆饼”的形状。夹子中央的孔洞大得足以环绕 DNA 双螺旋并在 DNA 和蛋白质之间留下一层一个或两个水分子厚的空间。这些夹子沿着 DNA 滑动，并不与 DNA 分离，在复制叉处还与 DNA 聚合酶紧密结合。聚合酶与滑动夹所形成的复合体在

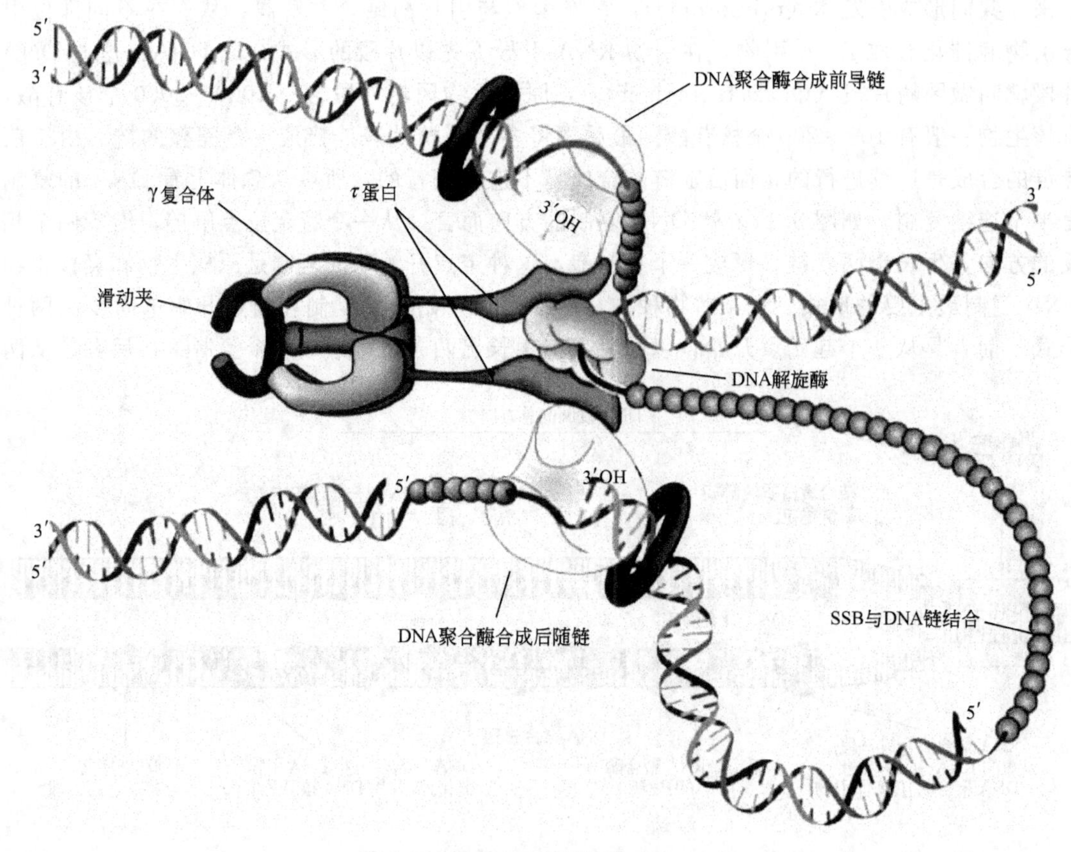

图 3.12 DNA 复制的滑动夹

DNA 合成时沿着 DNA 模板高效地移动。当单链 DNA 模板完全复制后，DNA 聚合酶必须从此 DNA 和滑动夹上释放下来。当 DNA 聚合酶到达单链 DNA 模板的末端时，DNA 聚合酶构象发生变化，降低了其与滑动夹以及 DNA 之间的亲和力，DNA 聚合酶被滑动夹释放出来，然后重新结合在新的引物-模板接头上催化 DNA 链的延伸。释放 DNA 聚合酶后，滑动夹并不立即从复制的 DNA 上脱落下来，而是被一些功能蛋白质结合以募集到新的 DNA 合成部位。滑动夹只有当其不再被其他酶使用时才能从 DNA 上移除。滑动夹结构提高了 DNA 聚合酶与模板在复制叉上的结合能力，DNA 聚合酶的高度延伸能力确保了染色体 DNA 的快速复制。在 DNA 链的复制过程中，可能会有错误的核苷酸引入链中或者 DNA 链的损坏等现象，这就需要 DNA 聚合酶Ⅱ或者聚合酶 β 的校对和修复功能，去除错误配对的碱基并将损伤的 DNA 链修复完整，这对于 DNA 复制中极高的保真性是至关重要的。

3.2.3 DNA 复制的终止阶段

DNA 在复制过程中，合成出的前导链为一条连续的长链。后随链则是由合成出许多相邻的冈崎片段，在连接酶的催化下，连接成为一条长链。连接酶（ligase）的作用是催化相邻的 DNA 片段以 3′，5′-磷酸二酯键相连接。在模板链末端，原核生物的染色体 DNA 常具有复制终止位点，此处可以结合一种特异的蛋白质分子，这个蛋白质和终止位点形成的结合体可以阻止解链酶的解链活性而终止复制。由于原核染色体 DNA 常为环状，后随链末端的合成和连接也是连续和完整的。对真核生物来说，由于其染色体 DNA 是线性的，其后随链的末端由于剩余片段较短，不能与引物酶结合，这样就无法产生 RNA 引物来引导末端冈崎片段的合成，导致后随链模板的 5′末端无法复制，进而可能造成染色体末端的丢失。为了解决这个问题，真核细胞的线性 DNA 末端含有被称为端粒（telomere）的短的、重复性的、非编码的 DNA 碱基序列。一种被称为端粒酶（telomerase）的特殊酶结合到 3′端的端粒 DNA 上。端粒酶既含有蛋白质也含有一段 RNA 成分，端粒酶可以自身 RNA 作为模板，将端粒序列添加到染色体末端延长 DNA 序列。一旦延伸到足够的长度，引物酶会在它上面聚集短链 RNA 引物，继续合成末端的冈崎片段。通过端粒酶的作用，能够保证端粒维持在足够的长度来保护染色体末端不会变得太短，保证染色体复制的完整性。

3.3 转录

以 DNA 为模板合成 RNA 的过程称为转录（transcription）。转录是生物界 RNA 合成的主要方式，是遗传信息从 DNA 向 RNA 传递的过程，也是基因表达的开始。转录作用是以一条 DNA 链为模板，由 RNA 聚合酶催化 RNA 的合成。RNA 聚合酶有以下特点：①以 DNA 为模板，在 DNA 的两条链中只有其中一条链作为模板，这条链叫做模板链（template trand），又叫做无意义链，DNA 双链中另一条不作为模板的链叫做编码链，又叫做有意义链，编码链的序列与转录本 RNA 的序列相同，只是在编码链上的 T 在转录本 RNA 为 U，由于 RNA 的转录合成是以 DNA 的一条链为模板而进行的，所以这种转录方式又叫做不对称转录；②都以四种核苷三磷酸为底物；③都遵循 DNA 与 RNA 之间的碱基配对原则，即 A＝U、T＝A、C≡G，合成与模板 DNA 序列互补的 RNA 链；④RNA 链的延长方向是 5′→3′的连续合成；⑤不需要引物。原核生物一般只有一种 RNA 聚合酶，而真核生物中则有三种 RNA 聚合酶（Ⅰ、Ⅱ、Ⅲ）参与染色体 DNA 的转录过程。RNA 聚合酶Ⅰ位于核仁中，负责转录编码 rRNA 的基因，细胞内绝大部分 RNA 是 rRNA。RNA 聚合酶Ⅱ位于核质中，负责 mRNA 前体的合成。RNA 聚合酶Ⅲ负责合成 tRNA 和许多小的核内 RNA。转录可分为三个阶段：启动（initiation）、延伸（elongation）和终止（termination）。

3.3.1 启动

RNA 聚合酶首先结合到模板 DNA 链的启动子（promoter）上。启动子是位于结构基因上游特定部位与 RNA 多聚酶结合的一段保守序列。RNA 聚合酶与启动子初步结合时，DNA 还保持着双链状态，随着聚合体的构象变化，DNA 双链在起始位点周围大约 14 个碱基距离处分开形成转录泡。启动子-RNA 聚合酶复合体的形成一旦完成，就在这个位置上引入第一个核苷酸，一般是 ATP 或 GTP，以 GTP 为主，这个核苷酸的核糖 3′-OH 与第二个核苷酸的核糖 5′-磷酸基起反应形成磷酸二酯键，从而启动 RNA 转录，如图 3.13。对原核生物来说，RNA 聚合酶的全酶是由 δ 亚基和核心酶组成的，δ 亚基作为起始因子用来识别和结合启动子序列，然后其核心酶进一步结合在模板上独立合成 RNA。一旦 RNA 链开始合成，δ 因子就从模板链上脱落下来，再与另一个核心酶组合成 RNA 聚合酶的全酶反复使用参与各种 RNA 的合成。真核生物的启动子有其特殊性，真核生物有三种 RNA 聚合酶，每一种都会结合一些特定的启动子。这种结合过程需要特异的起始因子来识别这些启动子，这些因子称为通用转录因子（general transcription factor）。根据这些转录因子的作用特点可大致分为两类。第一类为普遍转录因子，它们与 RNA 聚合酶Ⅱ共同组成转录起始复合物，转录才能在正确的位置上开始。普遍转录因子是由多种蛋白质分子组成的，如 TATA 盒结合蛋白和转录因子ⅡD（TFⅡD）等。第二类转录因子为组织细胞特异性转录因子或者可诱导性转录因子，这些转录因子是在特异的组织细胞或在受到一些特殊刺激后，开始表达某些特异蛋白质分子时，才需要的一类转录因子。通用转录因子和各种 RNA 聚合酶构成从一个 DNA 模板上起始转录所需的全部材料。除启动子外，真核生物转录起始点上游处还有一个称为增强子的序列，它能极大地增强启动子的活性，它的位置往往不固定，可存在于启动子上游或下游。

3.3.2 延伸

一般来说，转录泡的形成表明模板已经解旋，在 RNA 聚合酶的作用下，头两个核糖核苷酸被带入了活性位点，排列在模板上，并彼此结合。然后，RNA 聚合酶开始沿着模板链移动，后续的核糖核苷酸结合到正在延长的 RNA 链上。最初的 10 个左右的核糖核苷酸的结合是一个效率相当低的过程。之后，RNA 聚合酶已经脱离启动子区域，它与模板和 RNA 形成了一个稳定的三重聚合体，开始进入稳定、快速延伸的阶段，转录速度一般是每秒 30～50 个核苷酸。因此，在延伸阶段，RNA 聚合酶除催化 RNA 的合成外，还执行着模板链解链和复性、RNA 链与模板的分开以及 RNA 链的校正功能。

3.3.3 终止

转录是在 DNA 模板上被称为终止子（terminator）的序列上停止的，RNA 聚合酶从 DNA 模板链上脱离，同时也释放出新合成的 RNA 链。在原核生物中终止子有两种类型：一类是不依赖于蛋白质因子而实现的终止作用；另一类是依赖蛋白质辅因子才能实现终止作用，这种蛋白质辅因子称为释放因子，通常又称 ρ 因子。两类终止信号有共同的序列特征，

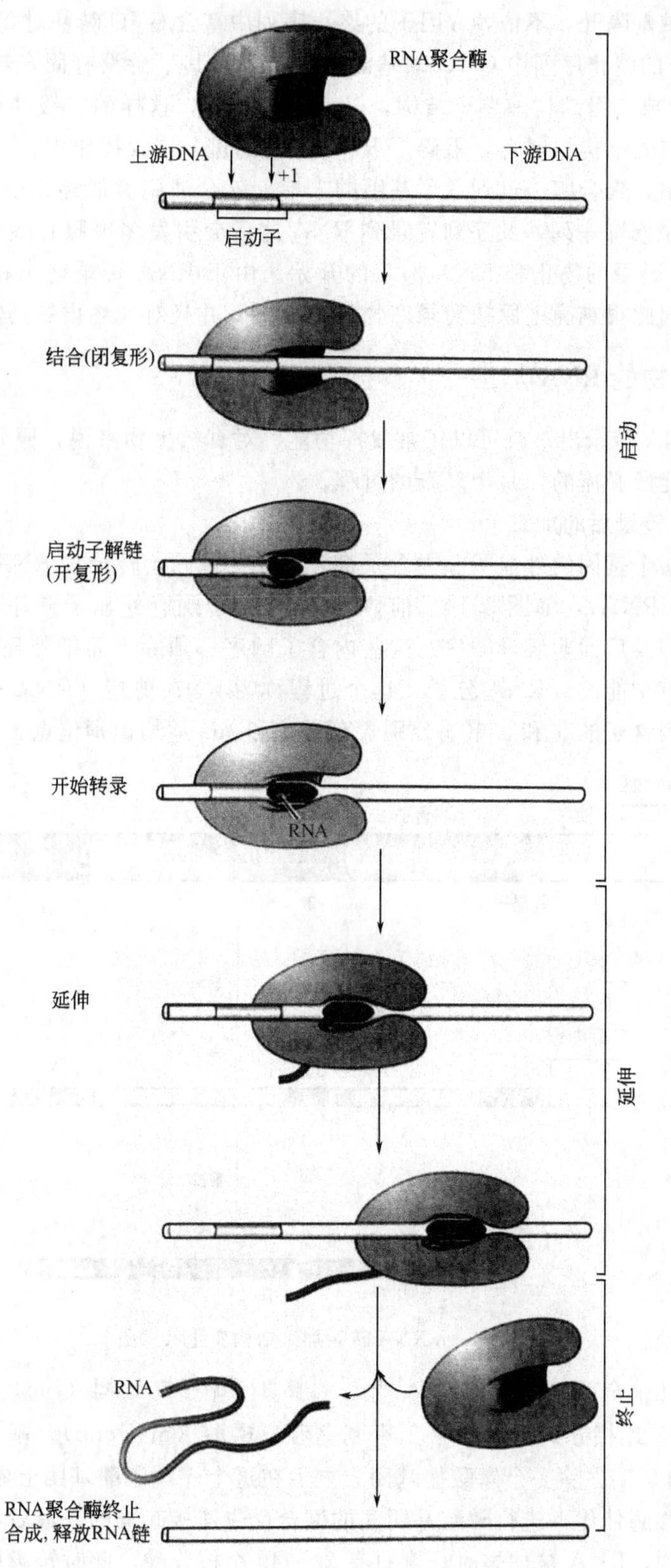

图 3.13　RNA 合成过程示意图

在转录终止之前有一段回文结构，回文序列是一段方向相反、碱基互补的序列，在这段互补序列之间由几个碱基隔开。不依赖 ρ 因子的终止序列中富含 G·C 碱基对，其下游有 6～8 个 A；而依赖 ρ 因子的终止序列中 G·C 碱基对含量较少，其下游没有固定特征。终止子转录生成的 RNA 可形成二级结构即茎环结构，又称发夹结构，这样的二级结构可能与 RNA 聚合酶某种特定的空间结构相嵌合，阻碍了 RNA 聚合酶进一步发挥作用。

在真核生物中，聚合酶一旦到达了基因的末端，就会遇到类似终止子的一段特殊序列，如 AATAAA 转录修饰序列，此序列转录到 RNA 之后会引发多聚腺苷酸化酶向该 RNA 的转移，导致 RNA 转录的终止和 RNA 加工的开始。由于 RNA 转录终止和修饰加工基本上是同步进行的，因此很难确定原初转录产物的 3′末端，并且对其终止的具体情况了解很少。

3.3.4 真核生物的 RNA 加工

原核生物 RNA 转录出来就可以正常发挥功能。对真核生物来说，原始转录产物的加工是其正常发挥功能所必需的，是个复杂的过程。

3.3.4.1 mRNA 转录后的加工

（1）剪接　一个基因的外显子和内含子都转录在一条原始转录物 RNA 分子中，称为前体 mRNA（pre-mRNA），如图 3.14。前体 mRNA 分子既有外显子顺序又有内含子顺序，还包括编码区前面及后面非翻译顺序。这些内含子顺序必须除去而把外显子顺序连接起来，才能产生成熟的有功能的 mRNA 分子，这个过程称为 RNA 剪接（RNA splicing）。一般来说，需要剪切的内含子的 5′和 3′末端分别含有 GU 和 AG 剪切识别位点。

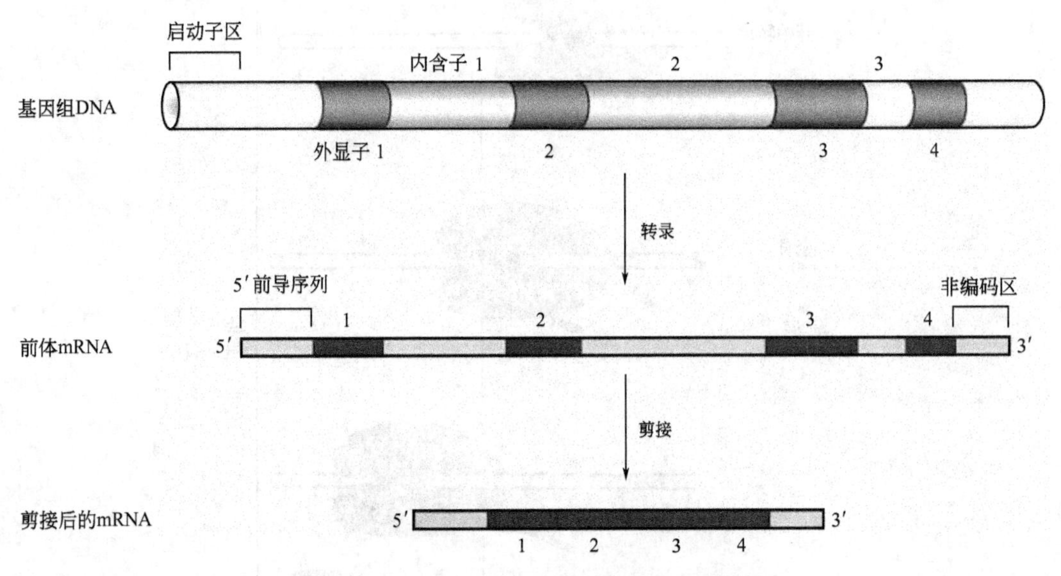

图 3.14　mRNA 转录加工结构变化示意图

（2）加帽　几乎全部的真核 mRNA 的 5′端都具“帽子”结构（cap）。帽子结构是在转录产物 5′端以 5′-5′连接方式添加一个 7-甲基鸟苷三磷酸（m^7Gppp）。基本过程如图 3.15，首先从 mRNA 的 5′端去除一个磷酸盐基团，之后在这个 5′端磷酸基团上添加一个 GTP，主要是在鸟苷酸转移酶催化下进行磷酸基团间的缩合反应连接起来的，最后，对此核苷酸进行甲基化。一般来说，RNA 被加帽时长度只有 20～40 个核苷酸，此时转录周期刚刚进入起始和延伸阶段间的转变。mRNA 的帽结构功能：①能被核糖体小亚基识别，促使 mRNA 和核糖体的结合；②m^7Gppp 结构能有效地封闭 RNA 的 5′末端，以保护 mRNA 的 5′端免受核酸外切酶的降解，增强 mRNA 的稳定；③有助于 mRNA 跨越核膜，进入细胞质。

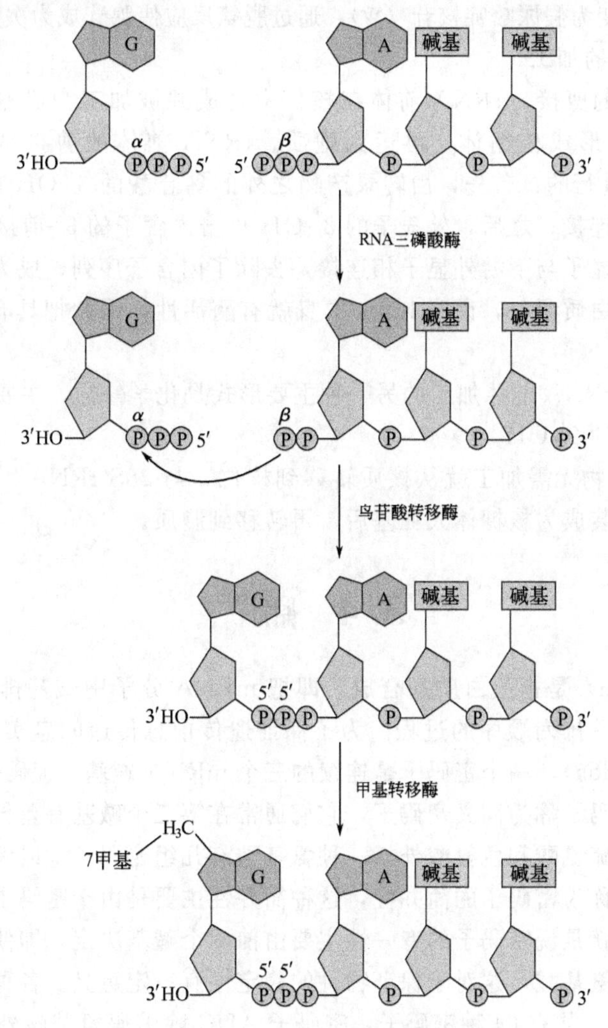

图 3.15 mRNA 加工的 5′端加帽过程

(3) 加尾 多数真核生物 mRNA 的 3′末端都具有由 100～200 个 A 组成的 poly A 尾。poly A 尾不是由 DNA 编码的，而是前体 mRNA 以 ATP 为前体，由 RNA 末端腺苷酸转移酶，即 ploy A 聚合酶催化聚合到 3′末端。加尾并非加在转录终止的 3′末端，而是在转录产物的 3′末端，是由一个特异性酶识别切点上游方向 13～20 个碱基的加尾识别信号 AAUAAA 以及切点下游的保守顺序 GUGUGUG，把切点下游的一段切除，然后再由 poly A 聚合酶催化，加上 poly A 尾。

3.3.4.2 tRNA 前体的加工

(1) tRNA 前体的剪接 多数 tRNA 前体分子内含有内含子，也需通过剪接作用才能变成成熟 tRNA。tRNA 前体的剪切作用与 mRNA 有所不同，是在两种不同酶的作用下完成的，即先由内切核酸酶催化进行剪切反应，再由连接酶将外显子连接起来。

(2) 添加或修复 3′端 CCA 序列 tRNA 前体在 tRNA 核苷酰基转移酶催化下，将 3′端除去两个 U 后，换上 tRNA 分子中统一的-CCA-OH 末端，形成柄部结构。

(3) 稀有碱基的生成 tRNA 前体的加工也存在着化学修饰反应，如通过甲基化反应使某些嘌呤生成甲基嘌呤，通过还原反应使某些尿嘧啶还原为双氢尿嘧啶（DHU），通过核苷内的转位反应使尿嘧啶转变为假尿嘧啶核苷（Ψ），通过脱氨反应使腺苷成为次黄嘌呤核苷酸。

3.3.4.3 rRNA 前体的加工

（1）rRNA 前体的剪接　rRNA 前体在核仁中合成并被加工为成熟 rRNA，这些成熟 rRNA 与核糖核蛋白形成核糖体，再运到胞质。rRNA 前体的剪接是经过“自我剪接”(self-splicing）机制进行的：首先，由转录产物之外的鸟苷酸的 3′-OH 攻击内含子 5′-剪接位点，使得二者共价连接；之后，外显子的 3′-OH 攻击内含子的 3′-剪接位点，发生磷酸转移反应，结果上游外显子与下游外显子相连接，去除了内含子序列，成为成熟的 rRNA。这种剪接不需要任何蛋白质参与，说明 RNA 本身就有酶活性，因此把具有酶活性的 RNA 称为核酶（ribozyme）。

（2）化学修饰　rRNA 前体加工的另一种主要形式是化学修饰，主要是甲基化反应。甲基化主要发生在核糖的 2′-OH。

5S rRNA 转录产物无需加工就从核质转移到核仁，与 28S rRNA、5.8S rRNA 以及多种蛋白质分子一起组装成为核糖体大亚基后，再转移到胞质。

3.4 翻译

翻译（translation）是指蛋白质的合成，即把 mRNA 分子中碱基排列顺序转变为蛋白质或多肽链中的氨基酸排列顺序的过程。为了保证遗传信息传递的忠实性，mRNA 分子被分成许多密码子（codon）。一个密码子是连续的三个 mRNA 碱基，编码一个特定的氨基酸。编码同一氨基酸的密码子称为同义密码子，它们通常在第三个碱基有差异，这个碱基位置称为摆动位置。除了甲硫氨酸和色氨酸外，一种氨基酸有几组密码子，或者几组密码子代表一种氨基酸，这种现象称为密码子的简并性，这种简并性主要是由于密码子的第三个碱基发生摆动现象形成的，也就是说密码子的专一性主要由前两个碱基决定，即使第三个碱基发生突变也能翻译出正确的氨基酸，这对于保证物种的稳定性有一定意义。各种密码子和它们所编码的氨基酸见图 3.16。共有 64 种密码子，密码子 AUG 除编码氨基酸外，还可用作起始密码子（start codon），使翻译起始。三个密码子 UAG、UAA 和 UGA 不编码氨基酸，起终止或无义密码子（stop or nonsense codon）的作用，使翻译终止，其余的分别负责编码蛋白质中的 20 种氨基酸。从一个起始密码子开始，至一个终止密码子结束的一段连续的密码子组成一个具有编码作用的阅读框，称为开放阅读框（open reading frame，ORF）。遗传密码在所有生物中都是一样的，同样的密码子编码同一个氨基酸，这称为遗传密码的通用性。但在线粒体基因组和一些单细胞生物中存在一些标准密码子用法的例外。

在翻译过程中还需要 tRNA 作为运载工具，通过 tRNA 的反密码子与 mRNA 上密码子相互匹配，将特定氨基酸运送到核糖体上肽链合成位点上。tRNA 分子中有一个反密码子环，此环上包含一段与 mRNA 上一段互补的三联体核苷酸序列，称为反密码子(anticodon)，反密码子的作用是与 mRNA 分子中的密码子通过碱基配对原则而形成氢键，达到相互识别的目的。但在密码子与反密码子结合时具有一定摆动性，即密码子的第 3 位碱基与反密码子的第 1 位碱基配对时并不严格。配对摆动性完全是由 tRNA 反密码子的空间结构所决定的。反密码子的第 1 位碱基常出现次黄嘌呤 I，与 A、C、U 之间皆可形成氢键而结合，这是最常见的摆动现象。这种摆动现象使得一个 tRNA 所携带的氨基酸可排列在 2～

	U	C	A	G	
U	UUU=Phe	UCU=Ser	UAU=Tyr	UGU=Cys	U
	UUC=Phe	UCC=Ser	UAC=Tyr	UGC=Cys	C
	UUA=Leu	UCA=Ser	UAA=Stop	UGA=Stop	A
	UUG=Leu	UCG=Ser	UAG=Stop	UGG=Trp	G
C	CUU=Leu	CCU=Pro	CAU=His	CGU=Arg	U
	CUC=Leu	CCC=Pro	CAC=His	CGC=Arg	C
	CUA=Leu	CCA=Pro	CAA=Gln	CGA=Arg	A
	CUG=Leu	CCG=Pro	CAG=Gln	CGG=Arg	G
A	AUU=Ile	ACU=Thr	AAU=Asn	AGU=Ser	U
	AUC=Ile	ACC=Thr	AAC=Asn	AGC=Ser	C
	AUA=Ile	ACA=Thr	AAA=Lys	AGA=Arg	A
	AUG=Met	ACG=Thr	AAG=Lys	AGG=Arg	G
G	GUU=Val	GCU=Ala	GAU=Asp	GGU=Gly	U
	GUC=Val	GCC=Ala	GAC=Asp	GGC=Gly	C
	GUA=Val	GCA=Ala	GAA=Glu	GGA=Gly	A
	GUG=Val	GCG=Ala	GAG=Glu	GGG=Gly	G

图 3.16 遗传密码

3 个不同的密码子上，因此当密码子的第 3 位碱基发生一定程度的突变时，并不影响 tRNA 带入正确的氨基酸。

蛋白质生物合成可分为五个阶段：氨基酸的活化、多肽链合成的起始、肽链的延长、肽链的终止和释放、蛋白质合成后的加工修饰。翻译主要在细胞质中进行，基本过程如图 3.17 所示。

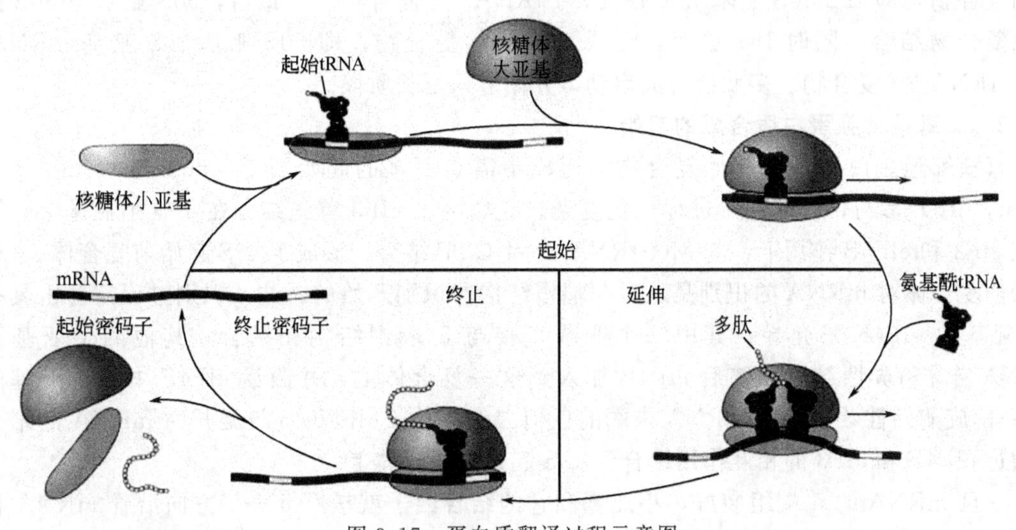

图 3.17 蛋白质翻译过程示意图

3.4.1 氨基酸的活化

在进行合成多肽链之前，氨基酸必须先经过活化，活化过程主要是在氨基酰 tRNA 合成酶催化下完成的。每种氨基酸都靠其特有合成酶催化，利用 ATP 供能，在氨基酸羧基上进行活化，形成氨基酰 AMP，然后与氨基酰 tRNA 合成酶结合形成三联复合物，此复合物再与相对应的 tRNA 作用，将氨基酰转移到 tRNA 的氨基酸臂（即 3′末端 CCA-OH）上，带到 mRNA 相应的位置上。通过此酶催化特定的氨基酸与特异的 tRNA 相结合，生成各种氨基酰 tRNA，如图 3.18。原核细胞中起始氨基酸活化后，还要甲酰化，形成甲酰蛋氨酸 tRNA，由 N^{10}-甲酰四氢叶酸提供甲酰基。而真核细胞没有此过程。

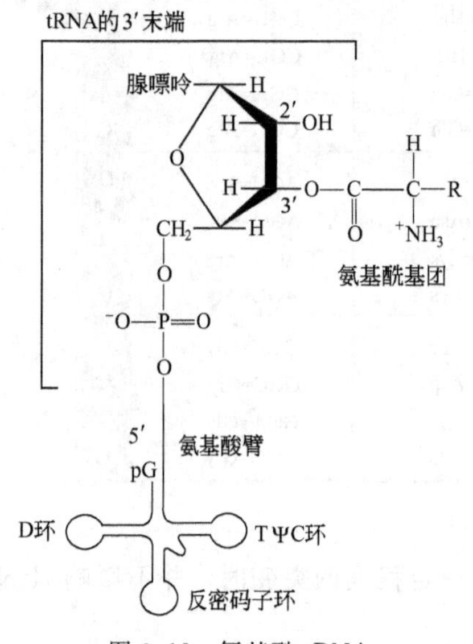

图 3.18　氨基酰 tRNA

3.4.2　多肽链合成的起始

原核生物和真核生物的多肽链合成的起始过程略有不同，分别叙述如下。

3.4.2.1　原核生物翻译起始复合物形成的过程

原核生物中每一个 mRNA 起始密码子 AUG 上游 8～13 个核苷酸处有一个短片段叫做 SD 序列（Shine-Dalgaron sequence）。这段序列正好与核糖体 30S 小亚基中的 16S rRNA 的 3′端的一部分序列互补，因此 SD 序列也叫做核糖体结合位点，这种互补表明核糖体能选择 mRNA 上 AUG 的正确位置来起始肽链的合成。该过程需要多种调控蛋白的参与，如翻译起始因子 3（IF3）介导核糖体与 mRNA 的结合反应，IF1 则促进 IF3 与小亚基的结合。因此，肽链合成起始的第一步是先形成 IF3-30S 亚基-mRNA 三元复合物。随后，在 IF2 作用下，甲酰蛋氨酰 tRNA 与 mRNA 分子中的 AUG 相结合，即密码子与反密码子配对，同时 IF3 从三元复合物中脱落，形成 30S 前起始复合物，即 IF2-30S 亚基-mRNA-fMet-$tRNA_i^{fMet}$复合物。 最后，50S 亚基与 30S 前起始复合物结合，同时 IF2 脱落，形成 70S 起始复合物，即 50S 亚基-30S 亚基-mRNA-fMet-$tRNA_i^{fMet}$复合物。多肽链合成启动，开始进入延长阶段。

3.4.2.2　真核细胞蛋白质合成的起始

真核细胞蛋白质合成起始复合物的形成中需要更多的起始因子（eukaryote initiation factor，eIF）参与，因此起始过程也更复杂。起始因子 eIF3 首先结合在 40S 小亚基上，同时在 eIF2 和 eIF5B 作用下，与 Met-$tRNA_i^{Met}$及 GTP 结合，形成了 43S 起始前复合体。43S 起始前复合体对 mRNA 的识别是从对 5′端帽结构的识别开始的。这一识别过程需要由具有 3 个亚基的 eIF4F 来介导，其中一个亚基直接与 5′端帽结构相结合，其他两个亚基与 mRNA 链非特异性结合。随后 eIF4B 加入到这一复合体上，并激活 eIF4F 中一个亚基的 RNA 解旋酶活性，来解开 mRNA 末端的任何二级结构。eIF4F/B 与展开的 mRNA 的结合体通过 eIF4F 和 eIF3 的相互作用结合到 43S 起始前复合体上。

一旦 mRNA 的 5′端组装好，小亚基和它的结合因子就按照 5′→3′方向沿着 mRNA 移动。在移动过程中，小亚基寻找 mRNA 的起始密码子。起始密码子的识别是通过起始 tRNA 的反密码子和起始密码子之间的碱基配对作用，可使 mRNA 上的起始密码子 AUG 在 Met-$tRNA_i^{Met}$的反密码子位置固定下来。正确的碱基配对引起 eIF2 和 eIF3 的释放，这两个因子的脱离使得游离的 60S 大亚基结合到小亚基上，形成了 80S 起始复合体。这就为肽链的延长做好了准备。

3.4.3 多肽链的延长

核糖体是多肽链合成的主要场所，在大亚基和小亚基的交界面形成了3个tRNA结合位点，分别为A、P和E位点。A位点是氨基酰tRNA的结合位点，P位点是肽基酰tRNA的结合位点，E位点是脱氨基酸后的空载tRNA从核糖体上释放前的临时结合位点。一旦核糖体和负载的起始tRNA组装于P位点上，多肽链的合成就开始了，多肽链上每增加一个氨基酸都需要经过进位、成肽和移位三个步骤，如图3.19。与翻译的起始不同，延伸的机制在原核生物和真核生物之间是高度保守和相似的。

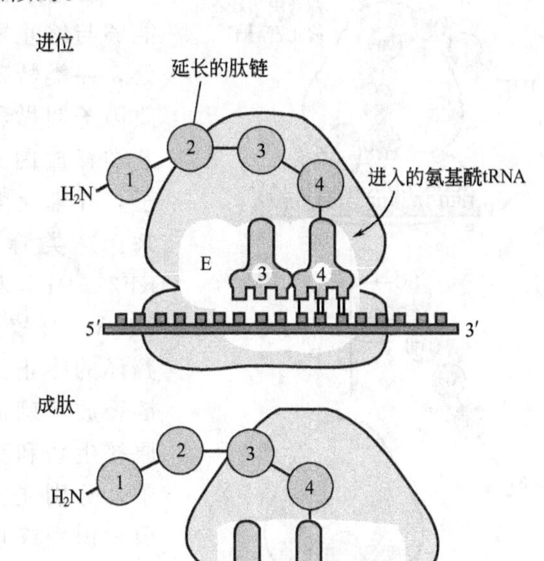

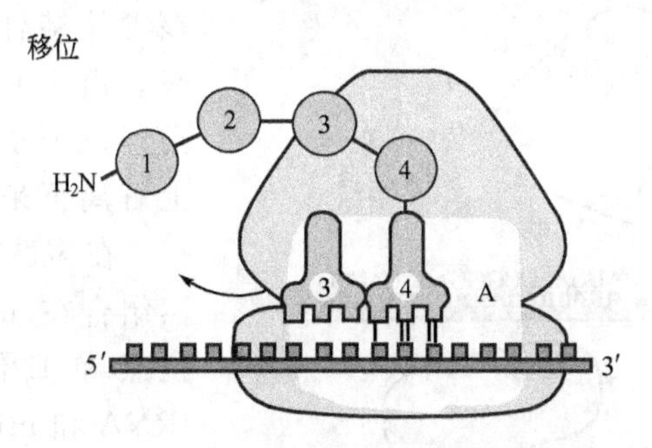

图3.19 蛋白质合成的延长过程

（1）进位（entrance） 在密码子的指导下，正确的氨基酸tRNA结合到核糖核蛋白体的A位，称为进位。被称为热不稳定的EF（EF-Tu）的延长因子首先与GTP结合，再与氨基酰tRNA结合成三元复合物，这样的三元复合物才能进入A位。氨基酰tRNA在A位和正确的密码子配对后，EF-Tu和GDP从这个复合物中解离下来。

（2）成肽（peptide bond formation） 在原核生物的70S起始复合物和真核生物的80S起始复合体形成过程中，核糖核蛋白体的P位上已结合了起始型的氨基酰tRNA，当进位后，P位和A位上各结合了一个氨基酰tRNA，两个氨基酸之间在核糖体转肽酶作用下，P位上的氨基酸提供α-COOH基，与A位上的氨基酸的α-NH_2形成肽键，从而使P位上的氨基酸连接到A位氨基酸的氨基上，这就是成肽。这样就在A位上形成了一个二肽酰tRNA。

（3）移位（translocation） 成肽作用发生后，P位点的tRNA就被脱去氨基，肽链则连接到A位的tRNA上。要使肽链延伸的新一轮循环得以发生，P位点的tRNA必须移至E位点，而A位点的tRNA必须移至P位点。同时mRNA也必须移动3个核苷酸，以使下一个密码子暴露出来，这一过程称为移位。移位使得核糖核蛋白体沿着mRNA向3′端方向移动一组密码子，原来结合二肽酰tRNA的A位转变成了P位，而A位空出，可以接受下一个新的氨基酰tRNA进入，而脱酰基的tRNA从起始的P位点经E位点被释放到胞质中。移位过程需要延伸因子EF-G与A位点的tRNA结合来驱动其转移至P位点，同时mRNA链也被原A位点的二肽酰tRNA拉着移动实现了密码子的移位。

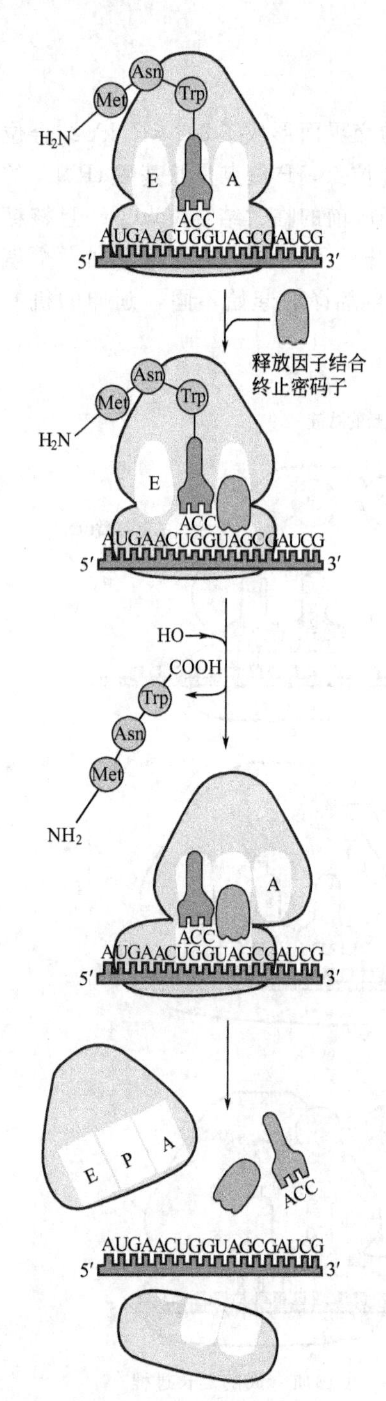

图 3.20 翻译的终止过程

肽链上每增加一个氨基酸残基，即重复上述进位、转肽、移位的步骤，直至所需的长度，实验证明 mRNA 上的信息阅读是从 5′端向 3′端进行，而肽链的延伸是从氨基端到羧基端。所以多肽链合成的方向是 N 端到 C 端。

3.4.4 翻译的终止

无论原核生物还是真核生物，没有一个 tRNA 能够与终止密码子作用。在翻译进行到终止密码子处，一类特殊的蛋白质因子使翻译终止，这类蛋白质因子叫做释放因子。释放因子有Ⅰ类释放因子和Ⅱ类释放因子两类。Ⅰ类释放因子识别终止密码子，并催化多肽链从 P 位点的 tRNA 中水解释放出来。这类释放因子在原核生物有两种：RF1 和 RF2。RF1 识别 UAA 和 UAG，RF2 识别 UAA 和 UGA。真核生物中只有一种这类释放因子 eRF1。翻译的终止过程见图 3.20。Ⅱ类释放因子在多肽链释放后刺激Ⅰ类释放因子从核糖体中解离出来。原核生物和真核生物细胞中都只有一种这类释放因子，分别是：RF3 和 eRF3。具体来说，Ⅰ类释放因子识别终止密码子后作用于 A 位点，使转肽酶活性变为水解酶活性，将肽链从结合在核糖体上的 tRNA 的 CCA 末端上水解下来。一旦Ⅰ类释放因子启动了肽基酰 tRNA 的水解，Ⅱ类释放因子很快与核糖体结合使得Ⅰ类释放因子从核糖体上面解离下来。由于Ⅱ类释放因子与核糖体的亲和力较弱，Ⅰ类释放因子从核糖体释放出来后它也很快从核糖体上解离下来。

在多肽链和释放因子离开核糖体后，核糖体仍然结合在 mRNA 上，并留下两个空载的 tRNA（在 P 位点和 E 位点）。为了参与新一轮的多肽合成，tRNA 和 mRNA 必须离开核糖体，同时核糖体也必须分解为大、小亚基。这几个事件统称为核糖体循环（ribosome recycling）。现在了解最清楚的是原核生物的核糖体循环的机理：一种称为核糖体循环因子（ribosome recycling factor，RRF）的蛋白质与空位的 A 位点结合，随后延伸因子 EF-G 也结合在 A 位点从而刺激结合于 P 位点和 E 位点的空载 tRNA 释放出来。一旦 tRNA 从核糖体中脱离，EF-G 和 RRF 同 mRNA 一起也从核糖体中释放出来。最后，起始因子 IF3 与核糖体小亚基结合，促进大亚基游离出去，从而实现了核糖体大、小亚基的分离。解离后的大小亚基又重新参加新的肽链的合成。

3.4.5 蛋白质翻译后加工修饰

从核糖体上释放出来的多肽需要进一步加工修饰才能形成具有生物活性的蛋白质。翻译后的肽链加工包括肽链的氨基端和羧基端的修饰，某些氨基酸化学基团的羟基化、磷酸化、乙酰化、糖基化等。另外，有些基因的翻译产物前体含有多种肽链，这些肽链间彼此聚合形成具有生理功能的蛋白质。

3.5 基因表达的调控

基因表达（gene expression）是指储存遗传信息的基因经过一系列步骤表现出其生物功能的整个过程。典型的基因表达是经过转录、翻译，产生具有生物活性的蛋白质的过程。但这些遗传信息的表达是受到严格调控的，通常各组织细胞只合成其自身结构和功能所需要的蛋白质。不同组织细胞中不仅表达的基因数量不相同，而且基因表达的强度和种类也各不相同，这就是基因表达的组织特异性（tissue specificity）。细胞特定的基因表达状态决定了这个组织细胞特有的形态和功能。细胞分化发育的不同时期，基因表达的情况也是不相同的，这就是基因表达的阶段特异性（stage specificity）。在个体发育分化的各个阶段，各种基因有序地表达，随着分化发展，细胞中某些基因关闭、某些基因转向开放。因此，生物的基因表达是受严密、精确调控的，这也是生命本质所在。

生物只有适应环境才能生存。当周围的营养、温度、湿度、酸度等条件发生变化时，生物体就要改变自身基因表达状况，以调整体内执行相应功能的蛋白质的种类和数量，从而改变自身的代谢、活动等以适应环境。生物体内的基因调控各不相同，根据基因表达随环境变化的情况，可以大致把基因表达分为组成性表达（constitutive expression）和适应性表达（adaptive expression）两类。组成性表达指不大受环境变动而变化的一类基因表达。其中某些基因表达产物是细胞或生物体整个生命过程中都持续需要而必不可少的，这类基因称为看家基因（housekeeping gene），这些基因多是在生物个体的多种组织细胞、甚至不同物种的细胞中都是持续表达的，可以看成是细胞基本的基因表达。组成性基因表达也不是一成不变的，其表达强弱也是受一定机制调控的。适应性表达是指环境的变化容易使其表达水平变动的一类基因表达。因环境条件变化使基因表达水平增高的现象称为诱导（induction），这类基因被称为可诱导的基因（inducible gene）；相反，随环境条件变化而使基因表达水平降低的现象称为阻遏（repression），相应的基因被称为可阻遏的基因（repressible gene）。由于原核生物与真核生物在基因结构和基因表达方面的不同，所以它们的基因表达的调控机理也明显不同。

3.5.1 原核生物基因的表达调控

细菌的生存并不需要每时每刻都转录所有的基因。为了保存能量和资源，细菌对其基因活性进行着调节，只产生完成细胞活动所必需的基因产物。基因表达调控使得细菌可以对环境变化发生反应。调节转录、mRNA 转换、加工及翻译的速率都可以使基因产物的量发生改变。

细菌中调控基因转录的模型是操纵子（operon）模型。操纵子是原核生物基因表达和调控的一个完整单元，其中包括结构基因、启动子、操作子和调节基因。结构基因（structural gene）是操纵子中被调控的可编码蛋白质的基因。一个操纵子中含有 2 个以上的结构基因，多的可达十几个。每个结构基因是一个连续的开放阅读框，各结构基因头尾衔接、串联排列，组成结构基因群，接受统一调控。操纵子一般至少有一个启动子，一般在第一个结构基因5′端上游，控制整个结构基因群的转录。操作子（operator）是指能被调控蛋白特异性结合的一段DNA序列，常与启动子邻近或与启动子序列重叠，当调控蛋白结合在操作子序列上，会影响其下游基因转录的强弱。调控基因（regulatory gene）是编码能与操作子结合的调控蛋白的基因。操纵子学说阐明了微生物酶合成的诱导和阻遏机制，揭示了原核生物基因表达调控的基本规律。

在原核细胞中，转录控制主要通过调节蛋白与DNA的结合情况，妨碍或增强RNA聚合酶的功能。调节蛋白起抑制子或活化子的作用。

(1) 抑制子（repressor） 是妨碍mRNA转录的调节蛋白。它们通过与位于启动子下游的操作子结合而起作用。调节蛋白与操作子结合阻止RNA聚合酶通过操作子和转录编码区，这种调控方式称为负调控（negative regulation）。抑制子也是含有一个特定分子结合位点的变构蛋白。抑制子有两种作用方式。

① 一些抑制子本身不能与操作子结合。当某些特定的物质与抑制子的变构位点结合后，能改变抑制子的形状，使其能与操作子结合，妨碍转录。这些能导致阻遏发生的效应物质称为辅阻遏物（corepressor）。大肠杆菌的色氨酸操纵子属于这种阻遏类型，该操纵子编码色氨酸生物合成途径的五个酶。在正常情况下，调节基因编码的阻遏物蛋白不与色氨酸操纵子的操作子结合，色氨酸合成所需要的五个酶被翻译（图3.21）。当这些酶反应的终产物色氨酸达到一定量时，色氨酸就作为辅阻遏物与阻遏蛋白上的一个位点结合，改变它的形状，使其能与操作子相互作用。一旦抑制子与操作子结合，RNA聚合酶就不能越过操作子，参与色氨酸生物合成的酶的转录就被关闭（图3.22）。

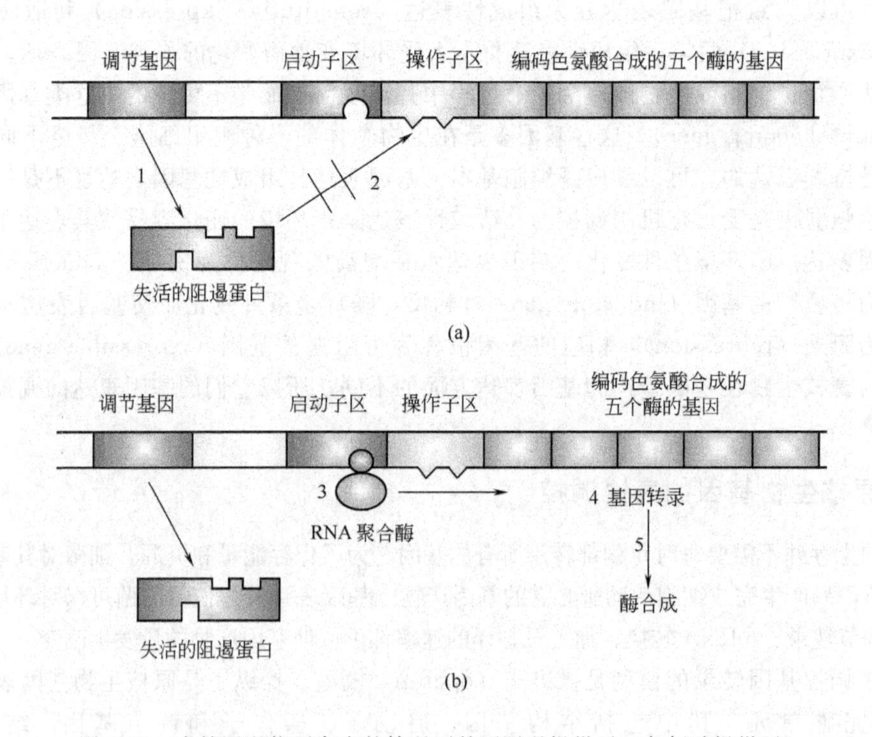

图3.21 在辅阻遏物不存在的情况下的可阻遏操纵子（色氨酸操纵子）

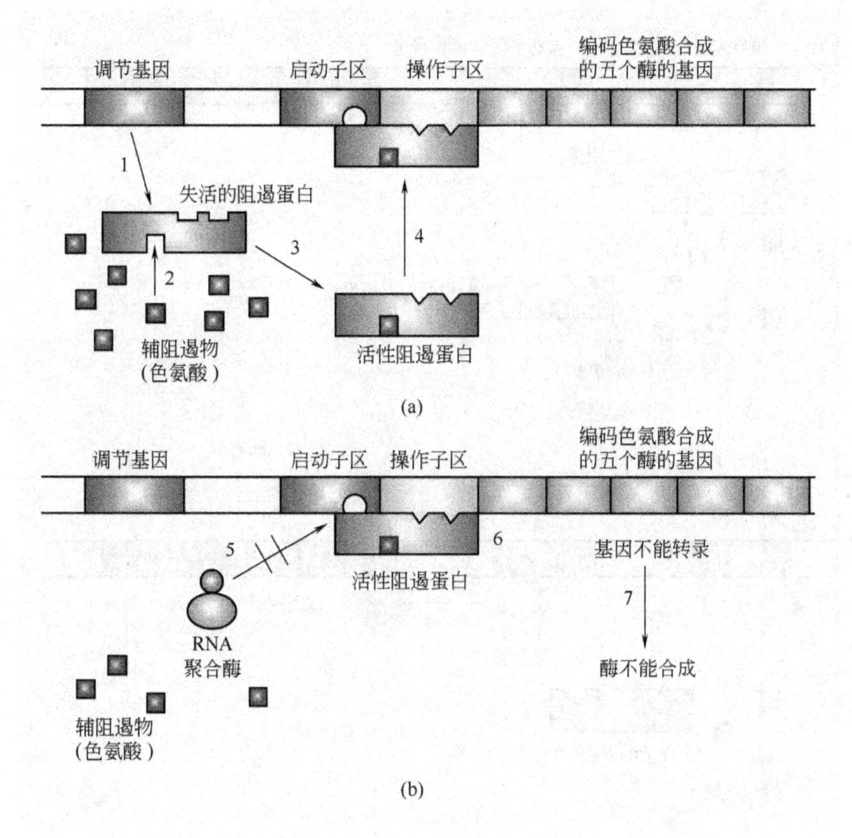

图 3.22 在辅阻遏物存在的情况下的可阻遏操纵子(色氨酸操纵子)

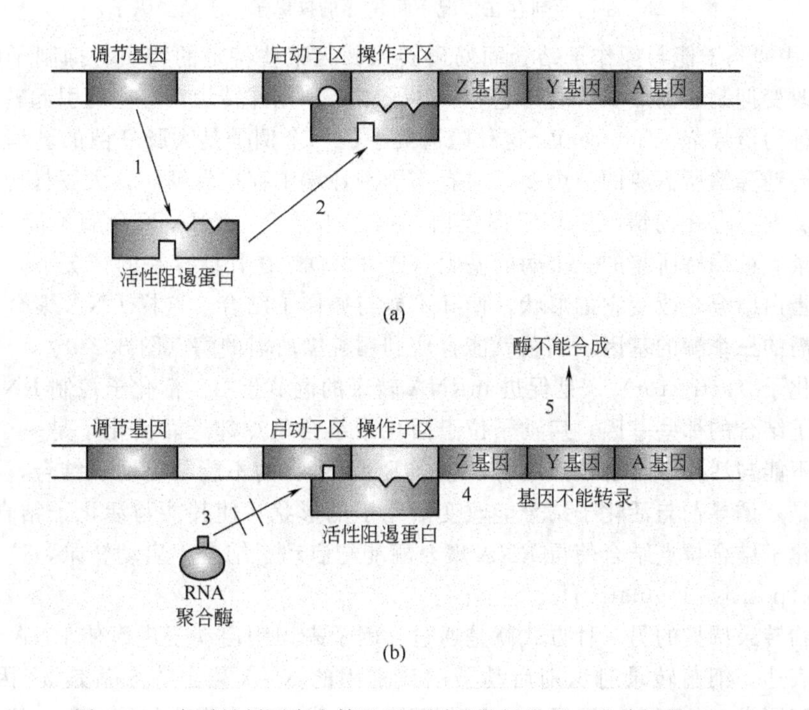

图 3.23 在诱导剂不存在情况下可诱导的操纵子(乳糖操纵子)

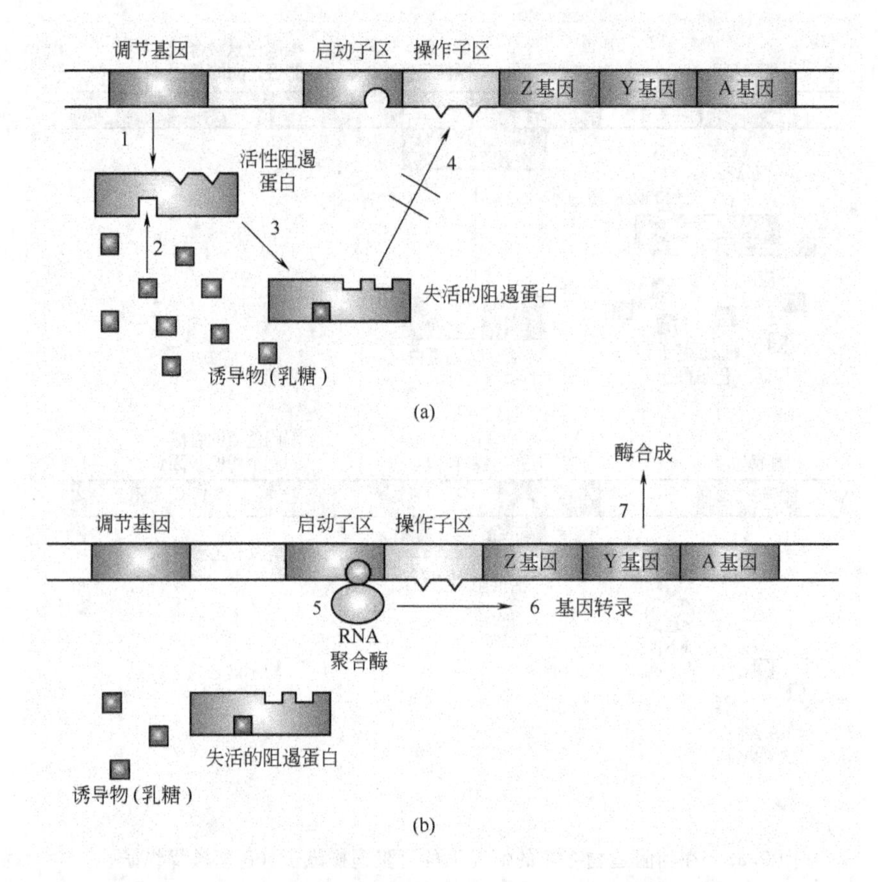

图 3.24 在诱导剂存在情况下可诱导的操纵子（乳糖操纵子）

② 另一些抑制子能与操作子结合而妨碍转录。当某些特定的物质与抑制子的变构位点结合后也能改变抑制子的形状，妨碍它与操作子结合，允许转录。这些能引起转录诱导发生的效应物质称为诱导剂（inducer)。这种阻遏类型的一个例子是大肠杆菌的乳糖操纵子，该操纵子编码乳糖降解所需要的三个酶。只有当周围环境中存在乳糖时，大肠杆菌才能合成这三个酶。在乳糖不存在的情况下，阻遏蛋白与操作子结合，RNA 聚合酶不能越过操作子，从而不能转录乳糖降解所需的三个酶的基因（图 3.23)。在乳糖存在的情况下，乳糖作为诱导剂与阻遏蛋白结合，改变它的形状，使其不能与操作子结合，这样 RNA 聚合酶就能转录乳糖降解所需的三个酶的基因，细菌就能合成利用乳糖所需的酶（图 3.24)。

(2) 活化子（activator） 是促进 mRNA 转录的调节蛋白。活化子控制 RNA 聚合酶不能与其启动子结合的那些基因。启动子位于活化子结合位点邻近。活化子是一个变构蛋白，正常情况下不能与活化子结合位点结合，这样 RNA 聚合酶不能与启动子结合，不能转录这些基因。但是，诱导剂与活化子结合能改变活化子的形状，使其能与活化子结合位点结合。活化子与活化子结合位点结合使得 RNA 聚合酶能与启动子结合，启动转录，这种调控方式称为正调控（positive regulation)。

原核生物转录调控的另一种方式就是通过 σ 因子来识别启动子进而使 RNA 聚合酶进行不同基因的表达。细菌转录时识别启动子的最常用的 RNA 聚合酶亚基是 σ^{70} 因子，然而，它们还含有不同类型的可变 σ 因子，一般在环境条件发生重大变化的情况下，可以识别不同类型启动子并使 RNA 聚合酶转录不同类别的基因。如 σ^{32} 指导对热激反应的基因转录，σ^{54}

指导参与氮代谢酶基因的转录等。这应该是原核生物应对生存条件变化的一种基因表达调控方式。

除转录调节外，细菌也具有酶合成的翻译控制。在这种情况下，细菌产生反义 RNA (antisense RNA)，反义 RNA 与编码酶的 mRNA 互补。当反义 RNA 与 mRNA 通过碱基互补配对结合后，mRNA 就不能被翻译成蛋白质，酶也就不能被合成。

3.5.2 真核生物基因的表达调控

真核生物比原核生物具有更为精密的转录和翻译系统，因此，真核生物的表达调控系统变得更加复杂。尽管现在对真核基因表达调控知道得还不多，但与原核生物比较它具有一些明显的特点。①真核基因表达调控的环节更多。真核基因转录主要发生在细胞核，翻译多在细胞质，两个过程是分开的，因此其调控增加了更多的环节和复杂性，转录后的调控占了更多的分量。②真核基因的转录调控与染色体的结构变化相关。与原核生物不同，真核生物的基因组包裹在组蛋白中，形成核小体，核小体进一步形成染色体。真核生物包含了许多能对组蛋白进行重排和化学修饰的酶，这种修饰改变核小体，使得染色体结构发生改变，这样就可使转录机器及 DNA 结合蛋白与 DNA 的结合变得易于进行，许多基因的表达容易进行。③真核基因的调控蛋白的作用更加复杂多样。真核生物与原核生物间更进一步的区别是控制特定基因的调节蛋白数目上的差异。与细菌相比，真核生物的调节蛋白的结合位点数目更加庞大，位置更加远离转录起始点。其中最重要的基因表达调节元件是增强子。增强子 (enhancer) 是指能使与它连锁的基因转录频率明显增加的 DNA 序列。不同的增强子与不同的调控蛋白结合，控制同一基因在不同时空的表达。④真核基因表达以正调控为主。真核 RNA 聚合酶对启动子的亲和力很低，基本上不依靠自身来起始转录，需要依赖多种激活蛋白的协同作用。真核基因调控中虽然也发现有负调控元件，但其存在并不普遍。真核基因转录表达的调控蛋白也有起阻遏和激活作用或兼有两种作用，但总的是以激活蛋白的作用为主。即多数真核基因在没有调控蛋白作用时是不转录的，需要表达时要有激活的蛋白质来促进转录。

真核生物在转录水平的调控主要是通过顺式作用元件、反式作用因子和 RNA 聚合酶的相互作用来完成的。顺式作用元件 (cis-acting elements) 是那些与结构基因表达调控相关、能够被调控蛋白特异性识别和结合的特异 DNA 序列。其中主要是起正调控作用的顺式作用元件，包括启动子、增强子；近年又发现起负调控作用的元件——沉默子 (silencer)。反式作用因子 (trans-acting factors) 是指真核细胞内含有的大量可以通过直接或间接结合顺式作用元件而调节基因转录活性的蛋白质因子。这些蛋白质因子统称为转录因子 (transcription factors，TF)。转录因子主要分为基本转录因子和特异性转录因子。基本转录因子是指非选择性调控基因转录表达的蛋白质因子，如与 RNA 聚合酶转录对应的 TFⅠ、TFⅡ和 TFⅢ等。特异性转录因子是指能够选择性调控某种或某些基因转录表达的蛋白质因子。研究发现，多数转录因子先是通过蛋白质-蛋白质间作用形成二聚体或者多聚体，然后再与 DNA 序列联系并影响转录效率。少数转录因子与 DNA 直接结合引起构象变化来影响转录的效率。

作为蛋白质的转录因子一般含有三个功能域，即 DNA 结合功能域、转录活性功能域和其他转录因子结合功能域。DNA 结合功能域具有共性的结构，主要有螺旋-转角-螺旋、螺旋-环-螺旋、锌指和亮氨酸拉链等。不与 DNA 直接结合的转录因子没有 DNA 结合域，但能通过转录激活域直接或间接作用于转录复合体而影响转录效率。

转录因子对特定基因的表达调控主要是受外来信号决定的。外来小分子信号如糖类可直接进入细胞与转录因子结合来调控特定基因的表达。在真核细胞中，大多数外来信号通常是沿着信号转导通路传递给基因的，如丝裂原激活的蛋白激酶（mitogen-activated protein kinases，MAPK）信号级联途径等。相应的转录因子接受这些信号分子，从而引发基因的活化和表达。

真核生物转录后还可在 mRNA 选择性剪接和蛋白质翻译环节进行基因表达的调控。调控蛋白可识别前体 mRNA 上的剪接增强子序列，使剪接机器在剪接位点进行剪接，从而在特定的时间和特定的细胞类型中产生特定的剪接产物。对翻译环节的调控机理现在了解甚少，主要了解到两种情况：一是翻译起始因子可以被一些蛋白激酶磷酸化，导致细胞中翻译的普遍阻遏；二是有些蛋白直接结合在 mRNA 的 3′端非编码区，在这个位置上与一些翻译起始因子相互作用，阻止翻译的起始。

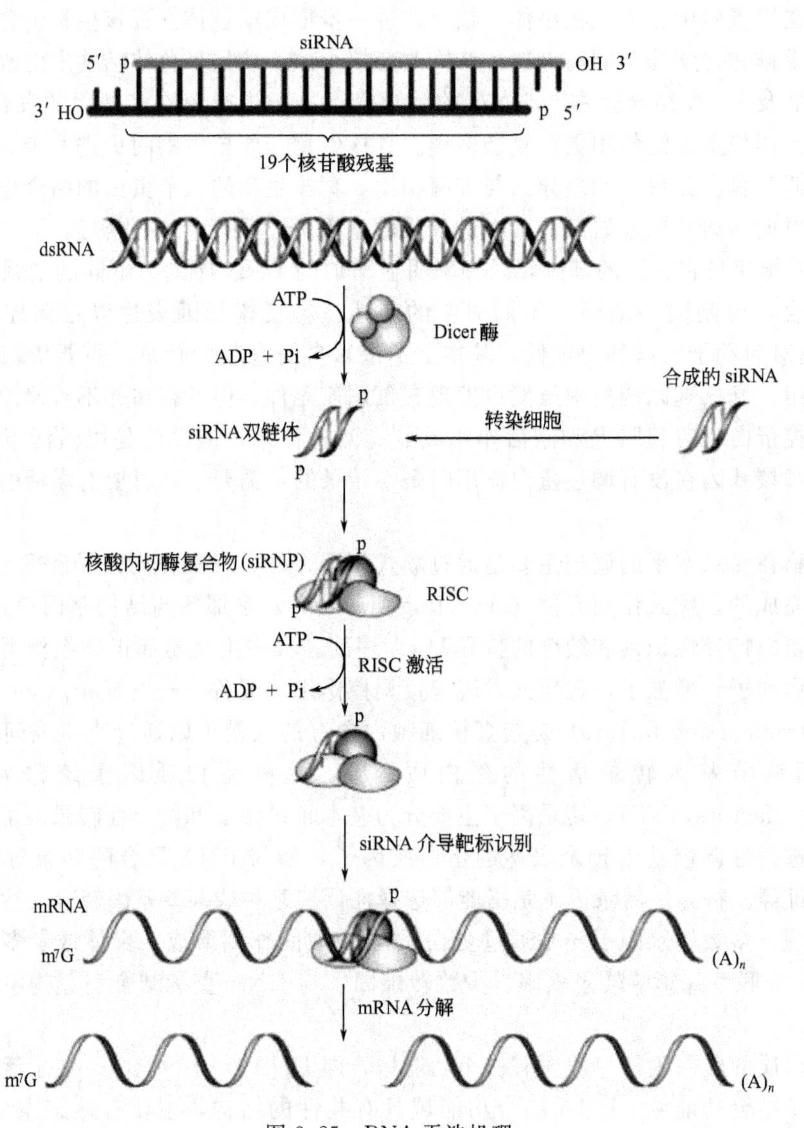

图 3.25　RNA 干涉机理

最后，真核生物中还存在另外一种基因调节机制——RNA 干涉（RNA interference，RNAi）。RNA 干涉是指小分子 RNA 能够抑制其同源基因的表达。这些小分子 RNA 包括一些酶活动所产生的短干涉 RNA（siRNA）和自然存在的小 RNA（microRNA，miRNA）。这些 21～25bp 的双链 RNA 片段与核酸酶 Dicer 以及其他蛋白组成 RNA 诱导基因沉默复合体（ RNA-induced silencing complex，RISC），可识别同源的 mRNA 序列，并将其切割，从而干扰其翻译进程和控制基因的启动子使其发生转录沉默，如图 3.25。

4 基因突变与诱变育种

基因的核苷酸序列决定了由生物体合成的蛋白质或多肽中的氨基酸序列。DNA 的核苷酸序列组成了该生物的基因型（genotype）。一个特定的生物体可以拥有基因的一些不同形式，这种基因的不同形式被称为等位基因（allele）。生物体的表型（phenotype）是由蛋白质或酶的形式来表达的，它是由基因型和环境相互作用共同决定的。

诱发突变（induced mutation）是人为用化学、物理诱变剂去处理微生物而引起的突变，与自发突变在效应上无显著差异，但其突变速度快、时间短、突变频率高，因此在工农业生产上常常用人工诱变育种，并取得了惊人的效果。

4.1 基因突变

突变（mutation）是在 DNA 的复制过程中发生错误使 DNA 上碱基序列发生改变。自发突变（spontaneous mutation）是自然发生的，突变率大约为百万分之一到十亿分之一，引起自发突变的原因可能与在环境中自然存在的低剂量诱变剂有关。诱发突变（induced mutation）是由诱变剂引起的，诱发突变率要大大高于自发突变率。

4.1.1 突变的种类与机制

突变可以发生在染色体水平或基因水平。发生在染色体水平的突变称为染色体畸变，发生在基因水平的突变称为基因突变。

4.1.1.1 基因突变（gene mutation）

基因突变可以由于碱基对的置换或者一个或多个碱基的增加或减少而引起。

（1）一个核苷酸的置换（点突变）　在 DNA 复制时一个核苷酸被另一个核苷酸代替，称为碱基置换（见图 4.1）。碱基置换（base substitution）包括碱基转换（base transition）和碱基颠换（base transversion）。前者指在嘌呤与嘌呤之间或嘧啶与嘧啶之间发生互换，后者指一个嘌呤替换另一个嘧啶或一个嘧啶替换另一个嘌呤。碱基置换是互变异构的结果。通过互变异构，一个碱基上的氢原子发生转移，使其氢键的性质发生变化。例如，腺嘌呤上的氢原子发生转移使它不再与胸腺嘧啶形成氢键而是与胞嘧啶形成氢键。同样地，胸腺嘧啶上

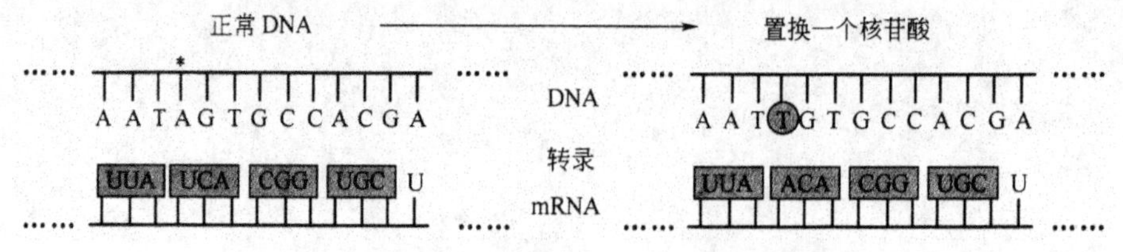

图 4.1　突变的机制——一个核苷酸的置换

的氢原子的转移，使它不再与腺嘌呤形成氢键而是与鸟嘌呤形成氢键。

(2) 缺失或增加了一个核苷酸（移码突变，frameshift mutation） 在 DNA 复制过程中缺失或增加一个核苷酸（见图 4.2 和图 4.3）。

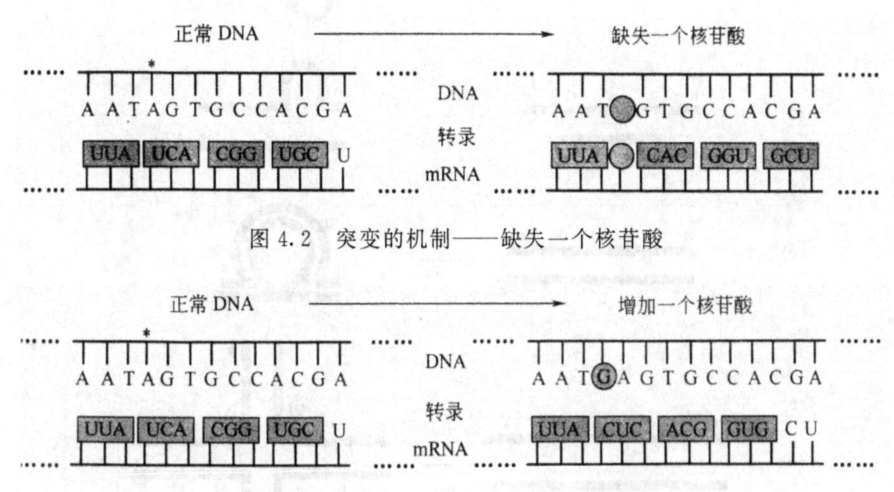

图 4.2 突变的机制——缺失一个核苷酸

图 4.3 突变的机制——增加一个核苷酸

4.1.1.2 染色体畸变（chromosome aberration）

染色体畸变又称为染色体突变（chromosome mutation），包括染色体结构和数目的改变。

(1) 染色体结构的改变 染色体结构的改变多数是染色体或染色单体遭到巨大损伤，使其断裂。根据断裂的数目、位置、断裂端连接方式等可以造成不同的突变，包括染色体缺失、重复、倒位、易位等变异（见图 4.4）。

① 缺失和重复 缺失（deficiency）是同一染色体上具有一个或多个基因的 DNA 片段丢失引起的突变，见图 4.4 (a)。这种损伤是不可逆的，往往是有害的，会造成遗传平衡失调。重复（repetition）是在同一染色体上的某处增加一节段 DNA，使该染色体上的某些基因重复出现而产生突变，见图 4.4 (b)。

缺失和重复主要是在 DNA 复制和修复过程中产生错误造成的。当 DNA 复制时，前面链上的 DNA 聚合酶掉落下来加到尚未复制的 DNA 上而加以复制，结果对前链来说缺失了一个或几个基因的 DNA 节段，对后链来说，由于多加了一段 DNA，相同部分出现两次，结果造成突变。

重复造成的突变有可能获得具有优良性状的新个体。例如控制某种代谢产物的基因，通过偶然的重复，将有可能大幅度提高产量。

② 倒位和易位 倒位（inversion）是染色体受到外来因素的破坏，造成染色体部分节段的位置顺序颠倒，极性相反，见图 4.4 (c)。倒位可分为臂内倒位和臂间倒位。前者染色体外形不变，后者形状发生变化。

易位（translocation）是指非同源染色体之间部分连接或交换，见图 4.4 (d)。易位分两种情况：一种是两条非同源染色体互相进行部分交换，称为互相易位；另一种是一条染色体上的部分节段连接到另一条非同源染色体上，称为单向易位。易位造成 DNA 损伤而发生突变，但表型没有改变。

(2) 染色体数目的改变 各种生物含有其生存所必需的最低限度基因群的一组染色体称

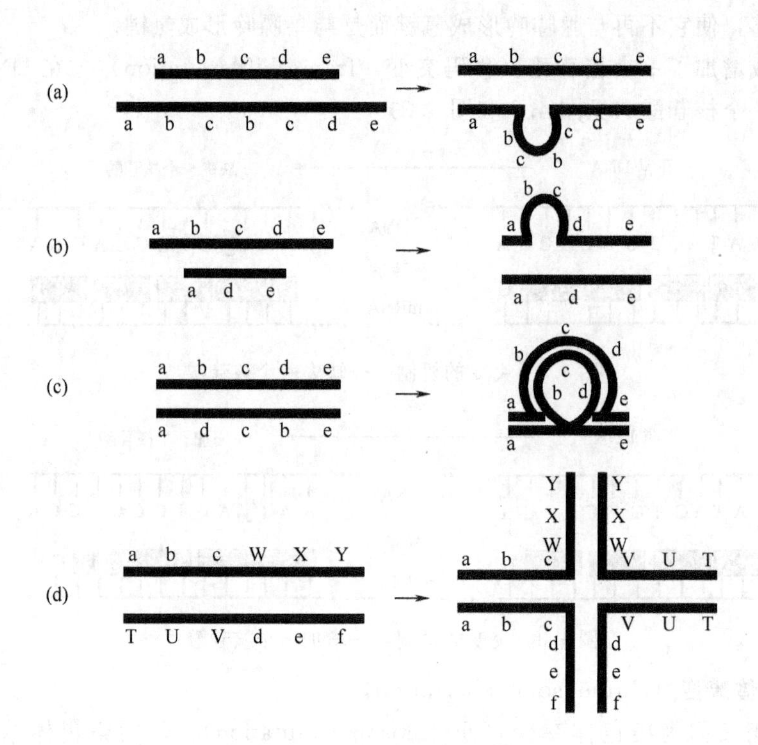

图 4.4　几种常见染色体畸变

(a) 缺失；(b) 重复；(c) 倒位；(d) 易位

为染色体组（chromosome set，genome）。具有这样的一整套染色体组，叫单倍体（haploid，n），含有一整套染色体组的生物称为单倍体生物。有的生物细胞中含有两整套染色体组，称为二倍体（diploid，$2n$），这样的生物称为二倍体生物。有的生物含有三整套以上染色体组，称为多倍体（polyploid）。在生物界由于外界条件的变化或人工诱发均可造成细胞分裂异常而变异形成多倍体。单倍体、二倍体、多倍体细胞内由于染色体总数是一整套或几整套完整的染色体组，因此都称为整倍体（euploid）。有的生物由于突变和重组使细胞内的染色体数目比正常二倍体的染色体多出一条至几条或少了一条至几条，称为非整倍体（aneuploid），如超二倍体（$2n+1$）、亚二倍体（$2n-1$）。

整倍体和非整倍体的染色体数目变化一般都是在细胞减数分裂和有丝分裂过程中由于环境因素异常的影响而造成的。

4.1.2　突变的表型效应

4.1.2.1　突变的表型效应

（1）突变引起遗传性状改变　错义突变、无义突变、移码突变，能改变蛋白质的氨基酸序列，使控制表型性状的蛋白质结构发生变化，从而引起遗传性状发生变化。

① 错义突变（missense mutation）　DNA 双链中的某一个碱基转变成另一碱基，致使一个密码子发生错误而翻译成一个错误的氨基酸（见图 4.5）。

② 无义突变（nonsense mutation）　碱基序列的改变形成了终止密码子或无义密码子造成蛋白质合成的终止（见图 4.6）。

③ 移码突变（frameshift mutation）　遗传密码是一个三联体密码，即 3 个连续的核苷

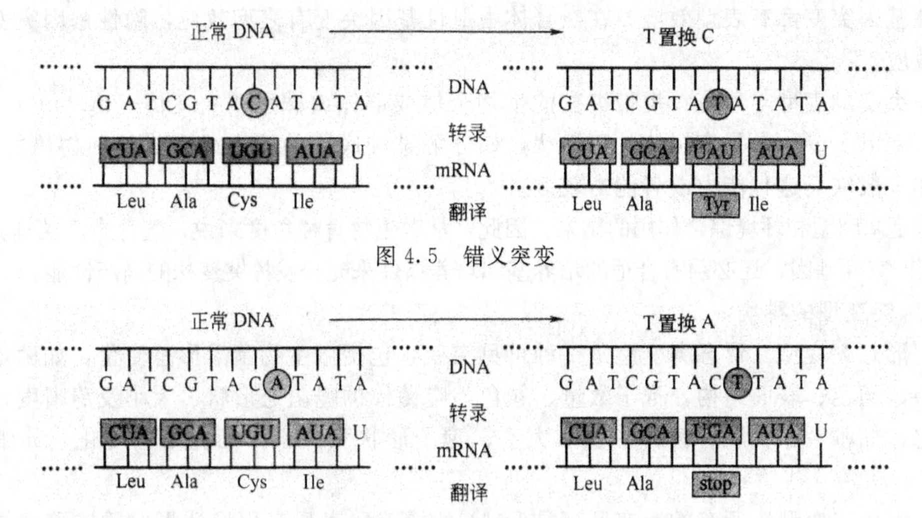

图 4.5　错义突变

图 4.6　无义突变

酸编码一个特定的氨基酸。当DNA链上增加或减少的核苷酸数目不是3的倍数时，会发生移码突变。这使得阅读框架移位，造成突变点以后所有的密码子和编码生成的氨基酸往往都是错误的（见图4.7）；而错误的密码子之一常常会是终止密码子或无义密码子，蛋白质的合成也就在此处中断。

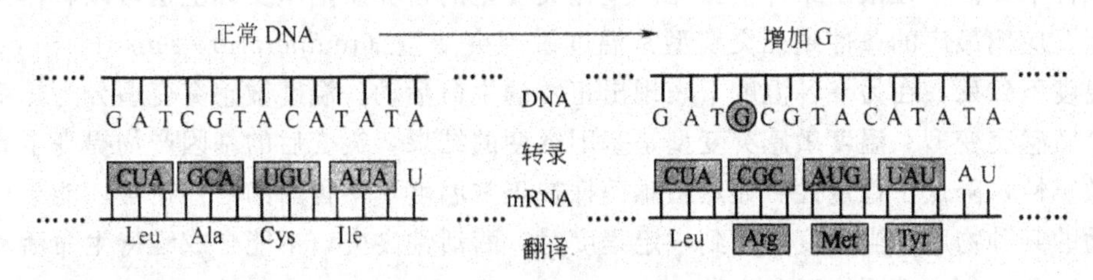

图 4.7　移码突变

(2) 突变不改变遗传性状　同义突变与沉默突变不改变微生物的遗传性状，没有表型效应。

① 同义突变（synonymy mutation）　碱基置换后产生的新的密码子仍然编码形成相同的氨基酸（见图4.8）。除了蛋氨酸和色氨酸之外的所有氨基酸都有一个以上的密码子，因此碱基置换后产生的新的密码子可能编码形成相同的氨基酸。

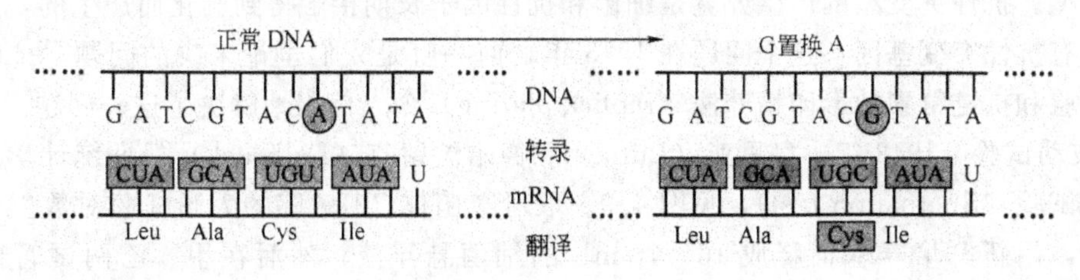

图 4.8　同义突变

② 沉默突变（silent mutation）　碱基置换造成多肽链中一个氨基酸发生改变，但该氨基酸不影响多肽链的正常功能，因此不改变微生物的遗传性状。

(3) 显性突变和隐性突变的表型效应　突变引起遗传性状改变是表型效应的基础。在二倍体细胞中，突变发生在显性基因或隐性基因，其表型效应不同。在纯合体中无论是显性基因或隐性基因突变都有表型效应。在杂合体中显性基因突变有表型效应，隐性基因突变则没有表型效应。

（4）突变的表型与环境　携带突变的生物个体或群体或株系叫突变体（mutant）。所谓野生型（wild type）是指有机体的正性状，如分解某种底物的能力或合成某种物质的能力，而突变体一般缺乏这种能力或者能力较差。

表型是基因型和环境综合作用的结果。因此，从微生物育种角度来说，选育高产菌株，不仅要具备高产突变基因，还必须有合适的培养基和培养条件来充分发挥突变株的高产性能。

4.1.2.2　突变型的种类

（1）形态突变型　形态突变型是一种可见突变，包括微生物菌落形态变化，如菌落的形状、大小、颜色、表面结构，孢子数量、颜色，噬菌体的噬菌斑形状、大小及清晰度；细胞形态变化，如鞭毛、荚膜、菌体形状和大小、孢子形状和大小；细胞结构变化，如细胞膜透性。

（2）生化突变型　所有的突变型都是DNA的核苷酸序列变化导致蛋白质或酶的结构发生变化，都会引起生化代谢的变化，因此，从广义上讲，都可以看作生化突变型。最典型的生化突变型是营养缺陷型（auxotroph　mutant），还有糖类分解发酵突变型、色素形成突变型和代谢产物生产能力突变型等。

（3）条件致死突变型　条件致死突变型是一类遗传学分析最有用的突变型，这种突变型在允许条件下存活，在限制条件下致死。生化突变型的营养缺陷型实际上也可以看作条件致死突变型。应用最广的条件致死突变型是温度敏感突变型（temperature-sensitive mutant），在一定温度下致死，在另一种温度下表现出正常的生命活动。温度敏感突变型分为热敏感突变型和冷敏感突变型。温度敏感突变型是基因突变的结果，突变后的基因产物提高了高温或低温的敏感性，降低了稳定性。如热敏感菌株在正常温度下某种酶的活性正常，能合成维持生命活动的某种物质；当温度提高到一定程度时，酶活性丧失，不能合成维持生命活动的相应物质，因此，突变株不能正常生存。

（4）致死突变型　各种突变都有可能使多肽链完全丧失活性，引起致死，尤其是染色体畸变更易造成致死。突变使DNA受损伤部分恰好是决定生物致死的主要基因，则引起致死突变。致死突变型通常分为显性致死和隐性致死。在二倍体中杂合状态的显性致死和纯合状态的隐性致死都有致死效应，在单倍体中不管何种状态都能引起致死。

（5）抗性突变型　抗性突变型包括抗药性突变型、抗噬菌体突变型、抗高温突变型、抗辐射突变型。抗性突变型的产生究竟是细菌和抗性因子长期接触得到驯化而产生的，还是细菌本身具有抗性突变基因？这个问题在1943年之前一直是人们争论未决的问题，抗噬菌体的波动试验和抗链霉素的影印培养法（replica plating）令人信服地解决了这一问题。

① 波动试验　1943年，鲁里亚（Luria）和德尔波留克（Delbrück）根据统计学原理设计了波动试验（fluctuation test），见图4.9。取对噬菌体T1敏感的大肠杆菌对数生长期肉汤培养物，用新鲜培养基稀释成10^3个/mL的细菌悬浮液，然后在甲、乙两试管内各装10mL。接着，把甲试管中的菌液先分装在50支小试管中，保温培养24～36h，再把各小试管的菌液分别加到预先涂有噬菌体T1的平板上培养，培养后计算各平皿上所产生的抗噬菌体的菌落数。乙管中的10mL菌液不经分装直接整管保温培养24～36h，然后分成50份加到同样涂有噬菌体T1的平板上培养，培养后也分别计算各平皿上产生的抗噬菌体菌落数。结果表明，来自甲试管的50个平皿中的抗性菌落数相差悬殊，而来自乙试管的50个平皿中

的抗性菌落数则基本相等。这说明大肠杆菌抗噬菌体突变，不是由环境条件——噬菌体诱导出来的，而是在它们接触噬菌体前随机地自发产生的。噬菌体在这里仅起到淘汰敏感菌株和鉴别抗性菌株的作用。

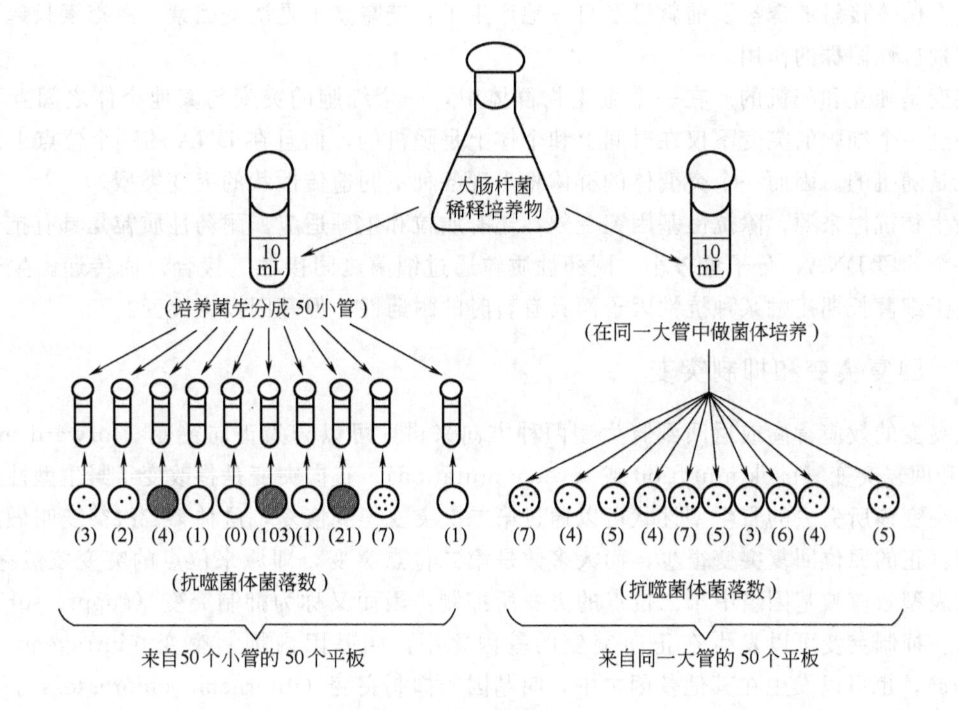

图 4.9 抗噬菌体的波动试验

② 影印培养法 1952 年，莱德伯格（Lederberg）夫妇设计了一种更巧妙的影印培养试验，直接证明了微生物耐药性是自发产生的，并与相应的环境因素毫不相干（见图 4.10）。试验的基本过程是将对链霉素敏感的大肠杆菌 K12 涂布于不含链霉素的平板 1 表面，待菌落长出后将其印影到不含链霉素的平板 2 上和含链霉素的选择培养基平板 3 上。经培养后，在平板 3 上长出个别链霉素抗性菌落，在平板 2 中挑取与平板 3 上的抗性菌落相对应位置的菌落至不含链霉素的培养液 4 中，培养后再涂布到平板 5 上，并重复以上各步骤。上述过程

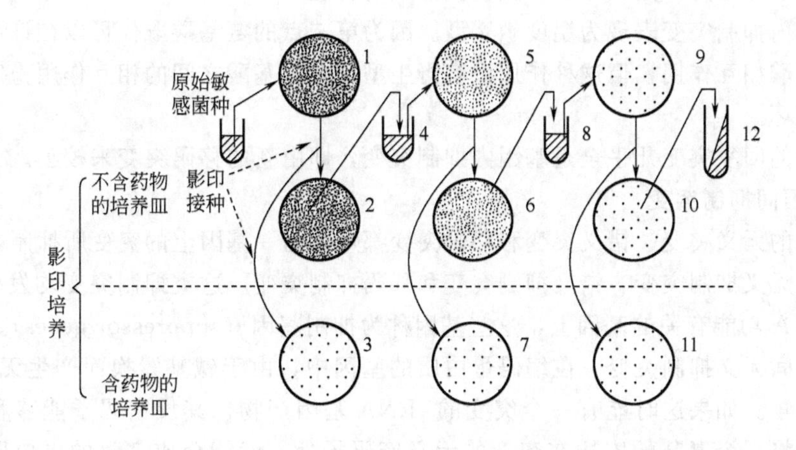

图 4.10 抗链霉素的影印培养试验

几经重复后，可在含药物的平板 7 和 11 上出现越来越多的抗性菌落，最后甚至得到纯的抗性群体。由此可知，原始的链霉素敏感菌株只通过 1→2→4→5→6→8→9→10→12 的移种和选择序列，就可在根本未接触链霉素的情况下，筛选出大量的链霉素抗性菌株。这说明抗性突变是在菌体接触链霉素以前就已经自发地产生了，链霉素不是诱变因素，链霉素只起到筛选和鉴别抗性菌株的作用。

突变是独立和随机的。在一个微生物群体中，一个细胞的突变与其他个体之间互不相干，并且一个细胞的突变不仅在时间上和个体上是随机的，而且在 DNA 的哪个位点上发生突变也是随机的。因而一个突变体的群体将出现各种不同遗传性状的突变类型。

微生物抗性来源，除抗性基因突变外，还有质粒和生理适应。耐药性质粒是具有抗性基因的一个片段 DNA，分子量较小。耐药性质粒通过细菌之间接触（接合）而传递。生理适应是由于细菌长期接触某种抗性因子而具有暂时的耐药性，但基因没有突变。

4.1.3 回复突变和抑制突变

从突变的效应背离或返回到野生型两种方向来讲，可以分为正向突变（forward mutation）和回复突变（back mutation 或 reverse mutation）。正向突变是指改变了野生型性状的突变。突变体所失去的野生型性状可以通过第二次突变得到恢复，这种第二次突变叫做回复突变。真正的原位回复突变很少，而大多数是第二位点突变，即原来位点的突变依然存在，而它的表型效应被基因组中第二位点的突变所抑制，因而又称为抑制突变（suppressor mutation）。抑制突变可以发生在正向突变的基因之中，叫基因内抑制突变（intragenic suppressors）；也可以发生在其他基因之中，叫基因间抑制突变（intergenic suppressors）。

4.1.3.1 基因内抑制突变

错义突变和移码突变都可被基因内另一位点的突变所抑制。错义突变所造成的野生型的丧失，部分原因可能是影响到蛋白质空间结构的形成，也就是影响到突变点氨基酸残基与分子内其他部位的氨基酸残基的相互作用。这种相互作用可能是正负电荷的静电吸引作用，也可能是疏水作用或者是生成氢键。若是静电作用，只要恢复到两点之间电荷相反即可［图 4.11（a）］。图 4.11（b）表示由六个氨基酸残基形成的疏水作用，由于正突变使较小的氨基酸残基变为较大的氨基酸残基，而回复突变使原来较大的氨基酸残基变为较小的氨基酸残基，恢复了疏水作用力，因而恢复了蛋白质分子的功能。

有些基因内抑制突变表现为温度敏感型。因为第二点的氨基酸取代可以在许可条件下与正突变的氨基酸相互作用，但这种作用没有野生型那对氨基酸之间的相互作用稳定，在较高温度下易被破坏。

移码突变的回复突变几乎全是基因内抑制突变，即由新的移码突变来校正。

4.1.3.2 基因间抑制突变

正向突变的无义突变、错义突变和移码突变都可被另一基因上的突变所抑制，这些抑制突变分别称为无义抑制突变、错义抑制突变和移码抑制突变。这类抑制突变均发生在 tRNA 基因或与 tRNA 功能有关的基因上，这些基因称为抑制基因（suppressor genes）。

（1）基因间无义抑制突变　在编码蛋白质的基因中，由于碱基置换而产生无义密码子，使肽链合成终止。如果这时能有一个突变的 tRNA 基因产物，其反密码子能够和无义密码子互补，则能将一个氨基酸安插在突变的无义密码子处，就能合成完整的蛋白质分子（图 4.12）。这个安插进去的氨基酸若是野生型的氨基酸，当然就万事大吉；如果是别的氨基酸，

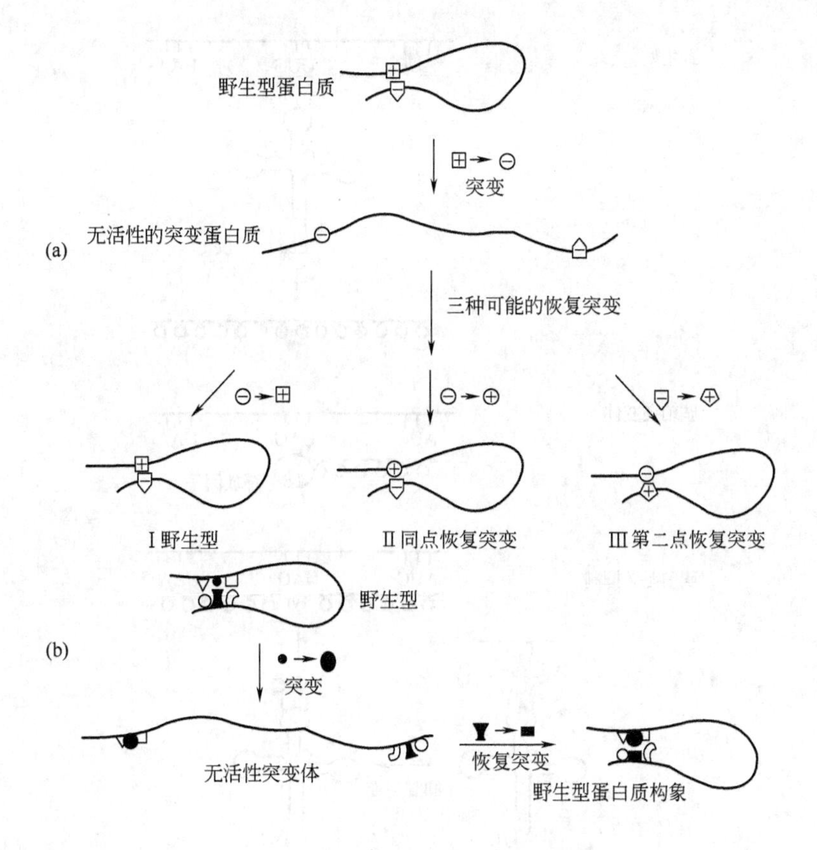

图 4.11 错义突变的基因内抑制突变

蛋白质产物活性也可能部分恢复或完全恢复。这种能抑制正向突变表型的突变了的 tRNA 称为抑制 tRNA（suppressor tRNA）。抑制 tRNA 不是细胞对无义突变应答的产物，而是自发突变或诱变的结果。

（2）基因间错义抑制突变　假定正向的错义突变把 GGA（Gly）变成 AGA（Arg），则造成蛋白质失活，如果甘氨酸 tRNA 的反密码子也相应地由 UCC 变为 UCU，则能将甘氨酸安插在错义突变的密码子 AGA 处，如果安插的氨基酸不是甘氨酸而是其他氨基酸，那么，只要能恢复或部分恢复蛋白质活性，都表现出错义抑制效应。

（3）基因间移码抑制突变　移码突变也可由 tRNA 分子结构的改变而被抑制。如 *E. coli* 的突变 $tRNA^{Gly}$在它的反密码子环上增加了一个 C，反密码子成了 CCCC，因而能识别 GGGG，从而矫正了由于插入一个碱基造成的移码突变。

（4）温度敏感抑制突变和抑制增强突变　许多琥珀型（amber）突变的抑制 tRNA 表现出温度敏感性，即在 30℃时能产生对琥珀型突变的表型抑制，而在 42℃时则不能产生这种效应。

如果细胞含有一个必需基因的琥珀型突变，并含有 Ts 琥珀型抑制 tRNA，在较高温度时则生长很差，大多数形成很小的菌落，有时也出现长得很大的菌落。对这些大菌落细胞的分析表明，这些细胞含有一种次生突变，称为抑制增强突变（suppressor enhancing mutation，sue）。抑制增强突变对非温度敏感的抑制突变同样能增强抑制效应。

4.1.3.3　基因间间接抑制突变

根据野生型恢复作用的性质，抑制突变还可分为直接抑制突变（direct suppressors）和

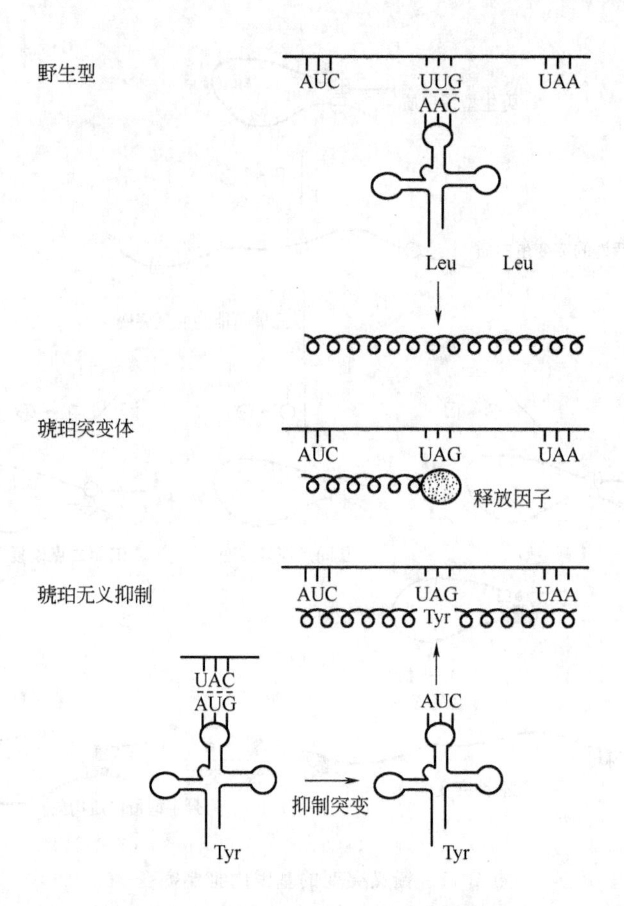

图 4.12 抑制 tRNA 对无义突变的抑制

间接抑制突变（indirect suppressors)。直接抑制突变是通过恢复或部分恢复原来基因蛋白产物的功能而使表现型恢复为野生型状态。所有基因内抑制突变的作用都是直接的。一些改变翻译性质的基因间抑制突变的作用也是直接的。间接抑制突变不恢复正向突变基因的蛋白质产物的功能，而是通过改变其他蛋白质的性质或表达水平而补偿原来突变而造成的缺陷，从而使野生型表型得以恢复。

基因间间接抑制突变的形式和类别是多种多样的，凡能使某一突变基因产物在一定程度上完成其应有使命的其他基因突变都是基因间间接抑制突变。如果原初突变发生在编码蛋白质的结构基因中，则造成间接抑制的机制主要有以下几种。

① 假设两个基因的多肽产物相互作用形成一个多功能的多亚基蛋白质复合体，其中一个基因的突变妨碍了正常相互作用。这时如果另一个基因的突变能够恢复这种相互作用，则后一种突变便是前一种突变的抑制突变（图 4.13)。

② 在某一生化途径 A→B→C 中负责 B→C 的反应步骤的 Y 基因发生突变后，该酶仅保持微弱活性，所产生的 C 量太小不足以使最终的表型产生。如果 A→B 反应步骤的 X 基因产物因结构基因突变或调节基因突变，则中间产物 B 的浓度增加，在突变的 Y 基因产物作用下仍能产生较多的 C，从而产生应有的表型。

③ 当一个生化途径因突变被阻断时，抑制突变可以使反应绕过被阻断的步骤而补偿第一个突变的效应。

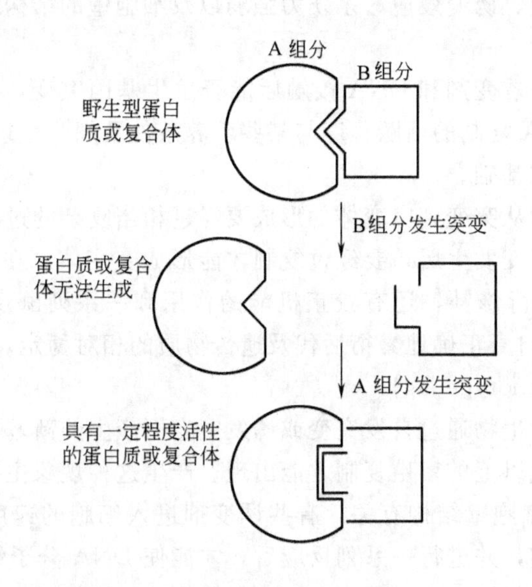

图 4.13　基因间间接抑制的途径之一

④ 有时一个基因的突变造成某种有害物质的积累，另一基因的突变可以通过提高分解酶的活性或将有害物质纳入其他生化反应的轨道而消除之。

4.1.4　增变基因和突变热点

（1）增变基因　生物体内有些基因与整个基因组的突变频率直接相关。当这些基因突变时，整个基因组的突变率明显上升，这些基因称为增变基因（mutator gene）。已了解的有两类：一类是 DNA 聚合酶的各个基因，如果 DNA 聚合酶的 $3'\rightarrow5'$校对功能丧失或降低，则使突变率上升而且随机分布；另一类是 *dam* 基因和 *mut* 基因，如果这些基因突变，则使错配修复系统功能丧失，也能引起突变率升高。

（2）突变热点　从理论上讲，DNA 分子上每一个碱基都能发生突变，但实际上突变位点并非完全随机分布。DNA 分子上的各个部分有着不同的突变频率，某些位点的突变频率大大高于平均数，这些位点称为突变热点（hot spots of mutation）。形成突变热点的最主要原因是 5-甲基胞嘧啶的存在。形成突变热点还有其他原因，如在短的连续重复序列处容易发生插入或缺失突变，插入或缺失的正是这一重复序列。

突变热点还与所使用的诱变剂有关，使用不同的诱变剂出现的突变热点不同，因为不同的诱变剂作用机制不同，有的 DNA 序列使某个碱基对诱变剂更敏感，有的则相反。

4.1.5　突变体的形成与表型延迟

4.1.5.1　突变体的形成

突变是可逆转的，如紫外线诱变产生的突变可通过光复活作用恢复。因此，突变的发生并不意味着突变体的产生及性状的改变，从突变到突变体的形成要经历一个复杂的生物学过程。突变体的形成过程可分为以下三个阶段。

（1）诱变剂与 DNA 接触之前　诱变剂处理微生物时，首先和细胞充分接触，通过扩散作用，诱变剂穿过细胞壁、细胞膜及细胞质，最后到达细胞核，与 DNA 接触。这个过程可能与诱变剂扩散速度快慢、诱变效应、杀伤力强弱以及细胞壁的结构组成成分及细胞的生理状态有关。

（2）突变发生过程　诱变剂和DNA接触后能否发生基因突变，与DNA是否处于复制状态有密切的关系。DNA复制的活跃程度与某些营养条件及细胞生理状态有关，因为DNA复制需要以蛋白质合成作基础。

（3）突变体的形成　从突变到突变体的形成要经过相当复杂的过程，并不是所有突变都能形成突变体。当一个突变发生后，要经过复制才能形成突变体。在DNA复制过程中修复系统会对突变的DNA进行修补，还有校正机能的作用和一系列酶反应都有可能使突变的DNA复原，以保证生物自身正确地繁衍后代及遗传物质的相对稳定。

4.1.5.2　表型延迟（phenotype lag）

表型延迟现象是指微生物通过自发突变或诱发突变而产生的新基因型的遗传特性不能在当代出现，必须经过两代以上的繁殖复制才能出现。产生这种现象主要有以下原因。

① 与诱变剂性质和细胞壁结构有关。有些诱变剂进入细胞的速度很慢，它们必须穿过细胞壁、细胞膜、细胞质，并进行一系列反应后，才能使DNA分子结构发生变化，所以诱变使DNA发生变化有可能延迟到一代以后，因此表型不能在当代出现。

② 当突变发生在多核细胞中的某一个核时，该细胞就成为杂核细胞。若突变是隐性的，则必须经过几代繁殖后，才能出现纯核突变细胞，这时才有表型效应。

③ 原有基因产物的影响。某个基因突变后，失去了合成原有基因产物的能力，但原有基因产物仍然存在于细胞内，仍然起着支配野生型的作用。因此，要想使突变表型出现，必须经过几代繁殖，使原有基因产物随着细胞分裂逐渐稀释到比较低的限度。

4.1.6　突变的修复

生物的性状特性具有相对的稳定性。但生物细胞在DNA复制过程中的错误以及所处环境中某些因素的影响，尤其是人为使用诱变剂处理，都有可能使DNA的分子结构发生改变。在这种情况下，生物体具有维持DNA结构不变异的修复系统，可以把DNA分子因突变而造成的缺陷或损伤修补完好。因此，DNA结构发生改变后会导致两种可能的结果：一种是DNA分子突变在复制过程中克服修复系统的作用而成为突变体；另一种是经修复系统修复后恢复原有DNA分子结构，不能形成突变体。

研究最早的修复系统是紫外线诱发损伤的修复，它可以分为光修复和暗修复。暗修复又可分为复制前修复和复制后修复。下面以紫外线诱发损伤的修复为例来说明突变的修复机制。

4.1.6.1　光修复（photoreactivation）

DNA经紫外线照射后形成嘧啶二聚体，光复活酶和二聚体结合形成一复合物。当复合物暴露在可见光下时，酶即活化并将二聚体分解成单体，酶被释放，使DNA链的缺口修复而恢复正常的DNA双链结构（图4.14）。

4.1.6.2　复制前修复

复制前修复又称切补修复（excision repair），见图4.15。这种修复过程都是在核酸内切酶、核酸外切酶、DNA聚合酶及连接酶的协同作用下进行的。首先由核酸内切酶切开二聚体的5′末端，形成3′-OH和5′-P的单链缺口；然后，核酸外切酶从5′-P到3′-OH方向切除二聚体，并扩大缺口；接着，DNA聚合酶以另一条互补链为模板，从原有链上暴露的3′-

OH 端起合成缺失片段；最后，由连接酶将新合成链的 3′-OH 与原链的 5′-P 相连接。整个过程不需要可见光，在黑暗下就可以修补，因此又称暗修复。

光复活作用使胸腺嘧啶二聚体复原成两个胸腺嘧啶，暗修复则是将胸腺嘧啶二聚体切除。在细胞中还存在另一种在并不改变胸腺嘧啶二聚体的情况下的修复系统，即重组修复（recombination repair）。

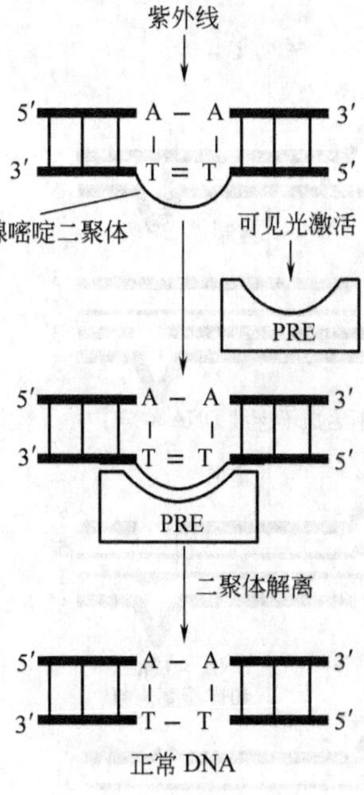

图 4.14 光修复示意图

4.1.6.3 复制后修复

复制后修复是指损伤的 DNA 经过复制后完成修复过程，它是在 DNA 复制过程中通过类似于重组作用，在不切除二聚体的情况下完成的，因此，又称重组修复（recombination repair）。实验证明大肠杆菌可以在不切除胸腺嘧啶二聚体的情况下，以带有二聚体的这条链为模板合成互补单链，可是在每个二聚体附近留下一空隙。通过染色体交换，空隙部位可以不再面对着胸腺嘧啶二聚体而是面对着正常的单链，在这种条件下 DNA 聚合酶和连接酶便起作用把空隙部位进行修复，见图 4.16。重组修复与 *recA*、*recB* 和 *recC* 基因有关。*recA* 编码一种相对分子质量为 40000 的蛋白质，它具有交换 DNA 的活力，在重组和重组修复中均起关键作用；*recB* 和 *recC* 基因分别编码核酸外切酶 V 的两个亚基，该酶也是重组和重组修复所必需的。修复合成中需要的 DNA 聚合酶和连接酶的功能与切除修复相同。

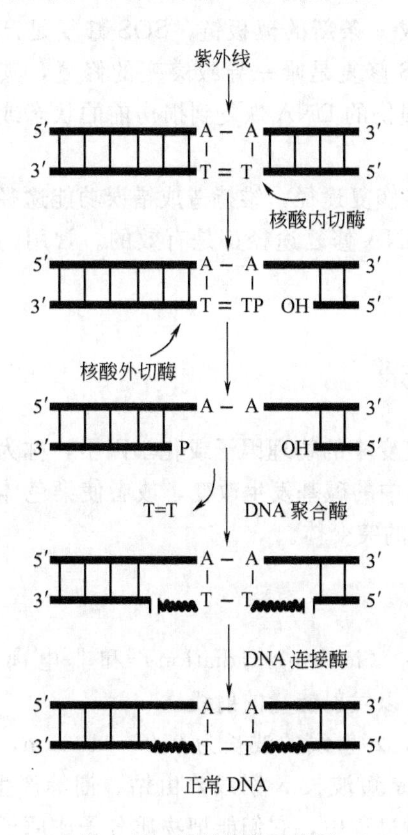

图 4.15 切补修复示意图

重组修复中 DNA 损伤并没有除去，当进行下一轮复制时，留在母链上的损伤仍会给复制带来困难，还需要重组修复来弥补，直到损伤被切除修复消除。但是，随着复制的进行，经过几代后，即使损伤未从母链中除去，但在后代的细胞群中已被稀释，因此也就消除了损伤的影响。

4.1.6.4 SOS 修复

以上三类修复系统都是不经诱导而发生的，然而许多能造成 DNA 损伤或抑制复制的处理会引发细胞内一系列复杂的诱导反应，称为应急反应（SOS response）。SOS

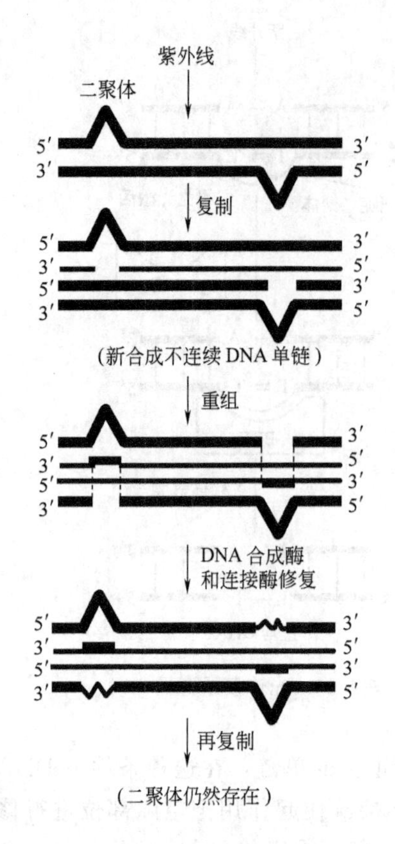

图 4.16 重组修复示意图

修复是一种旁路系统，它允许新生的 DNA 链越过胸腺嘧啶二聚体而生长，其代价是保真度的降低。这是一个错误潜伏的过程，其原则是丧失某些信息而存活总比死亡好一些。紫外线可诱发 SOS 修复导致突变。SOS 反应广泛存在于原核生物和真核生物中，它是生物在不利的环境中求得生存的一种功能。在一般环境条件下，突变常常是不利的，可是在 DNA 受到损伤或复制受到抑制的特殊情况下，生物发生突变将有利于生存。SOS 反应的修复功能依赖于某些蛋白质的诱导合成，就像细菌中诱导酶的合成机制。这些蛋白质可能是缺乏校正功能的 DNA 聚合酶及其他一些修复系统中的关键酶。

4.1.6.5 嘧啶二聚体糖基酶修复系统

当 T4 噬菌体感染大肠杆菌细胞时，其基因 *denV* 的产物即为嘧啶二聚体糖基酶。该酶兼具 AP 内切酶(即无嘌呤内切酶）活性。

从能量来源来看，在以上五种修复系统中只有光复活利用光能，其余利用 ATP 水解释放的能量。光复活、切除修复和二聚体糖基酶修复都是修复模板链，重组修复是形成一条新的模板链，SOS 修复是产生连续的子链。SOS 修复是唯一导致突变的修复，其余的修复机制是将损伤的 DNA 恢复到损伤前的状态或者是产生与亲本相同的子代 DNA。

在诱发突变过程中，如何采取措施消除校正错误修复途径，维持造成错误功能途径，促使 DNA 修复基因发生突变或用某些化学物质抑制 DNA 修复途径都是有效的。常用的修复抑制剂有咖啡碱、异烟肼等。

4.2 诱变剂

凡能诱发生物突变，并且突变率远远超过自发突变率的物理因子或化学因子，称为诱变剂（mutagen)。诱变剂的作用主要使DNA 分子结构中的碱基发生改变，或者使染色体发生变化，通过 DNA 复制，形成一个具有新的碱基序列的突变体。

4.2.1 物理诱变剂

物理诱变剂又称为辐射，可以分为电离辐射（ionizing radiation）和非电离辐射(nonionizing radiation)，它们都是以量子为单位的可以发射能量的射线。

电离辐射中的 X 射线和 γ 射线都是高能电磁波，X 射线的波长为 0.06～136nm，由 X 射线机产生。γ 射线的波长为 0.006～1.4nm，其实是短波长 X 射线，由钴、镭等产生。X 射线和 γ 射线之所以被称为电离辐射，是因为在照射过程中，它们能把物质分子或原子上的电子击中而产生正离子。快中子是不带电荷的粒子，不直接产生电离，但快中子穿过物质时能把原子核中的质子撞击出来而产生电离。

非电离辐射中的紫外线是一种波长短于紫色光的肉眼看不见的光线，波长为100～400nm。紫外线穿过物质时，使分子或原子中的内层电子能级提高，但不会得到或丢失电子，所以不产生电离，因此称为非电离辐射。

4.2.1.1 辐射引起生物变异的原因和生物效应

辐射的作用过程分为物理、物理-化学、化学和生物等几个阶段。当辐射处理生物细胞时，细胞首先接受辐射能量，穿过细胞壁、细胞膜，与DNA接触，产生一系列的化学反应，从而使DNA发生变化。DNA变化包括：形成嘧啶二聚体；DNA链发生断裂；碱基被氧化脱氨基作用；碱基分子中C-C链断裂形成开环；一个核苷酸被击中而使碱基或磷酸酯游离出来；在DNA分子一条单链的碱基之间或两条链的碱基之间发生交联作用。

电离辐射引起基因突变和染色体畸变，非电离辐射主要形成嘧啶二聚体。辐射引起微生物变异或死亡与辐射剂量成正比。

4.2.1.2 辐射生物效应的影响因子

微生物经辐射处理后，其生物效应的强弱除决定于微生物内在遗传因子外，也受外界环境条件的影响。例如，含A、T高，对UV敏感，对电离辐射不敏感；氧气对电离辐射效应影响较大，氧气充足比氧气缺乏诱变效果好；在最适生长范围内，温度较高能增强辐射效应；水分对辐射也有影响，含水细胞比干细胞敏感性高；可见光可解除UV的诱变效应。

4.2.1.3 非电离辐射（nonionizing radiation）

紫外线是一种使用最早、沿用最久、应用广泛、效果明显的诱变剂，其诱变频率高，且不易回复突变。紫外线是微生物育种中最常用和比较有效的诱变剂之一。

日光中的紫外线部分为波长从100nm到400nm之间的光，它的波长和能量都比较小。紫外线的杀菌活性取决于生物体在其中暴露时间的长短，暴露的时间越长杀菌活性就越大；紫外线的杀菌活性也决定于所用紫外线的波长。能诱发微生物突变的紫外线的有效光谱是200～300nm，最有效的是253.7nm，其原因是DNA强烈吸收260nm光谱而引起突变。30W紫外灯产生的紫外线光谱分布范围广，诱变效率差；而15W紫外灯产生的紫外线，80%集中在253.7nm，诱变效应好。

紫外线被DNA吸收而使同一条DNA链上相邻的两个胸腺嘧啶之间交联，形成胸腺嘧啶二聚体（见图4.17和图4.18）。

在DNA复制时核苷酸无法与胸腺嘧啶二聚体形成碱基对，这样DNA链的复制就被中断。然而，紫外线辐射的大部分损伤实际上是来自试图通过SOS修复过程来修复损伤的细胞。在含有大量胸腺嘧啶二聚体的DNA中，一个SOS修复过程被激活，为修复DNA作最后的努力。在SOS修复过程中，SOS系统的一种基因产物和DNA聚合酶结合，使DNA聚合酶可以越过受损伤的DNA合成新的DNA。然而这种改变了的DNA聚合酶失去了校对功能，使得合成的DNA中含有许多错误插入的碱基（大部分化学诱变剂也会激活SOS修复）。

紫外线诱变剂量的表示方法可分为绝对剂量和相对计量。绝对剂量单位为erg[1]/mm^2，需用计量仪测定；相对剂量单位通常用照射时间或杀菌率来表示。紫外线穿透能力差，照射时需打开培养皿的盖子。

---

[1] 1erg=10^{-7}J。

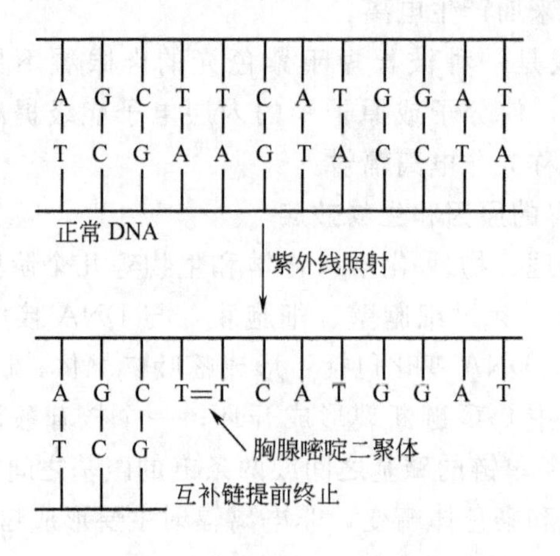

图 4.17　紫外线照射引起的突变

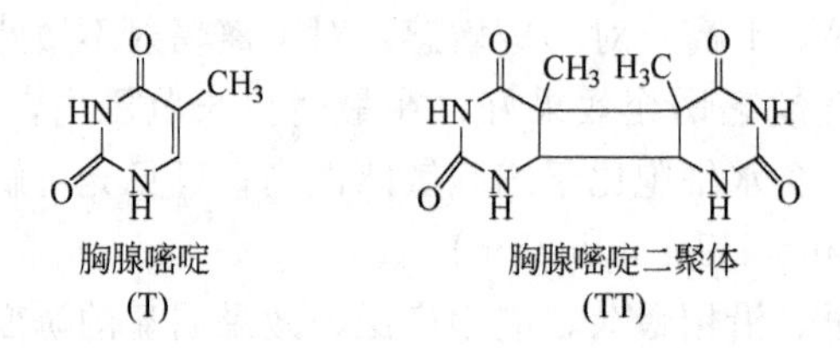

图 4.18　胸腺嘧啶二聚体的分子结构

4.2.1.4　电离辐射（ionizing radiation）

电离辐射如X射线和γ射线比紫外线含有更多的能量和穿透力，它可以使水或其他一些分子电离而产生含有未配对电子的分子碎片，这些碎片能打断DNA双链并改变嘌呤和嘧啶碱基。

（1）X射线和γ射线（^{60}Co）　X射线和γ射线的计量单位常用伦琴（R❶）来表示。1R是指$1cm^3$干燥空气在0℃、1.013×10^5Pa下产生2.08×10^9离子时的能量。一般常用的剂量控制在杀菌率90%～99.9%为宜。要达到这一致死率，剂量为（1～20）$\times10^4$R。

（2）快中子　中子本身不带电荷，快中子的生物学效应是由中子穿过物质时把原子核中的质子击撞出来而产生的。由于快中子产生较大的电离密度，能更有效地导致基因突变和染色体畸变。

快中子的剂量用拉德（rad❷）来表示。1rad是指1g被照射物质吸收100erg辐射能量的射线剂量。拉德也可转换为伦琴单位，即快中子照射时产生的离子数与1R射线所产生的离子数相当时的剂量为1R。在诱变育种中，快中子照射的致死率在50%～80%比较合适，采用的剂量在15～30krad。

4.2.1.5　激光

激光可以通过闪、热、压力和电磁场效应的综合作用，直接或间接地影响生物体，引起

❶　$1R=2.58\times10^{-4}C/kg$。

❷　$1rad=10^{-2}Gy$。

DNA 发生改变。紫外线波段的激光和可见光-红光波段间的激光都有诱变作用，如 He-Ne 激光和 CO_2 激光。

4.2.1.6 离子注入

离子注入是 20 世纪 80 年代初兴起的一种材料表面处理的高新技术，主要用于金属材料表面的改性。所谓离子注入，就是利用离子注入生物体引起遗传物质的改变，导致性状的变异，从而达到育种的目的。与其他辐射相比，离子注入具有以下优点。

① 离子束与生物体作用，不仅有能量沉积，而且同时有质量沉积。因此，它与生物体作用可得到较高的突变率，且突变谱较广，死亡率低，正突变率高，性状稳定。

② 离子注入通过不同电荷数、质量数、能量、剂量的组合，可提供众多的诱变条件。这种电、能、质的联合作用，将强烈影响生物体的生理生化特征，并引起基因突变，因此变异幅度大。

③ 离子注入具有作用区域的选择性、种类的多样性，其作用是局部的、可控的，可对生物体进行定点区域的诱变。可控制离子种类、注入参数，使注入离子的能量、动量和电荷等根据需要进行组合，为生物体的诱变提供新的途径。

4.2.2 化学诱变剂

化学诱变剂是一类对 DNA 起作用，改变其结构并引起遗传变异的化学物质。化学诱变剂对 DNA 结构改变更多偏向于基因突变，往往导致多种类型的突变型；而辐射则更多偏向于染色体的断裂。化学诱变剂大多数具有毒性，且 90%以上致癌或极毒。因此使用时要格外小心，不能直接用口吸，避免与皮肤直接接触，不仅要注意自身安全，也要防止污染环境。

化学诱变剂的作用机理主要有三种。一些化学诱变剂如亚硝酸和亚硝基胍可以对嘌呤和嘧啶碱基进行化学修饰，从而改变它们的氢键特性。如亚硝酸可以把胞嘧啶变成尿嘧啶，从而与腺嘌呤形成氢键，而不是与鸟嘌呤形成氢键。另一些化学诱变剂是作为碱基类似物而起作用的。碱基类似物是化学结构与核苷酸碱基相似的化合物，在 DNA 复制时可以代替自然碱基掺入 DNA 分子中，引起诱变效应。如与腺嘌呤结构类似的 2-氨基嘌呤，与胸腺嘧啶结构类似的 5-溴尿嘧啶，这些碱基类似物不具有自然碱基的氢键特性。还有一些诱变剂作为插入因子而起作用。这些插入因子是和碱基对大小相似的平面三环分子。在 DNA 的复制过程中，这些化合物可以插入相邻的两个碱基对之间，增加碱基对之间的距离而使得在复制过程中一个额外的核苷酸常常加入到生长链中，导致移码突变。如溴化啡啶就是这种诱变剂。化学诱变剂也能激活 SOS 修复作用，这种修复作用能进一步导致 DNA 碱基配对发生错误。

重要的化学诱变剂有碱基类似物、烷化剂、脱氨剂、移码诱变剂、羟化剂等。

4.2.2.1 碱基类似物

碱基类似物是一类和 DNA 的四种碱基化学结构相似的物质，如 5-溴尿嘧啶（5-BU）、5-氟尿嘧啶（5-FU）、8-氮鸟嘌呤（8-NG）和 2-氨基嘌呤（2-AP）等。在 DNA 复制时，它们可以被错误地掺入 DNA，引起诱变效应。

（1）诱变机制　碱基类似物的诱变机制是通过互变异构体现象实现的。以 5-溴尿嘧啶为例，5-BU 存在酮式和烯醇式两种形式的异构体。酮式的 5-BU 结构与胸腺嘧啶相似，与腺嘌呤配对；烯醇式 5-BU 结构与胞嘧啶相似，与鸟嘌呤配对，见图 4.19。

5-溴尿嘧啶的诱变作用是通过本身分子结构产生酮式与烯醇式的变化实现的（图

4.20）。当微生物在含5-溴尿嘧啶的培养基中生长时，5-BU可以代替胸腺嘧啶掺入到DNA分子中。5-BU一般以酮式状态存在于DNA中，因而与A配对。5-BU很容易进行酮式与烯醇式结构的互变异构，当DNA复制时，烯醇式5-BU不与A而与G配对，从而造成A∶T转换成G∶C，见图4.20（a）；当烯醇式5-BU在DNA复制时掺入DNA，并与G配对，若再从烯醇式转换成酮式，并与A配对，则会造成G∶C转换成A∶T，见图4.20（b）。因为5-BU可使A∶T转换成G∶C，也可使G∶C反向转换成A∶T，所以，由它引起的突变也可以由它本身来回复。

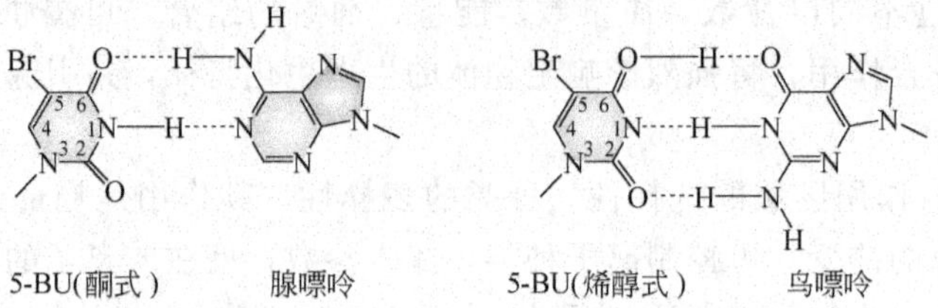

5-BU(酮式)　腺嘌呤　5-BU(烯醇式)　鸟嘌呤

图 4.19　酮式和烯醇式5-BU分别与腺嘌呤和鸟嘌呤配对

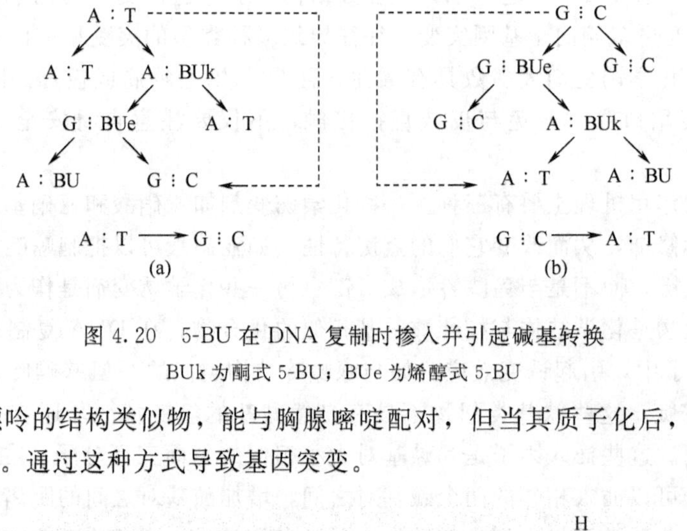

A∶T ⟶ G∶C　(a)　　G∶C ⟶ A∶T　(b)

图 4.20　5-BU在DNA复制时掺入并引起碱基转换

BUk为酮式5-BU；BUe为烯醇式5-BU

2-AP是腺嘌呤的结构类似物，能与胸腺嘧啶配对，但当其质子化后，会与胞嘧啶错误配对，见图4.21。通过这种方式导致基因突变。

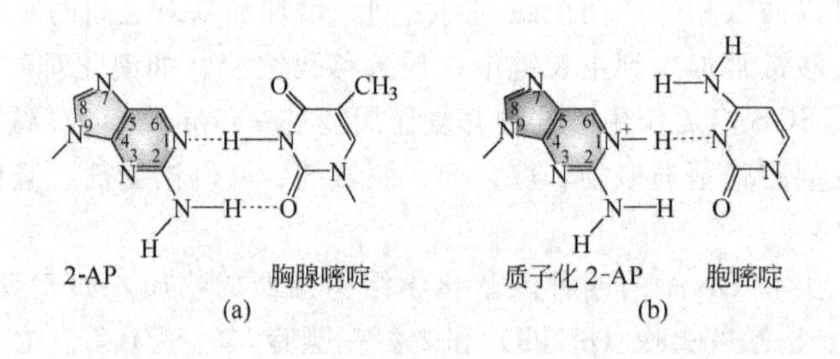

图 4.21　腺嘌呤类似物2-AP可能的配对形式

（a）通常与胸腺嘧啶配对；（b）质子化后与胞嘧啶错误配对

因为碱基类似物引入新碱基的过程需经过三轮DNA复制，所以，碱基类似物引起的突变必须经过两代以上繁殖才能表现出来。另外，碱基类似物引起的诱变是通过DNA复制来实现的，所以，它只对正在进行新陈代谢和繁殖的微生物起作用，对休眠细胞、脱离菌体的噬菌体则没有作用。

（2）处理方法

① 单独处理　将新鲜斜面移接到培养基中培养至对数生长期，离心除去培养液，加入生理盐水或缓冲液，进行饥饿培养 8～10h，以消耗菌体内的储存物质，有利于促进碱基类似物掺入到 DNA 分子中去。将碱基类似物加入到以上饥饿培养液中，混匀后涂平板，经培养后挑取单菌落，进行筛选。

② 与辐射复合处理　先用碱基类似物处理，再进行辐射处理。碱基类似物与辐射复合处理的诱变效果较单独辐射好，因此，碱基类似物是一种辐射的增敏剂。

4.2.2.2　烷化剂

烷化剂具有一个或多个活性烷基，容易取代 DNA 分子中的活泼氢原子，直接与一个或多个碱基起烷化反应，从而改变 DNA 分子结构，引起变异。

烷化剂是一类效果较好的诱变剂，分为单功能烷化剂和双功能或多功能烷化剂。单功能烷化剂仅含有一个烷化基团，毒性小，诱变效应大；双功能或多功能烷化剂含有两个或多个烷化基团，毒性大，诱变效应差。

常用的烷化剂有 1-甲基-3-硝基-1-亚硝基胍（简称亚硝基胍，NTG）、甲基磺酸乙酯（又称乙基硫酸甲烷，EMS）、硫酸二乙酯（DES）、乙烯亚胺、氮芥等。烷化剂对微生物诱变效应是有差异的，主要决定于功能基团的作用及数目。乙基功能基诱变效应比甲基功能基要强。EMS 是单功能烷化剂，是磺酸酯类中诱变效应较好的一种烷基化合物。NTG 主要使细胞发生一次或多次突变，诱变效果较好，而死亡率小，实际使用时可以低浓度较长时间处理，从而获得较高的突变率，有超诱变剂之称。NTG 尤其适合于诱发营养缺陷型突变株。

烷化剂的作用机制：①通过烷化基团使 DNA 分子上的碱基或磷酸部分发生烷化作用，在 DNA 复制时导致碱基配对错误而引起突变。碱基中的鸟嘌呤最易受烷化剂作用，形成6-烷基鸟嘌呤，并与胸腺嘧啶错误配对，造成碱基转换。胸腺嘧啶被烷基化后，可与鸟嘌呤错误配对，见图 4.22。②引起 DNA 分子中磷酸和糖之间的共价键发生断裂。③使两个鸟嘌呤 N7 位点形成共价键（图 4.23）。④一般双功能烷化剂易引起 DNA 双链间的交联（图

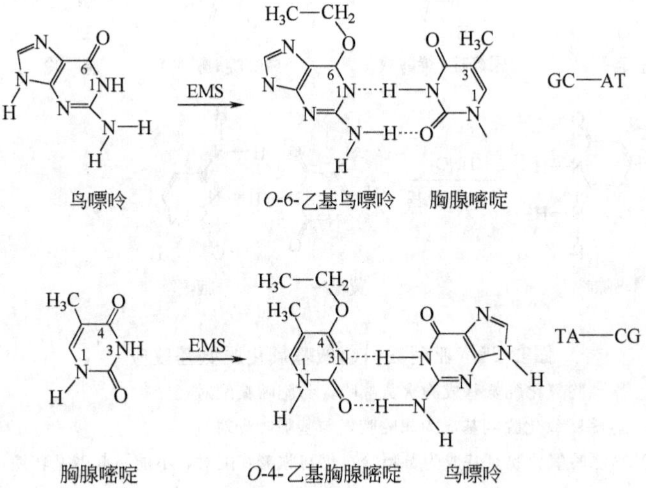

EMS　GC—AT

鸟嘌呤　*O*-6-乙基鸟嘌呤　胸腺嘧啶

EMS　TA—CG

胸腺嘧啶　*O*-4-乙基胸腺嘧啶　鸟嘌呤

图 4.22　EMS 的烷基化造成的碱基转换

4.24），形成变异或死亡。⑤可能造成染色体畸变。

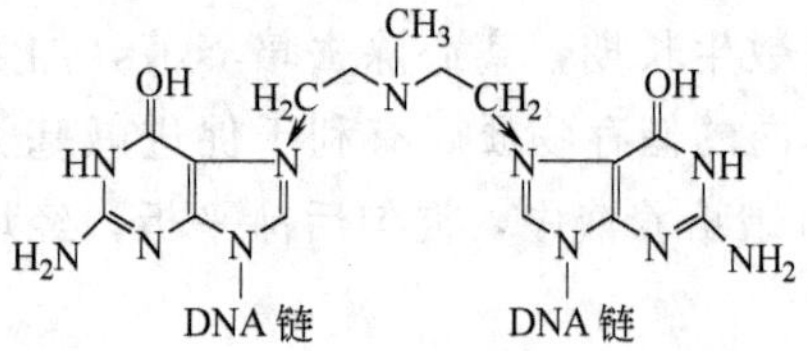

图 4.23　两个鸟嘌呤的交联作用 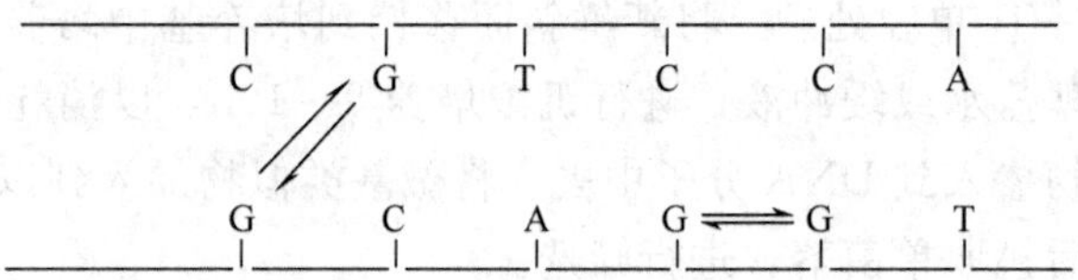　　　　图 4.24　DNA 双链间的交联

烷化剂的性质较活泼，不太稳定，水溶液中易水解。大部分烷化剂的半衰期短，半衰期长短与温度、pH 有关。因此，要用一定 pH 范围的缓冲液配制，并且要现配现用。一般烷化剂杀菌率低而诱变效应高，但烷化剂多数致癌、极毒。因此，使用时一定要注意安全，避免直接接触身体和污染环境。

4.2.2.3　脱氨剂

亚硝酸是一种脱氨基，其诱变机制主要是使碱基氧化脱氨基，如使腺嘌呤（A）、胞嘧啶（C）和鸟嘌呤（G）分别脱氨基成为次黄嘌呤（H）、尿嘧啶（U）和黄嘌呤（X）。复制时，次黄嘌呤、尿嘧啶和黄嘌呤分别与胞嘧啶（C）、腺嘌呤（A）和胞嘧啶（C）配对，见图 4.25。前两者能引起碱基转换，而第三种并没有发生转换。图 4.26 为腺嘌呤→次黄嘌呤

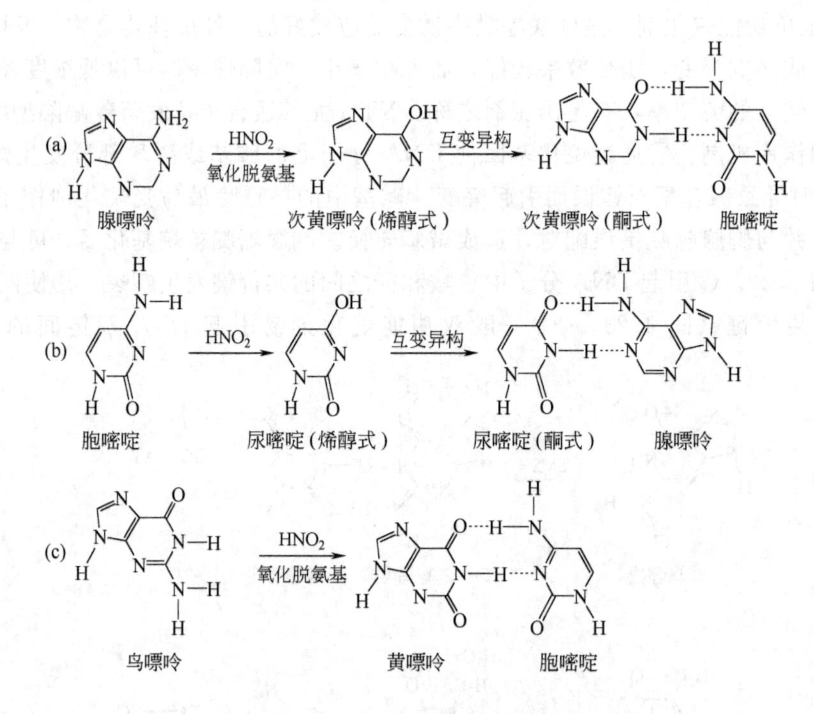

图 4.25　亚硝酸引起碱基氧化脱氨基效应

（a）腺嘌呤氧化脱氨基成为次黄嘌呤，与胞嘧啶配对；

（b）胞嘧啶氧化脱氨基成为尿嘧啶，与腺嘌呤配对；

（c）鸟嘌呤氧化脱氨基成为黄嘌呤，仍与胞嘧啶配对，不能引起碱基转换

后引起的转换反应，从图 4.26 中看出转换反应包括几个环节：①腺嘌呤经氧化脱氨后变成烯醇式次黄嘌呤（He）；②由烯醇式次黄嘌呤通过互变异构效应而形成酮式次黄嘌呤

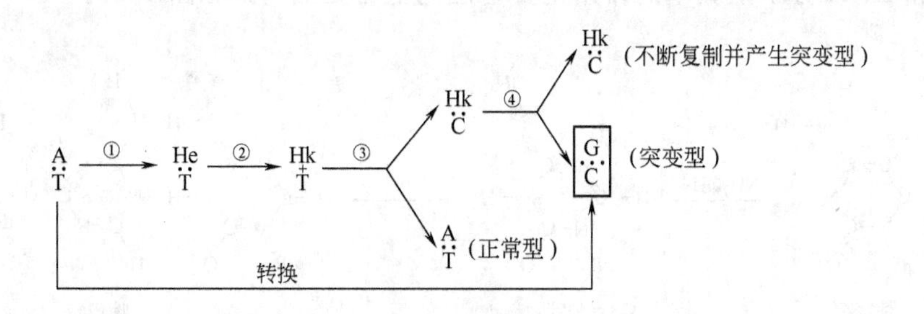

图 4.26　由亚硝酸引起的 AT→GC 的转换

(Hk)；③DNA 双链第一次复制，结果 Hk 因其在 6 位含有酮基，故只能与 6 位含氨基的胞嘧啶配对；④DNA 双链的第二次复制，这时其中的 C 与 G 正常地配对，因而最终实现了转换。这种转换必须经历两次复制才能完成。此外，亚硝酸还可引起 DNA 两条单链之间的交联，阻碍双链分开，影响 DNA 复制，导致突变。

4.2.2.4　移码诱变剂

移码诱变剂包括吖啶类染料（原黄素、吖啶黄、吖啶橙及 α-氨基吖啶等）和一系列称为 ICR 类的化合物（ICR-171、ICR-191 等，因由美国的肿瘤研究所“Institute for Cancer Research”合成而得名，它们是一些由烷化剂与吖啶类化合物相结合的化合物），见图 4.27。移码诱变剂对噬菌体有较强的诱变作用。移码诱变剂诱发细菌、放线菌的质粒脱落比其他诱变剂效果显著。

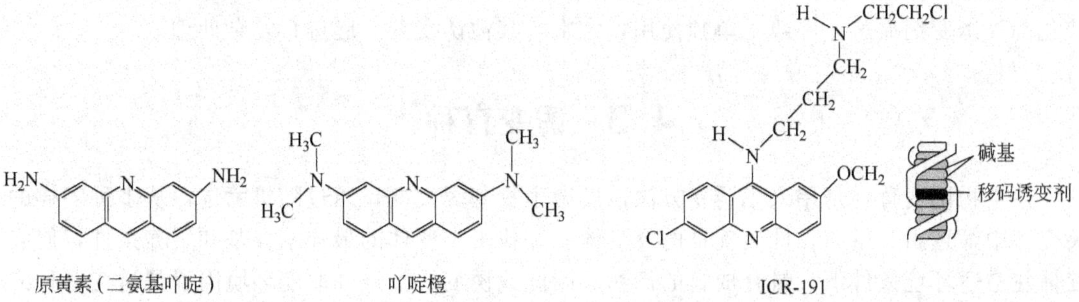

原黄素（二氨基吖啶）　　吖啶橙　　ICR-191　　碱基　移码诱变剂

图 4.27　几种移码突变诱变剂及其可能的诱变机制

吖啶类化合物的诱变机制并不是很清楚。有人认为，由于吖啶类化合物是一种平面型的三环分子，与嘌呤-嘧啶碱基对的结构十分相似，故能嵌入两个相邻的 DNA 碱基对之间，使 DNA 拉长，两碱基之间距离拉宽，导致碱基插入或缺失，在 DNA 复制时造成突变点以后的所有碱基往后或往前移动，引起全体三联体密码转录、翻译错误而引起突变，称为移码突变。吖啶类化合物可以引起移码突变及其回复突变。在 DNA 链上增添或缺失一、二、四、或五个碱基时，均会引起移码突变；而增添或缺失三或六个碱基时，则不影响读码，只引起较短碱基的缺失或插入。

4.2.2.5　羟化剂

羟胺是一种羟化剂，是具有特异诱变效应的诱变剂，能专一性地诱发 G∶C 到 A∶T 的转换。羟胺和 DNA 分子上碱基的作用主要是羟化胞嘧啶氨基，见图 4.28。

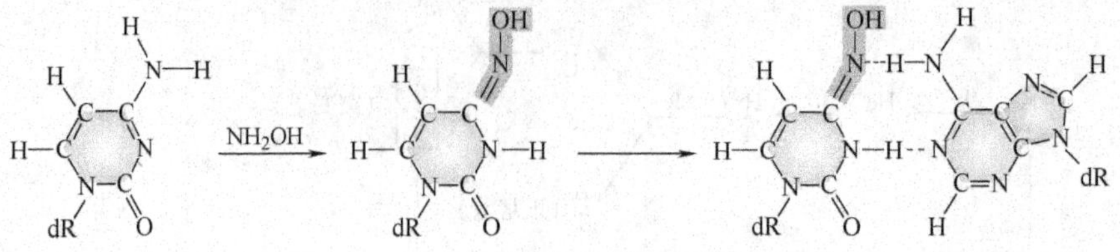

胞嘧啶　　NH_2OH　　N-4-羟基胞嘧啶　　腺嘌呤

图 4.28　羟胺引起 CG→TA 的机制

4.2.2.6　金属盐类

用于诱变育种的这类化合物有氯化铝、硫酸镁等。其中氯化铝较常用，通常与其他诱变剂复合处理，效果较好。

4.2.2.7　其他诱变剂

(1) 秋水仙碱　秋水仙碱是细胞多倍体的诱导剂，最先用于诱导植物细胞形成多倍体，后来作为微生物诱变处理的辅助剂。秋水仙碱的主要作用是破坏细胞有丝分裂过程中纺锤丝的形成，使细胞不能产生两个子细胞，从而使细胞核内已复制的两套染色体都包含在一个细胞内，导致多倍体的形成。由于多倍体细胞不稳定，在以后分裂过程中仍然要分离，因此这时期如进一步用其他诱变剂处理，容易获得突变体。

(2) 抗生素　作为诱变剂的抗生素有链黑霉素、争光霉素、丝裂霉素、放线菌素、正定霉素、光辉霉素和阿霉素等，它们都是抗癌药物，在诱变育种中虽有一些应用，但效果不如烷化剂等诱变剂显著。一般不单独使用，常常与其他诱变剂一起进行复合处理。

4.3　诱变育种

微生物诱变育种是用人工诱变方法诱发微生物基因突变，通过随机筛选，从多种多样的突变体中筛选出产量高、性能优良的突变体，并找出突变体的最佳培养基和培养条件，使突变体在最适环境条件下大量合成目的产物。因此，诱变、筛选和改变环境因素是诱变育种的三个重要环节，三者相辅相成，缺一不可。

4.3.1　诱变育种的作用和特点

4.3.1.1　诱变育种的作用

诱变育种的作用主要有以下几方面。

(1) 提高有效产物的产量　通过诱变育种可以提高代谢产物的产量。目前在大多数发酵生产中所使用的菌种都是通过诱变育种获得的突变株。对新分离的野生型菌种，必须经过多次诱变育种才能提高菌种的生产水平，使之能满足工业生产的需要；对生产菌种，也需要通过诱变育种不断提高产量，以降低生产成本。

(2) 改善菌种特性，提高产品质量　通过诱变育种可以改进产品质量。如青霉素原始产生菌在发酵过程中会产生黄色素，在产品的提取过程中很难除去，影响了产品质量。后来经过诱变育种，获得一株无色突变株，改进了产品质量，也简化了提炼工艺，降低了生产成本。

通过诱变育种还可以提高有效组分含量。大多数微生物次级代谢产物如抗生素等都是多组分的，在多组分抗生素中，除了有效组分外，有不少是无效组分，甚至是有毒组分。通过诱变育种可以消除不需要的组分，如麦迪霉素产生菌通过诱变育种获得了 A_1 组分高的突变株，又如替考拉宁产生菌通过诱变育种获得了 A_{2-2} 组分高含量的突变株。

通过诱变育种可以改善菌种特性，选育出更适合于发酵工业的突变株。如选育产孢子能力强的突变株，可以降低种子工艺难度。选育产泡沫少的突变株，能节省消泡剂，提高生产水平，还能增加投料量，提高发酵罐的利用率。选育抗噬菌体突变株，可以使发酵过程免受噬菌体的感染。选育对溶氧要求低的突变株，可以在低溶氧的条件下保持高产，从而降低发酵过程的动力消耗。选育发酵液黏度小的突变株，有利于改善溶氧，并有利于提高过滤性能。选育发酵低热突变株，可以降低夏季冷却水的用量，从而降低生产成本。

(3) 开发新产品　通过诱变育种，可以获得各种突变株，其中有些能改变产物结构，有些能去除多余的代谢产物，有些能改变原有代谢途径，合成新的代谢产物。例如四环素产生菌通过诱变育种获得了 6-去甲基金霉素或 6-去甲基四环素的产生菌，6-去甲基金霉素是半合成二甲氨基四环素的原料。又如柔红霉素产生菌通过诱变育种能筛选到 14-羟基柔红霉素(阿霉素) 的产生菌。利福霉素 B 产生菌通过诱变育种可以得到利福霉素 SV 的产生菌，利福霉素 SV 是利福霉素 B 的中间体，也是半合成利福霉素的原料。

4.3.1.2　高产菌株诱变育种的特点

诱变育种的主要目标是选育某种代谢产物合成能力强的高产突变株。代谢产物生产能力强弱是一种数量性状。

生物的遗传变异可归纳为质量性状和数量性状两大类。大多数典型的遗传性状是不连续的，即不同的基因型产生相当不同的表型，相互之间没有重叠。如微生物孢子颜色、形状、荚膜有无等形态特征，以及营养缺陷型等生理特征。而数量性状是一个连续分布内的变化，例如抗生素、氨基酸、有机酸、核苷酸等微生物代谢产物的生产能力从高到低的差异是连续性差异。数量性状是由多个基因的积累作用所控制，每个基因所起的作用是有限的，并且环境条件在决定表型上也起着很大的作用。数量性状也被称为多因子、多基因或多基因座性状。

除了质量性状和数量性状外，还有另一类性状，它的表型差异是不连续的，但它的控制却是数量的 (连续的)。遗传因子和环境因子结合使得某些个体从一个表型状态达到另一个表型状态的界限。糖尿病和癌症就是这样的例子，基因型带来潜在的危险，但基因型和环境的共同作用促使某些个体越过由健康到患病的界限。

数量性状由它们的平均数 (mean) 和方差 (variance) 来描述。平均数通常记作 $\bar{x}$。

$$\bar{x}=\frac{\sum x_i}{n}$$

分布的范围称为方差，记作 s^2 或 V。方差的平方根 s 称为标准差 (standard deviation)。

$$s^2=V=\frac{\sum(x_i-\bar{x})^2}{n-1}$$

通常生物体系的变化程度大致处于正态分布中，这是一种理想的数学分布。它给出经典的钟形曲线。平均值 s 的区间内包括 68.3%的个体测量值，平均值 1.96s 的区间内包括

95%的个体测量值。

由于数量性状遗传变异的这些特点，决定了高产菌株的诱变育种具有以下特点：①由于产量性状受多基因控制，其诱变过程十分复杂，诱变后产生高产突变株的频率很低，因此，需要从大量群体中去筛选高产突变株，这就使得筛选工作量很大。②由于数量性状的变异是连续的，选育高产菌株往往缺乏明确的正负效应，造成筛选工作具有一定的盲目性。③产量突变是许多细微突变的多次积累，高产菌株选育中往往采用连续多步叠加累积诱变选育法，一般很难一次性得到产量大幅度提高的菌株。单个诱变阶段产量提高幅度不高，一般仅5%～15%，这一幅度与亲本群体的生产能力波动范围差不多，加上操作误差也很大，有时甚至超过5%～15%，所有这些都增加了诱变育种工作的难度。

4.3.2 诱变育种前的准备工作

由于诱变育种工作量大、周期长，因此，在诱变育种前必须做好充分准备，如了解菌种的培养特征和生化特征，了解培养基组分和培养条件对目标产物合成的影响等，在此基础上进行科学的设计，以提高诱变育种的效率。

4.3.2.1 了解影响菌种生长发育的主要因素

(1) 培养基　培养基是影响菌种生长和孢子形成的重要因素之一。对产生孢子的微生物来说，培养基的营养成分是控制菌体生长和孢子形成的主要因素，营养太丰富，会促进菌丝大量生长而不利于孢子形成。不同微生物对培养基要求不完全一样。放线菌喜微碱性，孢子培养基的碳、氮源要低些；霉菌喜偏酸，孢子培养基要求碳源高些，氮源低些；细菌喜偏碱，一般要求氮源丰富而碳源低的培养基。

(2) 培养基制备技术　除了培养基的成分外，培养基的配制技术也是非常重要的。配制培养基时，要注意原材料质量、规格，并要相对稳定；培养基的灭菌时间、压力要适宜；培养基中加入的琼脂数量要因条件不同而灵活变动；装入试管斜面中的培养基不能过多，倒入平板中的培养基不能过厚，否则不利于孢子的形成；培养基表面的冷凝水不宜过多，因此，培养基在使用前需先放在37℃培养箱中先培养1～2天，这样一方面可以除去冷凝水，另一方面可以检查培养基的无菌情况。

(3) 移种的密度　移种的密度要适宜。这对丝状菌尤其重要，因为接种量过密，不同菌落间的菌丝会交织在一起，容易吻合产生异合体。适宜的接种量是使一个斜面上的菌落基本上能单独生长。

(4) 温度　温度对菌种的影响很大，在培养过程中温度越高，生长越快，但超过一定的范围，会使生产能力显著下降，甚至引起变异。高温对菌种生产能力的影响很大。

(5) 湿度　湿度也影响菌种生长和孢子形成。相对湿度高，生长慢；相对湿度低，生长快。放线菌在不同相对湿度下培养时，其形成的孢子数量有明显的影响。一般放线菌要求相对湿度约40%～60%，而真菌要求相对湿度约70%。

(6) 药品和原材料质量　药品规格和原材料来源不同会影响菌种的质量。为了使菌种质量保持稳定，药品和原材料的质量应相对稳定。如有变动，要适当调整培养基的配比。

4.3.2.2 了解菌株的菌落形态

每个菌株在特定的培养基和培养条件下具有特定的菌落形态和培养特征。霉菌和放线菌的菌落形态特征通常包括菌落大小、形状、高度、放射线多少、外观组织结构（如粉状、绒毛状、絮状等）、孢子多少和色泽、可溶性色素等。细菌的菌落形态特征包括菌落大小、形状、高度、颜色、色泽、边缘结构、表面结构、可溶性色素等。

(1) 区分不同菌落类型　一般情况下，菌种在同一种培养基和培养条件下往往会出现多种形态类型的菌落。不同类型的菌落，其生产能力有较大的差异。在特定的培养基和培养条件下，每个菌种都有其占优势的菌落类型，这种主要类型的菌落形态、特征、生理生化特性及其生产能力基本上决定了菌种的特性，这种菌落类型称为正常菌落。

(2) 出现不同菌落类型的原因　出现不同菌落类型主要是由遗传因素造成的。如自发突变是一种常见的现象；某些高产突变株在传代过程中产生回复突变；通过杂交或原生质体融合获得的二倍重组体在繁殖过程中产生分离子；丝状菌由于不同基因型的接触产生异核体，从异核体菌落上形成的孢子发生分离。所有这些都会出现不同类型的菌落。由遗传因素造成的不同类型的菌落是一种变异现象，是可以遗传的。

除遗传因素外，非遗传因素也可引起不同菌落类型的出现。如培养基组成不同；配制培养基的药品、原材料来源、规格、质量的差别；培养基平板厚薄不一而引起营养、水分分配不均；平板上菌落密度的稀密引起营养供应的差异；菌落不同生长阶段，其形态特征不一。由非遗传因素引起的不同类型的菌落是一种假变异，是不能遗传的，即当菌种回到原来的培养基和培养条件下，其形态又可恢复原状。

为了研究遗传因素引起的不同菌落类型，在实验过程中要尽量避免由非遗传因素引起的菌落形态变化。区分和识别不同菌落类型的特征及其与生产能力之间的关系，对诱变育种具有非常重要的意义。

4.3.2.3　了解菌种特性及其与生产性能的关系

首先要多方面考察菌种的生活史，了解它们的形态、生理、生化等特性，以及这些特性与代谢产物合成的关系。如对土霉素产生菌的单菌落生长发育阶段进行了系统全面的考察后发现，培养12天的单菌落包含了三代的生活周期：第一代是从接种的孢子萌发成菌丝到形成孢子，需要3～4天；第二代是由第一代孢子萌发成菌丝形成孢子，约需7天；第三代是由第二代孢子萌发成菌丝再形成孢子，约需10天。然后将三代孢子分别进行传代、保存、埋砂土，并测定生产能力，结果第一代能保持90%的原高产特性，第二代只能保持50%的原高产特性，而第三代仅保持10%的原高产特性。由此可以看出，用第一代孢子制备斜面生产能力最高，因此，单菌落和斜面的培养时间缩短为3～4天，用这样的孢子进行诱变育种就容易筛选得到高产菌种。

另外，要研究菌种生物学特性与产物合成的相关性，即对提高菌种产量有益的特性，如菌落大小、类型、产色素，斜面生长特点，种子生长情况，发酵情况等都有可能与产量有关。如在研究头孢菌素C产生菌顶头孢霉菌时发现抗生素产量随着节孢子体积增大或数量增加而提高。在合成培养基中加入甲硫氨酸后可增加节孢子的数量和抗生素产量。同时，还发现基质菌丝颜色的变化和菌落直径与产量也有一定的关系，凡菌落由大变小伴随颜色由深变浅时，产量又逐步提高。

此外，还要研究菌种的最佳培养基和培养条件。由于微生物次级代谢产物常常是多组分的，在多组分代谢产物的发酵过程中，发酵培养基成分不同、发酵周期中的不同阶段，各组分的比例也不同。因此，在研究菌种的最佳培养基和培养条件时，需要研究培养基成分与各组分之间的关系，以及研究发酵过程中各组分之间的变化规律。

4.3.2.4　建立一个准确、简便、快速检测产物的方法

诱变育种工作量大，需从大量的分离菌株中去筛选才能获得高产突变株，因此，必须建

立适合于大规模筛选的简便、快速的检测方法。

4.3.2.5 研究合适的菌种保藏方法

高产菌株或优良菌株来之不易，容易回复突变，使优良特性消失。因此，要事先研究最佳的菌种保藏方法，以免高产菌株得而复失。

4.3.3 诱变

诱变育种主要包括诱变和筛选两大步骤，其中诱变过程包括：出发菌株的选择、单孢子或单细胞悬浮液的制备、诱变剂及诱变剂量的选择、诱变处理等。

4.3.3.1 出发菌株的选择和纯化

出发菌株是指用于诱变的试验菌株。出发菌株的选择是决定诱变育种效果的重要环节。在选择出发菌株时，要注意以下几个方面。

(1) 选择具备一定生产能力或某种特性的菌株　选择出发菌株时，首先应考虑的是菌株是否具有人们所需要的特性。出发菌株应具备一定的生产能力，同时还应具有某种优良特性。优良特性包括产孢子多、不产或少产色素、生长快、糖氮利用快、耐消泡、黏度小等。

(2) 选择纯种　用于诱变的菌株，其遗传性状应该是纯的，即在遗传上是同质的。因此，在诱变育种时要尽量选择单倍体、单核的细胞作为出发菌株，因为如果用二倍体或多核细胞进行诱变，则变异有可能只发生在二倍体的一条染色体或多核细胞的一个核中。纯种可通过自然分离或显微单细胞分离技术获得。

(3) 选择出发菌株应考虑其稳定性　应挑选生产能力高、遗传性状稳定并对诱变剂敏感的菌株作为出发菌株，以符合这些条件的菌株进行诱变，容易筛选到高产突变株。

(4) 连续诱变育种过程中如何选择出发菌株　由于微生物代谢产物的产量是一个数量性状，只能逐步累加，要一次性大幅度提高产量不大容易。在连续诱变育种过程中，应挑选每代诱变处理后均有一些表型（包括高产特性和其他优良特性）改变的菌株作为下一轮诱变育种的出发菌株。

(5) 采用多出发菌株　在诱变育种中可供选择的出发菌株很多，它们有的是低产的野生型菌株，有的是高产的突变菌株，它们的诱变谱系、遗传稳定性以及对诱变剂的敏感性都不相同。在人们无法确定选择哪一个菌株作为出发菌株时，可以选择几株遗传背景不同的菌株作为出发菌株，这样可以提高诱变育种的效率。在诱变育种中，一般可以选择3～4株菌种作为出发菌株，经过诱变处理、筛选与比较后，将产量高、性能好的菌株留作继续诱变的出发菌株。

出发菌株确定后，需要先对出发菌株进行纯化，即进行自然分离，以纯化后得到的纯种进行诱变处理和筛选。因为微生物在培养过程中容易发生自发突变和染菌，导致菌种不纯。另外，丝状菌在繁殖过程中，菌丝间相互接触、吻合，容易形成异核体，使遗传性状不稳定。如果用一个遗传性状不稳定的菌种进行诱变处理，会导致负变率增加，这样就会影响诱变育种的效率。因此，在进行诱变育种前需要对出发菌株进行自然分离，得到纯的出发菌株后再进行诱变处理，以提高诱变育种效率。另外，对诱变育种后得到的高产突变株也要进行自然分离，以稳定和提高高产菌株的生产能力。

4.3.3.2 单孢子（或单细胞）悬浮液的制备

在诱变育种中，进行诱变处理的细胞必须是单细胞或单孢子的悬浮液状态，这样可使细胞或孢子均匀接触诱变剂，避免长出不纯菌落。

单孢子或单细胞悬浮液是直接供诱变处理的，其质量将直接影响诱变效果。用于制备单孢子或单细胞悬浮液的斜面培养物要年轻、健壮，而且要用新鲜的斜面培养物来制备单孢子或单细胞悬浮液。具体制备方法为取新鲜的斜面培养物，加入无菌生理盐水或无菌水，将斜面孢子或菌体刮下，然后倒入装有玻璃珠的三角瓶中振荡，再用滤纸或药棉过滤，即可得到单孢子或单细胞悬浮液。

4.3.3.3 诱变剂的选择

（1）诱变剂种类的选择

① 根据诱变剂作用的特异性来选择诱变剂　选择诱变剂要注意，诱变剂主要是对DNA分子上的某些位点发生作用，如紫外线的作用主要是形成嘧啶二聚体；亚硝酸主要作用于碱基上，脱去氨基变成酮基；碱基类似物主要取代DNA分子中的碱基；烷化剂亚硝基胍对诱发营养缺陷型效果较好；移码诱变剂诱发质粒脱落效果较好。

② 根据菌种的特性和遗传稳定性来选择诱变剂　对遗传性稳定的菌种，可以采用以前尚未使用的、突变谱宽、诱变率高的强诱变剂；对遗传性不稳定的菌种，可以先进行自然选育，然后采用缓和的诱变剂进行诱变处理。对经过长期诱变后的高产菌株，以及遗传性不太稳定的菌株，宜采用较缓和的诱变剂和低剂量处理。

选择诱变剂和诱变剂量，还要考虑选育的目的。筛选具有特殊特性的菌种或要较大幅度提高产量，宜采用强诱变剂和高剂量处理。对诱变史短的野生型低产菌株，开始时宜采用强诱变剂、高剂量处理，然后逐步使用较温和诱变剂或较低剂量进行处理。

③ 参考出发菌株原有的诱变系谱来选择诱变剂　诱变之前要考察出发菌株的诱变系谱，详细分析、总结规律。要选择一种最佳的诱变剂，同时要避免长期用同一种诱变剂。

（2）最适诱变剂量的选择　诱变的最适剂量应该是使所希望得到的突变株在存活群体中占有最大的比例，这样可以提高筛选效率和减少筛选工作量。

诱变剂量大小常以致死率和变异率（形态变异株、正变株、负变株、耐药性突变株）来确定。突变率和剂量的关系可用图4.29和图4.30来表示。

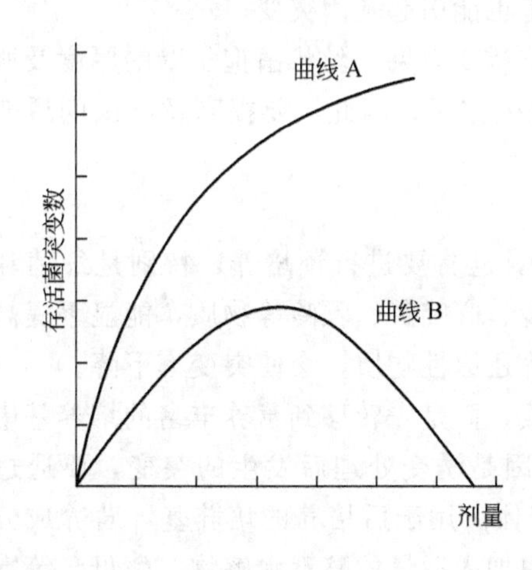

图4.29　典型诱变剂量与突变率之间的关系

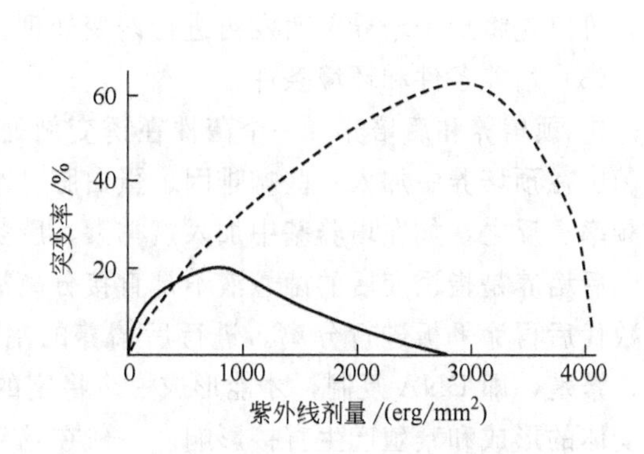

图4.30　高产的土霉素产生菌的紫外线诱变时剂量对突变率的影响

—为正突变率；---为负突变率

诱变剂对产量性状的诱变作用大致有如下趋势：处理剂量大，杀菌率高，负变株多，正变株少，但在少量正变株中有可能筛选到产量大幅度提高的菌株；处理剂量小，杀菌率低，正变株多，但要筛选得到大幅度提高产量的菌株的可能性较小。

诱变剂剂量的控制：化学诱变剂主要通过调节诱变剂的浓度、处理时间和处理条件（温度、pH）来控制剂量；物理诱变剂可以通过控制照射距离、时间和照射条件（氧、水等）来控制剂量。

4.3.3.4 诱变处理

（1）诱变剂的处理方式　诱变剂的处理方式有单因子处理和复合因子处理两种方式。单因子处理是指采用单一诱变剂处理出发菌株；而复合因子处理是指两种以上诱变剂诱发菌体突变。复合因子处理又可分为如下几种方式：两个以上因子同时处理；不同诱变剂交替处理；同一诱变剂连续重复使用；紫外线光复活交替处理。

复合因子处理时需要考虑两个问题，即诱变剂处理时间与诱变效应的关系以及诱变剂处理先后和协同效应问题。一般来说，低浓度长时间处理较高剂量短时间处理效果好；先用弱诱变因子后用强诱变因子往往是比较有效的。

（2）诱变剂的处理方法　诱变剂的处理方法可以分为直接处理方法和生长过程处理方法。直接处理方法是指先对出发菌株进行诱变处理，然后涂平板分离突变株。生长过程处理方法适用于某些诱变率强而杀菌率低的诱变剂，或只对分裂 DNA 起作用的诱变剂。生长过程处理方法通常采用以下几种具体做法：一是将诱变剂加入培养基中涂平板；二是先将培养基制成平板，再将诱变剂和菌体加入平板；三是摇瓶振荡培养处理，即在摇瓶培养基中加入诱变剂，经摇瓶培养后涂平板。

4.3.3.5 影响突变率的因素

（1）菌体遗传特性和生理状态　各种菌种因遗传特性不同对诱变剂的敏感性也不一样。另外，菌种的生理状态也明显影响突变率，有的诱变剂仅使细胞复制时期的 DNA 发生变化，对静止期、休眠期细胞不起作用，如碱基类似物；而紫外线、电离辐射、烷化剂、亚硝酸等不仅对分裂细胞有效，对静止状态的孢子或细胞也能引起基因突变。

（2）菌体细胞壁结构　菌体细胞壁结构也会影响诱变效果。丝状菌孢子壁的厚度及所含蜡质会阻碍诱变剂渗入细胞，减弱诱变剂与 DNA 发生作用。因此，要提高丝状菌的诱变效果，可以先将孢子培养至萌发再进行诱变处理。

（3）培养条件和环境条件

① 预培养和后培养　一个菌株在诱变剂处理前，通常要进行预培养，特别是细菌和放线菌。在预培养中加入一些咖啡因、蛋白胨、酵母膏、吖啶黄、嘌呤等物质，能显著提高突变频率。反之，如在培养基中加入氯霉素、胱氨酸等还原性物质，会使突变率下降。

后培养是指诱变后的菌悬液不是直接分离涂平板，而是先转移到营养丰富的培养基中培养数代后再涂平板进行分离。进行后培养的主要原因是诱变处理后发生的突变，要通过修复、繁殖，即 DNA 复制，才能形成一个稳定的突变体。用于后培养的培养基，营养成分对突变体的形成和繁殖产生直接影响。一般在培养基中加入适量的酪素水解物、酵母膏等富含各种氨基酸、碱基和生长因子的营养物质，可以提高突变率和增加变异幅度。后培养的另一个作用是，根据突变体表型延迟现象，在诱变和筛选之间培养一定时间，使各种表型都有充分表达的机会。

② 温度、pH、氧气等外界条件对诱变效应的影响　温度对诱变效应的影响是随菌种特

性和诱变剂种类不同而异。化学诱变剂的反应速度在一定范围内随温度的提高而加速，但同时也要兼顾菌种本身对温度的生理要求。化学诱变剂需要在最适和稳定的 pH 下才能表现出良好的诱变效果。辐射的诱变效果与是否供氧有密切的关系，在有氧的条件下诱变效果较好。

③ 平皿密度效应　诱变处理后的菌悬液分离于培养皿上的密度要适中，不能过密，因为菌落生长过密会影响突变体的检出。另外，有研究表明，随着加入到平皿中原养型菌株数量的增加，营养缺陷型的回复突变概率将减少。

4.3.4 筛选

诱变育种包括诱变和筛选两个过程，在诱变育种中突变是随机的，但筛选是定向的。筛选的条件决定选育的方向，因为突变体高产性能等优良特性总是在一定的培养条件下才能表现出来。培养基和培养条件是决定菌种某些特性保留或淘汰的筛子。

4.3.4.1 筛选方案

在诱变育种中，为了提高筛选效率，往往将筛选工作分为初筛和复筛两步进行。初筛的目的是删去明确不符合要求的大部分菌株，把生产性状类似的菌株尽量保留下来，使优良菌种不至于漏网。因此，初筛工作以量为主，测定的精确性还在其次。初筛的手段应尽可能快速、简单。复筛的目的是确认符合生产要求的菌株，所以，复筛步骤以质为主，应精确测定每个菌株的生产指标。由于诱变产生高产突变株的频率很低，而且实验误差又在所难免，因此，在筛选工作中常采用多级水平筛选，有利于获得优良菌株。多级水平筛选的原则是让诱变后的微生物群体相继通过一系列的筛选，每级只选取一定百分比的变异株，使被筛选的菌株逐步浓缩。如在工作量限度为 200 只摇瓶的具体条件下，为了取得最大的效果，有人提出以下的筛选方案。

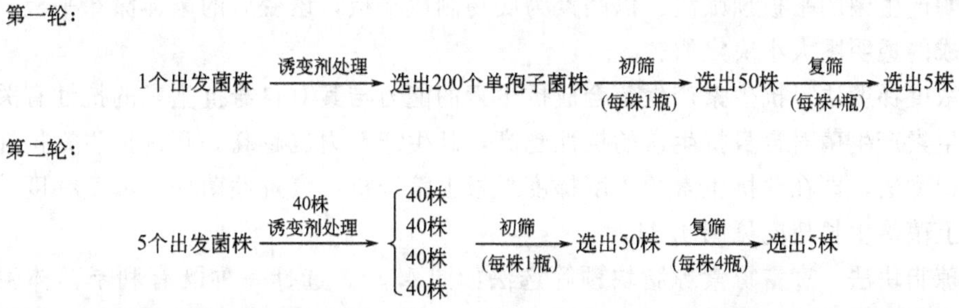

第一轮：

1个出发菌株 —诱变剂处理→ 选出200个单孢子菌株 —初筛（每株1瓶）→ 选出50株 —复筛（每株4瓶）→ 选出5株

第二轮：

5个出发菌株 —40株 诱变剂处理→ {40株, 40株, 40株, 40株} —初筛（每株1瓶）→ 选出50株 —复筛（每株4瓶）→ 选出5株

第三轮、第四轮……（操作同上）。

初筛和复筛工作可以连续进行多轮，直到获得较好的菌株为止。采用这种筛选方案，不仅能以较少的工作量获得良好的效果，而且，还可使某些眼前产量虽不很高，但有发展前途的优良菌株不至于落选。

通过以上筛选方案将挑选的菌落移种斜面培养后直接接入摇瓶培养，发酵产物采用常规法进行测定，这种筛选方法称为常规筛选法。

为了进一步提高筛选效率，可以在常规筛选法基础上进行改进：一方面分离到平皿上的菌落采用琼脂块法进行预筛选；另一方面，初筛摇瓶发酵液中产物分析，采用简便、快速的琼脂平板测定法或其他简便方法。

4.3.4.2 筛选方法

筛选方法可以分为随机筛选和平板菌落预筛选。随机筛选是指随机挑选平板菌落进行摇瓶筛选。平板菌落预筛选是根据特定代谢产物的特异性，在琼脂平板上设计一些巧妙的筛选方法和活性粗测方法用于诱变后从试样中检出突变株的一种琼脂平板筛选法。平板菌落预筛选主要采用以下几种方法。

（1）根据形态变异进行预筛选　研究不同菌落形态与生产能力之间的关系，在进行摇瓶筛选前，先根据菌落形态进行一次预筛选，即淘汰低产菌落形态的菌落，挑取高产菌落形态的菌落接种斜面，进行摇瓶筛选。在根据菌落形态进行预筛选时要注意，往往一些不为人注意的微小变化却是高产的源头。

（2）根据平板菌落生化反应直接挑取突变株

① 平板菌落直接选育法　单孢子悬浮液经诱变后的存活孢子，经适当稀释后涂布于平板上培养，待平板菌落长好后喷射检定菌，再继续培养 18h，以抑菌圈直径与菌落直径之比为指标进行筛选。

② 采用指示剂筛选高产菌株　如谷氨酸产生菌的平板预筛法，常在培养基中加入溴百里酚蓝指示剂，培养后在蓝色平板菌落周围出现黄色，测定其直径大小，初步选出优良的突变株。

③ 采用冷敏感菌株筛选抗生素突变株　以冷敏感菌为检验菌，它在 20℃下不生长，而放线菌能生长。因此，可将单孢子悬浮液经诱变后的存活孢子和冷敏感检验菌一起涂布于平板上，在 20℃下培养，待菌落培养成熟后，再在 37℃下培养 18h 左右，以抑菌圈直径与菌落直径之比为指标进行筛选。

④ 用于酶类产生菌的平板预筛法　用于淀粉酶产生菌的平板预筛法：以淀粉为底物制成平板，诱变后的菌体涂布平板，菌落形成后，用碘液浸涂，根据菌落周围形成的无变色区大小决定取舍。

蛋白酶产生菌的平板预筛法：以酪素为底物制成平板，诱变后的菌体涂布平板，根据菌落周围形成的透明圈大小决定取舍。

（3）浓度梯度法　抗生素产生菌合成抗生素的能力与其对自身抗生素的抗性有关。一般来说，抗生素产生菌对自身抗生素的抗性越高，其生产能力也越高。筛选抗生素抗性突变株可用浓度梯度法，即在含抗生素的浓度梯度平板上筛选抗生素抗性菌株。浓度梯度平板的制备及平板上菌落生长情况见图 4.31。

（4）琼脂块法　春雷霉素琼脂块预筛选法如图 4.32。选择一种既有利于菌体生长，又能满足产物形成的培养基制成平板，当菌落刚长出时，即用打孔器将菌落取出，转移到空白的无菌平板培养，培养成熟后再转移到检定平板（含敏感菌或底物）上，培养一定时间后，测量琼脂块周围形成的抑菌圈或水解圈大小。

琼脂块法比一般直接分离在平皿上判断活性的反应圈要准确。所有菌落都在同一面积的琼脂块上生产，避免相互间的干扰。每个菌落的产物都在同一体积的琼脂块中，避免由于扩散不同而造成的误差。琼脂块法的最大优点是可以大幅度增加筛选量。其不足之处是培养条件与发酵有很大差别，易造成漏选。

4.3.4.3　摇瓶培养

筛选的全过程都要通过摇瓶培养。摇瓶培养是通过摇床振荡，使菌体与培养基和空气充分接触而获得营养和氧气。摇瓶培养的优点是培养条件与发酵罐接近，这样选育出来的菌株容易推广到大生产中去。

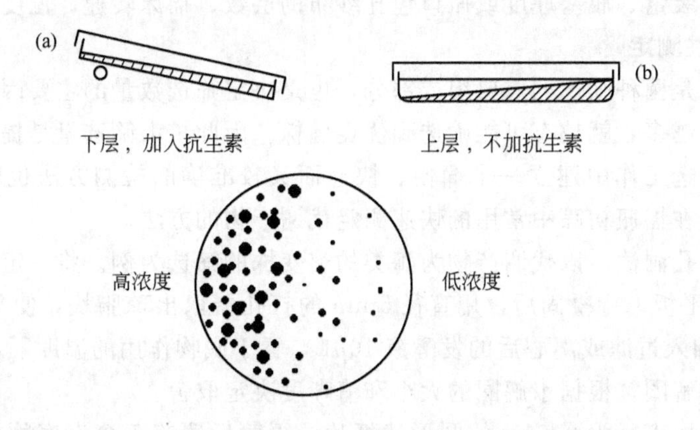

图 4.31　用浓度梯度法筛选抗生素抗性突变株

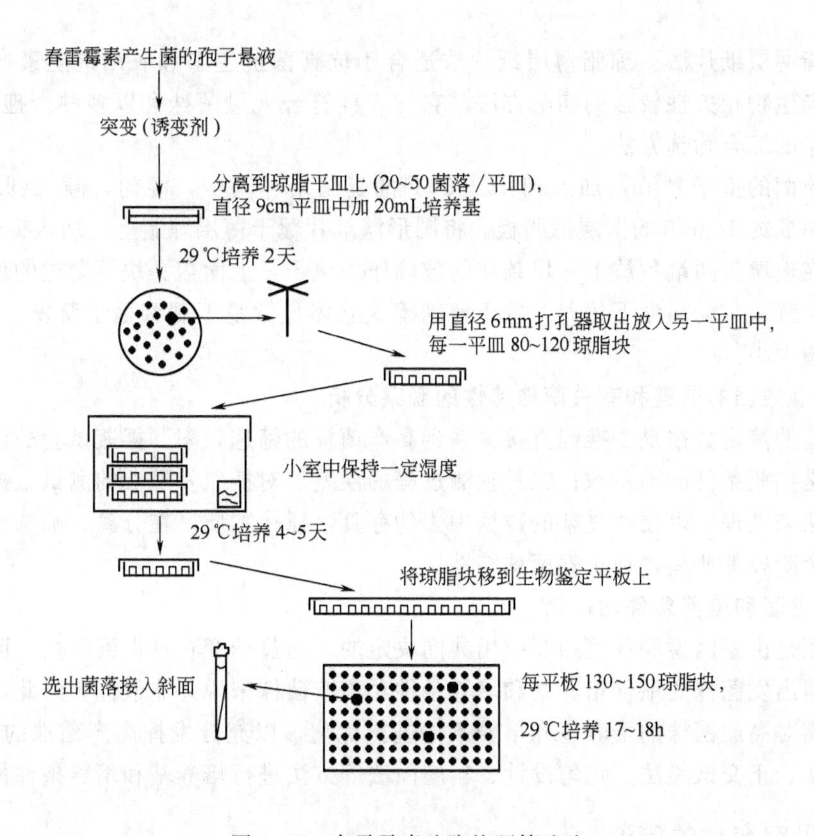

图 4.32　春雷霉素琼脂块预筛选法

摇瓶培养通常可分为初筛和复筛。初筛由于菌株较多，常一个菌株接一个摇瓶，进行振荡培养，培养结束后逐个进行活性测定，将生产能力高的菌株用砂土管或冷冻管保藏。待初筛结束后，再将砂土管或冷冻管菌种接入斜面，进一步进行摇瓶复筛，此时一个菌株要接3～5个摇瓶，以提高精确性。

选育高产菌种的最终目的是要应用到生产上去，因此，摇瓶的培养条件要尽量与发酵罐接近。

摇瓶筛选实际上是各菌株之间的对比试验，因此，有关摇瓶培养的各种条件要力求一致，如摇瓶型号、装量、瓶塞厚度或瓶口包扎纱布的层数、摇床转速、温度等。

4.3.4.4 产物活性测定

产物活性测定是菌种筛选的重要组成部分，也是决定筛选数量的主要因素之一。一般来说，初筛的菌株数越多，就越有可能筛选到优良菌株。因此扩大筛选量是提高育种效率的一个重要方面，在筛选工作中建立一个简便、快速而又较准确的检测方法也就显得十分重要了。下面介绍几种在摇瓶初筛中常用的快速测定代谢产物的方法。

(1) 琼脂平板孔洞法　以代谢产物为酶类的突变株的筛选为例。将一定量的底物和琼脂做成厚约 3mm 的平板，待凝固后，用直径 5mm 的打孔器取出琼脂块，使平板上留下 50～60 个圆孔。然而加入过滤或离心后的发酵液 10μL，置于底物作用的温度下，培育 20～25h，在孔洞周围出现水解圈。根据水解圈的大小和清晰度决定取舍。

(2) 纸片法　取直径为 0.5cm 的圆形滤纸片，灭菌后覆盖于含有底物或检定菌的琼脂板上，吸取 1～2μL 发酵液于滤纸上，置一定温度下培养一定时间，测定水解圈或抑菌圈的大小。

(3) 琼脂薄层纸片法　琼脂薄层纸片法适合于抗真菌抗生素和农用抗生素产生菌的初筛，是一种与生物相关性较强的初筛方法。它是一种符合大量菌株和以多种产孢子的真菌、病原菌为对象的综合筛选方法。

制备病原菌的孢子悬液，加入到 45～50℃的真菌培养基中，混匀，倾入到玻璃板上，均匀摊平，制成约 1cm 厚的薄层琼脂板。将圆形滤纸片覆于薄层琼脂上，加入 1～2μL 发酵液，编号。在玻璃板两端各放上一块条状的玻璃作为垫子，上面盖一块灭菌过的玻璃板。放入搪瓷盘内，置适宜的温度下培养。置于解剖镜或立体显微镜下观察孢子萌发、菌丝形态，并测量抑菌圈大小。

4.3.4.5 摇瓶数据的调整和有关菌株特性的观察分析

摇瓶试验的测定数据是否准确直接关系到高产菌株的筛选频率。摇瓶试验的误差来自两个方面：一是摇瓶条件的不一致；二是检测过程的误差。对摇瓶发酵液的测试数据要尽量用生物统计方法来处理，以便在复杂的数据中去伪存真，抓住本质。在分离、筛选和整个试验过程中，每个阶段都要周密地观察菌株特性。

4.3.4.6 培养基和培养条件的优化

高产表型是由基因型和环境相互作用共同决定的，通过诱变育种得到的高产菌株具有高产基因型，但出发菌株的最佳培养基和培养条件对高产菌株来说并非最佳。因此，高产菌株选育之后，需对高产菌株的培养基和培养条件进行优化，以充分发挥高产菌株的高产潜力。可用单因子法、正交试验法、均匀设计、响应面法等方法进行培养基和培养条件优化。

4.3.5 常见突变株的筛选

4.3.5.1 营养缺陷型突变株的筛选

从自然界分离的微生物，称为野生型菌株。这类菌株因能合成各种营养物质，又称为原养型菌株。野生型菌株由于人工诱变或自发突变而失去合成某种营养的能力，只有在基本培养基中补充所缺的营养因子才能生长，这类突变株称为营养缺陷型。营养缺陷型的检出是通过一系列培养基来实现的。

基本培养基（minimal medium，MM）：营养贫乏，氮源由无机物组成，不含氨基酸、维生素、核酸碱基等有机物，只能维持野生型菌株正常生长，营养缺陷型菌株不能生长。

补充培养基（supplementary medium，SM）：在基本培养基中加入某一缺陷型菌株不能合成的营养因子，只能满足该缺陷型菌株和野生型菌株的生长。

完全培养基（complete medium，CM）：营养丰富、全面，碳源、氮源都是一些有机物，能满足各种营养缺陷型菌株生长。

（1）诱变和营养缺陷型菌株的富集　诱发营养缺陷型的诱变剂有亚硝基胍、紫外线、亚硝酸等，其中亚硝基胍诱发营养缺陷型的频率极高，一般可达10%以上，最高达80%。

在诱变后的存活菌体中营养缺陷型菌株的数量很少，大部分为野生型菌株，因此，要采取一些措施，淘汰野生型菌株，富集营养缺陷型菌株，以提高营养缺陷型菌株的检出效率。常采用以下几种富集方法。

① 抗生素法　抗生素法常用于细菌和酵母菌营养缺陷型富集，前者用青霉素，后者用制霉菌素。将诱变处理后的菌悬液分离到加有抗生素的基本培养基上，培养后野生型细胞由于正常生长繁殖而被杀死，营养缺陷型细胞由于不能生长繁殖而被保留下来，从而得到富集。

② 菌丝过滤法　真菌和放线菌等丝状菌，其野生型孢子在MM培养基上能萌发长成菌丝，而营养缺陷型的孢子则不能萌发。把诱变处理后的孢子分离到基本培养基上，振荡培养后，用灭菌的脱脂棉或滤纸过滤，继续培养，每隔3～4h过滤一次，重复3～4次，然后稀释涂平皿分离。

③ 高温杀菌法　利用芽胞菌类的芽胞和营养体对热敏感性的差异，让诱变后的细菌形成芽胞，然后把处于芽胞阶段的细菌转移到基本培养液中培养，野生型芽胞萌发，而营养缺陷型芽胞则不能萌发。此时将培养物加热到80℃处理一定时间，野生型细胞大部分被杀死，而缺陷型则得以保留。

（2）营养缺陷型的检出　经过诱变和富集后的微生物群体中营养缺陷型菌株的数量虽然已较多，但仍然是多种微生物的混合体，因此，要把营养缺陷型菌株从群体中检出来。常采用以下几种检出方法。

① 点植对照检测法　诱变后的孢子或菌体，经富集培养后涂布到CM平板上，将培养成熟的菌落用接种针一个一个分别接种到MM和CM平板上的相应位置培养（图4.33）。如果在MM上不生长而在CM上生长的菌落，即为营养缺陷型。挑取孢子或菌体分别接种到MM和CM斜面上进一步验证。该法可靠性强，但工作量很大。

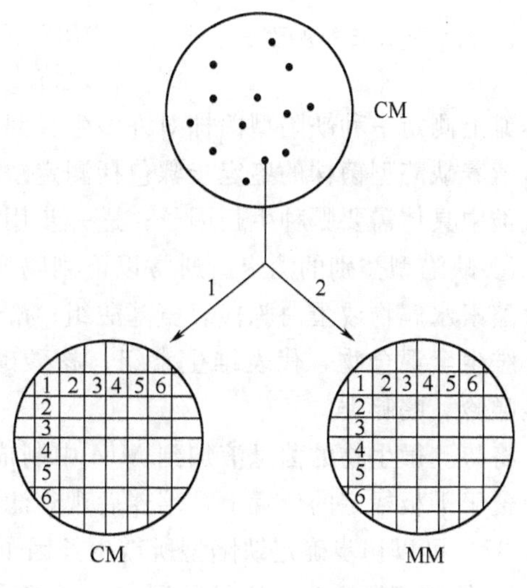

图4.33　点植对照检测法

② 影印法　经富集后的孢子或菌体分离到CM上，待菌落培养成熟后（母皿），采用灭菌过的特制丝绒印模，在母皿的菌落上轻轻一印，再转印到方位相同的另一基本培养基和完全培养基平板上培养，观察菌落生长情况（见图4.34）。凡是在MM上不生长而在CM上生长的菌落，分别移接到MM和CM斜面上进一步验证。

③ 夹层法　也称延迟补给法。先在培养

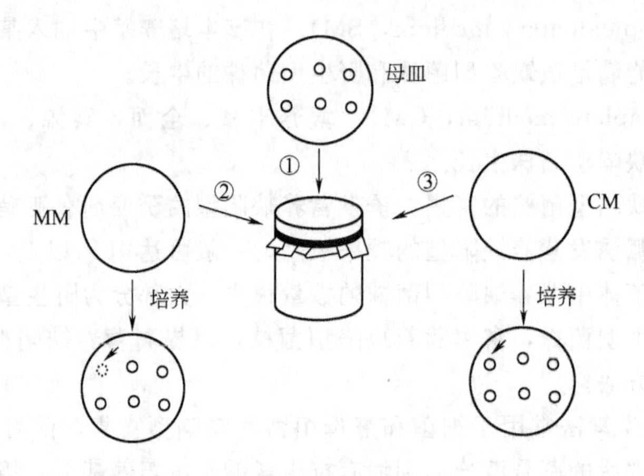

图 4.34 影印法

皿底部倒入一层 MM，凝固后倒入含菌体细胞的 MM，凝固后继续加入第三层 MM。经富集后的孢子或菌体分离到此平板上，培养后平板上长出的菌落，为野生型菌落，在平皿底部做好标记。接着加上一层 CM，继续培养（见图 4.35）。如在 MM 上不生长而在 CM 上生长的小菌落，可能是营养缺陷型。进一步用点植法复证。该法操作简便，但可靠性差。在 CM 上生长的小菌落也有可能是生长能力弱的生长缓慢的原养型菌落。

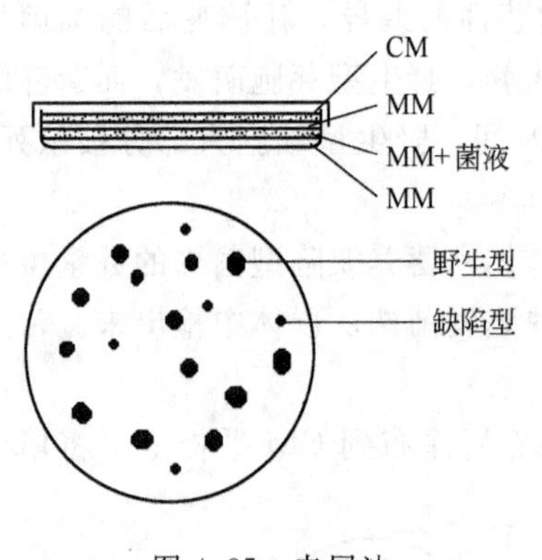

图 4.35 夹层法

④ 限量补充法 该法有两种情况，如果试验目的仅仅是检出营养缺陷型，那么可以将富集培养后的细胞接种到含 0.01%蛋白胨的 MM 上，培养后野生型细胞迅速地长成大菌落，而生长缓慢的小菌落可能是营养缺陷型，此方法称为限量培养。如果试验的目的是要定向筛选某种特定的缺陷型，则可在 MM 中加入单一的氨基酸、维生素或碱基等物质，此方法称为补充培养。

以上几种营养缺陷型筛选方法总结如图 4.36。

（3）营养缺陷型菌株的鉴定 营养缺陷型的鉴定方法通常有以下两种：一个培养皿上加一种营养物质，测定许多缺陷型菌株对该种生长因子的缺陷情况；在同一培养皿上测定一种缺陷型菌株对许多生长因子的需求情况，称生长谱测定。

营养缺陷型菌株的鉴定步骤包括测定缺陷型菌株所需生长因子类别；测定缺陷型菌株在该大类中具体需要哪种生长因子；进一步用单一生长因子进行复证试验。

① 缺陷型类别的测定 通常以下列物质代表氨基酸、维生素、核酸碱基：氨基酸混合物、酪素水解物或蛋白胨代表氨基酸组；酵母浸出液，其中氨基酸、维生素、嘌呤、嘧啶都有；维生素混合物，代表维生素组；核酸碱基混合物或用酵母核酸（用 0.1%碱水解液），代表嘌呤、嘧啶类。

将待测微生物的菌悬液加到 MM 中制成平板，凝固后分别用圆滤纸片沾上以上四类物质，覆于平板标定的位置上，培养后观察滤纸片周围生长情况。根据出现混浊的生长圈（见图 4.37）可以初步确定缺陷型所需生长因子属于哪一大类。

② 缺陷型所需生长因子的测定 通常采用分组测定法。即将 21 种氨基酸组合 6 组，每 6 种氨基酸归一组（表 4.1 和表 4.2）；或将 15 种维生素组合 5 组，每 5 种维生素归一组

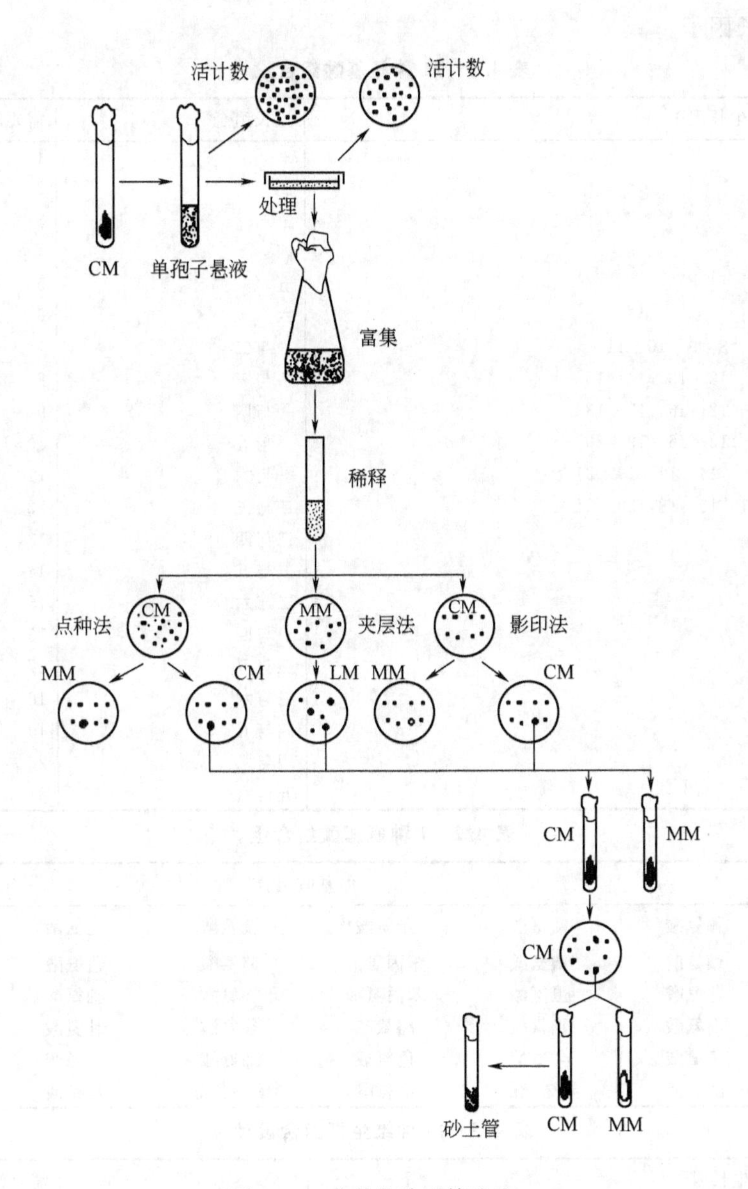

图 4.36 营养缺陷型筛选法

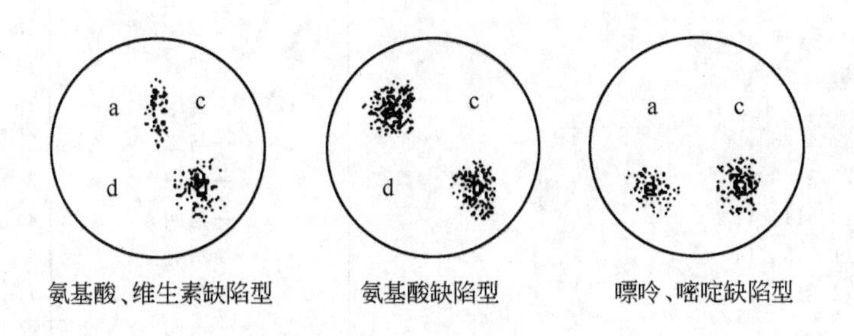

图 4.37 营养缺陷型类别测定

(表 4.3 和表 4.4)。将营养缺陷型菌株和基本培养基混合制成平板，把 5 组或 6 组生长因子直接点到同一平板上，或用滤纸片沾取覆于平板上。培养后观察生长圈，确定该营养缺陷型菌株缺陷的生长因子。

表 4.1　21 种氨基酸组合设计

组别	组合生长因子	生长组合	需要的生长因子
		一	1
		二	2
		三	3
		四	4
		五	5
		六	6
一	1　7　8　9　10　11	一与二	7
二	2　7　12　13　14　15	一与三	8
三	3　8　12　16　17　18	一与四	9
四	4　9　13　16　19　20	一与五	10
五	5　10　14　17　19　21	一与六	11
六	6　11　15　18　20　21	二与三	12
		二与四	13
		二与五	14
		二与六	15
		三与四	16
		三与五	17
		三与六	18
		四与五	19
		四与六	20
		五与六	21

表 4.2　1 种氨基酸组合组

组别	氨基酸组合					
一	赖氨酸	精氨酸	蛋氨酸	胱氨酸	亮氨酸	异亮氨酸
二	缬氨酸	精氨酸	苯丙氨酸	酪氨酸	色氨酸	组氨酸
三	苏氨酸	蛋氨酸	苯丙氨酸	谷氨酸	脯氨酸	天冬氨酸
四	丙氨酸	胱氨酸	酪氨酸	谷氨酸	甘氨酸	丝氨酸
五	鸟氨酸	亮氨酸	色氨酸	脯氨酸	甘氨酸	谷氨酰胺
六	胍氨酸	异亮氨酸	组氨酸	天冬氨酸	丝氨酸	谷氨酰胺

表 4.3　15 种维生素组合设计

组别	组合生长因子	生长组合	需要的生长因子
		一	1
		二	6
		三	10
		四	13
		五	15
一	1　2　3　4　5	一与二	2
二	2　6　7　8　9	一与三	3
三	3　7　10　11　12	一与四	4
四	4　8　11　13　14	一与五	5
五	5　9　12　14　15	二与三	7
		二与四	8
		二与五	9
		三与四	11
		三与五	12
		四与五	14

表 4.4 15 种维生素组合组

组别	维生素组合				
一	维生素 A	维生素 B_1	维生素 B_2	维生素 B_6	维生素 B_{12}
二	维生素 C	维生素 B_1	维生素 D_2	维生素 E	烟酰胺
三	叶酸	维生素 B_2	维生素 D_2	胆碱	泛酸钙
四	对氨基苯甲酸	维生素 B_6	维生素 E	胆碱	肌醇
五	生物素	维生素 B_{12}	烟酰胺	泛酸钙	肌醇

上述方法是测定少数几个营养缺陷型菌株时常用的方法。如要测定几十个或上百个营养缺陷型菌株时，可用在一个平皿中加一种或一组生长因子的方法。该法只能鉴别单缺菌株。如要鉴别双缺或多缺菌株，可以采用在每一培养皿中都缺一种生长因子的方法。

4.3.5.2 温度敏感突变株的筛选

温度敏感突变株（简称温敏突变株，TS 突变株）是一种条件致死突变株，它们在许可温度下能正常生长，在非许可温度下不能生长。温敏突变株主要由必需基因突变引起，也可由非必需基因突变产生。由后者形成的 TS 突变株在非许可温度下生长时，需要补充其他条件。

TS 突变株与某些基因产物的结构改变有关，即酶的氨基酸序列发生了一定的变化，但酶的活性中心未变。温敏突变株在许可温度下培养时，酶的活力、菌体生长和代谢都正常，当菌体生长到一定阶段，转到非许可温度时，可使突变体由正常状态转入具有某些特性的非生长状态，导致细胞某些结构改变，从而使发酵目的产物得以不断合成和往外分泌。

（1）温敏突变株的筛选方法　温敏突变株最常见的基因突变是错义突变，即结构基因上碱基发生转换或颠换，引起氨基酸序列改变。除了错义突变外，二次移码突变、结构基因末端缺失、结构基因无义突变等也可产生温敏突变株。由于这些基因突变后造成酶结构异常，在高温时失活，引起细胞结构改变。

由于温敏突变株主要由错义突变所致，因此，选择诱变剂时要选择易于引起基因置换的亚硝基类、磺酸酯类或亚硝酸、紫外线等诱变剂。

在诱变后的存活菌体中温敏突变株的数量很少，大部分为野生型菌株，因此，要采取一些措施，淘汰野生型菌株，富集温敏突变株，以提高温敏突变株的筛选效率。常采用以下几种富集方法。

① 抗生素法　将诱变后的菌体在非许可温度下培养一定时间后，加入抗生素，可杀死野生型菌株，但不能杀死未曾生长的温敏突变株，离心除去抗生素后，进行分离筛选。

② 过滤或离心法　某些温敏突变株是 DNA 复制缺损或孢子萌发缺损的突变株，它们在非许可温度下培养到一定时期，细胞伸长成丝状，或芽枝不脱落母细胞，致使密度增加，可用薄膜过滤或密度梯度离心等方法富集。

③ H3-前体法　要富集某些大分子合成缺损的温敏突变株，可以加入相应的 H3-前体物质。如筛选 RNA 合成缺损的温敏突变株，可把诱变后的菌体在非许可温度下培养，并加入 H3-尿嘧啶，此时 RNA 缺损 TS 突变株不能合成 RNA，也不吸收 H3-尿嘧啶，而野生型可吸收 H3-尿嘧啶，并将其渗入 RNA。含 H3-RNA 的细胞在长时间低温保存过程中由于射线损伤而死亡，但 RNA 合成缺损的 TS 突变株则能保存下来。

同样，蛋白质合成缺损或磷脂合成缺损 TS 突变株可在非许可温度下培养时加入 H3-氨基酸或 H3-甘油磷酸，从而达到富集。

经过诱变和富集后的微生物群体中温敏突变株的数量虽然已较多，但仍然是多种微生物的混合体，因此，要把温敏突变株从群体中筛选出来。具体筛选方法如下：将经过富集后的菌体分离于 CM 上，置于 30℃下培养，当菌落长出后，用影印法将菌落分别复印到一个 CM 和两个 MM 平板上，分成两组（图 4.38）。其中一个 MM 平板为一组，置于许可温度（如 30℃）下培养；另一组 MM 和 CM 平板各一个，置于非许可温度（40℃）下培养；根据菌落生长情况，可以筛选到两类温敏突变株。

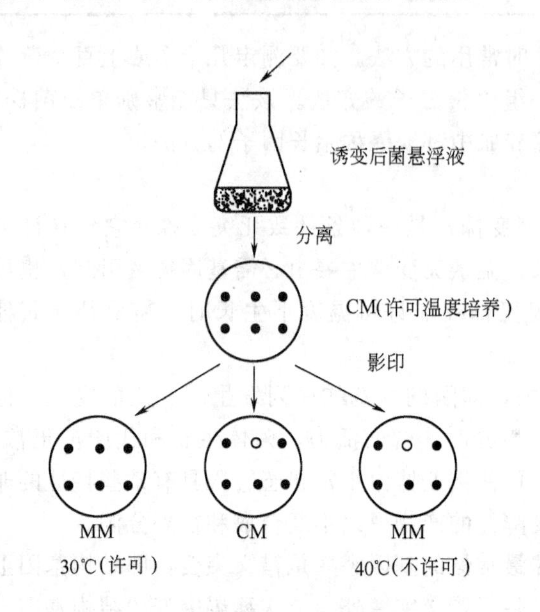

图 4.38 温敏突变株的筛选方法

一类是由非必需基因突变引起的温敏突变株，在 30℃的 MM 上生长，而在 40℃的 MM 上不生长，但在 40℃的 CM 上生长，说明该类突变株从 CM 中补充了某种生长因子后才得以生长，是一类由突变引起失去单一但可以补偿功能的温敏突变株。另一类是由必需基因突变引起的温敏突变株，在 30℃的 MM 上生长，而在 40℃的 MM 和 CM 上都不生长，说明该类突变株即使从 CM 中提供了某种生长因子也无法补偿失去的功能。通常温敏突变株是指后一类。

也可将诱变处理后的菌株直接涂布到基本培养基上，先在非许可温度下培养，长出的菌落为野生型菌株，作下记号，然后置于许可温度下培养，新长出的菌落有可能是温敏突变株。进一步验证，并纯化。

（2）温敏突变株在发酵工业中的应用

① 温敏突变株在谷氨酸发酵的应用　谷氨酸发酵中增加谷氨酸产量的关键，决定于细胞膜的渗透性。选育细胞膜结构或功能缺损的温敏突变株，可以通过调节温度来控制细胞膜的渗透性，促使谷氨酸大量外泄。

② 温敏突变株在丝氨酸发酵中的应用　以 C_1 化合物为唯一碳源的微生物，合成细胞组分是通过丝氨酸途径来实现的（图 4.39）。从图 4.39 可以看出，要提高丝氨酸产量关键在于阻断丝氨酸降解途径。在丝氨酸生产过程中曾采用一些抑制剂，提高了丝氨酸的转化率，即当丝氨酸产生菌生长到一定阶段，加入 8-羟基喹啉、2，2-联吡啶、Co^{2+} 或 Ni^{2+} 等，以抑制丝氨酸残余的降解活力。但这种外加药物的方法用于工业生产并不是理想方法。选育丝氨酸降解酶温敏突变株，在许可温度下，丝氨酸产生菌具有正常的丝氨酸降解活力，能利用甲醇生长繁殖。当温度上升到非许可范围时，产生菌失去丝氨酸降解作用，因而能大量分泌丝氨酸。

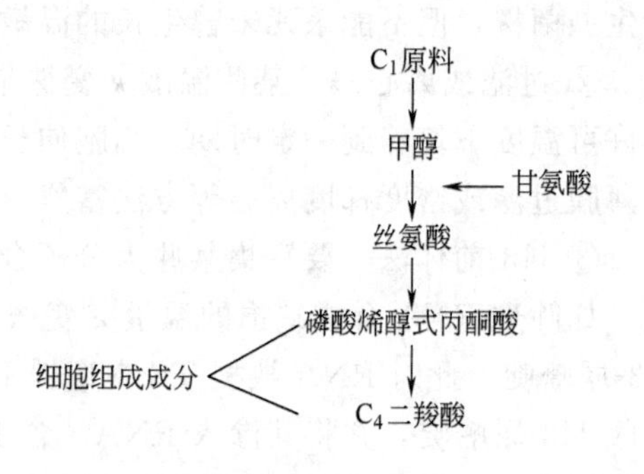

图 4.39 合成细胞组分的丝氨酸途径

（3）温敏突变株在微生物单细胞蛋白生产中

的应用　生产单细胞蛋白的菌种，除含有高蛋白质特性外，还要具有两个特点：①生长迅速，底物利用率高；②菌体细胞壁易破碎、容易自溶，且细胞易于沉降，便于分离纯化，有益于动物消化利用。

对于生产单细胞蛋白的菌种，现已筛选到一些具有特色的温度敏感突变株。例如 DNA 复制缺损的 TS 突变株，在许可温度下培养时菌体形态和生长都正常，但当温度上升到非许可温度培养时，细胞形态开始发生变化，细胞伸长，从母细胞上长出的芽也变长，且不脱落，继续培养，细胞和芽凝聚成丛状，易于凝集沉降。又如易于自溶的 TS 突变株，在许可温度下培养时，生长正常。当细胞生长繁殖达到最大量时，调节温度到非许可状态，继续培养，菌体细胞发生自溶，此时释放到细胞外的蛋白质含量占细胞总蛋白质的 30%，而亲株仅 2%。另外，筛选蛋氨酸含量高的 TS 突变株，能提高单细胞蛋白的营养价值。

TS 突变株用于工业发酵生产的前景十分诱人。例如筛选三羧酸循环缺陷温敏突变株，通过温度控制阻断三羧酸循环，提高柠檬酸等有机酸产量。

筛选合成代谢酶缺失的温敏突变株对发酵工业特别有利。这种温敏突变株在许可温度下培养时酶活力正常，不需要添加生长因子。当菌体生长到一定阶段，将温度升高到非许可条件下，此时合成代谢酶活力下降或完全消失，不能合成终产物，使反馈调节被解除，因此中间产物能不断地被合成和积累。

4.3.5.3　抗噬菌体菌株的选育

噬菌体是一种专门寄生在微生物体内的病毒，它的头、尾外部都有由蛋白质组成的外壳(头膜和尾鞘)，头的内部含有 DNA。噬菌体的生活过程可分为对宿主的吸附、侵入、增殖、成熟和裂解五个阶段。噬菌体分为烈性噬菌体（virulent phage）和温和性噬菌体(temperate phage)。烈性噬菌体侵入微生物细胞后引起细胞裂解，温和性噬菌体感染微生物细胞后不引起细胞裂解。发酵工业受噬菌体感染，会使生产受到严重影响，特别是烈性噬菌体的感染，其后果是毁灭性的。为了防止噬菌体感染，除了要采取防治措施外，更重要的是要开展抗噬菌体菌株的选育。

(1) 烈性噬菌体与噬菌体的分离及效价测定

烈性噬菌体侵蚀宿主细胞后能在宿主内大量繁殖，释放出许多子代噬菌体，进而感染周围细胞，使其裂解死亡，这样就会在固体培养基上形成一个肉眼可见的空斑，即噬菌斑。噬菌体种类不同，其形成的噬菌斑也不一样。噬菌斑大小 0.1～2.0mm，形态有晕圈的，也有多重同心圆斑的，还有圆形或近似圆形的等。一般情况下，每种噬菌体所形成的噬菌斑的形态是相对稳定的，但有时也随着宿主生理状态、菌龄和培养条件不同而变化。噬菌斑的这些形态特征可以作为噬菌体的鉴定指标，也可利用其对噬菌体进行纯种分离和计数。每毫升试样中所含有的噬菌体的数量称为效价。

① 双层琼脂法　双层琼脂法是检查和分离噬菌体常用的方法，具体做法见图 4.40。

② 快速测定法　将噬菌体和对数期敏感细胞悬浮液与含有 0.5～0.8%琼脂培养基混合，加到无菌载玻片上摊平凝固，经培养后，在显微镜、解剖镜或放大镜下观察噬菌斑并计数。

(2) 温和性噬菌体和溶源性细胞　温和性噬菌体感染微生物细胞后，细胞不会被裂解，而且能继续生长繁殖，噬菌体 DNA 整合到寄主染色体上，与寄主染色体一道复制，并随着细胞繁殖传递到子代。被温和性噬菌体寄生的细菌称为溶源性细菌。

侵入到细菌的温和性噬菌体，其 DNA 整合在细菌的染色体上，不能成为原有的颗粒形态，这种隐藏状态的噬菌体称为原噬菌体（prophage）。原噬菌体没有感染力，但当它离开

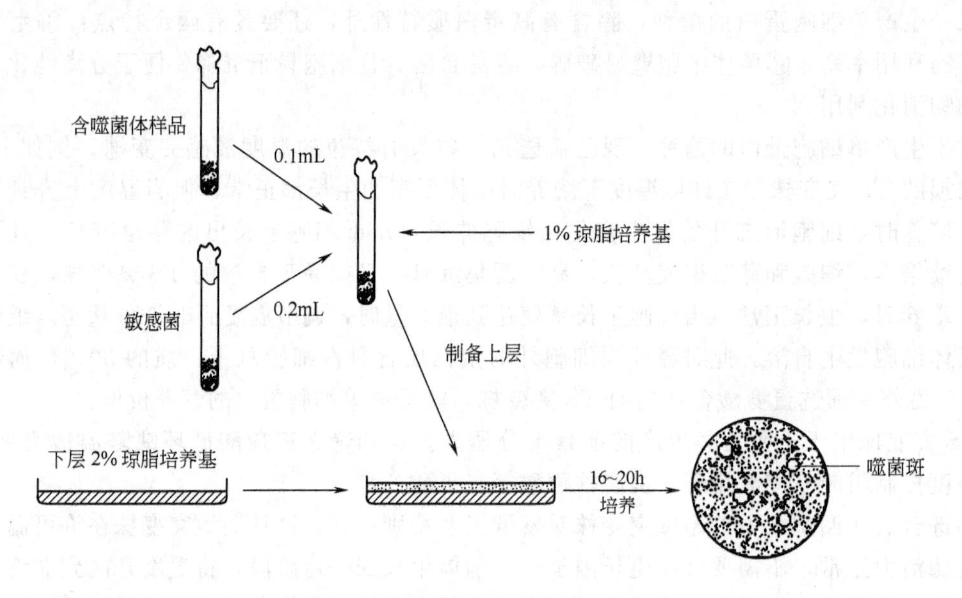

图 4.40 测定噬菌体的双层琼脂法

溶源性细菌染色体后，就能在细胞内进行自身复制而导致细菌裂解。

在溶源性细菌的分裂过程中，有极少数溶源性细胞的原噬菌体脱离细菌染色体，进入营养期进行繁殖，引起细菌裂解，释放成熟噬菌体。除了自发裂解外，还可以采用人工诱导的方法，如采用物理、化学诱变剂处理，诱导溶源性细胞释放大量的噬菌体。

在细胞繁殖过程中，溶源性细菌以偶然的机会也会失去原噬菌体而成为非溶源性细菌，这个过程称为复愈。

原噬菌体整合在细菌的染色体上，能赋予溶源性细菌一些明显的特征，免疫性就是其中之一。溶源性细菌对同一类噬菌体具有免疫性，表现为释放的成熟噬菌体，即使附着在溶源性细菌的细胞壁上，或者已经侵染，但不能在细胞内繁殖，这种现象称为免疫性（immunity）。少数溶源性细菌由于在其染色体上整合了温和性噬菌体的原噬菌体而使自己产生了除免疫性以外的新表型，这种现象称为溶源转变（lysogenic conversion）。

溶源现象普遍存在于各种微生物中，在发酵生产中也不能忽视温和噬菌体的感染，尤其在选育抗噬菌体菌株时，要区别真正抗性菌株和溶源性菌株。

检验溶源菌的方法是将少量溶源性细菌与大量的敏感性指示菌相混合，加入到琼脂培养基中倒平板。培养后，溶源性细菌长成菌落。由于溶源性细菌在分裂过程中有极少数个体会发生自发裂解，其释放的噬菌体会不断侵染溶源菌周围的敏感菌，所以会形成一个个中央有溶源性细菌的小菌落、四周有透明圈的特殊噬菌斑。

(3) 抗噬菌体菌株的选育

① 高浓度噬菌体原液的制备　选育抗噬菌体菌株需要相应的专一性噬菌体作为选择性因子，因此，选育抗噬菌体菌株，必须首先制备高浓度的噬菌体原液。而制备高浓度的噬菌体原液，首先要分离获得噬菌体，并纯化，然后制备高浓度的噬菌体原液。

专一性噬菌体的获得和纯化：在培养皿上挑取被噬菌体感染后形成的噬菌斑，移接到含有1%蛋白胨培养液中培养，然后用双层琼脂法进行多次连续分离，直至出现的噬菌斑形状大小基本一致。

高效价噬菌体原液的制备：将已纯化的噬菌体接种到处于对数期的敏感菌培养液中，继续培养10h左右，此时已有较多噬菌体释放。将培养液离心，取含有噬菌体的上清液，再次接种到处于对数期的敏感菌培养液中，继续培养后，用细菌滤器过滤，即得到高效价噬菌体原液。

噬菌体原液效价测定：效价指每毫升液体中含有噬菌体的数量，通常用"U/mL"表示。具体做法是用1%蛋白胨溶液作为稀释剂，稀释后用双层琼脂法进行定量测定，计算公式如下：

效价＝平均每皿噬菌斑数×稀释倍数×取样量折算

② 诱变与噬菌体抗性菌株的分离　单孢子悬浮液经诱变后涂布在含有噬菌体的平板上筛选噬菌体抗性菌落。

③ 液体摇瓶振荡培养　从含有噬菌体的平皿上筛选得到的抗性菌株，要进一步进行液体摇瓶振荡培养。在摇瓶培养至对数期时，加入一定量的高效价噬菌体原液，继续培养，观察菌体消失，而后又重新再生。此时将再生菌体移入新的培养基中，继续培养至对数期，加入高效价噬菌体原液，再培养。如此反复3～4次后，再将其分离到含噬菌体的平皿上，挑取单菌落移入斜面，并在斜面上滴加噬菌体原液，培养后观察滴加噬菌体原液处的菌落生长情况。选取生长正常的菌体细胞，再进行摇瓶复筛。经观察和测定，选取生长正常、产物产量高的菌株，保存。

④ 进一步考察抗性菌株对周围环境中存在的各种噬菌体的抗性。

(4) 抗性菌株的特性研究

① 抗性菌株稳定性试验　稳定性是指已选育到的抗性菌株对噬菌体的抗性是否稳定以及经过传代后的抗性菌株对噬菌体的抗性是否稳定。选育到的抗性菌株要分别接种到含有高浓度噬菌体的斜面培养基、种子培养基和发酵培养基进行培养，然后采用双层琼脂法测定。如不出现噬菌斑，说明抗性是稳定的。对选育到的抗性菌株，还要进行传代试验，传代后再用上述同样方法测定其对噬菌体的抗性。

在实际工作有时会把由溶源性引起的免疫性误认为是抗性。因此，要区分溶源性菌株与抗性菌株。常采用诱变因子诱导菌株的方法来区分，如是溶源性菌株，则可释放噬菌体；如是抗性菌株，则不会出现这种现象。

② 抗性菌株的产量性能　抗噬菌体菌株，除对噬菌体的抗性要求外，其产量要求保持与敏感菌株相同或者更高。

因为对噬菌体的抗性是由基因突变引起的，所以抗噬菌体菌株在代谢过程中某些酶的活性也可能会有所改变，即抗性菌株的发酵特性可能会发生变化。因此，需要对抗噬菌体菌株的培养基和培养条件进行优化，使抗性菌株能发挥最大的生产能力。

4.4 推理育种

微生物体内存在一套精确且有效的调节体系，可使微生物根据环境条件和生理活动的需要，自我地对代谢反应速度和方向加以控制。这种复杂的生理机制就是代谢调节或代谢调控。由于微生物体内存在这样的调节机制，因此中间产物和终产物都不会被积累。若要选育某种代谢产物大量积累的菌株，必须破坏微生物的这种正常的调节机制，因此工业微生物发酵的关键是要破坏微生物的正常的代谢调节机制，从而人为地控制微生物的代谢。

工业微生物推理育种是根据微生物代谢产物的生物合成途径和代谢调节机制，选择巧妙的技术路线，通过人工诱发突变的技术获得破坏微生物正常代谢调节的突变株，从而人为地使目的产物选择性地大量合成和积累。推理育种的特点是打破了微生物代谢调节机制这一限制目的产物大量累积的天然屏障，它的优点是定向、工作量适中、效率高。

从微生物育种技术的发展史，可以看到经典的诱变育种是盲目的，推理育种的兴起标志着诱变育种已发展到了理性育种的阶段，导致了氨基酸、核苷酸以及抗生素等代谢产物的高产菌株大批地推向生产。推理育种作为诱变育种最为活跃的领域而得到广泛的应用，它与代谢工程的最新进展汇集在一起，反映了当代工业微生物育种的主要趋向——定向控制育种，为工业微生物的菌种选育展示了光明的前景。

工业微生物推理育种是根据微生物代谢产物的生物合成途径和代谢调节机制进行设计的，微生物代谢调节理论是工业微生物推理育种的基础。1961 年，Jacob 提出了操纵子学说。1963 年，Monod 和 Jacob 又提出了变构蛋白学说。1973 年，Kocser 和 Burus 提出了代谢控制理论。当代代谢控制理论的研究集中在以下三个方面：代谢途径的阐明；关键酶的结构和动力学特征；代谢过程的数学分析。

4.4.1 组成型突变株的选育

大多数水解酶是诱导酶，即只有在底物存在情况下才能合成相应的酶。对目标产物为诱导酶的产生菌来说，从育种的角度要设法解除酶合成的诱导作用。常用诱变剂处理产生菌，使调节基因或操作子发生突变筛选组成型菌株。调节基因突变可使调节基因不能合成阻遏物；操作子突变可使操作子丧失了与阻遏物结合的亲和力，因而不需要诱导物诱导就能合成相应的酶。

组成型菌株筛选方法如下。

（1）限量诱导物恒化培养　将诱变后的菌种移接到低浓度诱导物（底物）的恒化器中连续培养。由于该培养基中底物浓度低到对诱导型菌株不发生诱导作用，所以诱导型菌株不能生长，而组成型突变株由于不需诱导就可以产生酶而利用底物，因而能够生长。

（2）循环培养　将诱变后的菌种接种到含诱导物和不含诱导物的培养基上交替连续循环培养。由于组成型突变株在两个培养基上都能产生酶，因而其生长占优势。

（3）利用鉴别性培养基　将诱变后的菌种涂布在以甘油为唯一碳源的平板上培养，待长出菌落后，在菌落上喷邻硝基苯基-β-D-半乳糖苷（ONPG），组成型为黄色，诱导型为白色。因为组成型突变株不需要底物诱导就能产生 β-半乳糖苷酶，所以能将无色的 ONPG 水解而产生黄色的邻硝基苯酚。

（4）利用诱导能力很低但能作为良好碳源的底物　将诱变后的菌种接种到含诱导能力很低但能作为良好碳源的底物的培养基中培养，组成型突变株能生长，而需要诱导的野生型菌株则不能生长。

4.4.2 抗分解调节突变株的选育

（1）解除碳源分解调节突变株的选育　在初级代谢中易分解碳源及其分解代谢产物阻遏较难分解碳源的酶的合成。在次级代谢中快速利用碳源如葡萄糖及其分解代谢产物对次级代谢产物合成的关键酶具有阻遏作用。在工业生产中常使用多糖或葡萄糖以低浓度流加的方法，来避开碳源分解代谢物阻遏作用。但若能筛选到抗碳源分解调节突变株，则更能满足工业生产的需要和提高发酵效价。

筛选抗碳源分解调节突变株，常常采用选育抗葡萄糖结构类似物菌株的办法。用于筛选抗碳源分解调节突变株的葡萄糖结构类似物有2-脱氧葡萄糖（2-dG）和3-甲基葡萄糖（3-mG）等。筛选方法是将诱变后的菌种涂布在含葡萄糖类似物的琼脂培养基上培养。筛选培养基要求含有氮源、无机盐、生长因子、低浓度2-dG或3-mG及一种生长碳源。这种生长碳源必须经相应的诱导酶的水解才能被微生物同化利用。由于2-dG和3-mG会阻遏诱导酶的合成，因此野生型菌株不能在此培养基上生长，而只有碳源分解代谢阻遏被解除的抗性突变菌株才能在此培养基上生长。

例如葡萄糖分解代谢物对螺旋霉素的生物合成有阻遏作用，选育2-脱氧-D-葡萄糖抗性菌株可解除此阻遏作用，提高螺旋霉素的发酵效价。

（2）解除氮源分解调节突变株的选育　氮源分解调节主要是指分解含氮底物的酶受快速利用的氮源阻遏。次级代谢产物的生物合成可被氨或其他快速利用的氮源阻遏。常采用缓慢利用的氮源如黄豆粉等或以流加氨的办法来避开氮源分解代谢物阻遏作用，而筛选氨类似物抗性突变株和氨基酸类似物抗性突变株则是更积极和有效的方法。

例如螺旋霉素的生物合成受NH_4^+的阻遏，选育耐甲胺突变菌株可解除此阻遏作用，提高螺旋霉素的发酵效价。

4.4.3　营养缺陷型在推理育种中的应用

（1）在初级代谢产物推理育种中的应用　利用营养缺陷型来阻断代谢流或切断支路代谢，使代谢途径朝着有益产物合成方向进行，还可以解除协同反馈效应，以积累支路代谢某一末端产物。

① 在直线式生物合成途径中，营养缺陷型不能累积终产物，只能累积中间产物。一个典型的例子是谷氨酸棒状杆菌的精氨酸缺陷型突变株进行鸟氨酸发酵（图4.41）。由于合成途径中酶⑥的缺陷，导致必须供应精氨酸和胍氨酸，菌株才能生长，但这两种氨基酸的供应要维持在亚适量水平，使菌体维持较高水平，而又不引起终产物对酶②的反馈抑制，从而使鸟氨酸得以大量分泌累积。

② 在分支式生物合成途径中，营养缺陷型导致协同反馈调节某一分支代谢途径的代谢阻断，使这一途径的终产物不能合成。例如次黄嘌呤核苷酸（肌苷酸）产生菌是棒状杆菌和短杆菌的腺嘌呤缺陷菌株，其合成途径中酶③失活，控制限量补给腺嘌呤核苷酸，可解除腺嘌呤核苷酸对酶①的反馈调节，由于腺嘌呤核苷酸和鸟嘌呤核苷酸对酶①是协同反馈调节，故代谢流偏向鸟嘌呤核苷酸这一分支途径（图4.42）。但鸟嘌呤核苷酸对酶②有反馈抑制和反馈阻遏作用，故肌苷酸得以分泌累积达12.8g/L。如果进一步使酶④缺失，则可使黄嘌呤核苷酸积累达6g/L。

赖氨酸生产菌株之一是一株高丝氨酸缺陷菌株，由生产谷氨酸的北京棒状杆菌AS1.299经硫酸乙二酯诱变处理后经筛选获得的。从图4.43可知，由于高丝氨酸脱氢酶的基因发生突变，导致合成高丝氨酸的代谢途径阻断，消除了苏氨酸和赖氨酸对天冬氨酸激酶的协同反馈抑制，并使代谢流完全流向赖氨酸方向，使赖氨酸产量大幅度提高。

（2）在次级代谢产物推理育种中的应用　营养缺陷型导致初级代谢或次级代谢途径阻断，因此大多数导致生产能力下降；但在初级代谢产物和次级代谢产物的分支代谢途径中，营养缺陷型切断初级代谢支路有可能使抗生素增产。

抗生素产生菌除了产生抗生素外，同时也产生初级代谢产物。当初级代谢途径发生营养缺陷型突变时，有时引起抗生素的超产。如四环素、制霉菌素产生菌的脂肪酸缺陷型可增产抗生素

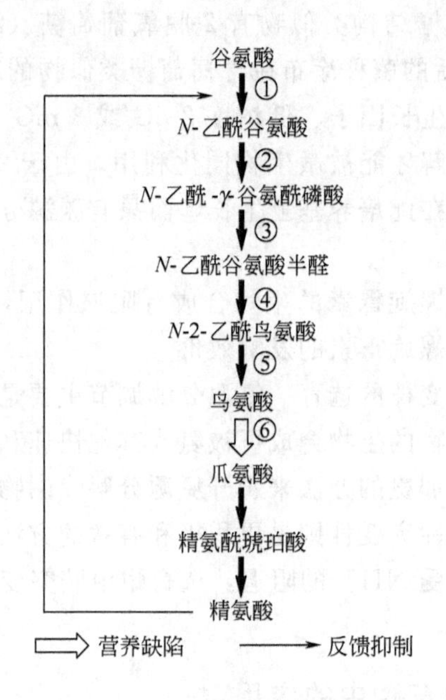

图 4.41　利用精氨酸缺陷型突变株进行鸟氨酸发酵

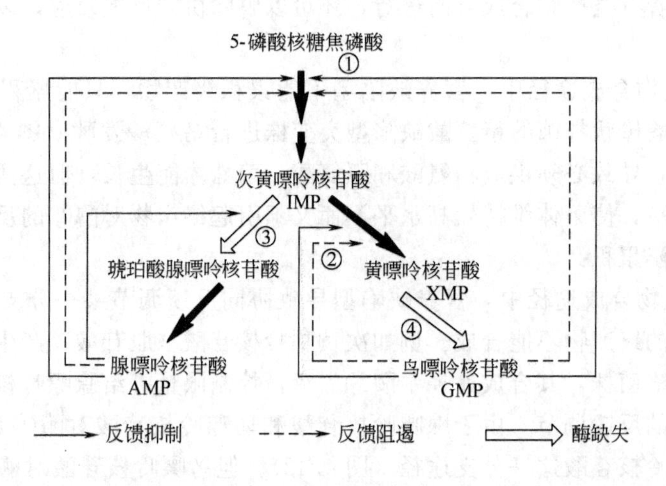

图 4.42　谷氨酸棒状杆菌的腺嘌呤核苷酸、鸟嘌呤核苷酸合成途径

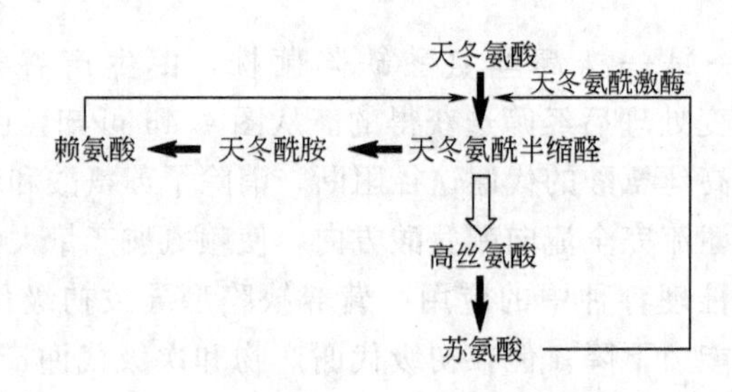

图 4.43　高丝氨酸营养缺陷型菌株赖氨酸的合成途径

(图 4.44)。又如氯霉素产生菌的芳香族氨基酸营养缺陷型导致氯霉素超产（图 4.45）。

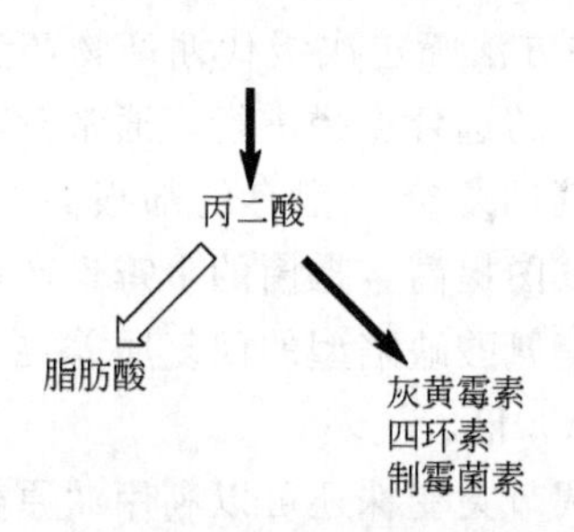

图 4.44 抗生素产量与脂肪酸合成的关系

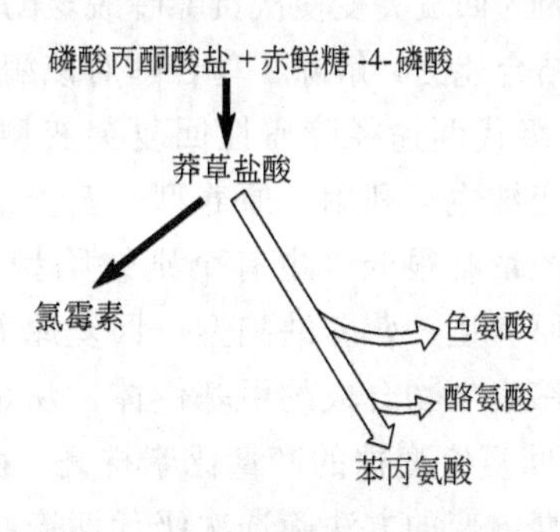

图 4.45 氯霉素产量与初级代谢途径营养缺陷型的关系

利用营养缺陷型还可以产生新产品，如金霉素产生菌的甲硫氨酸缺陷型，可以产生去甲基金霉素。

4.4.4 渗漏缺陷型在推理育种中的应用

渗漏缺陷型是一种特殊的营养缺陷型，是一种遗传性代谢障碍不完全的突变型。其特点是酶的活力下降而不完全丧失，并能在基本培养基上少量生长。在 MM 上生长特别慢而菌落小。既能少量地合成代谢产物，又不造成反馈抑制。渗漏缺陷型的优点是不必添加限量的缺陷营养物。

筛选方法：把大量营养缺陷型菌株接种在基本培养基上，挑选生长特别慢而菌落小的。

4.4.5 抗反馈调节突变株的选育

抗反馈调节突变株分为抗反馈抑制突变型和抗反馈阻遏突变型。抗反馈抑制突变型是指由于结构基因突变而使变构酶不能和代谢终产物相结合而失去反馈抑制的突变型。抗阻遏突变型是指由于调节基因突变引起调节蛋白不能和代谢终产物相结合而失去阻遏作用的突变型。操作子突变也能造成解阻遏。

4.4.5.1 回复突变引起的抗反馈调节突变株

(1) 引起回复突变的原因　原有基因的回复突变（真正的回复突变和基因内抑制突变），抑制基因突变。

(2) 回复突变引起的抗反馈调节突变株

① 初级代谢途径障碍性回复突变型　用回复突变的方法筛选抗反馈调节突变株是通过“原养型—营养缺陷型—原养型”的选育途径进行的。原养型菌株经过诱变剂处理，使代谢途径中有关酶合成阻断，成为营养缺陷型菌株。该营养缺陷型菌株再用诱变剂处理，使其发生回复突变。回复突变有两种情况：一种是在原位点发生突变，使酶活力恢复；另一种是在原位点以外位置发生突变，也可使缺陷型的酶活力恢复。原突变位点以外位置回复突变，有可能是受反馈调节的变构酶调节中心发生改变。由于变构酶的调节位点发生了突变，使它不能和效应物结合，因此能解除了反馈调节，使代谢产物大量积累。

例如在图 4.42 中，从谷氨酸棒状杆菌中筛选腺苷酸和黄嘌呤核苷酸双重缺陷型（ade^- xan^-），由于②③合成酶都被阻断，因此能大量积累肌苷酸。该缺陷型菌株再用诱变剂处理，得到黄嘌呤回复突变株（ade^- xan^+），使②处代谢疏通，它既能积累肌苷酸，也能积累鸟苷酸。这是因为回复突变使次黄嘌呤脱氢酶的结构基因发生突变，导致酶的调节中心改变而失去和终产物结合能力，解除了鸟苷酸对该酶的反馈抑制作用，因此能大量累积鸟苷酸。

② 次级代谢途径障碍性回复突变型　用回复突变的方法筛选次级代谢产物产生菌抗反馈调节突变株也可利用“原养型—营养缺陷型—原养型”的选育途径进行。通常营养缺陷型的抗生素产量都很低（也有个别缺陷型产量较高），但其回复突变型有的却很高。Dulaney等使用“原养型—营养缺陷型—回复原养型”的路线，试图提高金霉菌的金霉素产量。甲硫氨酸为金霉素生物合成的甲基供体，从金霉菌中选得甲硫氨酸缺陷型的回复原养突变型，其中88%的回复突变株的产量比亲株高，为亲株的1.2～3.2倍。

用回复突变的方法筛选次级代谢产物产生菌抗反馈调节突变株还可以利用“原养型—零变株—原养型”的选育途径进行。抗生素产生菌经反复突变后，有时会产生不产抗生素的“零”变种，这种突变型是在抗生素生物合成的次级代谢途经中的某一结构基因发生障碍性突变所致。如用诱变剂处理金霉素产生菌产生“零”变种，再重复处理“零”变种时又出现了产生抗生素的回复突变型，其金霉素产量大部分都很低，但一些回复突变株的产量却比亲株高3倍左右。因此，在抗生素产生菌的选育过程中，应注意“零”变种的出现，如再进行处理，可望得到高产突变株。

4.4.5.2　耐自身产物突变株的选育

抗生素作为代谢终产物对其产生菌的调节可能有两个方面：一是作为终产物对参与抗生素生物合成的有关酶进行反馈调节；二是对产生菌本身具有抑制、杀死作用。因此，随着对自身代谢终产物耐受性的提高，产生菌合成抗生素的能力也将得到提高。已经证明抗生素的生物合成基因与抗性基因成簇排列。通常以不能在其中生长的最低浓度作为初筛浓度。

螺旋霉素产生菌螺旋霉素链霉菌用紫外线诱变后，在螺旋霉素浓度梯度平板上筛选到一株螺旋霉素抗性菌株 SPM^{r}-248，其生产能力较出发菌株提高81.3%。

4.4.5.3　抗终产物结构类似物突变株的选育

结构类似物是指在结构上和代谢终产物相似的物质。它们和终产物一样能和变构酶的调节中心结合，引起反馈抑制。所不同的是，终产物和酶结合是可逆的，而结构类似物由于不真正掺入细胞结构，所以酶活性不会恢复。因为结构类似物在细胞中的浓度是不变的，所以对微生物是致死的，往往具有抑制作用。因此在含结构类似物的培养基中野生型细胞不能生长，抗结构类似物突变株则能生长。抗结构类似物突变株不再受代谢终产物的反馈阻遏和反馈抑制，即在终产物积累的情况下仍然可以不断合成产物。

抗结构类似物突变株的选育是最早采用并取得显著成效的推理育种方法。与营养缺陷型等方法相比，它有如下优点。

① 简单易行且效果显著。

② 与营养缺陷型相比，生产操作方便，产量稳定。

③ 易保存，且不易发生回复突变。只要在培养基中加适量结构类似物，即可防止回复突变。

黄色短杆菌苏氨酸、赖氨酸和异亮氨酸的生物合成途径及反馈调节见图4.46。

2-氨基-3-羟基戊酸（AHV）是苏氨酸的结构类似物，选育AHV抗性突变株，得到了一株抗反馈抑制突变株，苏氨酸产量达14g/L。该突变株解除了对高丝氨酸脱氢酶的反馈抑制，虽然对天冬氨酸激酶（AK）的控制是正常的，但由于苏氨酸优先合成，结果使赖氨酸保持在较低水平，不发生对AK的协同反馈抑制。

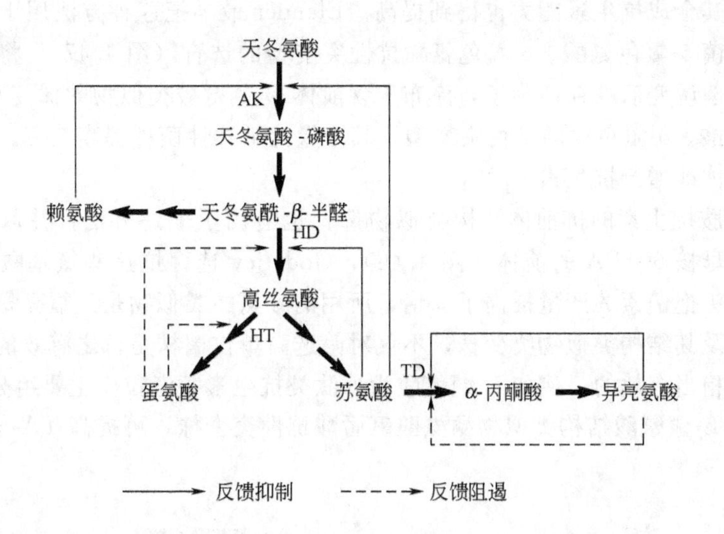

图 4.46 黄色短杆菌苏氨酸、赖氨酸和异亮氨酸的生物合成途径及反馈调节

S-(2-氨基乙基)-L-半胱氨酸（ACE）是赖氨酸的结构类似物，选育 ACE 抗性突变株，从中获得一株具有抗反馈抑制的突变株，赖氨酸产量达 30g/L。该菌株对 HD 的反馈控制处于正常状态，因此不积累苏氨酸。由该菌株进一步选育抗 AHV 突变株，解除了对 HD 的反馈抑制，结果该变株不积累赖氨酸而积累苏氨酸，其产量为 15g/L，这是由于苏氨酸优先合成的结果。

从上述突变株（抗 AEC、抗 AHV）进一步选育抗乙硫氨酸突变株，使苏氨酸脱氢酶（TD）的反馈抑制被解除，得到了合成异亮氨酸的突变株，其产量达 11g/L。

4.4.5.4 累积前体和耐前体突变型的选育

所谓前体是指可被微生物利用或部分利用后掺入到代谢产物中的化合物。根据微生物利用前体方式的不同，又可将前体分为外源性前体和内源性前体。前者是指产生菌不能合成或合成量极少，必须由外源添加到培养基中供其合成代谢产物，例如苯乙酸和苯氧乙酸加入产黄青霉菌的发酵培养基中，分别生物合成青霉素 G 和青霉素 V；后者是指产生菌自己合成后供给代谢产物进行生物合成的物质，例如 α-氨基己二酸、半胱氨酸和缬氨酸组成的三肽前体，参与青霉素或头孢菌素的生物合成。

许多抗生素的生物合成直接与产生菌利用前体的能力或合成前体的能力有关，而过量的前体往往对产生菌有毒性（如苯乙酸）或具有反馈调节作用（如缬氨酸）。前体对抗生素产量的影响：掺入生物合成；产生反馈调节；引起毒性。

耐前体及其结构类似物突变株由于其利用外源性前体能力的提高或合成内源性前体能力的提高而使其合成抗生素能力也得到提高。

（1）耐毒性前体突变株的选育　耐前体突变株由于其利用外源性前体能力的提高而使其合成抗生素能力也得到提高。将产黄青霉菌诱变后的存活饱子涂布于含有抑制剂量的苯乙酸的琼脂培养基中，得到苯乙酸抗性延迟生长的突变型，其中一些突变型的发酵单位明显超过敏感性亲株，这种突变型由于自身不能合成苯乙酸或只合成极少量，所以必须在发酵培养基中添加一定量的外源前体，才能达到高产的目的。

（2）耐前体结构类似物突变株的选育　耐前体结构类似物突变株由于其合成内源性前体

能力的提高而使其合成抗生素能力也得到提高。Elander 最早把这种方法用于硝吡咯菌素产生菌荧光假单胞菌 5-氟色氨酸、6-氟色氨酸抗性突变型的选育（图 4.47）。将硝吡咯菌素产生菌荧光假单胞菌诱变后的存活孢子，涂布于含前体 D-色氨酸类似物的梯度平板培养基上，分离到 5-氟色氨酸、6-氟色氨酸抗性突变型，其产量比敏感性菌株提高三倍。此前体抗性突变型不需添加前体即增产抗生素。

又如 β-内酰胺抗生素的抗前体结构类似物选育也应用了上述方法，并取得了成功。多种氨基酸是合成母核 6-APA 的前体（图 4.48），Godefiey 选育抗这些氨基酸结构类似物的突变株，使甲氧头孢菌素的产量提高了 6 倍，所用的缬氨酸类似物是三氟亮氨酸。

筛选耐前体及其结构类似物突变株，不仅对筛选高单位菌株是行之有效的，而且对筛选组分突变株也是相当有效的。例如 L-缬氨酸为糖肽类抗生素替考拉宁主要组分 $TA_{2\text{-}2}$ 的生物合成前体，选育 L-缬氨酸结构类似物缬氨酸氧肟酸抗性突变株，可提高 $TA_{2\text{-}2}$ 组分的含量。

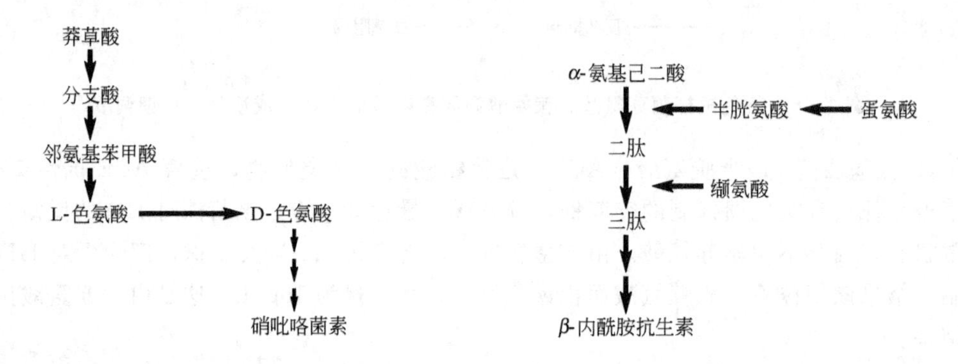

图 4.47　硝吡咯菌素生物合成途径　　图 4.48　β-内酰胺抗生素的生物合成

4.4.6　解除磷酸盐调节突变株的选育

磷酸盐对许多抗生素的生物合成具有明显的阻遏或抑制作用，因为很多参与抗生素生物合成的关键酶受到磷酸盐的阻遏或抑制。要消除这一调节机制，除了在发酵培养基中控制亚适浓度的磷酸盐外，最根本的是在遗传上改变这种调节，即选育耐磷酸盐突变株。例如杀假丝菌素产生菌灰色链霉菌，经紫外线诱变后产生耐高浓度磷酸盐的消除调节突变型，这种突变型增产杀假丝菌素 5～10 倍（图 4.49）。

4.4.7　细胞膜透性突变株的选育

如果细胞膜通透性强，则细胞内代谢物质容易往外分泌，直到环境中这种物质的浓度达到抑制程度，胞内合成才会停止。如果细胞膜通透性差，则细胞内代谢产物难以分泌到胞外，使胞内终产物浓度增大而引起反馈调节，影响终产物的积累。

（1）谷氨酸分泌与细胞透性的关系　油酸缺陷型突变株；生物素缺陷型突变株；甘油缺陷型突变株；温敏突变株；抗维生素 P（芦丁）的衍生物的突变株；溶菌酶敏感突变株。

（2）抗生素合成与细胞透性的关系　影响抗生素生物合成的因素除了产生菌直接的合成能力外，另一个重要的因素是细胞膜的通透性问题。细胞膜的通透性从两方面影响抗生素的生物合成：一是细胞膜对产物从胞内向胞外的运输发生障碍，使在胞内已合成的抗生素难以及时排泄至胞外而造成自身毒性；二是细胞膜的通透性限制某些用于抗生素生物合成必需的营养成分或其他物质进入胞内，从而限制了抗生素的进一步合成。通过发酵调控和菌种选育

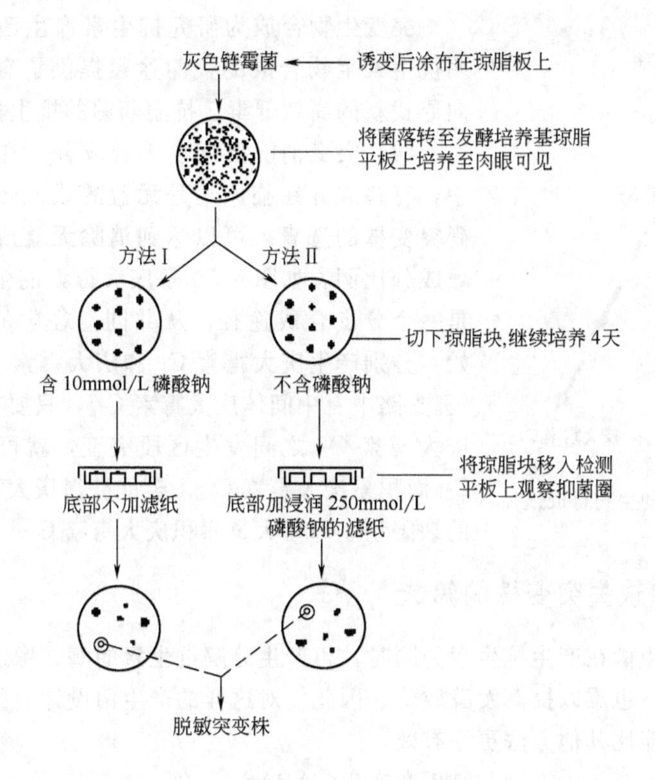

图 4.49 筛选磷酸盐脱敏突变株的方法

可以改变细胞膜的通透性，从而提高抗生素的产量。用于筛选抗生素产生菌膜渗透性突变株的方法往往是利用一些作用于细菌细胞壁或真菌细胞膜的抗生素来筛选具有超敏或耐受的突变株。

诱变处理头孢菌素C产生菌顶头孢霉菌，筛选到对多烯类抗生素如制霉菌素、杀念菌素和抗滴虫霉素抗性突变型，改变了细胞膜渗透性，增产头孢菌素C（CPC）。另一顶头孢霉菌膜渗透性突变株提高了利用硫酸盐合成CPC的潜力，该突变型提高了L-丝氨酸硫化氢解酶活性，此酶使硫酸盐利用率提高。因此，也保持了高水平半胱氨酸，从而对甲硫氨酸的敏感性增加，导致头孢菌素C增产。

4.4.8 次生代谢障碍突变株的应用

以抗生素代谢障碍突变株为例。

（1）突变生成同系物新抗生素　由结构基因突变引起的抗生素生物合成某一途径代谢障碍性改变（称为区段突变），使抗生素结构上发生某些变化，导致同系物抗生素的合成。

（2）突变生成中间体抗生素　区段突变还可导致次级代谢途径阻断，使中间体积累。中间体抗生素往往是更有用的新抗生素或半合成抗生素的原料药。

（3）突变生成前体类似物新抗生素　通过突变筛选丧失了合成天然前体能力的突变株，加入前体的结构类似物，有可能把这一类似物结合到抗生素分子中形成新的半合成抗生素。这种突变型称为依赖“特养型”（idiotroph），由这种“特养型”合成新抗生素的方法称为突变生物合成或突变合成（mutasynthesis）。

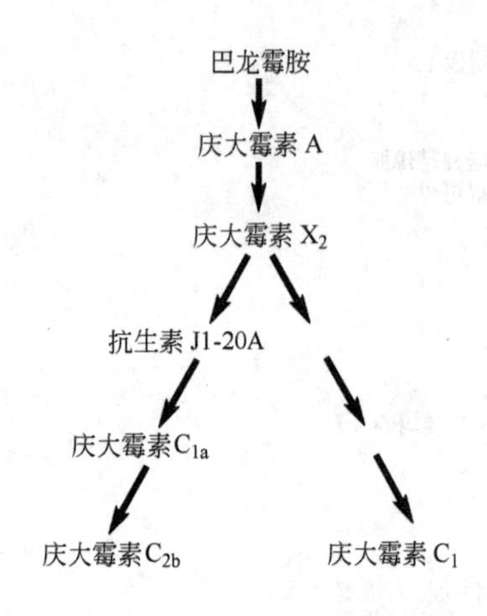

图 4.50　庆大霉素的生物合成途径

突变生物合成为研究抗生素产生菌的遗传学以及阐明抗生素生物合成的代谢途径提供了有力的工具，是定向寻找新的高效低毒、抗耐药菌的抗生素的有效途径。

(4) 突变消除抗生素无益成分　在多组分的抗生素中，有些成分在临床上是无益的或低效的。通过遗传障碍突变株的选育，可以达到消除无益成分，从而增加有效成分比例。如图 4.50 是庆大霉素的生物合成途径。这是一个分支合成途径，从共同途径中的庆大霉素 X_2 开始，分别产生庆大霉素 C_1 和庆大霉素 C_{2b}，而庆大霉素 C_{2b}支路中有中间体庆大霉素 C_{1a}，只要在庆大霉素 C_{1a}和庆大霉素 C_{2b}之间发生区段突变，就可以失去庆大霉素 C_{2b}而积累庆大霉素 C_{1a}。若能获得庆大霉素 C_{2b}支路阻断的缺陷型，即可大量累积庆大霉素 C_1。

4.4.9　抗生素酶缺失突变株的筛选

许多抗生素产生菌在产生抗生素的同时，也产生分解抗生素的酶。像这样的产生菌合成的抗生素既不稳定，也难以提高发酵效价。因此，对这样的产生菌设计一种抗生素酶缺失突变株的筛选方法可能比其他方法更为有效。

菌株 *Kluyvera citrophila* Ky3641 在产生6-APA或氨苄西林（APC）的同时，也产生抗生素酶。当该产生菌用质粒消除剂吖啶橙 300μg/mL 处理 18h 后，分离于琼脂培养基平板上，待菌落生长成熟后，把含有金黄色葡萄球菌 209P 和 6-APA 或 APC 的软琼脂培养基倾入平板，于 37℃培养 18h，发现检定菌 209P 围绕着产生青霉素酶的菌落周围生长，由于在这种菌落周围的抗生素已被酶解；而在青霉素酶缺失的突变型菌落周围则不生长，因为这种菌落周围存在着未被酶解的抗生素（图 4.51）。用此法能有效地选得各种青霉素酶缺失突变型，它产生 6-APA 或 APC 比亲株高得多。由此看来，分解 6-APA 或 APC 的酶的产生，可能是受质粒控制的，因为吖啶橙可消除质粒的存在，使该酶消失，增产抗生素。

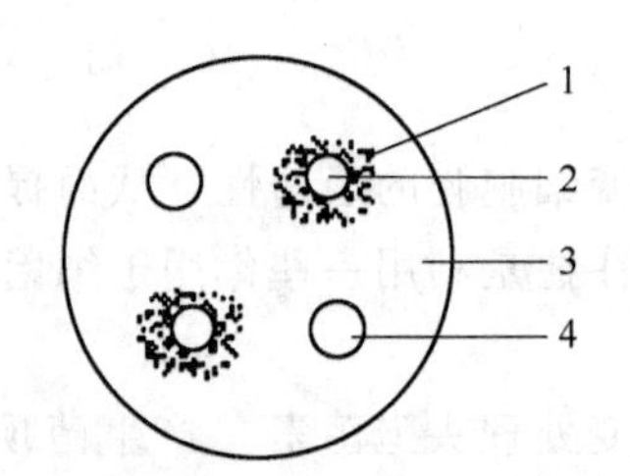

图 4.51　青霉素酶缺失突变株分离示意图
1—金黄色葡萄球菌 209P；2—产青霉素酶菌株；
3—含有 APC 或 6-APA；
4—青霉素酶缺失突变型

4.4.10　形态突变株的筛选

抗生素产生菌形态变异与生产能力变化之间常常具有相关性，如许多抗生素产生菌的产孢子能力与产抗生素的能力具有相关性。曾将产气生菌丝能力很差的吉他霉素产生菌北里链霉菌诱变处理 50 代，所得变株的生产能力仍无明显进展，而将产孢子很丰富的菌株作为出发菌株（生产能力约为 40U/mL），经过 55 代诱变处理，就得到了能产生 14200U/mL 的高产变株。

蒽环类抗生素别洛霉素产生菌球团链霉菌经质粒消除剂吖啶橙处理后，高频率地出现无黑素不产孢子变种，其中有些变种增产别洛霉素高达 100～200 倍；而用紫外线或 N_2O 处理的效果远不如前者。该结果表明，蒽环类抗生素产生菌形态变异与生产能力变化密切相关，突变型随着气生菌丝形成、孢子产生和色素生成的消失，生产能力反而显著提高，而这些形态特性往往是受质粒控制的。当用诱变剂尤其是用质粒消除剂处理产生菌时，高频率除去质粒而出现高频率形态变异，变为光秃型的突变型，其生产能力明显高于正常形态菌株。这可说明控制抗生素产生的结构基因定位于染色体上；而调控气生菌丝、孢子和色素生成的结构基因，以及调节抗生素产生的调节基因则编码在质粒 DNA 上。因此，随着质粒的消除而消失了由质粒控制的一切特性和功能，也就解除了调节基因对抗生素的调控作用，使由结构基因控制的抗生素得以超产。

4.4.11 适应酶系统调节突变株的筛选

适应酶系统调节突变株的筛选目的是为了获得高水平的生产能力，且能适应生产中的各种条件。抗生素产生菌是否适应某种生产条件，实质上与菌株的酶系统有关。因此，在菌种选育过程中，要诱导变株适应酶系统的产生，再从中选择高产型适应酶的调节突变株。

如欲选育低通气量的突变株，可采用增加瓶口包扎纱布的层数、增加摇瓶中培养基的装量或降低摇床转速等方法。在培养基中添加一定浓度的消沫剂作为选择性指标，可得到对消沫剂适应的突变株，以解决在生产过程中由于添加消沫剂而使生产能力下降等。

5 基因重组与杂交育种

变异使得遗传物质发生了改变，是生物进化和发展的内在动力。基因重组，也称遗传重组，是生物变异的最重要形式之一，它指两个不同性状个体的基因转移到一起，基因重新组合，形成新的基因型个体。基因重组的类型主要有以下几种。①同源重组（homologous recombination），同源重组是重组中的普遍形式，它涉及大片段同源 DNA 序列之间的交换。在真核生物减数分裂中发生的同源重组是一种交互重组；在细菌的转化、接合和普遍性转导中所发生的同源重组是一种单向重组，即仅受体发生重组，供体并未发生改变。②位点特异性重组（site-specific recombination），这种重组发生在特殊位点上，此位点含有短的同源序列，供重组蛋白识别。③转座重组，转座是重组的特殊类型，是由转座因子产生的特殊行为。转座的机制依赖于 DNA 的交错切割和复制，不依赖于同源序列。基因重组这种广泛的生物变异方式也为人们改良和筛选性状优良的个体奠定了理论基础。

以基因重组为理论指导的育种方法称为杂交育种。杂交育种通过微生物杂交将不同菌株的遗传物质进行交换、重组，使不同菌株的优良特性集中于一个重组体中。通过杂交育种可以扩大变异范围，改变产品的产量和质量，甚至创造出新产品。与诱变育种技术相比，杂交育种由于选育已知性状的菌株作为亲本，使得育种方向更为明确，缩短育种周期；另外，杂交育种在提升优良性状的性能和提高所选育后代的遗传稳定性方面也显示出良好的技术潜力，因此，杂交育种是一种重要的育种手段。需要指出的是，基因重组是在核酸分子水平的一个概念，是遗传物质在分子水平的杂交。而杂交育种常指在细胞水平上的杂交，其中包含了分子水平的重组。

5.5 基因重组

5.1.1 原核微生物的基因重组

原核微生物的基因重组形式很多，机制较为原始，有三个主要特点：一是片段性，仅有一小段 DNA 序列参与重组过程；二是单向性，遗传物质往往是从供体菌向受体菌作单方向转移；三是转移机制独特而多样，如接合、转化和转导等。

5.1.1.1 接合

接合是指两个性别不同的微生物细胞之间接触，遗传物质转移、交换，形成一个新个体。当两个不同菌株接合时，遗传物质是单向转移，并不相互交换。通过接合而获得的新遗传性状的受体细胞，称为接合子。由于在细菌和放线菌等原核生物中出现基因重组的机会极为罕见（如大肠杆菌 K12 约为 10^{-6}），所以关于细菌接合现象直至 1946 年 J. Lederberg 等采用大肠杆菌（*Escherichia coli*）K12 菌株的营养缺陷型等形态指标进行研究后才开始逐步了解。

根据对接合行为的研究，发现大肠杆菌是有性别分化的。决定它们性别的因子称为F因子（即致育因子或称性质粒），这是一种在染色体外的小型独立的环状DNA单位，一般呈超螺旋状态，它具有自主的与染色体进行同步复制和转移到其他细胞中去的能力，还带有一些对其生命活动关系较小的基因。在大肠杆菌中，F因子约由6×10^4对核苷酸组成，相对分子质量为5×10^7，F因子的DNA含量约占总染色体含量的2%。每个细胞含有1～4个F因子。F因子既可脱离染色体在细胞内独立存在，也可插入（即整合）到染色体上；同时，它既可经过接合作用而获得，也可通过一些理化因素（如吖啶橙、Ni^{2+}、Co^{2+}、丝裂霉素C、硫酸十二酯钠、亚硝基胍、利福平、溴化乙锭、环已亚胺和加热等）的处理，使其DNA复制受抑制后而从细胞中消失。

凡有F因子的菌株，其细胞表面就会产生1～4条中空而细长的丝状物，称为性毛（sex pili，或性菌毛）。它的功能是在接合过程中转移DNA，转移机制还不甚清楚。根据F因子在细胞中的有无和存在方式的不同，可把大肠杆菌分成以下4种类型。①F^+（“雄性”）菌株：在这种细胞中存在着游离的F因子，在细胞表面还有与F^+因子数目相当的性毛，能与F^-菌株发生接合，是供体菌。②F^-（“雌性”）菌株：在这种细胞中没有F因子，表面也不具性毛，但可以作为受体细胞接受外源F因子。有人统计，从自然界分离的大肠杆菌菌株中，F^-菌株约占30%。③Hfr［高频重组（high frequency recombination)］菌株：在这种细胞中，存在着F因子，但它是与染色体特定位点整合在一起的（产生频率约10^{-5}），细胞表面存在性毛，能与F^-菌株发生接合，且接合后重组频率远远高于F^+菌株，是供体菌。④F'菌株：在这种细胞中含有F'因子，F'因子是指当Hfr菌株内的F因子因不正常切割而脱离其染色体时所形成游离的但携带一小段（最多可携带三分之一段染色体组）染色体基因的F因子。携带有F'因子的细胞即是F'菌株，它既获得了F因子，又获得了来自所携带的游离染色体的遗传性状。能与F^-菌株发生接合，是供体菌。

大肠杆菌这4种菌株类型的产生主要是由F因子在不同细胞中转移的结果，F因子的转移方式主要有以下几类。

(1) F^+接合　F^+接合仅将供体细胞的F因子转移到受体细胞，供体细胞的染色体DNA并不发生转移。F^+接合传递过程主要为：F因子上的一条DNA单链在特定的位置上首先发生断裂，断裂的单链逐渐解开，同时以留下的另一条状单链作模板，通过模板的旋转，一方面将解开的一条单链通过性毛而推入F^-中；另一方面，又在供体细胞内重新合成一条新的环状单链，以取代解开的单链，此即称为“滚环复制”。在F-细胞中，外来的供体DNA单链上也合成了一条互补的新DNA链，并随之恢复成一条环状的双链F因子，因此，F^-就变成了F^+，能形成性菌毛（见图5.1）。

(2) Hfr接合（Hfr与F^-的杂交）　在Hfr菌株与F^-菌株的杂交过程中，Hfr菌株的染色体中的某一条链在F因子内的某点（原点O）打开，由环状变成线状，边复制边进入F^-细胞中，这样F因子的一部分就作为头部先进入F^-细胞，由于断裂发生在F因子中，所以必然要等Hfr的整条染色体组全部转移完成后，另一部分F因子则作为尾部最后才能进入细胞。由于Hfr的染色体要完全进入F^-细胞所需要的时间较长（约2h），常会因某些随机的干扰而使杂交过程中断，因此完成整个F因子传递的概率极小。但越在线状染色体前端的基因，进入的机会就越多，故在F^-中出现重组子的时间就越早，频率也高（图5.2）。这就是Hfr与F^-接合的结果重组频率虽高，却不能形成Hfr或F^+子代的原因。

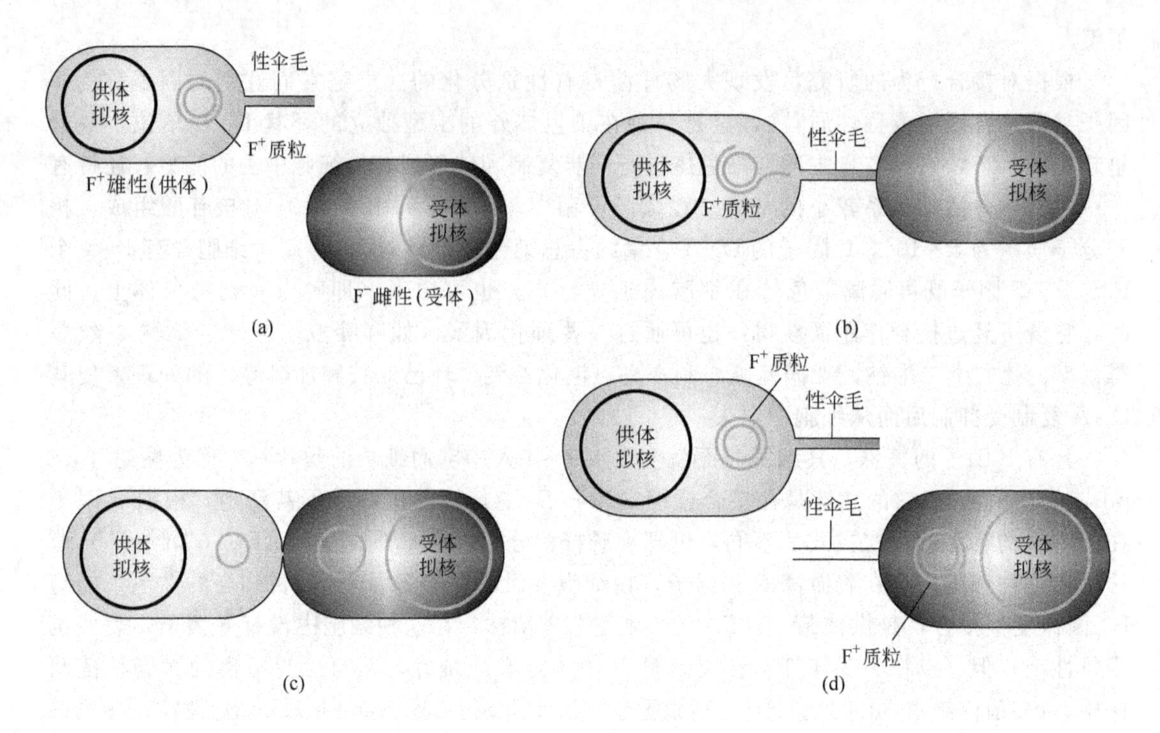

图 5.1　F^+ 接合示意图

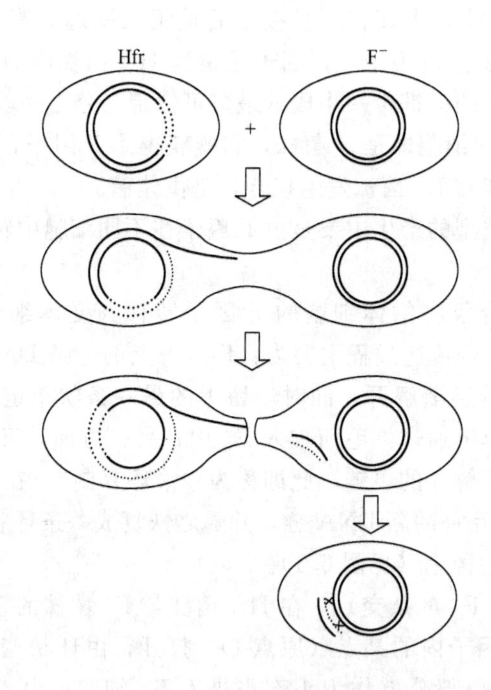

图 5.2　Hfr 与 F^- 细胞间中断杂交试验示意图

通过人为地控制杂交时间，例如在杂交一定时间后用组织摇碎器搅拌以使正在接合的细胞分开，就可以测出各种基因进入 F^- 菌株的顺序，从而进一步得到大肠杆菌的遗传图。这就是所谓的中断杂交实验。

Hfr 细胞和 F^- 细胞杂交过程可以看出，Hfr 细胞以部分基因组与 F^- 细胞以整套基因组进行杂交，因此杂交后只产生部分结合子。在繁殖过程中，部分结合子中两亲本的染色体进行单交换或双交换，其中单交换多产生不稳定的部分二倍线性染色体（无活性），而双交换则产生较稳定的有活性的重组体和部分片段染色体。

(3) F因子转导　F′菌株与F^-菌株的接合，可以使后者转变成F′菌株。这时，受体菌的染色体和由F′因子所携带来的细菌基因间，可通过同源染色体区（即双倍体区）的交换，实现基因重组。在新产生的F′群体中，大约有10%的F′因子重新整合到染色体组上，恢复成Hfr菌，如图5.3，故该群体显示出来的特征介于F^+和Hfr供体菌之间。由于这一重组是由F因子完成的，而且与转导过程类似，因此称为F因子转导，也称性因子转导。

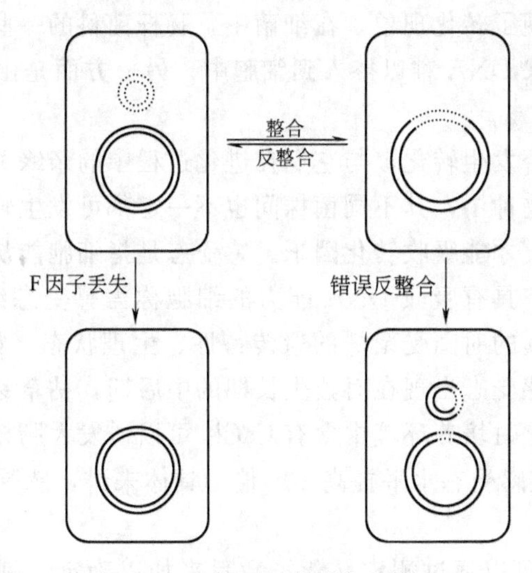

图5.3　F因子的整合与反整合

除F因子接合现象外，细菌中还存在着耐药性质粒接合。耐药性质粒编码多重抗生素抗性和性伞毛。耐药性质粒接合的机理与F^+接合相似。在接合过程中仅将供体细胞的耐药性质粒转移到受体细胞，耐药性质粒的一条链留在供体细胞内，另一条链进入受体细胞。每一条链合成互补链。这样，受体细胞变成多重抗生素抗性细胞以及雄性细胞，能将耐药性质粒转移给其他细菌。目前已知，由大肠杆菌（*E. coli*）、变形菌属（*Proteus*）、克雷伯氏菌（*Klebsiella*）、*Enterobacter*、沙雷氏菌（*Serratia*）和假单胞菌（*Pseudomonas*）等革兰氏阴性菌引起的尿路感染、伤口感染、肺炎、败血病及由沙门氏菌（*Salmonella*）和志贺氏菌（*Shigella*）引起的肠道感染中，耐药性质粒接合是一个非常严重的问题。

目前已知，接合转移现象主要在原核微生物的细菌和放线菌类群中存在。在细菌中，G^-细菌尤为普遍，如*E. coli*、沙门氏菌属（*Salmonella*）、志贺氏菌属（*Shigella*）、克雷伯氏菌属（*Klebsiella*）、沙雷氏菌属（*Serratia*）、弧菌属（*Vibrio*）、固氮菌属（*Azotobacter*）和假单胞菌属（*Pseudomonas*）等；在放线菌中，以链霉菌属（*Streptomyces*）和诺卡氏菌属（*Nocardia*）最为常见，其中研究得最为清楚的是天蓝色链霉菌（*S. coelicolor*）。此外，接合转移还可以发生在不同属的一些物种间，如*E. coli*与*Salmonella typhimurium*（鼠伤寒沙门氏菌）间或*Salmonella*与*Shigella dysenteriae*（痢疾志贺氏菌）间。这说明接合作用具有一定的普遍性。但并不是什么细菌都可以接合，而且同一菌种的不同菌株有时也不一定会发生接合。

5.1.1.2　转化

在原核生物中，还存在一个较普遍的现象——转化。受体菌直接吸收了来自供体菌的DNA片段，通过交换组合把它整合到自己的基因组中，从而获得了供体菌的部分遗传性状的现象，称转化。转化后的受体菌，就称转化子，供体菌的DNA片段称为转化因子。转化现象的发现，尤其是转化因子DNA本质的证实，是现代生物学发展史上的一个重要里程碑，并由此开创了分子生物学这门崭新的学科。

在原核生物中，转化虽是一个较普遍的现象，但目前还只在部分细菌种、属中发现，例如肺炎链球菌、嗜血杆菌属、芽胞杆菌属、奈氏球菌属、根瘤菌属、链球菌属、葡萄球菌属、假单胞杆菌属和黄单胞杆菌属等。在一些放线菌和蓝细菌，以及真核微生物如酵母、粗糙脉孢菌和黑曲霉中也发现了转化现象。在细菌中，肠杆菌科的一些菌很难进行转化，其主要原因，一方面是由于外来DNA难以掺入到细胞中，另一方面是由于在受体细胞内常存在降解线性DNA的核酸酶。

两个菌种或菌株间能否发生转化，与它们在进化过程中的亲缘关系有着密切的联系。但即使在转化率极高的那些物种中，其不同菌株间也不一定都可发生转化。能进行转化的细菌细胞只有在感受态的情况下才能吸收转化因子。感受态是指细胞能从环境中接受转化因子的生理状态。这种处于感受态具有吸收DNA能力的细胞称为感受态细胞。感受态可以产生，也可以消失，它出现和持续的时间受菌株的遗传特性、生理状态（如菌龄）、培养环境等的影响。例如肺炎链球菌的感受态出现在对数生长期的中后期，枯草芽胞杆菌等细菌则出现在对数期末和稳定期初。转化时培养环境中含有$CaCl_2$可以诱发大肠杆菌感受态的出现，加入环腺苷酸（cAMP）可以使感受态水平提高10^4倍。具体来讲，感受态的生理特性主要有以下方面。

① 感受态的发育情况可以通过测定转化子数目来加以确定。例如，在枯草芽胞杆菌的培养过程中，定时地取样测定总细胞浓度和感受态的发育情况。感受态细胞的发育情况通过测定转化子数目来反映。具体方法是取样后加入定量的外源DNA，接触一定的时间后加入DNA酶，使细胞外的DNA失活，然后接种到选择培养基上，培养后计算转化子数目。结果表明，处于感受态顶峰的细菌比不处于感受态的细菌的转化频率高出1000倍左右，感受态出现在对数生长期后期、稳定期前期，持续时间在2h左右。

② 感受态的比例和细胞间转移。即使在感受态顶峰，也不是所有细胞都能吸收DNA。研究表明，肺炎链球菌和嗜血杆菌在其感受态顶峰时，几乎100%的细胞都能吸收DNA，而枯草芽胞杆菌就只有10%～20%的细胞能吸收DNA。说明在肺炎双球和嗜血杆菌中感受态发育是同步的，而在枯草芽胞杆菌中则是不同步的。导致这种不同的可能的原因之一是，在肺炎链球菌中感受态发育的一个重要特征是可以在细胞间转移（传播），而且这种传播速度远大于生长速度，因此只要有部分细胞出现感受态，其他细胞就可以在很短的时间内通过这种传播而获得感受态。而在枯草芽胞杆菌中尚未发现感受态转移现象。

③ 感受态因子。对具有细胞间感受态转移能力的细菌进行研究表明，感受态的出现伴随着一个分子质量在5000～10000Da蛋白质的产生。这种蛋白质只能在感受态细胞中分离到，并且可以使不处于感受态的细胞转变为感受态细胞，甚至有些能促进一些单独生长时从来也不发育成感受态的细胞成为感受态细胞，这种蛋白质称为感受态因子。一般认为，在枯草芽胞杆菌中，感受态因子与细胞壁紧密结合，不能在细胞间转移，因此只能决定一个细胞的感受态。这是枯草芽胞杆菌感受态发育不同步的原因。

不论是否处于感受态的细菌都能吸附DNA，但只有处在感受态的细菌，其吸附的DNA

才被吸收。受体细胞吸附的转化因子一般来说具有以下特点。

① 转化子数目与 DNA 浓度的关系。在较低的 DNA 浓度下，转化子数目与 DNA 浓度成正比，但当 DNA 浓度增大到一定程度后，转化子数趋向恒定，再增加 DNA 浓度也不能使转化子数目继续增加。这时的 DNA 浓度称为转化的饱和浓度（图 5.4）。

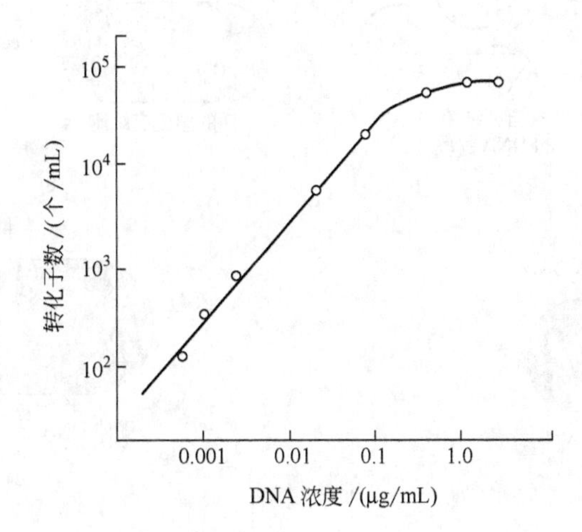

图 5.4　转化子数目与 DNA 浓度的关系

转化子数目和 DNA 浓度的这一关系说明，每一次转化都是单个 DNA 分子与受体基因发生整合的结果。如果是两个或多个供体 DNA 相互作用才完成一次转化的话，那么转化子数目与 DNA 浓度（低浓度下）就不会是线性关系，而是二次方或高次方的关系。

② DNA 片段的大小与转化子数目的关系。转化 DNA 片段应具有一定的大小，一般来说，DNA 分子的相对分子质量不小于 3×10^5。若转化 DNA 片段过小，受体细胞就不易吸收。

③ 单双链与转化活性的关系。在加热过程中 DNA 双链会逐渐解开成为单链，而在冷却过程中单链 DNA 又能恢复为双链。利用这一原理，将因受热而不同程度部分拆开的 DNA 进行转化实验，发现单链程度越高，转化子数目越少。而在冷却过程中，随着 DNA 逐渐恢复双链结构，转化子数目也逐渐回复。这一实验说明，DNA 完整的双链结构对转化活性来说是必要的。

双链的转化 DNA 吸附到感受态细胞表面后，在转化时只有一条链进入受体细胞，而另一条链被细胞表面的核酸酶分解。具体转化过程如下：先从供体菌提取 DNA 片段，接着 DNA 片段与感受态受体菌的细胞表面特定位点结合，在结合位点上，DNA 片段中的一条单链被细胞壁上的一种核酸酶逐步降解为核苷酸和无机磷酸而解体，另一条链逐步进入受体细胞，这是一个消耗能量的过程。进入受体细胞的 DNA 单链通过 RecA 蛋白与受体菌染色体上同源区段配对，而受体菌染色体的相应单链片段被切除，并被进入受体细胞的单链 DNA 所取代，随后修复合成，连接成部分杂合双链（图 5.5）。然后受体菌染色体进行复制，其中杂合区段被分离成两个：一个类似供体菌；另一个类似受体菌。当细胞分裂时，此染色体发生分离，形成一个转化子。总的来说，受体细胞的感受态决定转化因子能否被吸收进入受体细胞；受体细胞的限制酶系统和其他核酸酶决定转化因子在整合进染色体前是否被分解；受体和供体染色体的同源性决定转化因子能否整合。

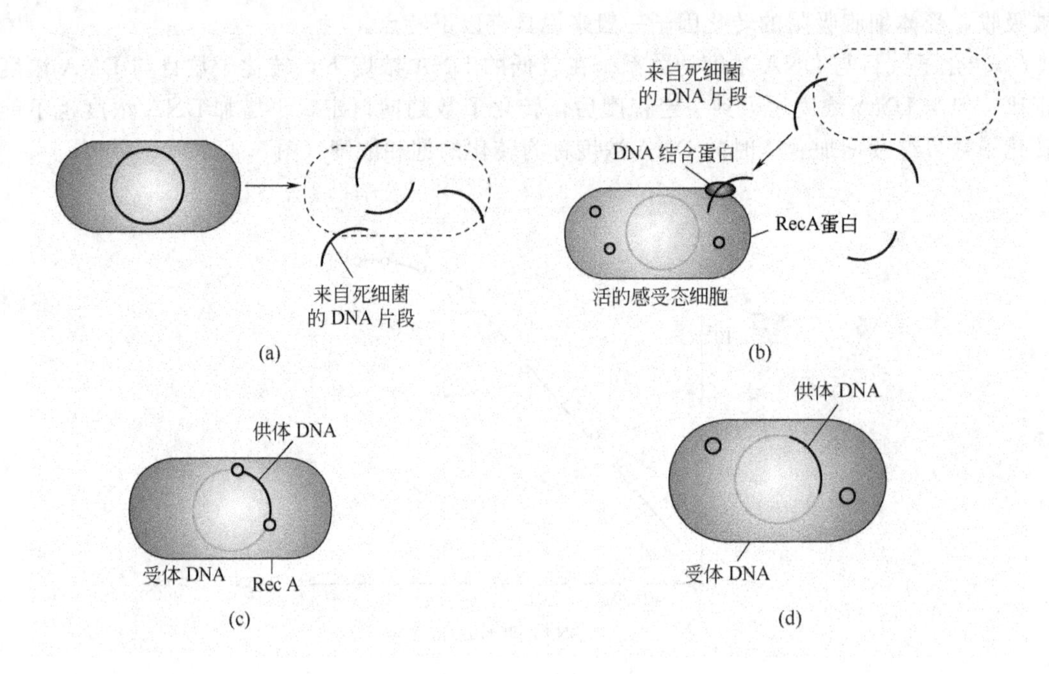

图 5.5 转化过程

如果把噬菌体或其他病毒的 DNA（或 RNA）抽提出来，用它去感染感受态的宿主细胞，进而产生正常的噬菌体或病毒，这种特殊的“转化”，称为转染（transfection）。

5.1.1.3 转导

转导就是利用噬菌体为媒介，将供体菌的部分 DNA 导入受体菌内，从而使受体菌获得供体菌部分遗传性状的现象。由转导作用而获得的具有部分新性状的重组细胞，称为转导子。转导现象最早于 1952 年在鼠伤寒沙门氏杆菌中被发现。以后在许多原核微生物中都陆续发现了转导，如大肠杆菌、芽胞杆菌属、变形杆菌属、假单胞杆菌属、志贺氏杆菌属和葡萄球菌属等。现已认为，绝大多数细菌都能被噬菌体感染，所以转导现象比较普遍。转导 DNA 位于噬菌体蛋白质衣壳内，不易被外界 DNA 水解酶所破坏，所以比较稳定。

参与转导的噬菌体包括普遍性转导噬菌体和特异性转导噬菌体两大类，相应地它们的转导作用也有两类，即普遍性转导和特异性转导。

(1) 普遍性转导　所谓普遍性转导（generalized transduction），就是在噬菌体感染的末期，细菌染色体被断裂成许多小片段，在形成噬菌体颗粒时，少数噬菌体可以将细菌的 DNA 包围，从而形成转导噬菌体。在这一过程中，噬菌体衣壳蛋白只包围一段与噬菌体 DNA 长度大致相等的细菌 DNA，而无法区别这段细菌 DNA 的基因组成，即细胞 DNA 的任何部分都可能被包围，因此形成的噬菌体被称为普遍性转导噬菌体，如图 5.6。普遍性转导可分以下两种。

① 完全普遍转导　简称完全转导。

以鼠伤寒沙门氏菌的 P22 噬菌体为例，当 P22 在供体菌内发育时，宿主的染色体断裂，待噬菌体成熟之际，极少数（10^{-5}～10^{-8}）噬菌体的衣壳将与噬菌体头部 DNA 相仿的供体菌 DNA 片段误包入其中，因此，形成了完全不含噬菌体自身 DNA 的假噬菌体（一种完全缺陷的噬菌体）。当供体菌裂解时，如把少量裂解物与大量的受体菌群相混，这种误包着供

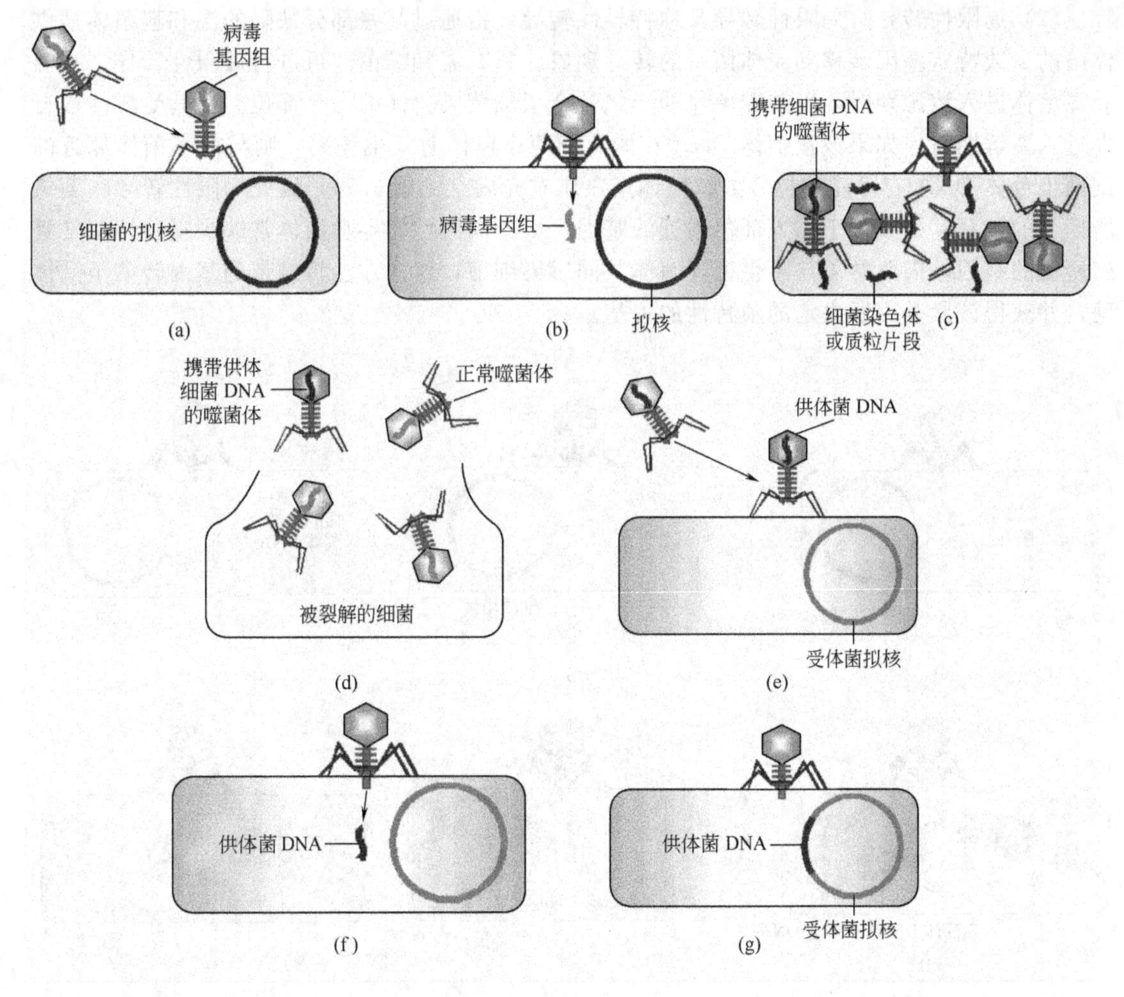

图 5.6 普遍性转导图解

体菌基因的特殊噬菌体就将这一外源 DNA 片段导入受体菌内。由于一个细胞只感染一个完全缺陷的假噬菌体（转导噬菌体），故受体细胞不会发生溶源化，更不会裂解；还由于导入的供体 DNA 片段可与受体染色体组上的同源区段配对，再通过双交换而重组到受体菌染色体上，所以就形成了遗传性稳定的转导子。

除鼠伤寒沙门氏杆菌 P22 噬菌体外，大肠杆菌的 P1 噬菌体和枯草杆菌的 PBS1、SP10 等噬菌体都能进行完全转导。由于完全转导可以携带细菌 DNA 的任何部分，并且是染色体上距离十分接近的几个基因同时转导到受体细胞中去的概率最大，这在细菌基因的距离等遗传分析上十分有用。

② 流产普遍转导　简称流产转导（abortive transduction）。

在许多获得供体菌 DNA 片段的受体菌内，如果转导 DNA 不能进行重组和复制，其上的基因仅进行转录和表达，就称流产转导。在一次转导中流产转导往往多于完全转导的细胞。在流产转导的情况下，转导子细胞每分裂一次，转导来的供体染色体片段只传给两个子细胞中的一个，而另一子细胞只获得供体基因的产物——酶，因此仍可在表型上出现供体菌的特征，这样在选择性培养基平板上形成微小菌落成了流产转导的特点。受体菌一代一代地分裂下去，供体染色体片段便一直沿着单个细胞单线传递下去，称为单线传递。

(2) 局限性转导　局限性转导又称特异性转导，指通过某些部分缺陷的温和噬菌体把供体菌的少数特定基因转移到受体菌中的转导现象。只有温和噬菌体可进行局限性转导。当温和噬菌体进入溶源期时，以前噬菌体的形式整合于细菌染色体的一个部位。当其受激活或自发进入裂解期时，如果该噬菌体 DNA 在脱离细菌染色体时发生偏离，则与前噬菌体邻近的细菌染色体 DNA 有可能被包装入噬菌体蛋白质衣壳内（见图 5.7）。因此局限性转导噬菌体所携带的细菌基因只限于插入部位附近的基因。由于局限性转导噬菌体常缺少噬菌体正常繁殖所需的基因，因此常需与野生型噬菌体共同感染细菌，这样才能将携带的基因转移至受体菌，并获得该段基因所决定的新特性的表达。

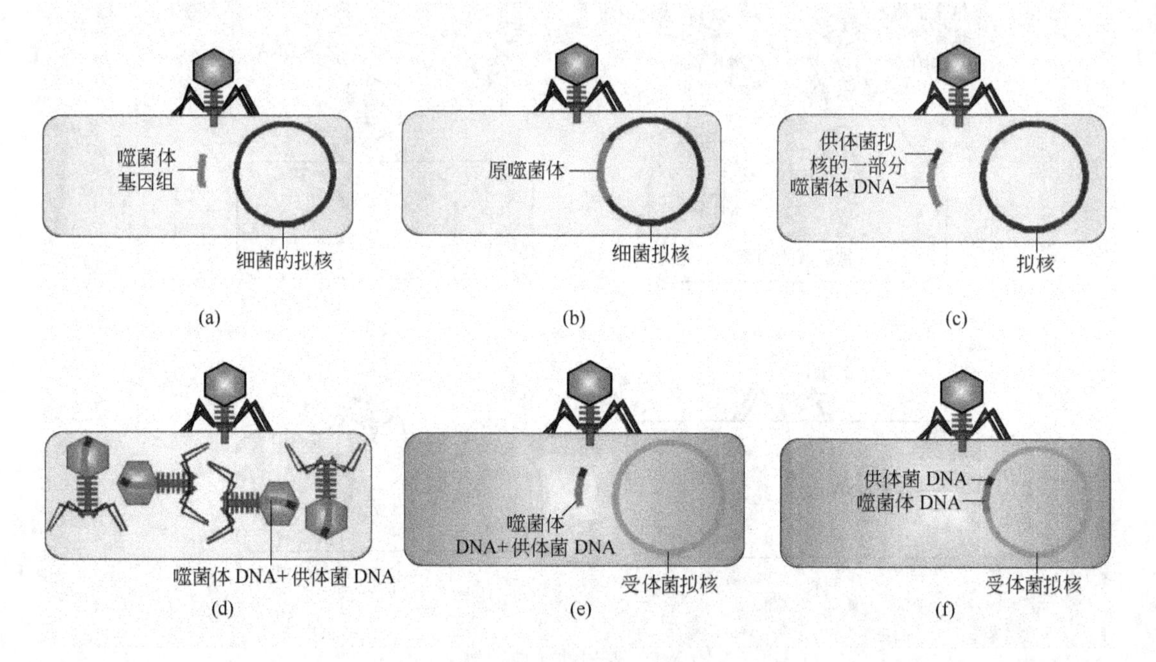

图 5.7　温和性噬菌体的特异性转导图解

目前以 λ 噬菌体的特异性转导研究最为清楚，λ 噬菌体是能侵染大肠杆菌并能整合到染色体上的一种温和噬菌体。当这种细菌用紫外线诱导时，染色体上的 λ 噬菌体可以脱离寄主染色体而成为游离的噬菌体。但是，如果在脱离过程中交换的位置发生偏差，就将噬菌体两侧的大肠杆菌染色体上半乳糖发酵基因（*gal*）或生物素基因（*bio*）携带下来，形成带有 *gal* 基因或带有 *bio* 基因的噬菌体（图 5.8）。这样形成的噬菌体称为特异性转导噬菌体，这样的转导噬菌体只能携带噬菌体整合位点（BB′位点）附近的少数几个基因。由于这样得到的特异性转导噬菌体的转导频率只有 10^{-6} 左右，因此称为低频转导噬菌体，这种转导称为低频转导。

一个噬菌体的头部有一定的大小，只能容纳一定长度的 DNA（对于 λ 噬菌体来讲是正常量的 75%～109%），所以转导噬菌体在带有一部分供体菌 DNA 的同时也必然失去了一部分自己的 DNA，因此也丧失了部分功能而不能成为正常的噬菌体，对这类噬菌体用 d 表示缺陷。例如，带 *gal* 基因的转导噬菌体约丧失 25%的噬菌体 DNA，在菌体裂解时不能产生成熟的 λ 噬菌体，因此用 λd*gal* 表示。

如果让 λd*gal* 和正常 λ 同时进入细菌细胞，正常的 λ 可以整合到染色体上，此后 λd*gal*

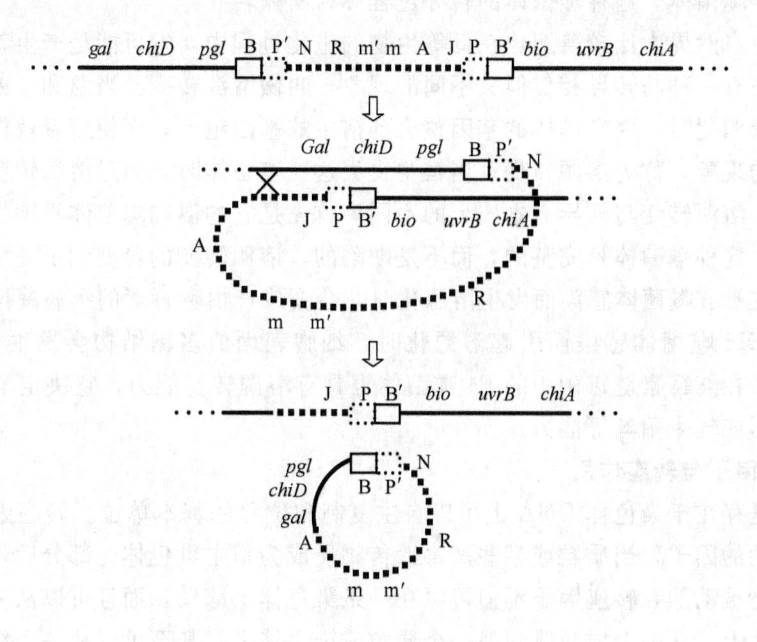

图 5.8 λdgal 转导噬菌体的形成

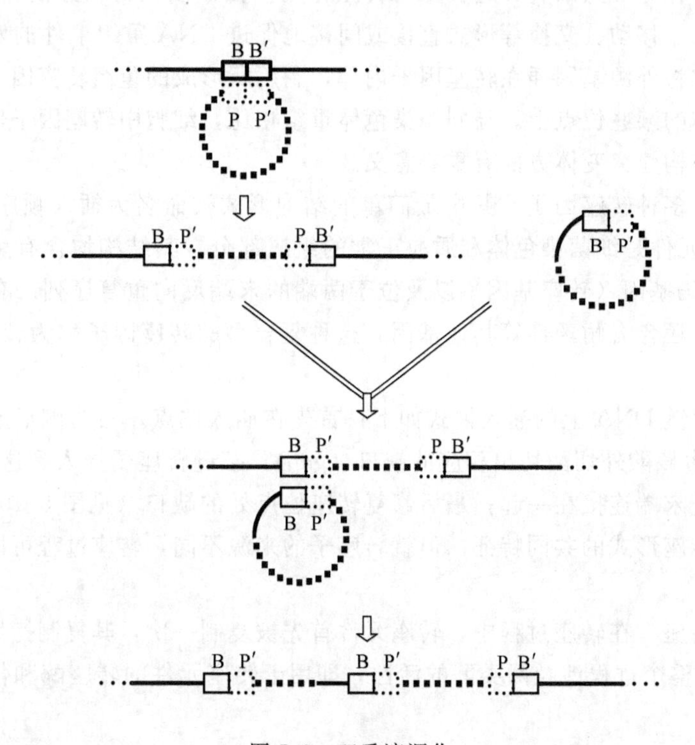

图 5.9 双重溶源化

也可以跟着整合上去（图 5.9）。这样形成的细菌称为双重溶源化细菌。用紫外线等诱导这些双重溶源化细菌就可以产生大量具有侵染能力的噬菌体，其中一半为正常λ，另一半为λdgal。因为在双重溶源化细菌中，正常λ可以为λdgal提供其缺少的基因所决定的功能，所以两者可以同步复制。这样得到的噬菌体具有比低频转导噬菌体高上千倍的转导频率，因此称为高频转导噬菌体。这种噬菌体的转导过程称为高频转导。

转导现象在自然界中比较普遍，在低等生物的进化过程中，它可能是产生新的基因组合的一种方式。还有一种与转导相似但又不同的现象，叫做溶源转变。当温和噬菌体感染其宿主而使之发生溶源化时，因噬菌体的基因整合到宿主的基因组上，而使后者获得了除免疫性以外的新性状的现象，称为溶源转变。当宿主丧失这一噬菌体时，通过溶源转变而获得的性状也同时消失。溶源转变与转导有本质上的不同，首先是它的温和噬菌体不携带任何供体菌的基因；其次，这种噬菌体是完整的，而不是缺陷的。溶源转变的典型例子是不产毒素的白喉棒杆菌菌株在被β噬菌体感染而发生溶源化时，会变成产白喉毒素的致病菌株；另一例子是沙门氏菌用E15噬菌体感染而引起溶源化时，细胞表面的多糖结构会发生相应的变化。国内有人发现，在红霉素链霉菌中的P4噬菌体也具有溶源转变能力，它决定了该菌的红霉素生物合成及形成气生菌丝等能力。

5.1.1.4 转座因子与转座作用

转座因子是存在于染色体DNA上可以自主复制和位移的基本单位。转座因子不同于质粒等一些可移动的因子，当质粒或某些病毒遗传物质成为宿主染色体一部分后，它们是随着染色体复制，是被动的，转座因子不但可以在一条染色体上移动，而且可以从一条染色体跳到另一条染色体上，从一个质粒跳到另一个质粒或染色体上，甚至可以从一个细胞跑到另一个细胞。转座因子介导的基因转移过程称为转座作用，在原核生物和真核生物中普遍存在，并通过缺失、插入、移动、交换等形式直接或间接地促进DNA重组事件的发生。因此在代谢工程操作中，常将外源基因插在转座因子内部，利用所形成的重组转座因子将外源基因带到宿主细胞染色体的某些位点上。与同源染色体重组相比，细胞中转座因子作用的频率却要低得多，不过它在构建突变体方面有重要意义。

目前已鉴定了多种转座因子，其中最简单的结构形式被命名为插入顺序（insertion sequence，IS）。IS元件是细菌染色体和质粒正常的组成部分，其结构均含有用于转座的蛋白质（转座酶）、编码基因（转座基因）以及位于两端的末端反向重复序列。有些转座因子除了编码转座酶外，还含有耐药性等其他基因，这种复合型的转座因子称为转座子（transposon，Tn）。

转座因子在双链DNA上的插入模式如下：首先在插入位点左右两侧形成两个交叉的缺刻（nick），然而由核酸外切酶切出相应的缺口（gap）；双链转座子插入到这两个缺口之间，并与新产生的单链末端连接在一起；最后修复转座位点处的缺口（见图5.10）。交叉末端结构的形成是所有转座形式的共同特征，但就转座子的来源不同，转座过程可以分为以下三种情况。

（1）复制型转座　在转座过程中，转座元件首先被复制一次，其复制拷贝整合在染色体上（见图5.11）。整个过程涉及两类酶的活性，即用于转座元件的转座酶和作用于拷贝元件的解离酶。

（2）非复制型转座　该转座过程只需要转座酶，转座元件作为一个整体直接从一处转移到另一处，而原来的地方形成DNA断裂（见图5.12）。如果宿主细胞的DNA修复系统能及时识别并修复，则转座是成功的，否则便是致死型转座。

（3）保守型转座　这是另一类非复制型的转座形式，转座元件从供体部位被切除并通过一系列的过程插入到靶部位，在该过程中每个核苷键皆被保留（见图5.13）。

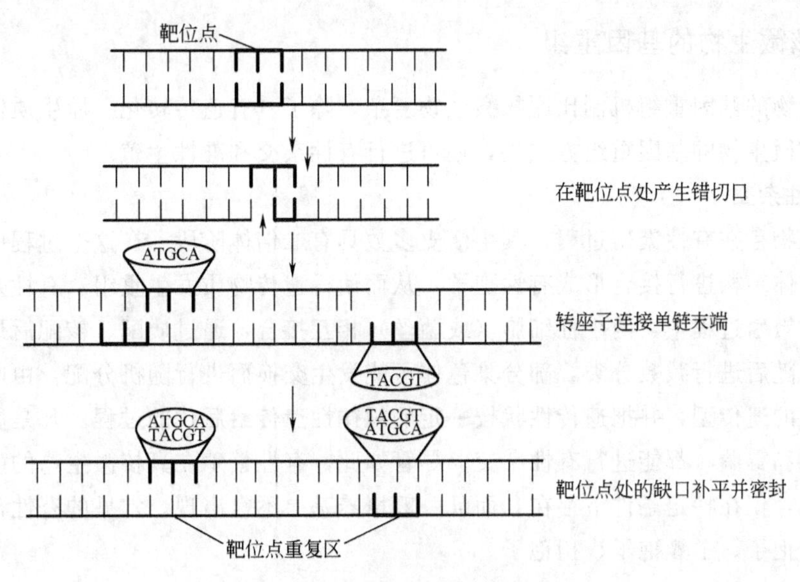

图 5.10　转座因子转座的基本过程

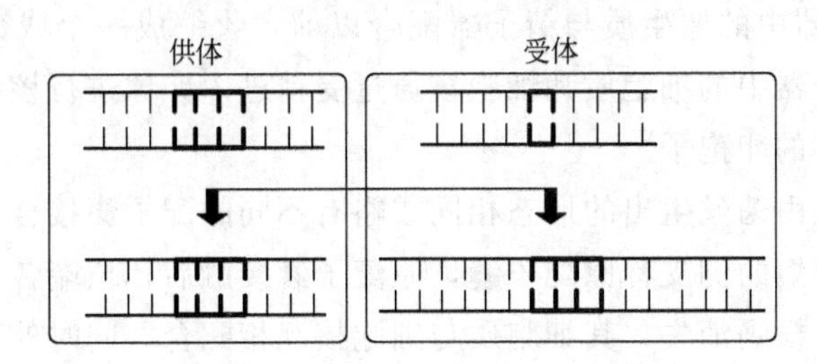

图 5.11　复制型转座的基本原理

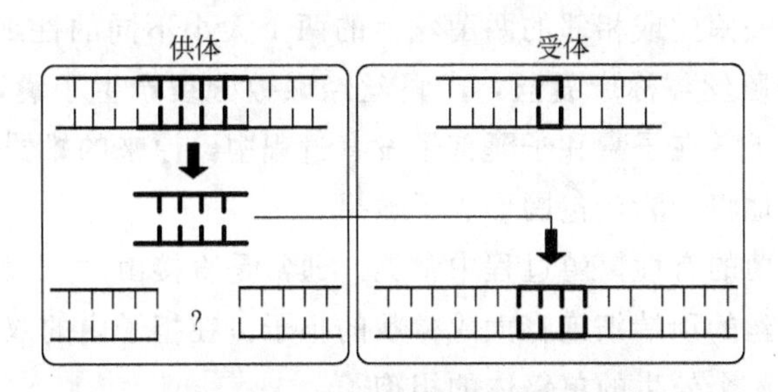

图 5.12　非复制型转座的基本原理

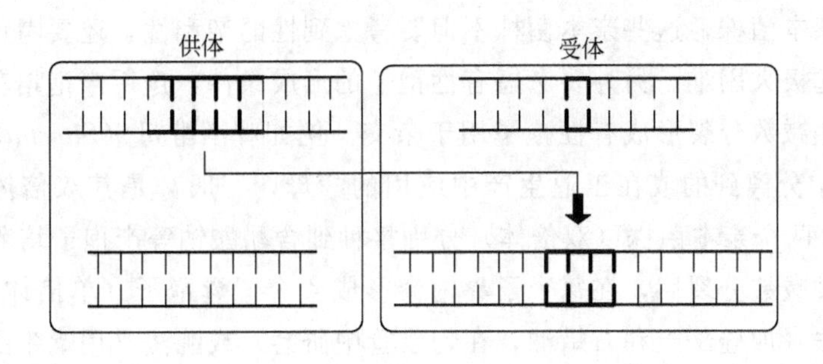

图 5.13　保守型转座的基本原理

5.1.2 真核微生物的基因重组

真核微生物的基因重组机制比原核微生物复杂，除了具有遗传转化、原生质体融合这两种类似于原核微生物的基因重组方式外，还可进行有性杂交和准性生殖。

5.1.2.1 有性杂交

真核微生物存在有性繁殖过程，其生活史多数具有二倍体阶段。在这个过程中，有些真菌可产生单倍体结构进行接合形成有性孢子，从而使得遗传物质发生重组。有性杂交是指在微生物的有性繁殖过程中，两个性细胞（或菌丝）相互接合，通过质配、核配后形成双倍体的合子，合子随后进行减数分裂，部分染色体可能发生交换而进行随机分配，由此而产生重组染色体及新的遗传型，并把遗传性状按一定的规律性遗传给后代的过程。凡是能产生有性孢子的酵母菌和霉菌，都能进行有性杂交。尽管如此，有性繁殖在真核微生物的生长繁殖过程中并不普遍，仅在特定条件下存在，而且一般培养基上不常出现。常见的有性孢子形式有卵孢子、接合孢子、子囊孢子、担孢子。

（1）卵孢子　是由两个大小不同的配子结合和发育而成的，小的称精子器，大的称藏卵器（或配子囊）。藏卵器中的原生质与精子器配合以前，收缩成一个或数个卵球，当精子器与藏卵器配合时，精子器中的细胞质和细胞核通过受精进入卵球进行核配，最后受精的卵球发育成厚壁的、双倍体的卵孢子。

（2）接合孢子　是由菌丝生出的形态相同或略有不同的配子囊接合而成的。两个相邻的菌丝各自向对方伸出极短的侧支称原配子囊，原配子囊接触后，顶端各自膨大并形成横隔称配子囊。随后，配子囊横隔消失，其细胞质与细胞核互相配合，同时外部形成厚壁，即为双倍体的接合孢子。

（3）子囊孢子　同一菌丝或相邻的两菌丝上的两个大小不同的性细胞相互接触并缠绕，经受精作用形成分枝的菌丝，称产囊丝，产囊丝经减数分裂产生子囊，每个子囊里面产生2～8个单倍体的子囊孢子，在子囊和子囊孢子发育过程中，原来的雄器和产囊器下面的细胞生出许多菌丝，有规律地将产囊丝包围形成子囊果。

（4）担孢子　在蕈菌的有性繁殖过程中常见，通常是直接由“+”、“—”菌丝结合形成双核菌丝，以后双核菌丝的顶端细胞膨大成棒状的担子。在担子内的双核经过核配和减数分裂，最后在担子上产生4个外生的单倍体的担孢子。

有性杂交在生产实践中被广泛用于优良品种的培育。在进行有性杂交时，最重要的是要选择适宜杂交的亲本菌株，这些亲本菌株不但要考虑到性的亲和性，还要考虑其标记，以免在杂种鉴别时引起极大困难。另外要考虑有性孢子的形成条件，选用产孢培养基，营造饥饿条件促进细胞发生减数分裂形成有性孢子用于杂交。例如啤酒酵母（*Saccharomyces cerevisiae*），从自然界中分离到的或在工业生产中应用的酵母，一般都是其双倍体细胞。将不同生产性状的A、B两个亲本菌株（双倍体）分别接种到含醋酸钠等产孢子培养基斜面上，使其产生子囊，经过减数分裂后，在每个子囊内会形成4个子囊孢子（单倍体）。用蒸馏水洗下子囊，经机械法（加硅藻土和石蜡油，在匀浆管中研磨）或酶法（用蜗牛酶等处理）破坏子囊，再行离心，然后将获得的子囊孢子涂布平板，可得到由单倍体细胞组成的菌落。如果把两个不同亲本的不同性别的单倍体细胞进行密集接触，就有更多的机会出现双倍体的有性杂交后代，从中可筛选出优良性状的个体。

5.1.2.2 准性生殖

准性生殖是一种类似于有性生殖但比它更原始的一种生殖方式。它可使同一种生物的两个不同来源的体细胞经融合后，不经过减数分裂，不产生有性孢子，仅通过低频率的基因重组并产生重组体细胞。准性生殖多见于一般不具典型有性生殖的酵母和霉菌，尤其是半知菌中，其主要过程见图 5.14。

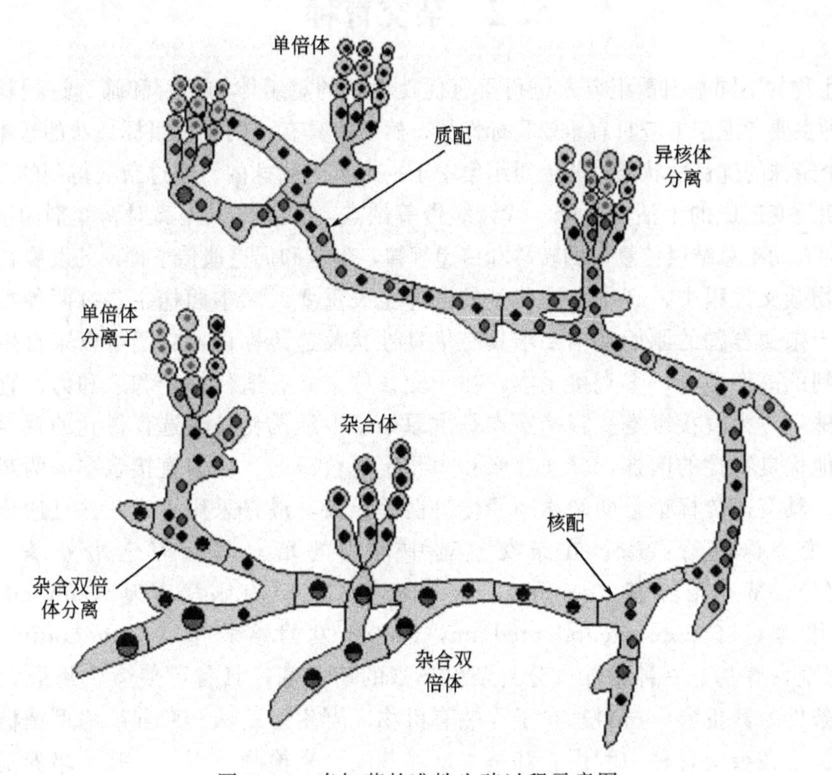

图 5.14 半知菌的准性生殖过程示意图

(1) 菌丝联结 常发生在一些形态上没有区别但在遗传性上却有差别的同一菌种的两个体细胞（单倍体）间，发生联结的频率极低。

(2) 形成异核体 两个体细胞经联结后，细胞核由一根菌丝进入另一根菌丝，使原有的两个单倍体核集中到同一个细胞中，于是就形成了双核的异核体，异核体能独立生活。

(3) 形成杂合二倍体 异核体的两个不同遗传性状的细胞核融合在一起，产生杂合二倍体。杂合二倍体的 DNA 含量约为单倍体的二倍，孢子体积约比单倍体孢子大一倍，其他一些性状也有明显区别，杂合二倍体相当稳定。核融合后产生杂合二倍体的频率也是极低的，如构巢曲霉（*Aspergillus nidulans*）和米曲霉（*A. oryzae*）为 10^{-7}～10^{-5}。某些理化因素如樟脑蒸气、紫外线或高温等处理，可以提高核融合的频率。

(4) 体细胞交换和单倍体化 体细胞交换即体细胞中染色体间的交换，也称有丝分裂交换。尽管形成的杂合二倍体的无性繁殖很稳定，在其进行有丝分裂过程中，其中极少数核的染色体会发生交换和单倍体化，从而形成极个别的具有新性状的单倍体杂合子。如果对双倍体杂合子用紫外线、γ射线或氮芥等进行处理，就会促进染色体断裂、畸变或导致染色体在两个子细胞中分配不均，因而有可能产生各种不同性状组合的单倍体杂合子。

如霉菌中酱油曲霉、黑曲霉等已杂交成功。准性生殖的发现为真菌遗传学研究和菌种选育开辟了新途径，使得在没有有性繁殖但有重要生产价值的真菌中，也有可能将不同菌株的优良特性集中于一个新个体中，它为霉菌的杂交育种奠定了基础。

5.2 杂交育种

根据微生物的不同基因重组方式进行具有优良性状的重组体的培育和筛选过程就是杂交育种。杂交育种主要考虑亲本应具有重要目标性状，然后将具有不同优良目标性状的亲本菌株进行杂交，使两个亲株的优良性状通过基因重组集中于一个重组菌株内。通过杂交得到的重组体可以克服由于长期诱变造成的生活力下降、代谢缓慢等缺点，并且可以提高对诱变剂的敏感性。另外，杂交育种有助于总结遗传物质的转移和传递规律，丰富和促进遗传学理论的发展。

在微生物杂交过程中，亲本和培养基的选择至关重要。亲本菌株主要有两种类型：①原始亲本，用于杂交育种的原始亲本要求具有优良性状及遗传标记，它们可以来自生产菌株或诱变育种得到的高产菌株；②直接亲本，在杂交育种中具有遗传标记和亲和力而直接用于配对杂交的菌株，称为直接亲本。直接亲本是由原始亲本经诱变处理选育得到的营养缺陷型菌株或具有其他优良特性的菌株，又通过亲和力测定而获得的。作为直接亲本的两亲株要求优良特性突出、具有遗传标记且两亲株间遗传特性差异大，最好采用近亲菌株且遗传性状有明显差异的直接亲株进行杂交。在杂交过程中常用的培养基有完全培养基（complete medium，CM）、基本培养基（minimal medium，MM）、有限培养基（limited medium，LM）、补充培养基（supplemental medium，SM）、发酵培养基（fermentative medium，FM）等。完全培养基是一种营养成分复杂而丰富的培养基，具备可使微生物最大限度地生长和繁殖的条件，其主要原材料来自于天然有机物。野生型菌株和营养缺陷型菌株都能在此培养基上生长，在杂交育种中利用它和基本培养基配合来检测重组体。基本培养基是一种营养成分简单而贫乏的培养基，其原材料基本上都是无机化合物。只有野生型菌株能在此培养基上生长，营养缺陷型菌株在此培养基上不能生长。在杂交育种中它主要用于营养缺陷型菌株的筛选以及重组体的检出和鉴别。有限培养基是专供合成异核体使用的培养基。通常在基本培养基中加入适量的完全培养基，使两个直接亲本菌株能少量生长，以满足菌丝体相互接触、吻合的需要。在有限培养基中加入完全培养基的量要适量，不能过少或过多。过少，菌丝生长太少，不能互相接触；过多，菌丝生长太多，会影响异核体的检出。补充培养基（SM）又称鉴别培养基或选择性培养基，是供鉴别重组体类型使用的培养基。通常在基本培养基中加入已知成分的各种氨基酸、维生素和核酸类物质，配制成不同类型的补充培养基。发酵培养基（FM）用于测定杂交菌株的发酵产物的产量。

细菌和放线菌的基因重组是通过接合完成的。接合是指两个亲本菌株细胞接合，染色体部分转移，形成局部结合子，最后经过染色体交换，导致重组体的产生。真菌的基因重组可以通过有性生殖或准性生殖来完成。下面介绍各类微生物的杂交技术。

5.2.1 细菌杂交育种

细菌杂交育种包括杂交亲本菌株的选择、亲本菌株的遗传标记的确定、不同性别菌株的制备、重组体的形成和检出等。由于有性杂交现象在细菌的繁殖过程并不普遍，且细菌杂交产生重组体的频率很低，约 10^6 个细菌中才会出现一个基因重组体，这也是杂交过程中必须选取带选择性标记的菌种来进行杂交实验的原因。因此，细菌杂交在育种工作中并未有很好的应用，主要以大肠杆菌为例介绍一下细菌杂交过程。

(1) 杂交亲本菌株选择、标记菌株和性别菌株的获得

① 杂交亲本菌株的选择　在杂交育种中通常选择两个具有不同遗传特性的菌株作为亲本菌株，亲本要求具有选择性标记和非选择性标记。这些具有标记用于杂交配对的菌株为直接亲本。

② 标记菌株的选育　用诱变剂处理亲本菌株后筛选营养缺陷型菌株作为标记菌株。

③ F^+ 菌株的获得　从标记菌株中筛选出 F^- 菌株，然后用 F^+ 菌株与 F^- 菌株接合，可使 F^- 菌株转变成含有选择性标记的 F^+ 菌株。

④ F^- 菌株的获得　用低浓度的吖啶橙处理 F^+ 菌株，可使 F^+ 菌株转变成 F^- 菌株。

⑤ Hfr 菌株的选育　Hfr 菌株可通过 F^+ 菌株经诱变后筛选得到，或通过 F^+ 菌株与 F^- 菌株杂交获得。具体方法是将 A 平皿上的 F^+ 菌株菌落影印到涂有 F^- 菌株的基本培养基 B 平皿上，经培养后，在 B 平皿上因个别细胞杂交而出现重组体菌落，这样就可在 A 平皿上相应的位置获得 Hfr 菌株。

(2) 杂交方法　一般采用直接混合法，先将 Hfr 菌株和 F^- 菌株分别培养到对数期，再按一定的比例将两菌株混合，再缓慢振荡培养一定时间，在此期间要注意保温和良好的通气条件，以助于亲本间通过接合进行染色体的连接、交换和重组。杂交后的混合菌液适当稀释并涂布到基本培养基或选择性培养基上，培养后即可得到重组菌。在基本培养基上带有营养缺陷型标记的两亲本都不能生长，从基本培养基上分离到的重组菌就是杂交后代。

由于细菌接合形成重组体的频率很低，为了排斥大量的亲本，必须选取带选择性标记的亲本菌株来进行杂交实验。为了确定重组子代中各种基因组合的存在，还需要非选择性标记。例如，从基本培养基上筛选出的杂交后代可能还含有乳糖发酵、抗噬菌体、抗链霉素中的某些或全部性状的编码基因。若要鉴别和确定这些重组体的一个性状如乳糖发酵编码基因，可把菌株接种到含有乳糖和伊红美蓝的基本培养基上，经培养，其中产生深红色的菌落，即带有乳糖发酵基因的重组菌株，而浅红色或白色菌落则不能发酵乳糖。如果要鉴定是否还具其他性状编码基因，则可以将重组体画线接种到含有乳糖和伊红美蓝的基本培养基上，然后分别在画线处滴加噬菌体和链霉素，经培养，观察、记录菌落变色和生长情况，分析是否携带乳糖发酵、抗噬菌体和抗链霉素基因及其他们的组合。

在细菌杂交中为检出重组体，有时还应用反选择标记。反选择标记有以下两种情况：在选择性培养基中少加一种 Hfr 菌株需要的生长因子，抑制 Hfr 菌株生长；如受体菌带有药物或噬菌体抗性基因，那么在基本培养基中加入药物或噬菌体，也可以抑制 Hfr 菌株生长。这样，最终达到在大量杂交菌株中准确检出重组体的目的。

5.2.2 放线菌杂交育种

放线菌是工业发酵产品的主要生产菌种来源，尤其是抗生素，大多数由放线菌产生。另外，还有一些酶、维生素和生理活性物质也是由放线菌产生的。放线菌在发酵工业中起着非常重要的作用，因此，研究放线菌的杂交育种具有重要的意义。放线菌的繁殖主要通过孢子的无性繁殖。在液体培养时以菌丝断裂方式进行繁殖。放线菌的有性生殖主要通过接合

进行。

放线菌与细菌都属于原核生物。放线菌的细胞结构与细菌很相似，没有核膜，染色体呈环状，所以放线菌的重组原理也类似于细菌。但是放线菌一般为多核分枝状菌丝，其菌丝形态与霉菌相似，在固体培养基上培养时，菌丝可分化为基质菌丝、气生菌丝和孢子丝，可产生分生孢子。所以两者尽管在杂交育种原理上差别较大，但育种操作方法基本相同。

5.2.2.1 放线菌杂交原理

放线菌的杂交原理与细菌类似。两个不同基因型的菌株通过接合，供体菌株的部分染色体转移到受体细胞中，经过染色体相互交换达到重组（图 5.15）。在杂交过程中，有一部分放线菌形成异核体，这种异核体在复制过程中染色体不会发生互换，产生菌落的特征仍为两亲本的原有性状，因此，这种异核体对放线菌杂交没有多大意义。只有经部分染色体转移形成的部分结合子，才是进行基因重组产生新性状的关键。另一部分放线菌在杂交过程中则不形成异核体，类似大肠杆菌杂交，直接将供体菌株的部分染色体转移到受体菌株，发生基因重组，获得各种重组体。放线菌杂交的具体过程如下。

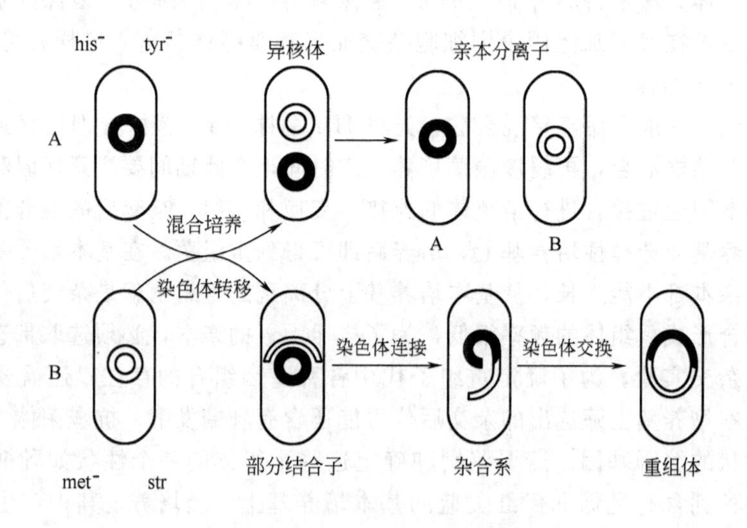

图 5.15 放线菌杂交原理示意图

（1）接合　两个不同基因型的菌株通过接合，供体菌株的部分染色体转移到受体细胞中，形成局部结合子（图 5.16）。局部结合子可由一个供体细胞的部分染色体和一个受体细胞的整套染色体相接合，也可是由两个亲本细胞的部分染色体相接合形成。

（2）杂合系和重组体杂合系　局部结合子形成后，在繁殖复制过程中，两种不同基因型染色体进行一次交换，产生杂合系，使交换后的染色体不是环状结构而是线状的，并且在染色体的末端具有串联的重复体。在复制过程中，开口的环状染色体上基因再一次交换，产生各种不同基因型的重组杂合系。经过双交换后还可能产生极少数的单倍重组体。杂合系是由基质菌丝中长出的，形成的菌落很小，能在选择性培养基和基本培养基上生长。

（3）重组体　杂合系或重组杂合系在以后的繁殖复制过程中，杂合状态染色体的不同区段还要进行几次交换，形成了一系列基因型的环状染色体细胞，然后从产生的菌落中可检出不同类型的重组体。杂合系是形成重组体所必需的阶段。

5.2.2.2 放线菌杂交技术

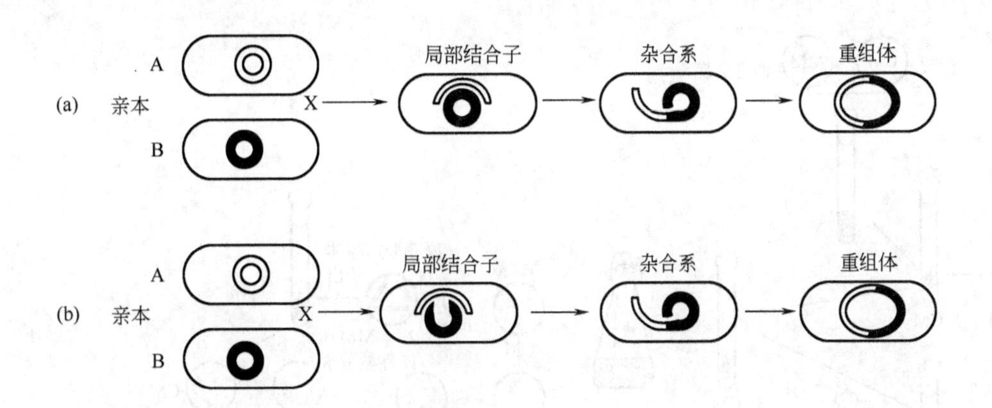

图 5.16　局部结合子、杂合系和重组体

放线菌杂交方法有混合培养法、玻璃纸杂交法和平板杂交法等。

(1) 混合培养法

① 直接亲本　直接亲本要求具有营养缺陷型或抗性标记，最好还带有颜色标记或产量标记。

② 斜面混合接种　取两个直接亲本新鲜培养的成熟孢子或菌丝，重叠接种到完全培养基斜面上，在适当温度下培养，根据选育目的决定培养时间，培养时间长一些，易选到原养型重组体；培养时间短些，则易选到异养型重组体。

③ 单孢子悬浮液的制备　待混合接种的斜面上产生的孢子成熟后，加入适量的含0.01%月桂酸钠的无菌水将孢子洗脱下来，然后用脱脂棉或滤纸过滤，再离心、洗涤，去除完全培养基带来的营养物质和菌丝体。最后再加入适当量的无菌水制成孢子悬浮液。

④重组体的检测

a. 原养型重组体的检测　将混合培养的单孢子悬浮液经稀释后分离到基本培养基平板上，培养后在平板上出现较大菌落。这些菌落除回复突变、互养杂合系外，几乎都是原养型重组体（图 5.17）。原养型重组体由于同时带有两亲本的遗传标记的染色体片段，往往具有两亲本的优良性状，其生产水平常常超过直接亲本，甚至达到或超过原始亲本。

b. 异养型重组体的检测　为了检出异养型重组体，需要配制补充培养基，即在基本培养基中不加入两亲本所要求的某些营养物质，使其达到两亲本都不能生长，某些不需要的重组体也不能生长。如果筛选的目的是需要多种类型的重组体，那么就要配制多种类型的选择性培养基才能满足要求。将混合培养的孢子悬浮液分离到这种培养基上，经培养，只有特定异养型的重组体才能长出来。异养型重组体虽然是由两个亲本基因重组产生的，但它们仍然带有某些营养缺陷型的等位基因，与原养型菌株相比其生理代谢是不平衡的，某些酶的合成也不稳定。因此其代谢产物的生产能力比直接亲株低，在实际生产中尚无成功的应用实例，但对发展遗传学理论是有意义的。

⑤ 杂合子分析

a. 杂合系菌落的分离　将混合培养的单孢子经稀释后分离到基本培养基平板上，培养后在平板上出现大小不同的菌落，其中较大的菌落是一些原养型菌落，较小的菌落是一些杂合系菌落。杂合系细胞是由两亲本不同基因型染色体通过一次交换形成的。

b. 分离子的获得　取杂合系菌落上的孢子，制成单孢子悬浮液，分离到完全培养基平

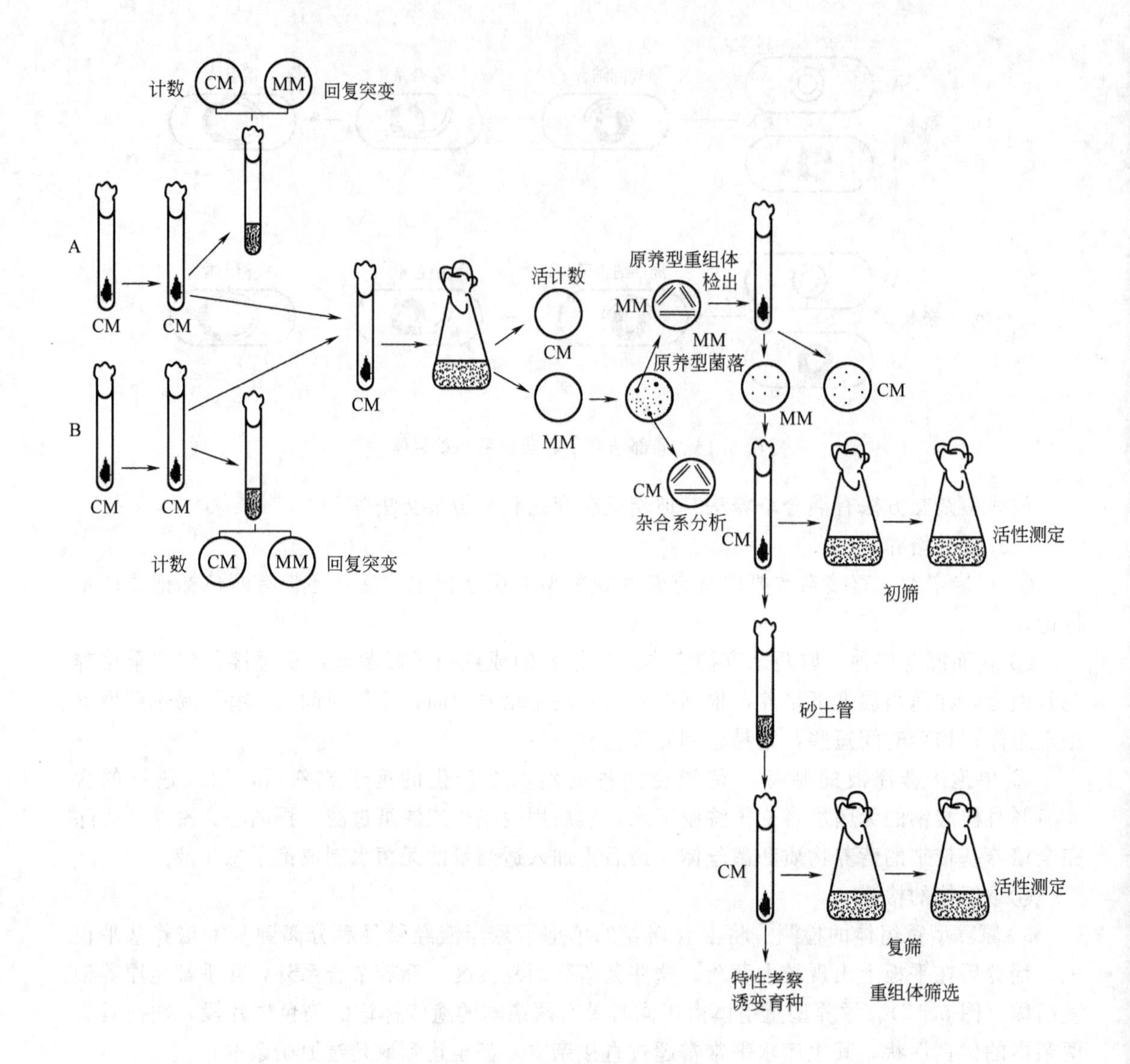

图 5.17　放线菌杂交育种程序

板上，培养后使长出独立菌落。然而把每个菌落上的孢子点种到完全培养基平板上，待菌落孢子长成后，用影印法将分离子菌落复印到多种不同的选择性培养基平板上，可以得到各种需要的重组体菌株。

c. 重组体的鉴别　从杂合系菌落中分离到的各种类型的重组体必须用鉴别性培养基采用影印法进行进一步的鉴别。首先将各种重组体的孢子点种在完全培养基平板上，待菌落表面孢子形成后，用影印法分别复制到几种鉴别培养基平板上，鉴别培养基一般包括四种类型：基本培养基（对照）、含一个亲本缺陷的营养物质的基本培养基、含另一个亲本缺陷的营养物质的基本培养基、同时含两个亲本缺陷的营养物质的基本培养基。经培养，长出菌落，根据在鉴别培养基上生长情况，可以鉴别出几种类型的重组体。

（2）玻璃纸杂交法　玻璃纸杂交法要求两个直接亲本都带营养缺陷型标记，其中一亲本还带抗性标记。用于筛选的培养基是SM，即在MM中加入同一种药物。该法是把两亲本孢子混合接种到覆盖于完全培养基的玻璃纸上，经过一定时间培养后，将玻璃纸转移到含药物的补充培养基上，置适当温度继续培养后，在该培养基上能生长的菌落是带有抗药物等位基因的局部结合子所形成的杂合系菌丛（图5.18）。把每个气生菌丝丛逐个地检出，用杂合子分析方法进行分析。

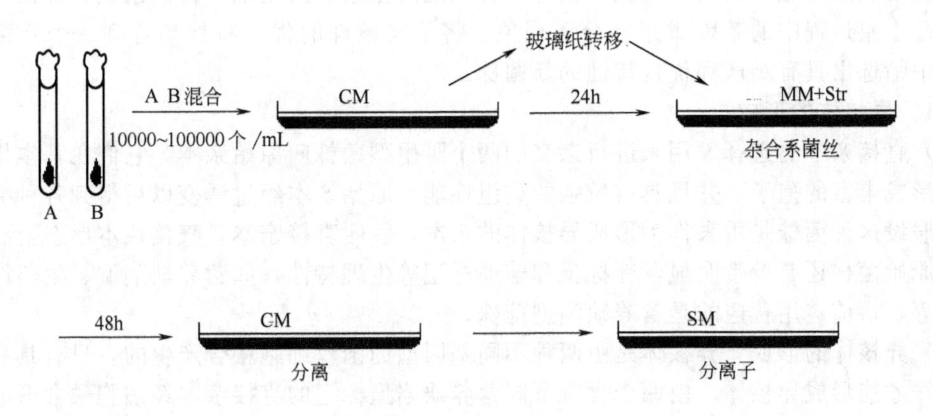

图5.18 玻璃纸杂交法

玻璃纸杂交法不仅可以分离杂合系，而且可以分析杂合系。与混合培养法中的杂合系分析相比，玻璃纸杂交法较为简便，周期短。玻璃纸法可以在一定时间间隔内中断杂交，可对杂交过程和染色体转移在时间上进行控制，以利于研究杂交过程。

（3）平板杂交法　平板培养法适合于测定大量菌落与一个共同试验菌种配对时的致育能力。其方法是：①将多株亲本A菌株的菌落以点种法分别接种到完全培养基上，培养后形成大量孢子，备用；②将一株共同配对的亲本菌株B的孢子悬浮液加到另一个有限培养基平板上，涂布培养，备用；③将在完全培养基上长满孢子的A亲本的各菌落，采用影印法复制到长满B亲本菌株孢子的平板上。继续培养，A、B两亲本的孢子萌发，长成菌丝，互相接触，使双方具有致育能力的菌丝进行接合，形成局部结合子。两亲本具有不同遗传特性的染色体进行一次单交换而形成杂合系。进一步培养，经过繁殖、复制，杂合系形成孢子，采用影印法将杂合系孢子复印到各种选择性培养基平板上，从中可以检出重组体分离子（图5.19）。

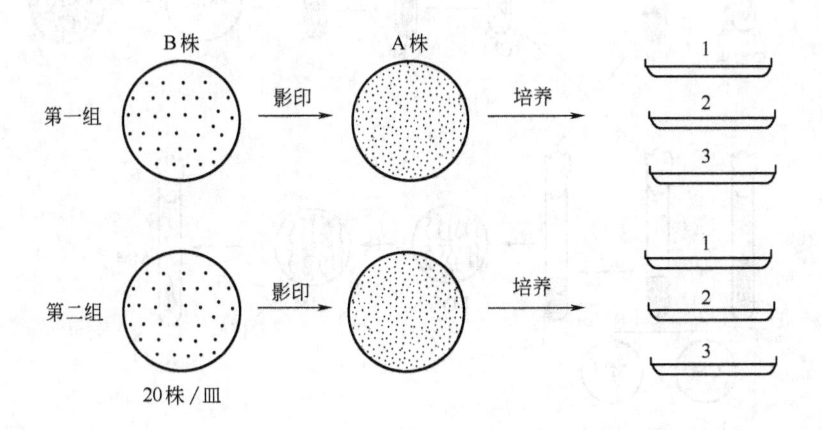

图5.19 平板杂交法

该法的优点是适合于在短时间内进行大量配对菌株的杂交。对那些孢子长得丰满的亲株间的杂交更为有利。

5.2.3 霉菌杂交育种

霉菌是发酵工业产品的重要生产菌种，特别是抗生素和酶制剂。霉菌杂交育种是利用霉菌的准性生殖过程中的基因重组和分离现象，将不同菌株的优良特性集合到一个新菌株中去，从中筛选出具有高产和优良特性的新菌株。

5.2.3.1 异核体的形成

（1）直接亲本的选择　用来进行杂交的两个野生型菌株叫原始亲本，它们在基本培养基上能够形成丰富的孢子，并且具有较强的重组性能。原始亲本经过诱变以后得到各种突变型菌株，假设这种菌株是用来作为形成异核体的亲本，就叫直接亲本。直接亲本形态上必须稳定，其原始菌株还要携带明显营养标记和辅助标记等生理特性，如营养缺陷型、耐药性、产量特性等，目前应用普遍的是营养缺陷型菌株。

（2）异核体的形成　异核体是由两种不同基因型的菌丝细胞融合产生的，只有具有交配型的菌株才能形成异核体。由两个含有不同营养缺陷型标记的直接亲本经细胞融合形成的异核体由于已经进行了质配，因此异核体在生长过程中具有了亲本细胞各自缺陷的营养生长能力，这就是营养互补作用，使得异核体能在基本培养基上生长。异核体形成的过程是要将两个直接亲本菌株的分生孢子或菌丝体进行混合接种、培养，使两个配对菌株的细胞彼此接触，进而促进细胞壁融合和细胞质交流，产生异核体。主要方法有完全培养基混合法、基本培养基衔接法和有限培养基培养法。

① 完全培养基混合法　将配对菌株的孢子混合接种在液体完全培养基中培养，待长出幼嫩菌丝后，用生理盐水洗涤离心数次，除去黏附的培养基，把菌丝撕碎，并涂布于基本培养基平板上培养，直至长出异核体的菌丝丛（图 5.20），挑取其上的孢子移到基本培养基斜

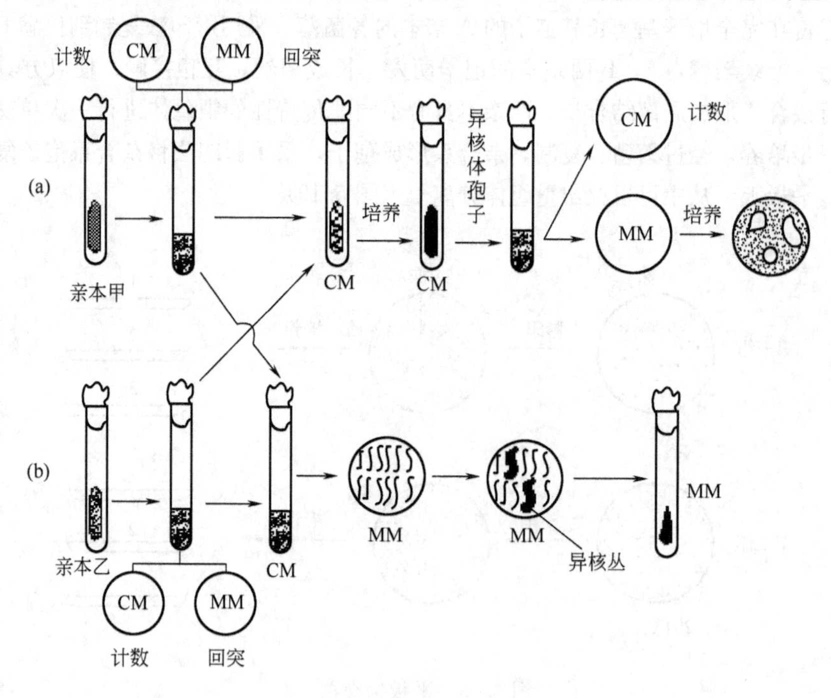

图 5.20　混合培养法

面上保存。此法特别适合于两个直接亲本的分生孢子不易融合的情况。

另一种完全培养基混合法是把两个直接亲本的分生孢子混合接种于完全培养基斜面上，培养5～8天后，形成为数很少的异核体，进一步纯化分离，可以获得异核体的单个菌落，移接到基本培养基上保存。

② 基本培养基衔接法　取两个亲本菌株新鲜斜面上的分生孢子，用生理盐水洗涤数次，制成高浓度的孢子悬浮液，分别从上至下和从下至上涂接到基本培养斜面上，接种长度约为斜面的2/3，而两菌株接种的衔接部分约为1/3。培养后，衔接部分长出异核体菌丝丛（图5.21）。进一步考证、纯化，移入斜面保存。该法获得异核体频率很高。

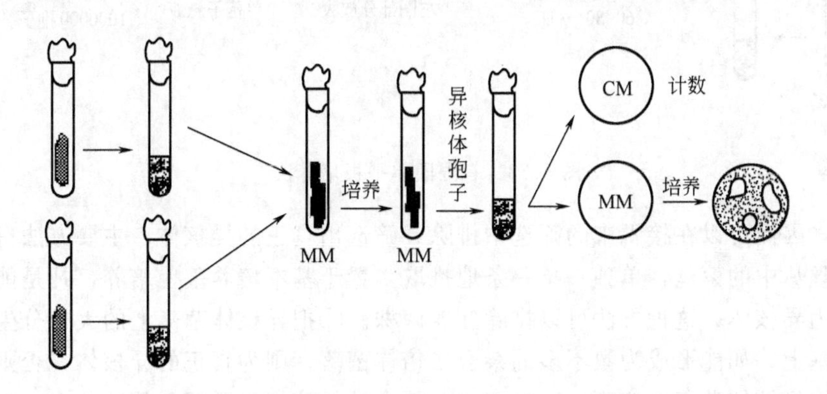

图5.21　斜面衔接法

③ 有限培养基培养法　有限培养基（LM）是由完全培养基和基本培养基以1∶9比例组成。有限培养基培养法可分为液体静止培养法和固体平板培养法两种。液体静止法是在液体有限培养基中接入两个配对菌株的分生孢子，培养1～2天后，将长出的幼嫩菌丝撕碎，涂布于基本培养基上，培养6～8天，将长出的异核体菌丝丛移入斜面保存（图5.22）。固体平板培养法是将两个配对菌株的分生孢子等量混合制成孢子悬浮液，涂布到有限培养基琼脂平板上，培养6～8天后，在两个亲本菌落间形成异核体菌丝丛（图5.23）。

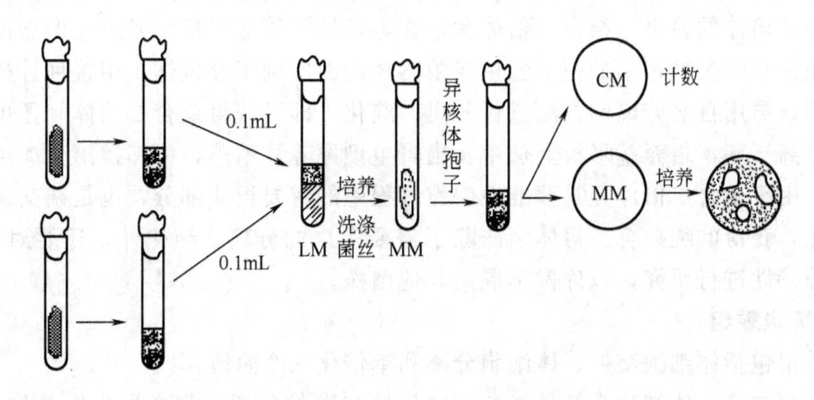

图5.22　有限液体静止培养法

（3）异核体的检出　在进行异核体检出时尤其要排除由亲本互养产生的菌落。所谓互养是指，有时两个不同营养缺陷的亲本菌株在基本培养基上生长时，由于彼此十分靠近，尽管没有发生细胞融合，但产生的代谢产物通过培养基的渗透可以互为对方所利用，弥补各自的营养缺陷，从而可以在基本培养基上生长。由于发生互养现象的亲本菌株间并没有发生遗传

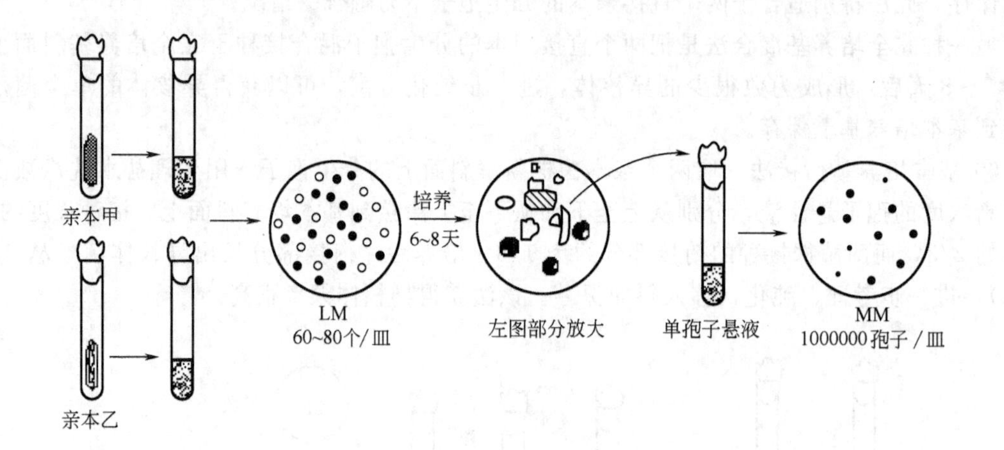

图 5.23　有限固体平板培养法

物质的转移，因而可以在接下来的筛选中排除，筛选出真正的异核体。主要方法有：①把以上异核体菌丝丛中的菌丝，单独一条一条地挑取，置于基本培养基上培养，凡是能重新形成菌落的，即为异核体，这种方法可以排除互养菌株。②把异核体菌落上的大量分生孢子涂布在基本培养基上，如能形成为数不多的杂合二倍体菌落，则为真正的异核体，否则就不是异核体；或者将异核体菌落培养到一定时间，在特有的异核体孢子颜色的菌落上，出现类似野生型孢子颜色角变或斑变的杂合二倍体，说明菌落确是由异核体形成的。

5.2.3.2　杂合二倍体的形成和检出

(1) 杂合二倍体的形成和诱发　杂合二倍体是由两个不同遗传型的单倍细胞核融合产生的。杂合二倍体就在异核体菌落表面上形成与异核体菌落颜色不同的角变（扇形）或斑点分生孢子。挑取角变或斑点上的孢子，进行分离纯化，可以得到纯杂合二倍体的菌株。异核体自发核融合而形成杂合二倍体的频率极低，常以人工诱发方法来提高频率。采用天然樟脑蒸气熏蒸或紫外线处理异核体的尖端菌丝或者分生孢子，然后再继续培养是常用的方法。

(2) 杂合二倍体的检出　杂合二倍体常常在异核体菌落上以角变或斑点形态出现，这种角变或斑点往往是野生型亲本的孢子颜色或菌落结构而区别于异核体。用接种针挑取它们上面的分生孢子，再用自然分离的方法进行分离、纯化，即可获得杂合二倍体。还可以将大量异核体孢子分离于基本培养基平板上从中长出野生型原养性菌落，将其挑出分离纯化，即得杂合双倍体。由于杂合二倍体是霉菌准性生殖过程中的重要组成部分，也是杂交育种的关键性一步。因此，获得的纯杂合二倍体菌株除了需要多次的分离、纯化外，还要对它的形态、生理和遗传等特性进行研究，以确保不混杂其他菌株。

5.2.3.3　体细胞重组

体细胞重组包括体细胞交换、体细胞分离和单倍化三个阶段。

(1) 体细胞交换　体细胞交换是指杂合二倍体在有丝分裂过程中发生染色体交换现象。当杂合二倍体细胞在繁殖过程中进行有丝分裂，同源染色体的两条单体间一些位点会发生互换，结果导致同源染色体上部分区段出现重组，产生新的二倍体子代。

(2) 体细胞分离　杂合二倍体在有丝分裂过程中，细胞核内的同源染色体以偶然的机会发生交换，而引起局部染色体上基因种类发生变化，从而产生基因型不同的后代，称为体细胞分离，其结果是产生多种类型的分离子。

（3）单倍化　单倍化是指杂合二倍体细胞在增殖过程中借助整条染色体的随机交换而得到单倍重组体或单倍的亲本分离子。单倍化过程发生在体细胞有丝分裂时期，细胞分裂时遗传物质分配不均，除了产生正常的二倍体细胞外，还会产生非整倍体细胞，这种细胞一般不稳定，再经过多次细胞分裂后，失去一些染色体而变成单倍体细胞，形成多种类型的单倍体分离子。由于这个过程不存在显性基因，使得在分离子中显现出隐性性状。

（4）分离子　杂合二倍体经过体细胞交换和单倍化后产生的子细胞，称为分离子。分离子种类很多，根据不同情况可以分为以下几类：亲本分离子、原养型分离子和异养型分离子；二倍分离子、单倍分离子和非整倍分离子；初级分离子和次级分离子。亲本型分离子的表现型和基因型与直接亲本相同。原养型分离子不缺少直接亲本所缺陷的性状，基因型一般与野生型菌株类似。异养型分离子表现出直接亲本所不具有的新的性状，但仍具有直接亲本的部分缺陷性状。由杂合二倍体繁殖后第一次产生的子细胞，称为初级分离子，如果初级分离子或非整倍分离子再移接一代后产生的分离子，称为次级分离子。

（5）分离子的检出与测定方法　尽管杂合二倍体用诱变剂或重组剂诱发，可以提高分离子产生的频率，但总的来说，产生的分离子数量仍然很少。要想在大量的菌落中识别和检出各种分离子，主要根据分离子携带的隐性标记。

检出分离子常用的方法是将杂合二倍体菌落产生的分生孢子分离在完全培养基平板上，培养后在长出的大量菌落中找到个别菌落上出现具有隐性标记突变颜色的角变或斑点，挑取它们上面的分生孢子移接到完全培养基斜面，进一步分离、纯化。如果要检出抗性分离子，可将杂合二倍体孢子分离在选择性培养基平板上，则可筛选出耐药性分离子。选择性培养基有两种：一种是含有重组剂的完全培养基，如对氟丙氨酸（PFA）不会引起基因突变，但能促进体细胞重组，增加分离子的出现频率；另一种是在完全培养基中加入吖啶黄之类的药物，因为一个抗性菌株和一个敏感菌株形成的双倍体对吖啶黄是敏感的，在这种培养基上不能生长，只有耐药性分离子可以生长。

从杂合二倍体中检出的分离子，必须进行分离纯化，然而对它们的特性进行全面测定分析，包括菌落形态、营养要求、孢子颜色、孢子 DNA 含量以及代谢产物生产能力等。

5.2.3.4　高产重组体的筛选

杂交育种的目的是获得高产、稳定的重组体。异核体和杂合二倍体在遗传上是不稳定的，在繁殖过程中会发生分离现象，导致产量下降。只有单倍重组体才是稳定的。在进行霉菌杂交育种时要注意以下几点：选择的两个亲本菌株，不仅要具有不同的优良性状，而且最好是近亲配对组合，这样易获得产量高的重组体；要用合适的诱变剂处理杂合二倍体，促使它进行体细胞交换和单倍化过程，选出具有高产和优良性状的单倍重组体；对获得的重组体进行特性代谢调节，即筛选适应酶系统调节突变株，使高产重组体能够充分发挥其高产潜力并能适应工业化生产。

5.2.4　酵母菌杂交育种

酵母菌是单细胞的真核微生物。酵母菌的有性繁殖是通过形成单倍体的子囊孢子的方式进行的。酵母菌存在单倍体和二倍体的生活史，具有孟德尔式的分离现象，以及 a 和 α 接合型，具有这两种接合型的子囊孢子萌发生长成单倍体的菌株，不同接合型的单倍体菌株细胞可以接合生成二倍体菌株。酵母菌二倍体的生活力较单倍体强，生产能力也明显高于单倍体，因此通过杂交得到二倍体，有可能达到育种的目的。

酵母菌的杂交主要是通过有性杂交，有性杂交是利用两种不同接合型的单倍体菌株或子囊孢子进行的。有的酵母菌如假丝酵母不具有性生殖，即不产生子囊孢子，它们的杂交与霉菌一样，是通过准性生殖过程进行的。酵母菌杂交一般指异接合型菌株的杂交。杂交过程包括子囊孢子接触、接合、合子形成，直至二倍体细胞出芽为止的一系列过程。杂交步骤包括遗传标记菌株的选择和不同遗传标记的异接合型细胞杂交。

5.2.4.1 标记亲株的选择

酵母菌杂交育种的亲株要求携带遗传标记，常用的遗传标记为营养缺陷型或抗性突变型，也可以是菌落和细胞的形态。选择标记亲本菌株一般是先选择遗传性状优良的原始亲本，然后从两个原始亲本中选出不同接合型的单倍体菌株或者单倍体的子囊孢子，采用适合的诱变剂处理单倍体菌株，从中获得带有不同营养缺陷基因的亲本菌株作为杂交的直接亲本。

5.2.4.2 杂交方法

(1) 子囊孢子的制备　酵母菌二倍体细胞在营养贫乏的产孢子培养基上培养可形成子囊孢子。通常子囊孢子不易分离，可用蜗牛酶处理，振荡，加液体石蜡，摇匀后子囊孢子就聚集于液体石蜡层中；或洗下子囊，加液体石蜡和硅胶土，研磨，4500r/min 离心 10min，破壁后被分离的子囊孢子集中到石蜡层。取含有子囊孢子的石蜡，再加入等量的 15%明胶，混匀后涂布到琼脂平板上培养，即可得到单倍体菌落，移入斜面，备用。

酵母菌单倍体细胞与二倍体细胞在形态上存在一定的区别。二倍体细胞较大，呈椭圆形；菌落大且形态较一致；液体培养繁殖快，细胞较分散；在孢子培养基上可形成子囊。而单倍体细胞较小，呈球形；菌落小并且形态多变；液体培养时繁殖慢，细胞聚集成团；在孢子培养基上不形成子囊。单倍体细胞具有接合能力，但不能形成孢子。根据在产孢子培养基上能否形成子囊孢子可以确定是否为单倍体细胞。将单倍体菌株与已知接合型 a 或 α 标准单倍体细胞杂交，确定单倍体细胞的接合型。

(2) 有性杂交　酵母菌有性杂交的方法主要有孢子杂交法、群体杂交法和单倍体细胞杂交法三种。

① 孢子杂交法　在显微操作器下，取单个子囊孢子，随机配对，置于微滴培养液中培养，子囊孢子发芽并发生接合，形成接合子。

② 群体杂交法　把带有遗传标记的两种不同接合型单倍体细胞移接到完全培养液中，混合培养过夜，使两亲本细胞在生长中充分接合，然而把混合液分离在选择培养基或基本培养基上，培养后形成二倍体的杂种菌落。

③ 单倍体细胞杂交法　将两种不同接合型的单倍体细胞在显微操作器下随机配对，进行微滴培养。在显微镜下可直接观察杂合子形成，并可在无遗传标记的情况下获得杂合二倍体细胞。

酵母菌和其他微生物杂交一样，种间杂交比属间杂交容易获得优良性状的重组体。这是因为种间杂交的遗传特性比较稳定，而属间杂交产物易于发生遗传分离造成的。

5.2.5 原生质体融合

常规杂交由于受亲和力的影响，双亲本必须具有性的分化，这就决定了杂交具有一定的局限性，应用范围较小。因此，许多育种工作者探索了更有效的基因重组方法，原生质体融合就是在这样的背景下发展起来的杂交育种方法之一。

1953 年 Weibull 首次用溶菌酶处理巨大芽胞杆菌细胞获得原生质体，并提出原生质体的概念。细胞壁被酶解剥离，剩下由原生质膜包围的原生质部分称为原生质体。原生质体基本保持原细胞结构、活性和功能，由于去掉了细胞壁，对渗透压、诱变剂等外界条件特别敏感，代谢活性弱，易再生，易融合。此后，原生质体技术快速发展起来，并逐渐成为工业微生物育种的重要手段。一些相关的育种技术如原生质体再生育种、原生质体诱变育种、原生质体转化育种等也发展起来。特别重要的是，1976 年 Fodor 和 Schaeffer 报道了巨大芽胞杆菌和枯草芽胞杆菌原生质体融合技术，从此原生质体融合育种广泛应用于细菌、放线菌、霉菌和酵母菌，并从株内、株间发展到种内、种间，打破了属种间的亲缘关系，实现了微生物属间、门间的融合，这是常规杂交育种难以比拟的。

原生质体融合的原理和程序见图 5.24。两个具有不同基因型的细胞，采用适宜的水解酶剥离细胞壁后，在融合剂作用下，两原生质体接触、融合成为异核体，经过繁殖进一步核融合，形成杂合二倍体，再经过染色体交换产生重组体，达到基因重组的目的，最后对重组体进行生产性能、生理生化和遗传特性分析。因此，原生质体融合育种可分为五大步骤：直接亲本及其遗传标记的选择、双亲本原生质体制备和再生、亲本原生质体诱导融合、融合重组体分离、遗传特性分析与测定。

5.2.5.1 亲株遗传标记的选择

用于原生质体融合的亲本需要携带遗传标记，以便于重组体的检出。常用营养缺陷型和抗性作为标记，也可以采用热致死（灭活）、孢子颜色、菌落形态作为标记。实际应用时究竟采用哪种遗传标记，要根据试验目的来确定。如果原生质体融合的目的是为了进行遗传分析，那么应该采用带隐性基因的营养缺陷型菌株或抗性菌株；如从育种角度进行原生质体融合，由于大多数营养缺陷型菌株都会影响代谢产物的产量，所以在选择营养缺陷型标记时，应尽量避免采用对正常代谢有影响的营养缺陷型。

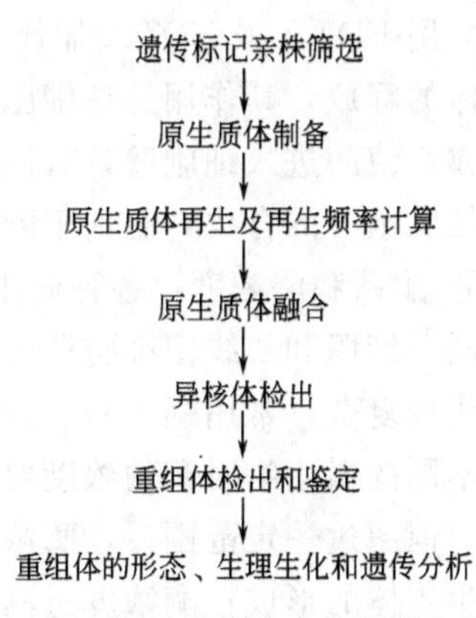

图 5.24 原生质体融合的原理和程序

5.2.5.2 原生质体的制备

制备大量具有活性的原生质体是微生物原生质体融合育种的前提。活性原生质体制备过程包括原生质体的分离、收集、纯化、活性鉴定和保存等操作步骤。

为了制备原生质体，必须有效地除去细胞壁。细胞去壁后，原生质体从中分离出来，此过程称为原生质体分离。去壁的方法有三种：机械法、非酶分离法和酶法。以酶法最为常用。酶法分离原生质体的本质是以微生物细胞壁为底物的酶水解反应。

(1) 酶法制备原生质体的条件

① 培养基组成　酶法分离原生质体，首先要培养菌体。培养菌体时不同的培养基会明显影响原生质体的形成。一般放线菌只有在加甘氨酸的培养基中培养后，才能使酶类易于渗入和瓦解细胞壁，释放原生质体。加入甘氨酸的浓度通常控制在明显抑制菌体生长但能获得适量的菌丝体为宜。

② 菌体培养方式　菌体培养可采用平板玻璃纸法，或振荡沉没培养法，也可以把振荡培养的菌丝体采用匀浆器或超声波破碎法，使菌丝断裂或细胞壁松弛。

③ 菌体菌龄　微生物生理状态是决定原生质体形成的主要因素之一，尤其是菌龄，明

显影响原生质体形成的频率。丝状真菌以年轻的菌丝来分离原生质体最佳，尤其是菌丝尖端生长点，其复制周期与原生质体形成有密切关系。具体的菌龄随菌种和培养条件而异，细菌和霉菌一般采用对数期，而放线菌以对数期到静止期的转换期较理想。

④ 稳定剂　原生质体由于剥除了细胞壁，失去了细胞壁特有的保护作用，因此对外界环境变得十分敏感，尤其是渗透压。如果把原生质体悬浮在蒸馏水或低渗溶液中，则原生质体会膨胀破裂，所以必须在一定浓度的高渗溶液中进行酶解、破壁，才能形成和保持稳定的原生质体。这种高渗溶液被称为稳定剂。稳定剂的种类有无机盐和有机物，无机盐包括 NaCl、KCl、$MgSO_4$、$CaCl_2$ 等。有机物包括蔗糖、甘露糖、山梨醇等。

⑤ 酶解前的预处理　用酶水解细胞壁，首先要使酶渗透到细胞壁中去。但生物体都有保护自身的一套严密的结构，不是任何物质都可以随意进入细胞壁。因此，在酶解前要根据细胞壁的不同结构和组成加入某些物质进行预处理，以抑制或阻止某一细胞壁成分的合成，从而使酶易于渗入细胞壁，提高酶对细胞壁的水解效果。如 SH-化合物广泛应用于酵母菌和丝状真菌的预处理，效果较好，其作用主要是还原细胞壁中蛋白质的二硫键，使分子链切开，酶分子容易渗入，促进细胞壁水解，释放原生质体。在腐霉中加入 Triton　X-100 或脂肪酶后，可以除去细胞壁上的脂肪层，促进酶分子进入细胞壁，有利于原生质体的释放。酵母菌常用 EDTA 或 EDTA 加巯基乙醇进行预处理。在放线菌培养液中加入甘氨酸有利于原生质体的释放，其作用是在细胞壁合成过程中甘氨酸错误替代丙氨酸而干扰细胞壁网状结构的合成，使酶进入细胞壁，有助于瓦解细胞壁。细菌通常加入亚抑制量的青霉素，以抑制细胞壁粘肽组分的合成，有利于酶对细胞壁的水解作用。

⑥ 酶系和酶浓度　各种微生物由于细胞壁的组成不同，用于水解细胞壁的酶的种类也不相同。细菌和放线菌细胞壁的主要成分是肽聚糖，可以用溶菌酶来水解细胞壁。真菌细胞壁组成较复杂，常用蜗牛酶、纤维素酶、β-葡聚糖酶等来水解细胞壁。

不同的微生物对酶的浓度要求也有差异。一般来说，酶浓度增加，原生质体的形成率也增大，但超过一定范围后，酶浓度增加对原生质体形成率的提高不明显。酶浓度过低，不利于原生质体的形成；酶浓度过高，则导致原生质体再生率降低。因此，建议以使原生质体形成率和再生率之积达到最大时的酶浓度作为最佳酶浓度。

⑦ 酶的作用温度和 pH 值　酶的作用温度和 pH 要根据酶的特性和菌种特性决定。

⑧ 酶解时间　原生质体的形成与酶解时间密切相关，酶解时间过短，原生质体形成不完全，会影响原生质体间的融合；酶解时间过长，原生质体的质膜也易受到损伤，从而影响原生质体的再生，也不利于原生质体的融合。

⑨ 菌体密度　为了提高原生质体的得率，还要注意酶液中菌体密度。对丝状菌一般 3mL 酶液中加入 300mg 新鲜菌丝体较合适，过多过少都难以得到最大量的原生质体。

⑩ 酶解方式　酶解方式也会影响原生质体的形成。酶解过程要经常轻微摇动混合液，这不仅能使菌丝体不断地接触新鲜酶液，而且能补充氧气，有利于原生质体的释放。

(2) 原生质体形成率的测定　鉴于原生质体在低渗的蒸馏水中比未破壁的正常细胞容易破裂，而且在普通培养基中也难以再生细胞壁和形成菌落，因此可用多种方法测定原生质体形成率。

① 适合于细菌和酵母菌的测定方法。

a. 用血细胞计数器分别计算蒸馏水加入前（以 A 表示）和蒸馏水加入后（以 B 表示）的细胞总数，则原生质体形成率可用下式计算：

$$原生质体形成率（\%）=\frac{A-B}{A}\times100\%$$

b. 把加入蒸馏水前（A）和加入蒸馏水后（B）的菌体混合物，分别涂布于高渗再生培养基上，计数菌落数，则原生质体形成率可用下式计算：

$$原生质体形成率（\%）=\frac{A-B}{A}\times100\%$$

② 适合于霉菌和放线菌的测定方法　由于这些菌酶解后的原生质体成串成堆，而且未脱壁细胞又是丝状体，所以不宜直接用血细胞计数器计数。可用如下方法测定。

a. 把已原生质体化的菌体混合液，分别等量悬浮于高渗溶液（A）和蒸馏水（B）中，然后涂布于高渗的再生培养基上，计数菌落数，则原生质体形成率可用下式计算：

$$原生质体形成率（\%）=\frac{A-B}{A}\times100\%$$

b. 把原生质体化的菌体混合液悬浮于高渗溶液中，分别涂布于高渗再生培养基（A）和普通琼脂培养基（B）上，计数菌落数，则原生质体形成率可用下式计算：

$$原生质体形成率（\%）=\frac{A-B}{A}\times100\%$$

5.2.5.3　原生质体再生

原生质体在加稳定剂的再生培养基上能重新形成细胞壁，恢复正常细胞形态，并能生长繁殖，形成菌落。

（1）影响原生质体再生的因素

① 菌体的生理状态　对丝状菌来说，幼嫩菌丝比老菌丝产生的原生质体易于再生；尖端菌丝比远侧菌丝产生的原生质体的再生能力强。

② 原生质体细胞结构　细胞结构不完整的原生质体不能再生。具有残留细胞壁的原生质体比完全剥除细胞壁的易于再生。

③ 稳定剂　由于仅有细胞质膜的原生质体对渗透压很敏感，容易破裂，因此再生培养基的渗透压必须与原生质体内的渗透压相等，即原生质体再生培养基必须是等渗的。放线菌、细菌、酵母菌多用糖系统的稳定液，而丝状真菌则多用盐溶液系统的稳定液。

④ 培养基组成　培养基组成对原生质体的再生有很大影响，有些原生质体需要在特殊的再生培养基上才能再生。因此，要研究原生质体的再生培养基的组成。

⑤ 酶的浓度和作用时间　原生质体化时酶的浓度和作用时间要适宜，过浓、过长均会使原生质体脱水皱缩而导致活性下降，影响再生频率。

⑥ 残余菌丝的分离　在再生培养前要将菌丝断片过滤，尽量清除干净，否则，分离到再生培养基后，菌丝断片生活能力强，会优先长出而抑制原生质体菌落的形成。

⑦ 原生质体分离技术　原生质体分离要注意以下几点：在再生培养基上分离原生质体的密度不能过密，否则先长出的菌落会抑制后生长的菌落，影响再生频率；排除再生培养基上的冷凝水，因为水分可以降低渗透压，致使原生质体破裂；去壁后的原生质体不能承受较强的机械作用，因此不宜用玻璃棒涂抹，一般采用双层法分离。

（2）原生质体再生频率计算　原生质体再生频率可按以下公式计算：

$$再生频率（\%）=\frac{C-B}{A-B}\times100\%$$

式中，A 为总菌落数，即未经酶处理的菌悬液稀释后涂布于平板，长出的菌落；B 为未原生质化细胞，即经酶处理后的混合液加蒸馏水稀释，使原生质体破裂，涂布于平板后长出的菌落；C 为再生菌落数，即经酶处理后的混合液用高渗溶液稀释，涂布于再生平板后长出的菌落。

5.2.5.4 原生质体融合

(1) 原生质体融合的影响因素

① 融合剂　融合剂有化学融合剂和物理融合剂。

现在普遍采用的化学融合手段是聚乙二醇（PEG）介导的化学融合法。PEG 以分子桥的形式在相邻原生质体膜间起中介作用，改变原生质膜的流动性能，降低原生质膜表面势能，使膜中的蛋白颗粒凝集，形成一层易于融合的无蛋白质颗粒的磷脂双分子层。在 Ca^{2+} 存在下，引起细胞膜表面的电子分布的改变，从而使接触处的质膜形成局部融合，出现凹陷，形成原生质体桥，成为细胞间通道并逐渐扩大，直到两个原生质体全部融合。PEG 的分子量可分为几种，适用的相对分子质量为 1000～6000，不同种类微生物对 PEG 分子量的要求不同。PEG 的用量为 30%～50%，但随微生物种类不同而异。

原生质体融合中常用的物理融合剂有电场和激光。电场融合的原理是利用电场的作用使原生质膜穿孔导致原生质体融合。电融合过程中电脉冲幅度、宽度、波数和个数等因素对质膜通透性变化都有较大影响。电融合频率可比 PEG 法高十倍以上。激光融合是让原生质体先粘在一起，再用高峰值功率密度激光对接触处进行照射，使质膜被击穿或产生微米级的微孔。激光融合的优点是毒性小、损伤小、定位强。

② 无机离子　PEG 介导融合需要适量的 Ca^{2+}、Mg^{2+} 和一定的 pH 条件。在电场融合时，混合液中离子的存在对电场及原生质体偶极化形成偶极子有一定的影响，会干扰融合，因此，在电融合中一般采用糖或糖醇为稳定剂，尽量减少无机离子。

③ 温度　温度对原生质体融合频率有一定的影响，一般在 20～30℃下处理 1～10min。

④ 亲株的亲缘关系　虽然原生质体融合可以超越性障碍，但进行原生质体融合时最好是选择亲缘关系比较近的亲株。因为远缘亲株融合时染色体交换后的重组体不稳定，易分离，会影响原生质体融合的效果。

⑤ 原生质体的活性　原生质体的活性对原生质体融合有很大的影响，因此要制备高活性的原生质体。

⑥ 细胞密度　两个亲株进行原生质体融合时，需要一定的细胞密度，一般原生质体的浓度要达到 10^7～10^8 个/mL，这样有助于提高融合频率。

(2) 融合体的再生　融合原生质体的再生包括融合体细胞壁和融合体的再生。细胞壁的重建只是原生质体再生过程中的一步，当完成原生质体再生后，进而发育形成菌落，整个过程称为复原。复原不仅是指原生质体本身长出细胞壁，而且还能从原生质体细胞上长出有细胞壁的菌丝体。原生质体的复原是一个十分复杂的生物学过程，其中包括细胞本身的调节和修复。

(3) 融合体检出和鉴别方法

① 直接法　原生质体融合后直接分离到 MM 或 SM 上，即可直接检出融合细胞。其优点是只需一步就可得到重组体，且大多数重组体是稳定的。缺点是难以检出那些表型延迟而基因已重组的融合体。

② 间接法　把融合产物先分离到 CM 上，使原生质体再生，融合和非融合的原生质体都能生长，再分离到 SM 上。其优点是能促使细胞壁更好地再生，表型延迟重组体容易检

出。缺点是需要两步才能检出重组体，需要相当大人力和物力，而且得到的重组体不太稳定。

直接法和间接法都要用营养缺陷型标记，所得重组体不一定能提高目标产物产量。

③ 钝化选择法　钝化选择法是指灭活原生质体和具活性原生质体融合。把亲本中的一方（野生型）原生质体在50℃热处理2～3h，使融合前原生质体代谢途径中的某些酶钝化而不能再生，再与另一方（双缺陷型）原生质体融合，并分离到MM上。灭活除用加热方法外，还可用紫外线照射或药物处理。

总之，原生质体融合作为发展迅速的一项育种技术，具有无可比拟的优越性，主要表现在以下几个方面：①原生质体融合可以提高重组频率；②用于原生质体融合的双亲可以少带标记或不带标记；③通过双亲或多亲本的原生质体融合，使遗传物质的交换、传递更完整，易形成稳定的二倍体；④原生质体融合没有严格的受体与供体之分，是一种超越性障碍的育种方法，受接合型和致育型限制小，有利于不同种间、属间微生物的杂交；⑤利用原生质体融合，实现多亲融合，使各亲本的整套染色体及核外遗传物质集中到一体，有可能增加控制代谢产物产量的结构基因的拷贝数，从而提高目标产物产量。

原生质体融合与诱变相结合，有可能实现增产和加速育种进度的目的。如把两亲株分别进行数次诱变处理，然而进行原生质体融合，使相互间遗传物质进行充分交换，从中有可能筛选到由各次诱变累积的能有效提高目标产物产量的突变基因功能都能充分发挥出来的重组体。

5.2.5.5　其他原生质体育种技术

（1）原生质体再生育种　原生质体再生育种是微生物制备原生质体后直接再生，从再生菌落中分离筛选变异菌株，最终得到具有高产或优良性状的正变菌株。原生质体再生育种不用任何诱变剂处理但能产生比常规诱变更高的正变率。一般认为主要有以下几方面的原因：一是在原生质体制备和再生过程中的各种化合物及环境中的物理因子对原生质体具有一定的诱变效应；二是原生质体再生是细胞壁重建和分裂能力恢复的过程，再生的细胞壁可能在组成和结构上会发生变化，有可能产生有利于细胞代谢和产物分泌的变异；三是制备原生质体的出发材料一般为对数生长期细胞，活力较强，对环境和诱变剂较敏感，破壁和再生过程中又淘汰了大量弱势菌株，能再生的菌株很多是优质高产菌株；四是原生质体再生的出发菌株无需遗传标记，减少了对菌株的损伤和优良性状的影响。

（2）原生质体诱变育种　原生质体诱变育种是以微生物原生质体为育种材料，采用物理或化学诱变剂处理，然后分离到再生培养基中再生，并从再生菌株中筛选高产优质突变株。

5.2.6　基因组重排育种

随着分子生物学特别是定向进化技术在微生物育种学中的广泛应用，为原生质体融合育种又提供新的发展思路，也就是增加定向进化策略以增加目标性状出现的频率。Zhang等在2002年提出了基因组重排（genome shuffling）技术，可以在不了解微生物遗传背景的情况下进行定向遗传育种，使人们能在较短时间内获得性状优良的突变株，因而引起人们的极大兴趣。基因组重排是将微生物整套基因组看作一个单元，主要通过原生质体融合实现不同微生物基因组间的同源重组，进而剔除负突变，集多种正突变菌株的优点于一体，加速微生物正向突变的频率与速度，从而大大加速了菌种选育的速度。

基因组重排的方法主要采用循环原生质体融合（recursive protoplast fusion）技术，首先建立含有各种不同基因型的亲本菌株库（例如：通过经典的诱变育种得到目的性状发生改进的不同的正突变菌株就构成了所需的基因组库），然后将各种亲本去除细胞壁制成原生质体，把这些原生质体混合，并让它们随机地发生融合，接着再生细胞壁，原生质体融合后的再生细胞不需进行分离和筛选，直接用作下一轮原生质体融合的次级混合亲本，然后重复去壁—融合—再生的操作，如此循环数次，以达到迅速产生基因突变和重组的目的，最终从获得的重组体库中筛选出性状被提升的目的菌株。

Zhang 等利用该技术提高了弗氏链霉菌（*Streptomyces fradiae*）合成泰乐菌素(tylosin) 的能力。他们首先对自然分离得到的泰乐菌素产生菌 SF_1 进行一次经典诱变育种，从 22000 个菌株中筛选得到 11 个产量有所提高的菌株作为循环原生质体融合（基因组重排）的亲本，进行循环原生质体融合，得到高产重排菌株 GS_1 和 GS_2，其生产能力分别达到 8.1g/L 和 6.2g/L，与经过 20 轮经典育种所得到的高产菌株 SF_{21} 的生产能力（6.2g/L）相当，比出发株 SF_1 的生产能力（1.0g/L）提高了 9 倍。两轮基因组重排加上一次经典诱变育种共筛选了 24000 个菌株，历时一年，而 20 轮经典育种共筛选了 1000000 菌株，历时 20 年。

基因组重排实际上是基因组水平上的分子定向进化，在基因组的序列和代谢网络信息不是很清楚的情况下，可以把不同种、属微生物基因组不同位点的正向突变集中于一体，然后通过有效的筛选流程进行筛选，同时在筛选操作过程可以结合一些理性筛选的思路，使得筛选流程也变得高效快速。因此，该技术可以在更为广泛的范围内对工业微生物生产菌种的优良性状进行组合，让这些优良性状集中到同一菌株或者让某一项优良性状增强。

基因组重排技术与经典的杂交育种技术有一定的相似性，但经典杂交育种在每一代只有两个亲本进行重组，而重排技术则具有多亲本杂交的优势，且对目标性状进行连续进化和筛选。如果对细菌群体进行重复的基因组重排可以有效构建新菌株的组合文库，将它应用到带表型筛选的细菌群体中，就会产生很多表型有显著改良的新菌株。因此，基因组重排也可以看作是一种细胞水平的体内定向进化技术。目前利用这项技术进行菌种改良已成为工业微生物育种的研究热点之一，已经应用在提高微生物合成代谢产物和微生物降解污染物的能力等领域。

5.2.7 转导育种

转导就是利用噬菌体为媒介，将供体菌的部分 DNA 导入受体菌内，从而使受体菌获得供体菌部分遗传性状的现象。进行转导育种，首先要获得转导噬菌体。转导噬菌体的形成：在噬菌体感染供体菌的末期，供体菌染色体被断裂成许多小片段，在形成噬菌体颗粒时，少数噬菌体可以将细菌的 DNA 包围，从而形成转导噬菌体。在这一过程中，噬菌体外壳蛋白只包围一段与噬菌体 DNA 长度大致相等的细菌 DNA，而无法区别这段细菌 DNA 的基因组成，即细胞 DNA 的任何部分都可能被包围。因此，要获得目的转导子，必须通过选择性标记在选择性培养基上筛选目的转导子。

转导育种的操作：先将供体菌培养至对数生长期，然而加入噬菌体，继续培养，使一部分供体菌发生裂解而释放出转导噬菌体。加入氯仿，以杀死仍活着的供体菌，待完全溶菌后，低速离心除去菌体残渣，上清液经 DNase 处理和微孔滤膜除菌后，即制成供体菌裂解液。然后，将受体菌培养至对数生长期，加入供体菌裂解液，待转导噬菌体吸附后，低速离心收集菌体。将该菌体转移到选择培养基上培养，即可获得目的转导子。

5.2.8 转化育种

转化是指相当大的游离的供体细胞 DNA 片段被直接吸收到受体细胞内，并整合于受体细胞的基因组中，从而使得受体细胞获得供体细胞部分遗传性状的现象。整个转化过程包括三个步骤：供体 DNA 的制备、受体细胞对 DNA 的吸收及转化子的选择。进行转化育种，首先要获得供体菌的 DNA。先将供体菌用溶菌酶处理制成原生质体，然后用十二烷基磺酸钠（SDS）、苯酚等处理，使蛋白质变性而沉淀，离心后，DNA 留在水相，而蛋白质则留在水相和苯酚层之间或苯酚层中。在含 DNA 的水相中加入冷乙醇，使 DNA 呈絮状沉淀，插入一根玻璃棒并轻轻搅动，则丝状的 DNA 就会缠绕在玻璃棒上。将缠有 DNA 的玻璃棒取出，真空干燥，再将沉淀重新溶解在水中，即制得供体菌的 DNA。

在转化过程中，只有感受态细胞才能吸收 DNA。感受态是有关转化因子吸收的生理状态。随着感受态细胞和供体 DNA 的随机碰撞，转化因子便吸附在感受态细胞的表面，随后被吸收到细胞中去。然后，转化因子的单链 DNA 和受体细胞染色体 DNA 的同源部分配对，形成部分二倍体。再通过交换形成重组体（即转化子）。

转化也可以原生质体作为受体，原生质体转化包括制备供体 DNA，制备对 DNA 转化有感受能力的原生质体，原生质体对 DNA 的吸收，转化子的选择和再生。要提高转化频率，必须提高原生质体形成率和再生率，还要提高原生质体对 DNA 转化的感受能力。

6 重组 DNA 技术与分子育种

20 世纪 50 年代，DNA 双螺旋结构被阐明，揭开了生命科学的新篇章，开创了科学技术的新时代。随后，DNA 复制、遗传密码、遗传信息传递以及基因表达的调控相继被认识。知道 DNA 的重大作用和价值后，科学家们就开始考虑如何将其为人们所利用。于是，DNA 重组技术的雏形开始酝酿产生。1972 年，P. Berg 等首先在体外进行了 DNA 改造的研究，他们用限制性内切酶 *Eco*RⅠ对猿猴病毒 SV40 的 DNA 和 λ 噬菌体的 DNA 分别进行酶切消化，然后用 T4 DNA 连接酶将两种消化片段连接起来，成功地构建了包括 SV40 和 λ 噬菌体 DNA 的重组杂合 DNA 分子。这是世界上第一例成功的 DNA 体外重组实验。Berg 后来因为此项工作获得了诺贝尔生理学和医学奖。1973 年，S. Cohen 和 H. Boyer 等将一种含编码四环素抗性基因的质粒（pSC101）和一种含编码卡那霉素抗性基因的质粒（pSC102）连接后，转化大肠杆菌，成功获取了既抗卡那霉素又抗四环素的双重抗性克隆。他们的工作首次成功地实现了体外重组 DNA 分子在大肠杆菌细胞中的表达，从而宣告了重组 DNA 技术的诞生，也开创了一个崭新的分子生物技术时代。

重组 DNA 技术一经公开便引起科学界和产业界的高度关注，这使其从实验室进入工厂的时间很短。1976 年，Kleiner Perkins 公司的风险投资家 Swanson 鼓动重组 DNA 技术的发明人之一 Boyer，合伙成立公司共同探索重组 DNA 的商业化，并给公司取名为 Genentech。次年，Genentech 成功地使人工合成的生长激素释放抑制因子（somatostatin）基因在大肠杆菌中表达，这是人类第一次采用基因工程方法生产出有药用价值的产品。1978 年，Genentech 又克隆出人胰岛素基因，并成功地在大肠杆菌中表达，该产品作为人类历史上首个重组 DNA 技术药物于 1982 年投放市场。1980 年，Genentech 成功地从股票市场上融资 3500 万美元。在上市当天，其股价竟然在不到 1h 内从每股 35 美元飚升到 88 美元，成为纽约证券交易所历史上升值最快的股票之一！公众对重组 DNA 技术的近乎疯狂的热情给了科学技术人员和风险投资者巨大的鼓舞。在之后的几年里，在美国，从事分子生物技术研究和开发的小公司如雨后春笋般纷纷成立，到 1983 年达到 200 多家，1985 年更增加到 400 多家。世界其他国家也不甘落后，奋起直追，许多国家的政府都将分子生物技术列为优先发展的领域。就在人们集中目光利用重组 DNA 技术生产异源蛋白的同时，少数具有战略眼光的科学家已经开始尝试利用重组 DNA 技术做一些更“出格”的研究，如创造自然界原来不存在的新蛋白质，或改造微生物的代谢途径等。1982 年，M. J. Zoller 和 M. Smith 报道了一种利用 M13 噬菌体载体进行寡核苷酸定点诱变的方法，为在特定位置改变克隆基因的 DNA 序列研究打开了大门。他们的工作可以看作是一个方兴未艾的研究领域——DNA 分子的体外定向进化技术的开端。1985 年，S. Anderson 等则在“Science”杂志上发表了他们利用经重组 DNA 技术改造的草生欧文氏菌（*Erwinia herbicola*）生产 2-酮基-L-古龙酸（维生素 C 化学合成的中间体）的工作，成为早期代谢工程研究的代表性实例之一。这些开创性的研究工作为重组 DNA 技术的应用打开了丰富的想象空间，极大地促进了微生物分子育种技术的发展。

重组 DNA 技术是在体外重新组合脱氧核糖核酸（DNA）分子，并使它们在适当的细胞中增殖的遗传操作。重组 DNA 技术的发展从根本上改变了生物技术的研究和开发模式。利用这些技术，可以直接地、有针对性地在 DNA 分子水平上改造生物的遗传性状。通过转入外源基因，微生物和动植物细胞可以产生出自身原来没有的蛋白质。同样，利用重组 DNA 技术，也可以使一些原来存在量极低的但有重要工业或医学用途的小分子或蛋白质之外的大分子物质得以大量生产。目前，DNA 重组技术已经取得的成果是多方面的。到 20 世纪末，DNA 重组技术最大的应用领域在医药方面，包括活性多肽、蛋白质和疫苗的生产，疾病发生机理、诊断和治疗，新基因的分离以及环境监测与净化。在很多重组 DNA 技术的应用研究中，微生物细胞由于其生长迅速、培养成本低的显著优势，成为实施基因重组的理想宿主。

微生物分子育种是利用分子遗传学原理，采用基因工程、细胞工程和代谢工程等分子生物学技术对具有特定用途的微生物菌株进行有目的地改造，以提高产品的产量和质量的一种育种方法。随着分子生物学和基因工程技术的飞跃发展，对许多微生物，尤其是工业生产中常用菌株的分子生物学研究逐渐深入和广泛。随之，许多种类的遗传转化系统和分子改造工具也不断成熟和完善。与此同时，微生物生理学、微生物遗传学、生物信息学、基因组学等学科的飞速发展，以及代谢工程在改变细胞性状方面渐显卓越成效。这使得微生物分子育种技术快速发展，相对于传统的、常规的突变和筛选技术，分子育种技术大大提高了育种效果。

6.1 重组 DNA 技术

重组 DNA 技术（recombinant DNA technology），也称基因克隆（gene cloning）或分子克隆（molecular cloning），是将一个含目的基因的 DNA 片段经体外操作与载体连接，并转入到受体细胞，使之在受体细胞内扩增、表达的操作过程。

重组 DNA 技术包括了目标基因的分离、基因载体的制备、目标基因与载体的体外重组、重组 DNA 导入宿主细胞等一系列操作（图 6.1）。根据具体体系不同，重组 DNA 过程的实施方案也各异。一般而言，完整的 DNA 重组操作过程通常包括以下步骤：

① 含目的基因的 DNA 片段的分离与制备；

② 载体的构建；

③ 含目的基因的 DNA 片段与载体的酶切和连接；

④ 将重组分子送入受体细胞，并在其中复制、扩增；

⑤ 筛选带有重组 DNA 分子的转化细胞；

⑥ 鉴定外源基因的表达产物。

6.1.1 目的基因的获得

重组 DNA 技术的根本目标之一就是克隆和表达外源基因（目的基因），因此获得目的基因是一切工作的前提。获得目的基因的主要方法包括从 DNA 文库中筛选、人工合成和 PCR 扩增等。

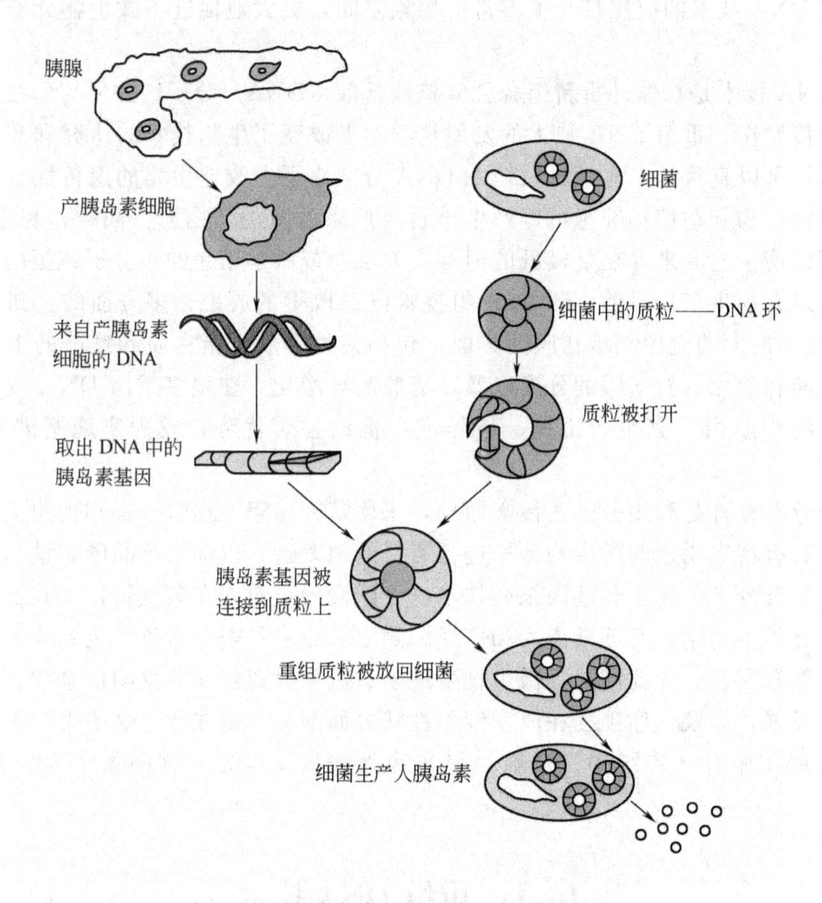

图 6.1　生产胰岛素的重组大肠杆菌的构建

6.1.1.1　DNA 文库的构建和目的基因的筛选

DNA 文库是指通过克隆方法保存在适当宿主中的一群混合的 DNA 分子。所有这些分子中插入片段的总和，可代表某种生物全部基因组序列（基因组 DNA 文库）或全部 mRNA 序列（cDNA 文库）。在原核生物中，结构基因在染色体上形成连续的编码区，可以直接从基因组文库中筛选目的基因；而在真核生物中，结构基因的编码区（外显子）由非编码区（内含子）间隔开来，只有在经过加工的成熟 mRNA 上，结构基因的序列则是连续的，因此通常须从总 mRNA 反转录产生的 cDNA 文库中筛选目的基因。

（1）基因组 DNA 文库的构建　基因组（genome）通常指一种生物体的整套基因。基因组文库代表了该生物体基因组的全体 DNA 序列。构建基因组文库时，首先从生物组织细胞提取出全部 DNA，用物理方法（超声波、搅拌剪力等）或酶法（限制性核酸内切酶的不完全酶解）将 DNA 降解成预期大小的片段，然后将这些片段与适当的载体（常用噬菌体、黏粒或 YAC 载体）连接，转入宿主细胞中，这样每一个细胞接受了含有一个基因组 DNA 片段与载体连接的重组 DNA 分子，而且可以繁殖扩增，许多细胞一起组成一个含有基因组各 DNA 片段克隆的集合体，就称为基因组 DNA 文库（genomic DNA library）。如果这个文库足够大，能包含该生物基因组 DNA 全部的序列，就是该生物完整的基因组文库，对原核生物，就能从这样的文库中钓取该生物的全部基因。

构建基因组 DNA 文库的完整过程通常包括载体的制备、外源片段的制备、载体和外源片段的连接、体外包装、文库的保存和筛选等步骤。构建基因组文库最常用的载体是λ噬菌体和柯斯质粒载体。

(2) cDNA 文库的构建　cDNA 是以 mRNA 为模板，在反转录酶作用下合成的互补 DNA。cDNA 序列可代表 mRNA 的序列。

构建 cDNA 文库时，首先提取出特定细胞的全部 mRNA，在体外反转录成 cDNA，再与适当的载体（常用噬菌体或质粒载体）连接后转化受体菌，则每个转化后的受体菌细胞含有一段 cDNA，并能繁殖扩增，这样包含着特定细胞全部 mRNA 信息的 cDNA 克隆集合称为该种细胞的 cDNA 文库。在真核生物中，很多基因间有称为内含子的间隔序列，内含子能转录却不能转译，在 RNA 加工过程中被切去。从基因组文库中分离目的基因时，往往会带有这些内含子，而从 cDNA 文库中得到的则是不带内含子的目的基因序列，因此从 cDNA 文库中分离目的基因更为实用。对高等生物，基因组含有的基因在特定的组织细胞中只有一部分表达，而且处在不同环境条件、不同分化时期的细胞其基因表达的种类和强度也不尽相同，所以 cDNA 文库具有组织细胞特异性。cDNA 文库显然比基因组 DNA 文库小得多，能够比较容易从中筛选克隆得到细胞特异表达的基因。

(3) 文库的筛选　从 DNA 文库中筛选含目的基因的克隆时，须排除的对象主要是含目的基因之外的 DNA 片段的重组子。一般来说，检测目标基因序列是否存在有三种方法：一是用 DNA 探针进行 DNA 杂交；二是用抗体对翻译产物进行免疫杂交；三是对蛋白质的活性进行鉴定。

DNA 杂交成功与否取决于探针和目的序列之间的碱基对能否形成稳定的碱基配对。众所周知，双链 DNA 分子可以通过热处理或碱变性的方法变性成单链 DNA 分子。加热会破坏两个碱基间的氢键，但不影响 DNA 链的磷酸二酯键。若加热后迅速冷却，那么氢键被破坏的 DNA 链就会保持单链的形式（变性）。但如果加热后温度缓慢下降，由于互补碱基之间的配对作用，DNA 的双螺旋结构就会重新形成（复性）。加热后缓慢冷却的过程称为退火(annealing)。如果将来源不同的 DNA 片断混合在一起，而且混合物中的某些不同分子含有同源序列，经过加热、退火后，就会出现一些两条链分别来自不同的 DNA 分子的杂交 DNA 分子。

通常，在 DNA 杂交实验中，目的 DNA 先变性，再将单链的目的 DNA 在高温下结合到硝酸纤维素膜或尼龙膜上。然后，将放射性同位素或荧光标记的单链 DNA 探针，与结合有目的 DNA 单链的膜一起保温。如果 DNA 探针与样品中的某一核苷酸序列互补的话，那么通过碱基配对的作用就会发生杂交，最后通过放射自显影法或荧光检测。DNA 杂交法从 DNA 文库中筛选含目的基因的克隆的大致过程如图 6.2 所示。DNA 探针的来源可以是与目的基因高度同源的 DNA 片段，也可以根据目的基因所编码蛋白质的氨基酸序列推测出可能的基因序列，再人工合成。

如果无法使用 DNA 探针，还可以用其他方法来筛选文库。例如，若一个目的基因 DNA 序列转录并翻译成蛋白质，那么只要出现这种蛋白质，甚至只需要该蛋白质的一部分，就可以用免疫的方法检测。免疫反应法与 DNA 杂交过程在方法上有许多共同之处。

免疫反应法如图 6.3 所示。先在平皿上培养基因文库中所有的克隆，使其表达出蛋白质产物。然后转到硝酸纤维素膜或尼龙膜上，对膜进行处理，使菌裂解后释放出的蛋白质附着于膜上，这时加入能与目标蛋白特异性结合的抗体（一抗），反应后洗去未结合的一抗，再加入特异性结合一抗的第二种抗体（二抗），二抗上通常都连有一种酶，如碱性磷酸酶等，

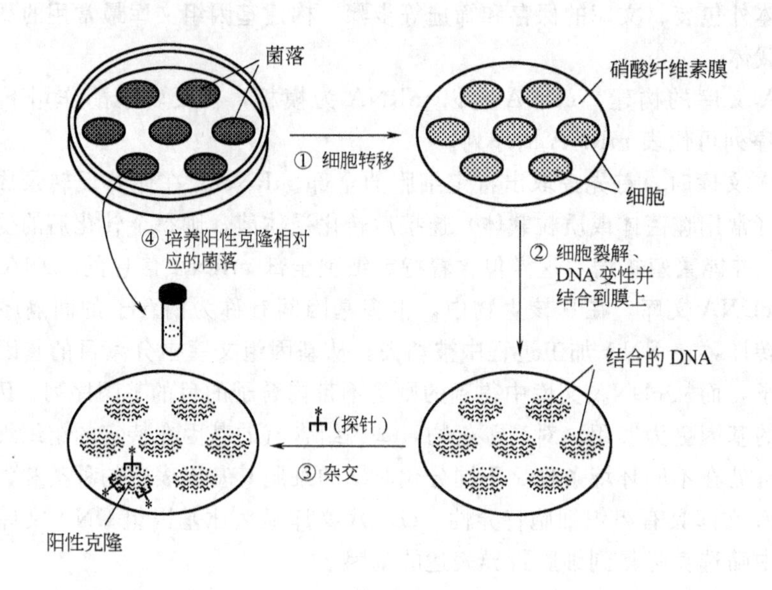

图 6.2 文库的 DNA 杂交法筛选

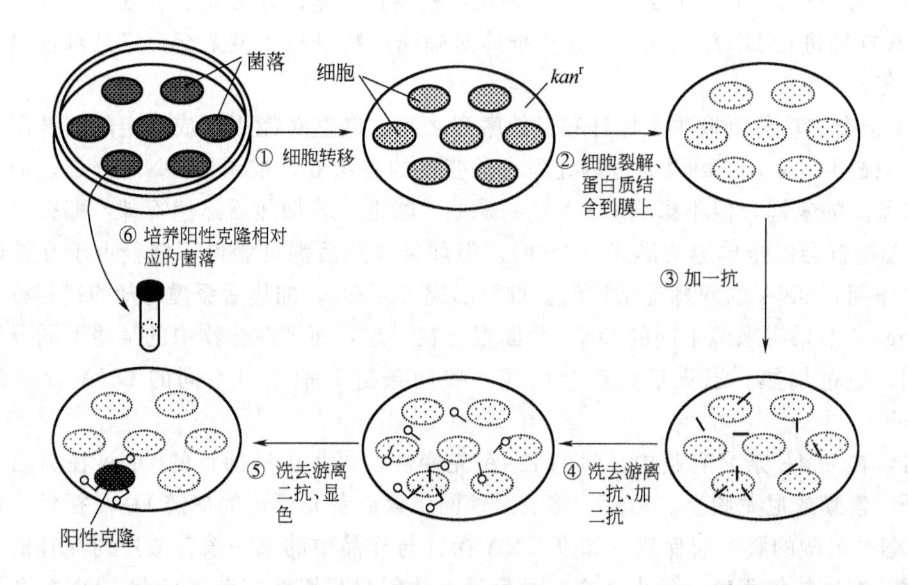

图 6.3 文库的免疫反应法筛选

再次清洗除去未结合的二抗后，加入该酶的一种无色底物。如果膜上某处结合了二抗，无色底物就会被连在二抗上的酶水解，从而产生一种有颜色的产物。这样，根据膜上的阳性反应，就可以从平皿的相应位置上挑取可能携带目标基因的菌落。

另外，也可以根据目的基因编码的蛋白质的活性来筛选阳性克隆。如果目的基因编码一种酶，而这种酶又是宿主细胞所不能编码的，那么就可以通过检查酶活性来筛选含目的基因的重组子。若目的基因的编码产物具有特定的生物活性，则可以采用活性（遗传）互补法，选择具有该特定生物功能遗传缺陷的菌株作为宿主菌，可以方便地从转化产物中最终筛选出那些该功能正常的重组子。

6.1.1.2 DNA 的人工合成

自 20 世纪 70 年代以来，DNA 的化学合成一直受到广泛的关注。1979 年，Khorana 在“Science”杂志上发表了题为“Total Synthesis of a Gene”的著名论文，报道了利用磷酸二酯法合成多条寡核苷酸并拼装成全长 206bp 的大肠杆菌酪氨酸 tRNA 基因的工作，这是第一个用化学方法合成全长基因的成功事例。此后，又陆续出现了多种 DNA 化学合成技术。目前，一般都采用亚磷酰胺法，使用全自动合成仪，可以比较方便地合成 200bp 以下的寡核苷酸。该技术几乎涉及整个生命科学领域，其最广泛的应用是作为 PCR 反应和 DNA 测序的引物、DNA 杂交的探针等。当应用于合成基因时，由于一般基因的大小要远远超过 200bp，通常需要先合成一系列寡核苷酸片段，再进行拼装和连接。人工合成基因的优势之一在于，在需要表达外源基因时，可根据宿主菌的密码子偏爱性人为设计高表达的基因序列。

6.1.1.3 PCR 扩增

对于序列已知的基因，只要根据基因两端序列合成一对分别与模板两端互补的引物，就可以方便地通过 PCR 扩增出目的基因。PCR 是聚合酶链反应（polymerase chain reaction）的简称，是一种体外快速扩增特定 DNA 片段的技术。1983 年 Mullis 发明 PCR 技术，是重组 DNA 技术出现以来该领域最具革命性的发明之一。现在，它作为最方便地获取目的基因的方法已经广泛应用于各种相关研究。其基本方法是：预先加入目的双链 DNA 片段、两种寡核苷酸引物和四种脱氧核苷三磷酸，将目的双链 DNA 片段在高温（94～96℃）下变性，使其双链解开；然后在适当温度下退火（anneal），使两种寡核苷酸引物分别与解链后的 DNA 单链的 3′末端通过碱基互补配对；最后，在 DNA 聚合酶的催化下以四种脱氧核苷三磷酸为底物、目的 DNA 单链为模板合成互补链。以上三个步骤组成一轮循环，理论上每循环一次可以使目标 DNA 片段扩增一倍，经 n 次循环后可扩增 2^n 倍（图 6.4）。目前常用的

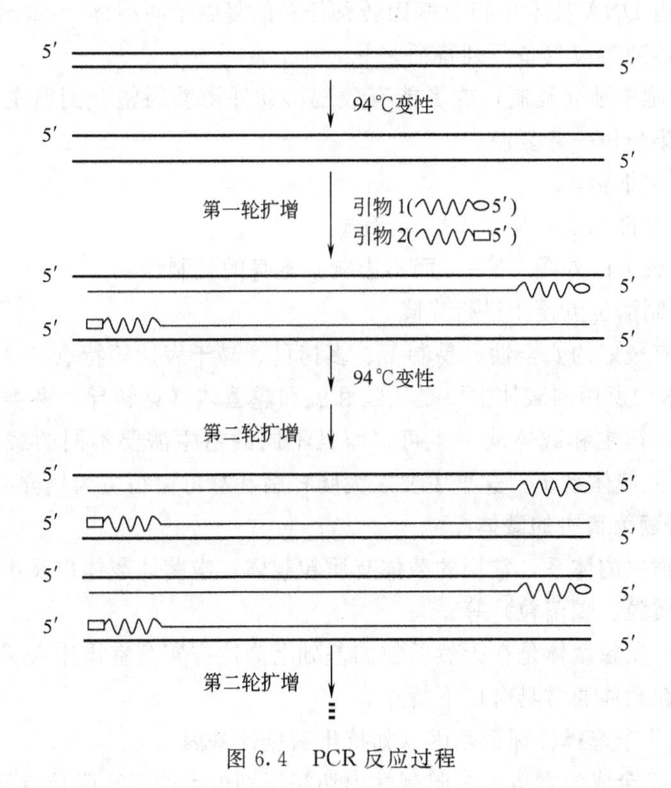

图 6.4　PCR 反应过程

DNA 聚合酶及其相关特性见表 6.1。

表 6.1 几种常用的 DNA 聚合酶的来源、性质和用途

酶	来源	蛋白质结构	生物活性	主要用途
DNA 聚合酶 Ⅰ	大肠杆菌染色体基因编码	单链，分子质量 109×10^3Da	5′→3′的聚合酶活性、3′→5′核酸外切酶活性和 5′→3′核酸外切酶活性	缺口转移法制备 DNA 分子杂交探针
Klenow 片段	DNA 聚合酶 Ⅰ 的酶切产物	单链，分子质量 76×10^3Da	5′→3′聚合酶活性和 3′→5′核酸外切酶活性	修补 DNA 经限制酶消化所形成的 3′隐蔽末端；末端标记；cDNA 第二条链的合成；DNA 测序
T4 DNA 聚合酶	大肠杆菌 T4 噬菌体 DNA 编码	单链，分子质量 104×10^3Da	5′→3′聚合酶活性和较强的 3′→5′核酸外切酶活性	取代合成法制备 DNA 分子杂交探针
T7 DNA 聚合酶	大肠杆菌 T7 噬菌体和大肠杆菌 DNA 各编码一条肽链	两个亚基，分子质量分别为 84×10^3Da 和 12×10^3Da	5′→3′聚合酶活性和较强的 3′→5′核酸外切酶活性，与模板亲和力强	大分子量模板上引物开始的大 DNA 链延伸；取代合成法制备 DNA 分子杂交探针
修饰的 T7 DNA 聚合酶	对天然的 T7 DNA 聚合酶进行氧化修饰，使之失去 3′→5′核酸外切酶活性	与 T7 DNA 聚合酶类似	很强的 5′→3′聚合酶活性	DNA 序列分析；制备标记的底物；补平末端

6.1.2 载体的构建

外源基因往往不能独立复制，需要与一个复制子相连接，使它能被引入宿主内并能在其细胞内复制。在重组 DNA 技术中担负基因转移任务的复制子叫载体（vector）。

一个理想的载体通常应具备下列特征。

① 能在宿主细胞中独立复制，或者能有效地协助外源基因整合到宿主染色体上，使外源基因可以随宿主染色体一起复制。

② 容易进入宿主细胞。

③ 有一定的选择性标记，易于识别和筛选。

④ 可插入一段较大的外源 DNA，而不影响其本身的复制。

⑤ 有合适的限制酶位点便于进行克隆。

另外，还应具有较好的安全性、易制备、多拷贝、易于表达等特点。

重组 DNA 技术中所用的载体主要是质粒和温和噬菌体（见转导）两类。为了实现目标基因的复制和表达，宿主和载体缺一不可，而且不同的宿主需要不同的载体，两者相辅相成，构成完整的宿主-载体系统。这里主要以大肠杆菌和酵母菌宿主为例介绍常用载体。

6.1.2.1 以大肠杆菌为宿主的载体

以大肠杆菌为宿主的体系，常用的载体有质粒载体、噬菌体载体以及由它们组合而成的复合型载体（柯斯质粒、噬菌粒）等。

（1）质粒载体　质粒载体是在天然质粒的基础上为适应实验室操作人工构建而成的。与天然质粒相比，质粒载体通常具有以下特点。

① 带有一个或几个选择性标记基因（如抗生素抗性基因）。

② 带有一个人工合成的含有多个限制性内切酶识别位点的多克隆位点序列。

③ 去掉了大部分非必要序列，使分子量尽可能减少。

④ 往往还带有一些多用途的辅助序列。

常用的质粒载体大小一般在 1～10kb，如 pBR322、pUC 系列、pGEM 系列和 pBluescript（简称 pBS）系列等。以 pUC19 为例，它的大小为 2686bp，带有一个复制起始位点、一个氨苄西林抗性基因、一个大肠杆菌乳糖操纵子 β-半乳糖苷酶基因（*lacZ*）的启动子及其编码 α-肽链的 DNA 序列组成的 *lacZ′*基因、一个调节 *lacZ′*基因表达的阻遏蛋白（repressor）基因 *lacI*，以及位于 *lacZ′*基因中靠近 5′端的一段多克隆位点，在该多克隆位点插入外源基因后，将破坏 *lacZ′*基因，使其不能正常表达（图 6.5）。筛选含 pUC19 质粒细胞的过程比较简单：如果细胞含有未插入目的 DNA 的 pUC19 质粒，在同时含有诱导物 IPTG 和 X-gal 底物的培养基上培养时将会形成蓝色菌落；如果细胞中含有已经插入目的的 DNA 的 pUC19 质粒，在同样的培养基上培养将会形成白色菌落。因此，可以根据培养基上的颜色反应十分方便地筛选出重组子。一个与 pUC19 质粒十分类似的质粒是 pUC18，两者的差别仅在于多克隆位点的插入方向彼此相反。

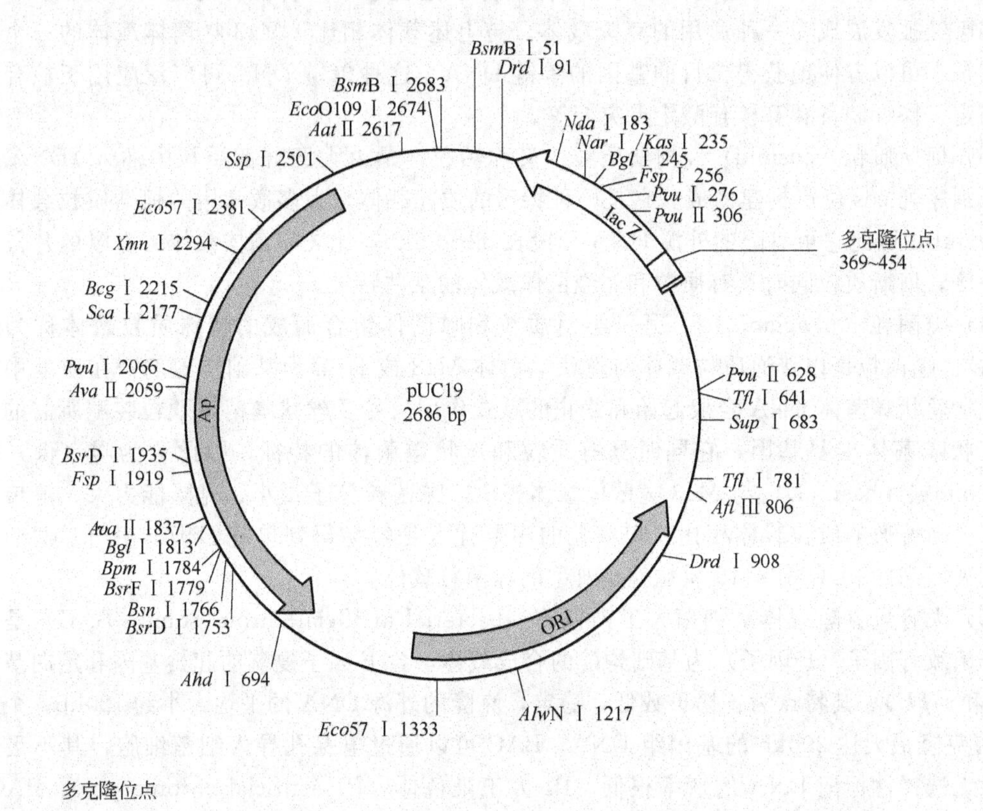

图 6.5　pUC19 质粒的结构图谱和多克隆位点

(2) 噬菌体载体　重组 DNA 技术中常用的噬菌体载体主要有 λ 噬菌体和一些单链 DNA 噬菌体（如 M13 噬菌体）。

野生型的 λ 噬菌体 DNA 含有多个常用限制酶切点，不宜作为载体。经过研究人员的多年努力，目前已经成功地构建了多种 λ 载体，这些载体可分为两类。

① 插入型载体（insertion vector），它具有单一的酶切位点，可供外源 DNA 的插入。

② 置换型载体（replacement vector），它具有成对的酶切位点，两个酶切位点之间的 DNA 片段可被外源 DNA 片段置换。

由于 λ 噬菌体颗粒有效包装 DNA 的长度范围为野生型长度的 78%～105%，也就是 38～52kb，而 λ 噬菌体裂解生长必需基因组就占了 28～30kb，因此可克隆的最大外源 DNA 长度约为 24kb。一般插入型载体可克隆的最大外源 DNA 长度在 10kb 以下，而置换型载体可克隆的外源 DNA 长度在 9～24kb 之间。λ 噬菌体载体在 DNA 文库的构建中非常有用。

在大肠杆菌中，还存在一类丝状噬菌体，如 M13、fl 和 fd 等，其噬菌体颗粒中包装的是单链（正链）的 DNA。这类特殊的噬菌体在分子生物学中具有独特的地位。现在，M13 噬菌体已经被发展成为一种通用的克隆载体。与上述载体相比，M13 噬菌体载体的一个突出优点是，可以方便地获得含目的基因的单链 DNA。这种单链 DNA 可广泛应用于核苷酸序列测定、探针制备和寡核苷酸定点突变等。

(3) 柯斯质粒（cosmid）　柯斯质粒，又称黏粒，是由大肠杆菌质粒中插入 λDNA 的包装识别序列 cos 位点构建而成。它是一种特殊的质粒载体。大多数常用的柯斯质粒载体大小约为 6kb，因此它可克隆的外源 DNA 片段长 32～46kb，比 λ 噬菌体载体可克隆的片段大了约一倍。柯斯质粒同时具有质粒和 λ 噬菌体载体的某些特性。

(4) 噬菌粒（phagemid）　另一类由质粒和噬菌体组合而成的特殊质粒载体称为噬（菌）粒。噬菌粒是以普通质粒载体与丝状噬菌体 M13 或 f1 等为基础构建的，在质粒中插入了包括丝状噬菌体 DNA 合成起始和终止的顺式作用信号及丝状噬菌体颗粒装配所需的序列等丝状噬菌体主要基因，它同时具有质粒和丝状噬菌体的特征，因此称为噬（菌）粒（phagemid 或 phasmid）。与 M13 噬菌体载体相比，噬菌粒分子量小、克隆能力大、遗传也更稳定。与普通的质粒载体相比，噬菌粒的主要优点是容易得到单链 DNA。由 pUC18/19 质粒发展而来的 pUC118/119 质粒就是典型的噬菌粒载体。

(5) 大容量克隆载体　细菌人工染色体（bacterial artificial chromosome，BAC）是以大肠杆菌致育因子（F 因子）为基础构建的合成载体，含 F 因子复制的起始基因和定向基因（*oriS* 和 *repE*）。其特点为：拷贝数低，稳定，克隆的外源 DNA 的平均大小约 120kb，个别 BAC 可克隆最大达 300kb 的基因组 DNA。BAC 可以通过电穿孔导入细菌细胞，其不足之处是对无选择性标记 DNA 的产率很低。P1 人工染色体（P1 artificial chromosome，PAC）是结合 BAC 和 P1 噬菌体载体的优点而开发的克隆体系，可以包含 60～150kb 的外源 DNA 片段。

(6) 表达载体　根据载体的不同用途，还有克隆载体和表达载体之分。克隆载体是指以繁殖 DNA 片段为目的的载体。这种载体一般本身较小，但可携带较大的外源 DNA 片段，在细胞内的拷贝数较高。表达载体则是用来将克隆的外源基因在寄主细胞内表达成蛋白质的载体。

大肠杆菌表达载体通常具有强而可控的启动子、转录终止子、翻译起始序列、翻译增强子和翻译终止子等与基因表达有关的序列。其中启动子是决定基因表达水平的关键因素，也是构建表达载体时优先考虑的环节，表达载体的启动子应在宿主中具有很强的启动效率。大肠杆菌表达载体常具有大肠杆菌乳糖操纵子的 *lac* 启动子、色氨酸操纵子的 *trp* 启动子、λ噬菌体的 P_L 启动子或者一些复合启动子等。其次，有些表达载体自身不带抑制物基因，使用这类载体时最好选择能产生抑制物蛋白的宿主菌，否则目的基因的表达不能调控，不利于高效表达。另外，用表达载体获取蛋白质产物时还要考虑宿主菌是否合适，因为很多宿主菌往往含有蛋白酶，会对表达产物产生降解作用。因此，用作基因表达的宿主菌一般都要经过改造，使其蛋白酶基因缺失或失活，以便于表达产物的积累。

6.1.2.2　以酵母菌为宿主的载体

在一些情况下，例如需要对真核微生物的代谢途径进行修饰，或者需要表达的真核生物蛋白需要合适的翻译后修饰才具有生物活性时，就需要采用真核微生物表达载体。真核细胞基因表达调控要比原核细胞基因复杂得多，用于真核细胞的克隆和表达载体也不同于原核细胞。目前所用的真核载体大多是所谓的穿梭载体（shuttle-vector）。

穿梭载体是指可以在不同宿主细胞中复制的载体，其中的一个宿主通常是大肠杆菌。这种载体必须既含有大肠杆菌或其质粒的复制起点，又含有另一生物或其质粒的复制起点。由于利用大肠杆菌进行重组 DNA 技术的各种操作都最为方便，因此通常先利用大肠杆菌体系构建好所需的表达载体并大量复制后，再转到其他细胞中去表达。

用于真核生物基因表达的穿梭载体应至少具备以下特征：①含有原核基因的复制起始序列以及筛选标记，以便于在 *E. coli* 细胞中进行扩增和筛选；②含有真核基因的复制起始序列以及真核细胞筛选标记；③含有有效的启动子序列，保证其下游的外源基因能启动有效的转录；④应包含 RNA 聚合酶Ⅱ所需的转录终止序列和 poly A 加入的信号序列；⑤具有合适的供外源基因插入的限制性内切酶位点。值得注意的是，与原核宿主-载体系统常用的抗生素抗性标记不同，真核宿主-载体系统所采用的选择性标记除了 kan^r 基因（抗 G418）等少数抗性标记外，更常用的主要是营养缺陷型。例如，通常宿主为某一营养缺陷型（如 *ura3-52*、*his3-Δl*、*leu2-Δl*、*trpl-Δl* 和 *lys2-201*），而载体上则携带相应的基因（如 *URA3*、*HIS3*、*LEU2*、*TRPl* 和 *LYS2*）。由于宿主在基本培养基上不能生长，而重组子能够生长，因此可以用基本培养基来筛选重组子。

目前研究得比较多的真核微生物表达体系之一是酿酒酵母表达系统。以酿酒酵母为宿主的常见载体有以下几类。

（1）YEp 载体　YEp 是酵母附加体质粒（yeast episomal plasmid）的缩写。附加体是指游离于染色体之外的独立复制 DNA 分子。YEp 载体由大肠杆菌质粒、部分或全部酵母 2μ 质粒以及酵母染色体的选择标记构成。由于 2μ 质粒内含自主复制起点（ori）和使质粒在酵母细胞中稳定存在的 STB 区，所以这类载体在酵母细胞中独立存在。

（2）YIp 载体　YIp 是酵母整合型质粒（yeast integrating plasmid）的缩写。YIp 载体由大肠杆菌质粒和酵母的染色体 DNA 片段组成，可与宿主的染色体 DNA 同源重组，整合进入宿主染色体中，从而随宿主染色体一起复制。

（3）YAC 载体　YAC 载体是酵母人工染色体（yeast artificial chromosome）的缩写，是由酵母染色体中分离出来的 DNA 复制起始序列（*ARS*）、着丝点（*CEN*）、端粒（*TEL*）以及酵母选择性标记组成的能自我复制的线性克隆载体。YAC 载体通常可以以双链环状 DNA 的形式在大肠杆菌中复制，然后用限制酶消化成线性分子（图 6.6）。多数 YAC 载体可以克隆 250～400kb 的外源 DNA，在人类基因组计划中发挥了重要作用。

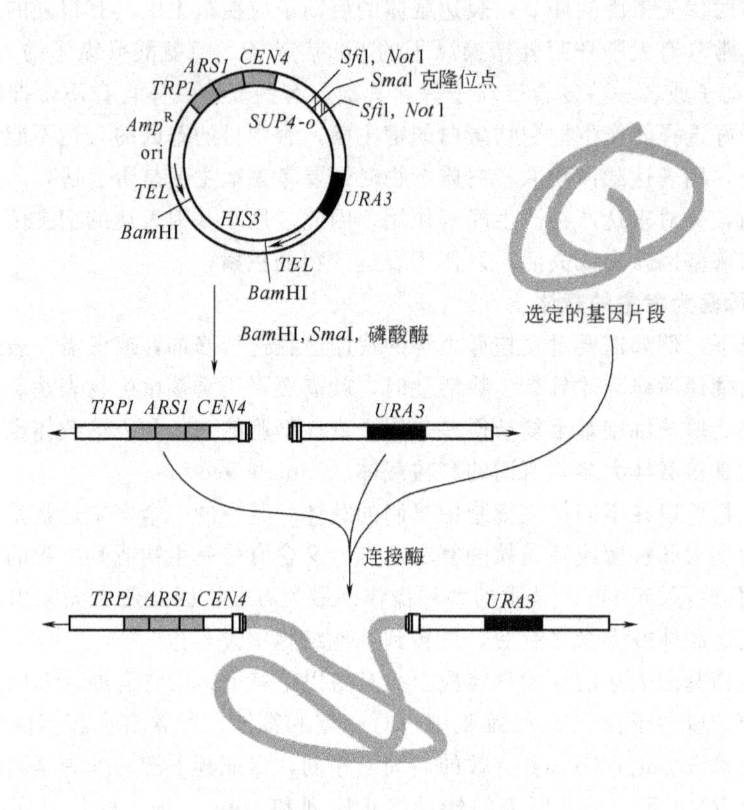

图 6.6　YAC 载体克隆示意图

除酿酒酵母外，以巴斯德毕赤酵母（*Pichia pastoris*）、汉逊多形酵母（*Hansenula polymorpha*）、乳酸克鲁维酵母（*Kluveryomyces lactis*）等为宿主的酵母表达系统也得到迅速发展并被广泛应用。

6.1.3　目的基因与载体的酶切和连接

一般来说，在将目的基因导入宿主菌体内前，需要把目的基因与载体连接在一起构建重组载体。要进行有效的连接，必须先利用生物酶将目的基因和载体切割成合适的 DNA 片段。识别和切割双链 DNA 分子内特殊核苷酸顺序的酶统称为限制性内切酶，简称限制酶。从原核生物中已发现了约 400 种限制酶，根据它们对 DNA 部位识别和切割的特异性，可分为Ⅰ型、Ⅱ型和Ⅲ型。Ⅰ型和Ⅲ型限制性内切酶切割 DNA 时都需要消耗 ATP，并且具有甲基化酶活性，其中Ⅰ型酶在其识别位点约 1000bp 以外处随机切割 DNA；Ⅲ型酶在其识别位点附近进行随机切割，很难形成稳定的特异性切割末端。它们在重组 DNA 技术中没有太大用处。只有Ⅱ型限制性内切酶被广泛应用于 DNA 分子的体外重组。

与Ⅰ型和Ⅲ型限制性内切酶相比，Ⅱ型限制性内切酶有如下特点：①识别特定的核苷酸序列，长度一般为 4、5 或 6 个核苷酸，通常具回文结构（palindromic structure）；②具有特定的酶切位点，即限制性内切酶在其识别序列的特定位点对双链 DNA 进行切割，切割后形成黏末端（或平末端）；③没有甲基化修饰酶功能，一般只需要 Mg^{2+}，不需要 ATP 和 S-腺苷-L-蛋氨酸作为辅助因子。

Ⅱ型限制性内切酶在双链 DNA 分子上能识别的特定核苷酸序列称为识别序列或识别位

点。它们对碱基序列有严格的专一性，被识别的碱基序列通常具有双轴对称性，即回文序列(palindromic sequence)。例如，从大肠杆菌中分离鉴定的*Eco*RⅠ是最早发现的一种Ⅱ型限制性内切酶，它的特异识别序列如图6.7所示。*Eco*RⅠ够特异地结合在一段含这6个核苷酸的DNA区域里，在每一条链的鸟嘌呤和腺嘌呤间切断DNA链。DNA链经*Eco*RI对称切割后会产生两个突出的5′-磷酸单链末端，每个末端有4个核苷酸延伸出来，相对应的两个单链末端的碱基序列互补，因而称为黏性末端（图6.8）。

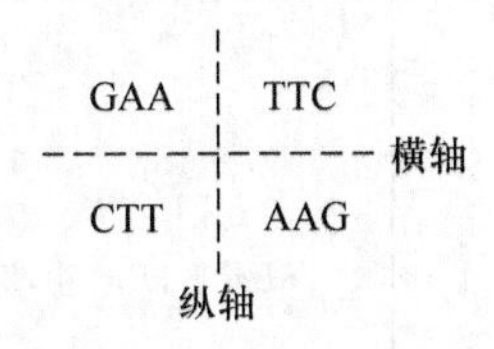

图6.7 *Eco*RⅠ对DNA链的切割和识别序列的双轴对称性

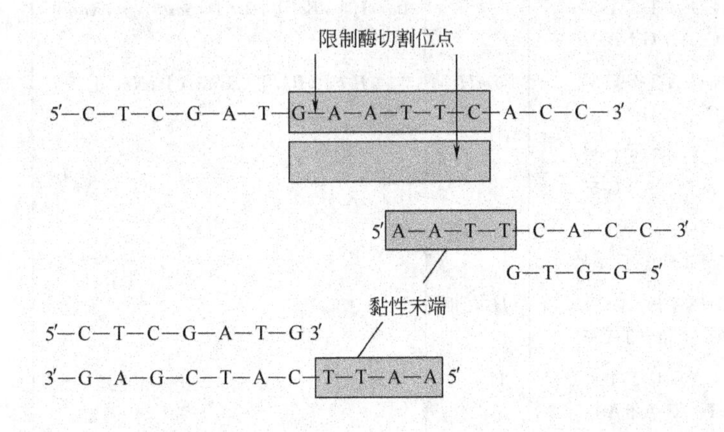

图6.8 *Eco*RⅠ切割DNA产生互补的黏性末端

有些Ⅱ型限制酶，如表6.2中的*Pst* Ⅰ，它识别序列5′-CTGCAG-3′，并在A与G之间切割DNA双链产生3′-突出黏性末端。还有些限制酶，如*Bal*Ⅰ，切割DNA链后产生平齐的末端片段，成为平末端(blunt end)。

有一些来源不同的限制酶识别相同的DNA序列，这些限制酶称为同裂酶(isoschizomers)。其中有些限制酶识别相同DNA序列，且切割在相同位置，称完全同裂酶(perfect isoschizomers)，如表6.2中的*Hin*dⅢ和*Hsu*Ⅰ；另一些限制酶识别相同DNA序列，但切割在不同的位置，称为不完全同裂酶(imperfect isoschizomers)，如表6.2中*Sma*Ⅰ和*Xma*Ⅰ。

另外，也有一些不同来源的限制酶虽然识别不同的DNA序列，但切割产生的却是相同的末端，这些酶称为同尾酶(isocaudamer)。例如，限制酶*Bam*HⅠ、*Bcl*Ⅰ、*Bgl*Ⅱ和*Xho*Ⅱ都能识别各自的6核苷酸序列，且切点都在同一位置，依次为GGATCC、TGATCA、AGATCT和PuGATCPy，因此产生的DNA片段都具有一个相同的单链5′末端(GATC)。显然，由同尾酶产生的DNA片段可以通过其黏性末端的互补作用彼此连接起来，因此同尾酶在基因克隆中非常有用。由两种同尾酶分别产生的黏性末端共价结合而成的位点称为“杂种位点”，在多数情况下，这样的“杂种位点”将不再被原来的两种同尾酶识别，但也有例外，如 *Sau*3AⅠ产生的黏性末端与其同尾酶 *Bam*HⅠ、*Bcl*Ⅰ、*Bst*Ⅰ、*Bgl*Ⅱ、*Xho*Ⅱ中的任何一个产生的黏性末端结合而成的"杂种位点"，均可被 *Sau*3AⅠ识别和切割。

表 6.2 一些限制性内切酶的特性

酶	识别序列和切割位点	同裂酶	同尾酶	切割位点数	
				λ	pBR322
*Ava*Ⅰ	5′-G↓Py-C-G-Pu-G-3′ 3′-C-Pu-G-C-Py↑C-5′		*Sal*Ⅰ,*Xho*Ⅰ,*Xma*Ⅰ	8	1
*Bal*Ⅰ	5′-T-G-G↓C-C-A-3′ 3′-A-C-C↑G-G-T-5′			n. a.	n. a.
*Bam*HⅠ	5′-G↓G-A-T-C-C-3′ 3′-C-C-T-A-G↑G-5′	*Bst*Ⅰ	*Bcl*Ⅰ,*Bgl*Ⅱ,*Sau*3AⅠ,*Xho*Ⅱ	5	1
*Bcl*Ⅰ	5′-T↓G-A-T-C-A-3′ 3′-A-C-T-A-G↑T-5′		*Bam*HⅠ,*Bgl*Ⅱ,*Bst*Ⅰ,*Sau*3AⅠ,*Xho*Ⅱ	7	0
*Bgl*Ⅱ	5′-A↓G-A-T-C-T-3′ 3′-T-C-T-A-G↑A-5′		*Bam*HⅠ,*Bcl*Ⅰ,*Bst*Ⅰ,*Sau*3AⅠ,*Xho*Ⅱ	6	0
*Bst*Ⅰ	5′-G↓G-A-T-C-C-3′ 3′-C-C-T-A-G↑G-5′	*Bam*HⅠ	*Bcl*Ⅰ,*Bgl*Ⅱ,*Sau*3AⅠ,*Xho*Ⅱ	5	1
*Eco*RⅠ	5′-G↓A-A-T-T-C-3′ 3′-C-T-T-A-A↑G-5′			5	1
*Hinc*Ⅱ	5′-G-T-Py↓Pu-A-C-3′ 3′-C-A-Pu↑Py-T-G-5′	*Hind*Ⅱ		34	2
*Hind*Ⅱ	5′-G-T-Py↓Pu-A-C-3′ 3′-C-A-Pu↑Py-T-G-5′	*Hinc*Ⅱ		34	2
*Hind*Ⅲ	5′-A↓A-G-C-T-T-3′ 3′-T-T-C-G-A↑A-5′	*Hsu*Ⅰ		6	1
*Hpa*Ⅰ	5′-G-T-T↓A-A-C-3′ 3′-C-A-A↑T-T-G-5′			13	0
*Hsu*Ⅰ	5′-A↓A-G-C-T-T-3′ 3′-T-T-C-G-A↑A-5′	*Hind*Ⅲ		6	1
*Pst*Ⅰ	5′-C-T-G-C-A↓G-3′ 3′-G↑A-C-G-T-C-5′			18	1
*Sal*Ⅰ	5′-G↓T-C-G-A-C-3′ 3′-C-A-G-C-T↑G-5′		*Ava*Ⅰ,*Xho*Ⅰ	1	0
*Sau*3AⅠ	5′↓G-A-T-C-3′ 3′-C-T-A-G↑5′		*Bam*HⅠ,*Bcl*Ⅰ,*Bst*Ⅰ,*Bgl*Ⅱ,*Xho*Ⅱ	>50	22
*Sma*Ⅰ	5′-C-C-C↓G-G-G-3′ 3′-G-G-G↑C-C-C-5′	*Xma*Ⅰ		3	0
*Xho*Ⅰ	5′-G↓T-C-G-A-C-3′ 3′-C-A-G-C-T↑G-5′		*Ava*Ⅰ,*Sal*Ⅰ	1	0
*Xho*Ⅱ	5′-Pu↓G-A-T-C-Py-3′ 3′-Py-C-T-A-G↑Pu-5′		*Bam*HⅠ,*Bcl*Ⅰ,*Bst*Ⅰ,*Bgl*Ⅱ	n. a.	n. a.
*Xma*Ⅰ	5′-C↓C-C-G-G-G-3′ 3′-G-G-G-C-C↑C-5′	*Sma*Ⅰ	*Ava*Ⅰ	3	0

注：Pu 和 Py 分别代表嘌呤和嘧啶；n. a. 表示数据缺。

目的基因被限制性内切酶切割后，所获取的DNA片段与载体的连接是通过DNA连接酶（DNA ligase）催化双链DNA缺口处相邻的两个脱氧核苷酸残基上的5′-磷酸基和3′-羟基连接形成共价的磷酸二酯键。常用的DNA连接酶有两种：一种是由大肠杆菌染色体上相关基因编码的，叫做DNA连接酶；另一种是由大肠杆菌T4噬菌体DNA上基因编码的，叫做T4DNA连接酶（也常写做T4DNA连接酶）。这两种DNA连接酶除了前者以NAD^+为辅助因子，后者以ATP为辅助因子外，其作用机理差别不大。由于T4DNA连接酶制备比较容易，还可以连接平末端，因此在DNA重组实验中广泛使用。DNA片段的体外连接方法主要有以下几种。

（1）带有互补黏性末端片段间的连接　用相同的酶或用同尾酶处理可得到带相同黏性末端的片段。为了与这类外源DNA片段连接，质粒载体也必须用同一种酶处理，得到两个相同的黏性末端。因此，就造成连接反应时外源DNA片段和质粒载体DNA均可能发生自身环化或几个分子串联成寡聚物，而且也不容易控制连接方向。要解决这一问题，一方面可以调整连接反应中两种DNA浓度，以便使正确的连接产物数量达到最高水平；另外，也可将载体DNA的5′端磷酸基团用碱性磷酸酶去掉，最大限度地抑制质粒DNA的自身环化。这样带5′端磷酸的外源DNA片段可以有效地与去磷酸化的载体相连产生一个带有两个缺口的DNA重组子，这样的重组DNA分子仍然可以转入受体菌，并在宿主细胞内完成缺口的修复。

（2）带有平末端片段间的连接　这种片段是由产生平末端的限制酶或核酸外切酶处理产生的，或者是由DNA聚合酶补平所致。由于平端的连接效率比较低，因此所需要的T4DNA连接酶和外源DNA及载体的浓度均较高。有时还需加入低浓度的聚乙醇(PEG8000)以促进DNA分子凝聚，从而提高连接效率。但是，即便如此，平末端直接连接的效率仍不高。

（3）DNA片段末端修饰后进行连接　待连接的两个DNA片段经过不同的限制性内切酶切割后，产生的末端未必都是互补的黏性末端，或者未必都是平末端，无法进行连接。这种情况下，连接之前必须对两个末端或一个末端进行修饰。修饰的方式主要是将黏性末端修饰成平末端，或将平末端修饰成互补黏性末端。有时为了避免两个DNA片段自行连接成环形DNA或多聚体，也可将载体DNA的5′端磷酸基团用碱性磷酸酶去掉，修饰成较为稳定的—OH。

（4）人工接头分子连接　在两个平整末端DNA片段的一端接上用人工合成的寡聚核苷酸接头片段，这里面包含有某一限制酶的识别位点。经这一限制酶处理便可以得到具有黏性末端的两个DNA片段，进一步便可以用DNA连接酶把这样两个DNA分子连接起来。

6.1.4 重组分子导入宿主细胞

将连接有所需目的DNA片段的载体转入宿主细胞的方法因宿主细胞种类和DNA分子大小的不同而不同，常见的以微生物细胞为宿主的DNA转移方法主要有以下几种。

（1）感受态转化法　转化是细胞吸收游离DNA的过程。一般而言，只有感受态细胞才能高效率地吸收外界的DNA。转化是用质粒作载体所常用的导入方法。对大肠杆菌，最常用的感受态细胞制备方法是$CaCl_2$（或RbCl）法，该方法简便易行，其转化效率虽不很高，但足以满足一般实验的要求，且制备的感受态细胞在－70℃下可保存较长时间，因此使用广泛。$CaCl_2$法制备感受态细胞的大致流程见图6.9。

将感受态菌体与重组DNA分子混合物，在42℃水浴中热激处理数分钟，然后放回冰水

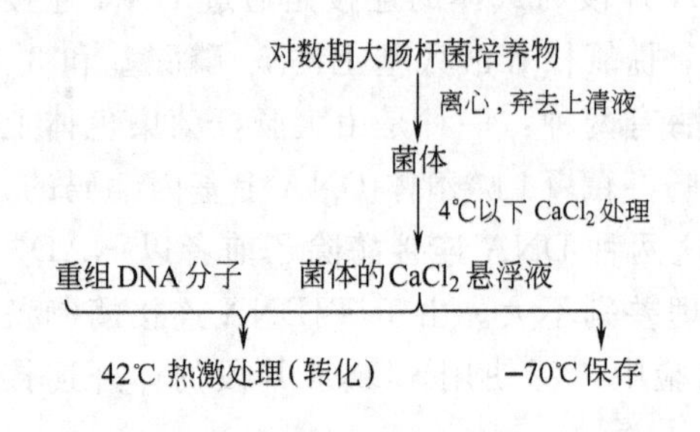

图 6.9　$CaCl_2$ 法制备感受态细胞的流程

浴中保持半小时，就可完成转化。$CaCl_2$ 法的关键是要处理对数生长期的细胞，并尽量保持低温操作。

除 $CaCl_2$ 法外，大肠杆菌感受态的制备方法还有 Hanahan 法和 Inoue 法等，这些方法制备的感受态的转化效率均远高于 $CaCl_2$ 法，但由于操作比较麻烦，所用试剂也较不常见，故反而不如 $CaCl_2$ 法使用普遍。

有些细菌可以自然生成感受态，利用转化来转移 DNA 就比较方便。酵母也可以采用醋酸锂法实现转化，但须用单链 DNA。对于无法诱导感受态或无法自然生成感受态的细胞，就必须采用其他 DNA 转移方式。

（2）原生质体转化法　通常完整细胞只有在感受态下才能吸收外源 DNA。对于难以得到感受态细胞的微生物，一种替代的方法是采用 PEG 介导的原生质体转化法。一些杆菌、链霉菌、酵母和霉菌等的转化经常采用该方法。

（3）高压电穿孔转化法　电穿孔是一种电场介导的细胞膜可渗透化处理技术。电穿孔的机理仍不清楚，一般认为，受体细胞在电场脉冲的作用下，细胞壁上形成一些微孔通道，使得 DNA 分子直接与裸露的细胞膜脂双层接触，并引发吸收过程。不同的细胞电穿孔的操作条件也不同。以大肠杆菌为例，一般调节电脉冲为 $25\mu F$，电压 2.5kV，电阻 200Ω，作用时间约为 4.6ms。大肠杆菌 100kb 以上的大质粒的转化一般都采用电穿孔转化法。由于多数微生物都可以找到合适的电穿孔条件，因此该方法适用面很广。

（4）接合转化法　接合是指细菌细胞之间的直接接触导致 DNA 从一个细胞转移至另一个细胞的过程。这个过程是由接合型质粒完成的，它通常具有促进供体细胞和受体细胞有效接触的接合功能以及诱导 DNA 分子传递的转移功能，两者均由接合型质粒上的有关基因编码。在 DNA 重组中常用的绝大多数载体质粒缺少接合功能区，因此不能直接通过细胞接合方法转化受体细胞。因此首先将具有接合功能的辅助质粒转移至含有重组质粒的细胞中，然而将这种供体细胞与难以用上述转化方法转化的受体细胞进行混合，促使两者发生接合作用，最终导致重组质粒进入受体细胞。这种方法的标准实验流程需要混合三种菌株：含接合型辅助质粒的菌株、供体菌和受体菌。其基因转移过程如图 6.10 所示：接合型辅助质粒首

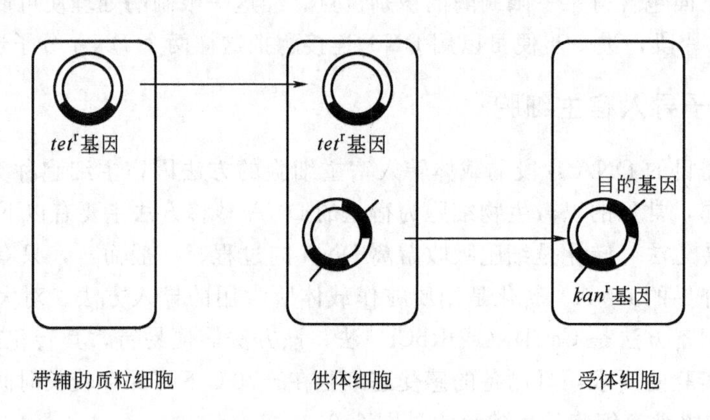

图 6.10　三亲杂交示意图

先转移到供体菌，然后再协助供体菌中的含目的基因的质粒转移到受体菌中。这样的过程一般称为三亲杂交。

(5) 噬菌体转导法 以 λ-DNA 为载体的重组 DNA 分子，由于其相对分子质量较大，通常采用转染的方法将其导入受体细胞内。在转染之前必须对重组 DNA 分子进行人工体外包装，使之成为具有感染活力的噬菌体颗粒。用于体外包装的蛋白质可以直接从大肠杆菌的溶源菌中制备，现已商品化。这些包装蛋白通常被分成独立放置且功能互补的两部分：一部分缺少 E 组分；另一部分缺少 D 组分。包装时，只有当这两部分的包装蛋白与重组 λ-DNA 分子三者混合后，包装才能有效进行。重组 DNA 分子最后通过转导引入受体菌。

6.1.5 重组体的筛选和鉴定

在构建重组表达体系时，当目的基因和载体重组并导入宿主后，并非能全部按照预先设计的方式重组和表达，由于各种副反应的存在、重组 DNA 导入宿主的低效率、操作的失误及其他不可预测因素的干扰，真正获得目的基因并能有效表达的重组子只是一小部分，而绝大部分仍是原来的受体细胞，或者是不含目的基因的克隆。为了从处理后的大量受体细胞中分离出真正所需的重组子，需要采用一系列筛选和鉴定的方法。

6.1.5.1 耐药性基因筛选法

筛选重组菌的具体方法因所采用的载体-宿主系统的不同而不同。很多细菌表达系统的载体一般带有抗生素抗性筛选标记，如四环素抗性基因（tet^r）、氨苄西林抗性基因（amp^r）、卡那霉素抗性基因（kan^r）等。当编码有这些耐药性基因的质粒携带目的 DNA 进入宿主细胞后，便可使重组细胞在含这些抗生素的培养基中生长。由于要筛选的是含目的 DNA 的重组菌，为了区分含重组质粒的克隆和含空质粒的克隆，可以采用插入失活检测法。这种方法是将目的 DNA 插入到载体的某个抗性基因之中，使该抗性基因失活，这样含重组质粒的克隆便不能在含这一抗生素的培养基中存活，而含空质粒的克隆则能存活。例如前面介绍的 pBR322 质粒上有两个抗生素抗性基因，抗氨苄西林基因（amp^r）上有单一的 *Pst* Ⅰ位点，抗四环素基因（tet^r）上有 *Sal* Ⅰ和 *Bam*HⅠ位点。当外源 DNA 片段插入到 *Sal* Ⅰ/*Bam*HⅠ位点时，使抗四环素基因失活，这时含有重组体的菌株从 $amp^r tet^r$ 变为 $amp^r tet^s$。这样，凡是在含氨苄西林的平板上能生长，而在同时含氨苄西林和四环素的平板上不能生长的菌落就可能是所要的重组体。

利用耐药性基因进行筛选的另一方法是直接筛选法。由于在一种质粒上往往具有两种耐药性基因，用插入失活检测法时要在分别含两种抗生素的平板上进行筛选。为了做到在一个平板上直接筛选，可将插入缺失重组后转化的宿主细胞培养在含四环 素和环丝氨酸的培养基中，重组体 tet^s 生长受到抑制，非重组体 tet^r 虽能使细胞生长，但因环丝氨酸可在蛋白质合成时掺入而导致细胞死亡。重组体 tet^s 因仅仅是受抑制，故接种到另一培养基中时便可重新生长。

6.1.5.2 α-互补法

这是目前经常使用的重组子筛选方法。许多载体都带有一个大肠杆菌 β-半乳糖苷酶基因（*lacZ*）的调控序列和前 146 个氨基酸等蛋白质 N 端部分序列。在这个编码区中插入了一个多克隆位点（MCS），它并不破坏 β-半乳糖苷酶 N 端的功能。在一些大肠杆菌宿主菌中，染色体上含有编码 β-半乳糖苷酶 C 端部分序列的基因，可以表达出 β-半乳糖苷酶的 C 端蛋白质。当宿主和质粒上的 *lacZ* 基因片段单独存在时，分别表达出的蛋白质产物不具有

β-半乳糖苷酶活性。但它们同时存在时，这些蛋白质可表现出酶活性，实现了宿主细胞和质粒上分别携带的 *lacZ* 基因片段的功能互补，称为 α-互补。由 α-互补而产生的大肠杆菌细胞在诱导剂 IPTG 的作用下，β-半乳糖苷酶催化 X-gal 变为蓝色，从而产生蓝色菌落，因而易于识别。然而，当外源 DNA 插入到质粒的多克隆位点后，破坏了质粒上的 *lacZ* 基因片段，不能表达出正确的 N 端蛋白质，从而不能进行 α-互补，使得带有重组质粒的细菌形成白色菌落。因此，这种重组子的筛选，又称为蓝白斑筛选。

6.1.5.3 营养缺陷型筛选法

还有一些表达体系采用的是营养缺陷型筛选标记，如一些酵母表达体系等。这样的体系中，宿主细胞为营养缺陷型，不能在基本培养基上生长，而载体含有该缺陷型所缺失的基因，因此重组子可以在基本培养基上生长。这样，采用基本培养基就可起到选择的效果。

通过上述方法筛选后，可以排除大量的未经重组的宿主细胞。但是，这还不能保证剩余的细胞中目的基因全部按照预先设计的方式重组和表达。因此，最后还需要通过直接检测表达产物的方法加以鉴定。如果目的基因的编码产物是酶，可以通过测定酶活力定量地确定表达水平。如果基因的编码产物不具有已知的催化活性，则可采用蛋白质电泳、酶联免疫等方法定性、定量地测定表达产物。

6.2 定向进化

定向进化（directed evolution）是指在试管中进行的“分子进化”，也即在实验室人工控制的条件下模拟和加速生物分子向特定目标进化的过程。其对象可以是蛋白质或多肽，也可以核酸和其他大分子，甚至是一些生物体中的小分子。它通过人工合成或借助于重组 DNA 技术，人为制造大量的变异体，然后按照特定的需要和目的，给予选择压力，或通过高通量筛选技术，将满足特定目的的分子筛选出来，从而实现试管中分子水平上的模拟进化。

酶的定向进化技术属于蛋白质非理性设计的主要范畴，不需要了解酶的空间结构和催化机制。分子定向进化由 Sol Spiegelman 等在 20 世纪 60 年代利用 RNA 噬菌体 Qβ 在体外模拟了自然进化的过程，证明了达尔文进化论也可以发生在非细胞体内，为分子水平的定向进化奠定了基础。但是后来由于随机引入突变的技术还不成熟，定向进化发展缓慢。直到 1993 年 Arnold 研究小组应用分子进化的原理，创造性地提出易错 PCR 技术和 1994 年 Stemmer 等发展的 DNA 重排技术，才标志着酶分子定向进化技术趋向成熟。近年来，科学家们不断探索，创建了许多分子定向进化的新途径和方法，可以在较小的同源基因库中形成序列信息的多样性和快速产生有益的突变，这在改善酶的性能、优化代谢途径和提高酶的产量等方面具有重大的意义。

定向进化的过程包括构建文库和筛选两部分。构建文库（creating library）也就是人为制造大量变异体（variants）的过程。根据定向进化对象的不同，建库的方法也会有很大的差别。例如，肽库可以分为化学合成文库和分子生物学文库两大类，对短肽，采用化学合成技术构建化学合成文库是一个很好的选择；但对酶这样分子量较大的蛋白质，更好的选择是先采用各种方法获得一系列具有各种不同突变的 DNA 片段，再用重组 DNA 技术加以表达，从而构建出分子生物学文库。

酶的定向进化的大致操作流程如图 6.11 所示。

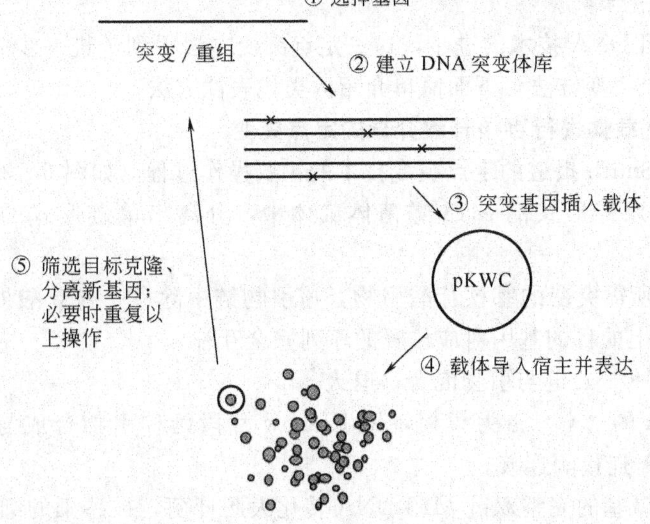

图 6.11　酶定向进化的大致操作流程

从图 6.11 中可以看到，分子生物学文库中蛋白质的各种变异实际上来自 DNA 的变异。根据 DNA 变异的程度和方式的不同，又可以将分子生物学文库分为定向的、随机的和重组的三类（图 6.12）。定向文库中的 DNA 仅在特定部位发生变异，这种变异既可以是理性设计的，也可以是简并的。随机文库中的 DNA 则可能在任何部位发生点突变。重组文库中的 DNA 上不同的片段来自于不同的亲本。不同的建库方法可以产生不同特点的分子生物学文库。

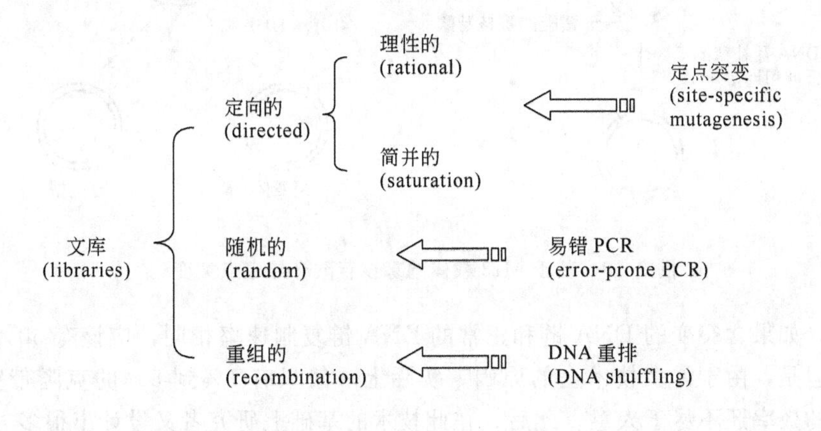

图 6.12　分子生物学文库的分类与构建方法

6.2.1　定点突变

定点突变（site-specific mutagenesis 或 site-directed mutagenesis）是指在目的 DNA 片段（例如一个基因）的指定位点上引入特定的碱基对变化的技术。最早的通用性定点突变技术是由 M. Smith 的研究小组于 1982 年报道的，这种基于 M13 噬菌体载体的定点突变技术可以在任意一段 DNA 片段的特点位点上引入点突变。这一技术在其发明后的一段时间曾被世界各国的研究者广泛使用。Smith 后来还因为此项研究与 PCR 技术的发明者 Mullis 共享了 1993 年的诺贝尔化学奖。

此后，随着重组 DNA 技术的进步，这一定点突变方法得到了进一步完善，陆续出现了一些更加方便的定点突变方法。下面简单介绍两类代表性方法。

6.2.1.1 利用 M13 载体进行寡核苷酸介导的定点突变

这种 Zoller 和 Smith 报道的定点突变技术的主要操作过程（如图 6.13 所示）。

① 将基因插入双链形式的 M13 噬菌体载体中，分离出单链形式的 M13（+）链重组 DNA。

② 合成一段含所需突变的寡核苷酸引物，该引物链中除一个核苷酸外，其余核苷酸序列与 M13 重组载体上的目的基因对应位置的序列完全互补。

③ 将重组 M13（+）链与引物混合，退火。

④ 以 M13DNA 的（+）链为模板，用 Klenow 片段延伸引物合成与（+）链互补的 DNA，再用 T4DNA 连接酶连接。

⑤ 将含有错配碱基的完整双链 M13 DNA 转化大肠杆菌，被感染的细胞会产生 M13 噬菌体颗粒，并最终裂解细胞形成噬菌斑，从这些噬菌斑中就可以分离出部分含突变序列的 M13 DNA。

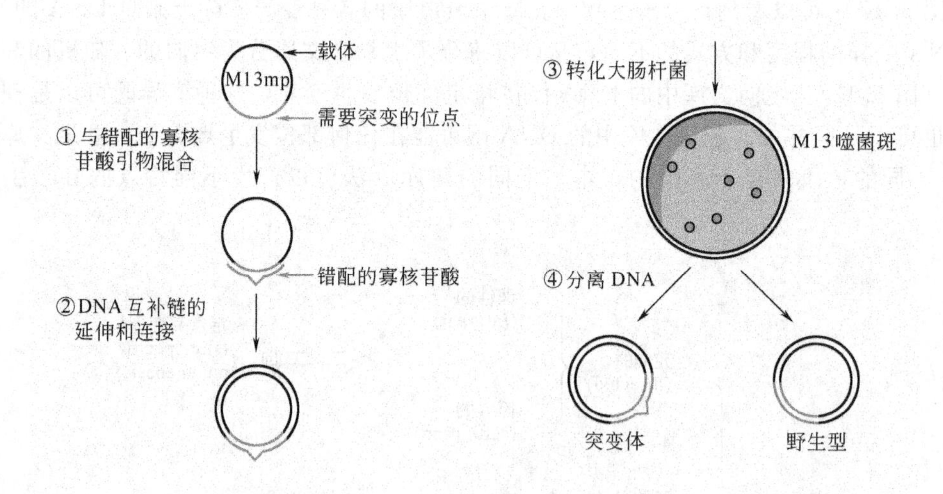

图 6.13 基于 M13 载体的寡核苷酸介导定点突变

理论上，如果含突变的 DNA 链和正常的 DNA 链复制速率相同，应该有 50%的克隆带突变基因。但是，由于许多技术上的原因，实际上一般只有 1%到 5%的克隆带突变基因。显然，这样的效率还不尽于人意。此后，在此技术的基础上研究者又设计出很多方法以提高定点突变的频率，其中比较常用的是 Kunkel 提出的诱变体产量富集法（图 6.14）。

Kunkel 提出的这种方法用具 *dut* 和 *ung* 基因缺陷的大肠杆菌制备 M13 载体。*dut* 基因编码催化 dUTP 分解的 dUTPase，该基因缺陷会使细胞中 dUTP 含量升高，导致复制时少量 dUTP 代替 dTTP 掺入 DNA。*ung* 基因编码尿嘧啶 DNA 糖基化酶，该基因缺失后，不能除去掺入 DNA 的 dUTP。因此，利用 $dut^{-}ung^{-}$菌株制备的 M13 载体中，大约 1%的 T 被 U 取代。以这样制备的 M13（+）链为模板进行寡核苷酸介导的定点突变，然后将得到的双链 DNA 转化到 $dut^{+}ung^{+}$菌株中，最初的含 UU 的模板会被降解，而突变链则因不含

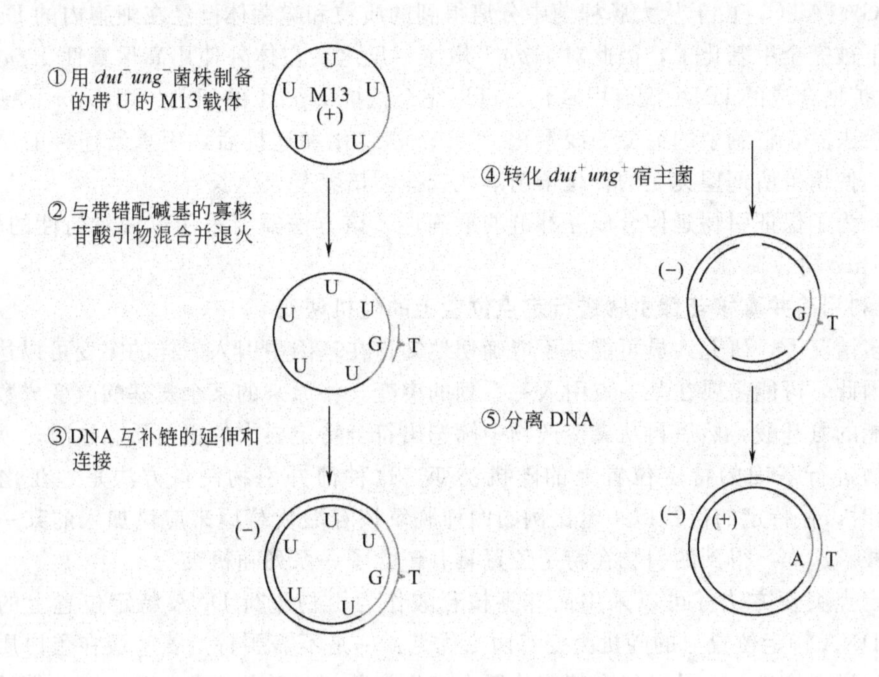

图 6.14　Kunkel 的诱变体产量富集法

U 被复制。这样，带有定点突变基因的噬菌体比例可显著提高。

6.2.1.2　以双链 DNA 为模板的定点突变

由于 M13 噬菌体的遗传操作对于许多研究者来说还是不太方便，因此，又陆续开发了许多基于质粒的定点突变方法，其中最方便的应属一种基于双链 DNA 的、寡核苷酸介导并用 *Dpn* Ⅰ选择突变体的定点突变技术。这种定点突变技术的主要操作过程如图 6.15 所示。这种方法中突变也是通过寡核苷酸引物带入的，但此时要求两条带突变点的引物。

该方法的主要特点之一是用限制酶 *Dpn* Ⅰ选择突变体。*Dpn* Ⅰ能特异性消化完全甲基

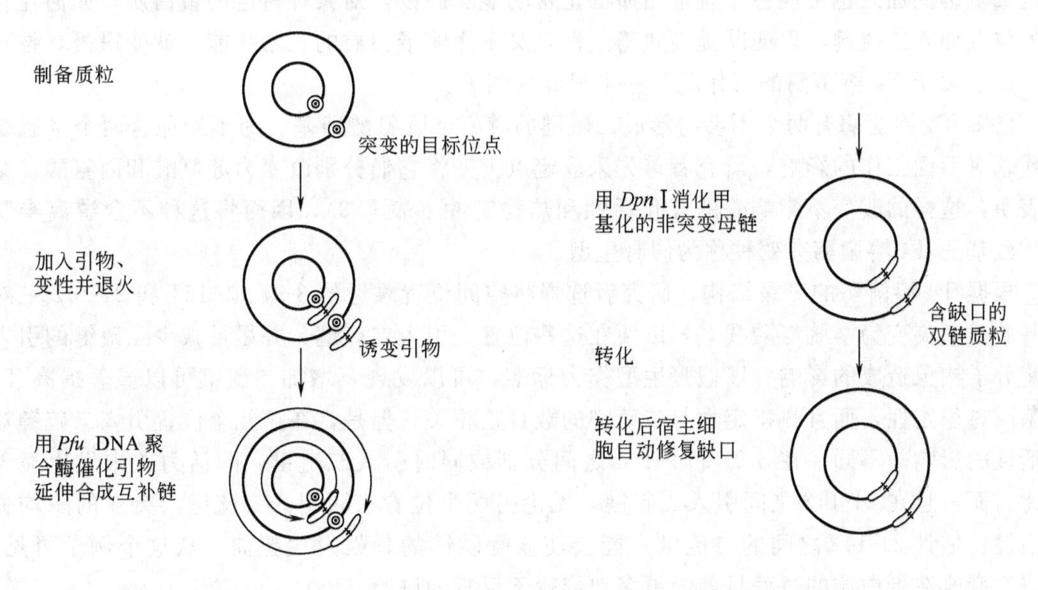

图 6.15　基于双链 DNA 的定点突变（用 *Dpn* Ⅰ选择突变体）

化的序列 $G^{me6}ATC$。由于从大肠杆菌中分离得到的质粒和噬菌体已经在细胞内的 Dam 甲基化酶作用下被完全甲基化了，因此对 *Dpn* Ⅰ敏感；反之，在体外使用高保真性 *Pfu* 聚合酶通过 PCR 扩增合成的 DNA 没有甲基化，可以完全抵抗 *Dpn* Ⅰ的切割。用 *Dpn* Ⅰ酶切 PCR 产物把模板去除，将剩余的突变的线形化 PCR 产物纯化和连接后，用重新连接的质粒转化大肠杆菌，使携带所期望突变的转化子菌落在选择性培养基上生长。

另外，为了保证引物延伸合成互补链的准确性，该方法需要采用有校对活性的聚合酶，如 *Pfu*、*Pwo* 等。

6.2.1.3 利用简并寡核苷酸引物进行定点位置上的随机诱变

在很多情况下，研究人员可能并不能确切地知道在基因中引入怎样的突变可以达到研究的目的。因此，可能需要在某一点引入一系列的突变，将原来的某个氨基酸改变成数种甚至是各种可能的氨基酸，然后再从突变产物中筛选出符合特定要求的蛋白质。这时，就需要采用简并引物进行基因的特定位置上的随机诱变。这种简并引物制备方法是，在化学合成 DNA 片段时，在特定的位置以一定比例的四种脱氧核苷酸代替原来应该加入的某一种单一脱氧核苷酸。这样，得到的引物在特定位置具有包含了一系列随机突变。

很多定点突变方法都可以采用简并寡核苷酸作为引物进行 DNA 特定位置上的随机突变。这种 DNA 特定位置上的随机突变有两个优点：一是不需要特定氨基酸在蛋白质功能中所起作用的详细信息；二是可以在特定位置上产生多种氨基酸的变化，从中可能筛选到一些意想不到的具有特殊性质的蛋白质。

6.2.1.4 定点突变的应用实例

随着对蛋白质的结构与功能之间的关系研究的日益深入，通过定点突变创造具有特殊性能的蛋白质的工作也取得了一些进展。这里介绍两个经典的例子以说明个别氨基酸的改变对酶的催化性能的显著影响。

（1）通过加入二硫键增加 T4 溶菌酶的热稳定性　研究表明，二硫键的多少与蛋白质在极端环境中的稳定性密切相关。因此，可以通过加入二硫键来提高蛋白质的热稳定性，但问题是二硫键的加入也可能会干扰蛋白质的正常功能。所以，对某种特定的蛋白质，如何在合适的位置加入二硫键，以便既提高热稳定性，又不影响蛋白质的正常功能，就变得极具技巧性。以下关于 T4 溶菌酶的工作就是一个很好的例子。

已知 T4 溶菌酶有两个不参与形成二硫键的游离半胱氨酸残基。为了避免这两个半胱氨酸残基对后面工作的影响，研究者首先采取定点突变将它们分别改变为苏氨酸和丙氨酸。结果表明，这样的改变不影响酶的催化活性和热稳定性（表 6.3），因而将这种不含游离半胱氨酸残基的 T4 溶菌酶突变种称为假野生型。

根据 T4 溶菌酶的三级结构，研究者选择将空间位置靠近的 3-97、9-164 和 21-142 三对氨基酸残基突变为半胱氨酸残基，以便在这些位置上引入二硫键，并尽量减少二硫键的引入对酶分子构象造成的影响。以假野生型作为标准，可以发现，增加二硫键可以显著提高 T4 溶菌酶热稳定性，而且热稳定性与二硫键的数目正相关。但是，在这几个位置引入二硫键对酶活性的影响却不同。在 3-97 和 9-164 之间分别或同时引入二硫键，酶活力并未发生显著变化。而一旦在 21-142 之间引入二硫键，无论另两个位置有否引入二硫键，突变的酶均失去活性，估计 21-142 之间的二硫键可能会使该酶肽链的骨架发生扭曲。从这个例子可见，定点突变改造蛋白质的过程目前尚更多地依赖于反复的试验。

表 6.3　T4溶菌酶及其几个突变种的特性

酶	蛋白质一级结构中相应位置的氨基酸残基							二硫键数目	相对活性/%	T_m/℃
	3	9	21	54	97	142	164			
野生	Ile	Ile	Thr	Cys	Cys	Thr	Leu	0	100	41.9
假野生	Ile	Ile	Thr	Thr	Ala	Thr	Leu	0	100	41.9
A	Cys	Ile	Thr	Thr	Cys	Thr	Leu	1	96	46.7
B	Ile	Cys	Thr	Thr	Ala	Thr	Cys	1	106	48.3
C	Ile	Ile	Cys	Thr	Ala	Cys	Leu	1	0	52.9
D	Cys	Cys	Thr	Thr	Cys	Thr	Cys	2	95	57.6
E	Ile	Cys	Cys	Thr	Ala	Cys	Cys	2	0	58.9
F	Cys	Cys	Cys	Thr	Cys	Cys	Cys	3	0	65.5

注：T_m 为蛋白质的总体结构 50%发生变性的温度，用以表征蛋白质的热稳定性。

（2）通过活性中心的改变提高酪氨酰 tRNA 合成酶的活力　嗜热脂肪芽胞杆菌的酪氨酰 tRNA 合成酶催化酪氨酰 tRNA 的合成，其反应分为两步：

① Tyr＋ATP ⟶ Tyr－AMP＋PPi

② Tyr－AMP＋$tRNA^{Tyr}$ ⟶ Tyr－$tRNA^{Tyr}$＋AMP

根据酪氨酰腺苷酸（Tyr-AMP）在酪氨酰 tRNA 合成酶的三级结构上的位置可知，酶蛋白 Thr51 上的羟基与 Tyr-AMP 核糖上的氧环（O-1）形成一个氢键，推测移去该氢键有助于提高酶对 ATP 的亲和力。

研究者通过寡核苷酸介导的定点突变分别将蛋白质 51 位上的 Thr 置换成 Ala 和 Pro，并测定了野生酶与两种突变种的酶催化反应动力学参数（表 6.4）。

表 6.4　嗜热脂肪芽胞杆菌酪氨酰 tRNA 合成酶及其两个突变型的氨酰化反应活性

酶	k_{cat}/s^{-1}	$K_{M,ATP}$/(mmol/L)	$k_{cat}/K_{M,ATP}$/[L/(s1·mol)]
野生型(Thr51)	4.7	2.5	1880
突变型(Ala51)	4.0	1.2	3333
突变型(Pro51)	1.8	0.019	94737

实验结果（表 6.4）表明，由于氢键的消除，突变型 Ala51 活性中心的反应速率常数与野生型相比没有明显变化，但米氏常数降低了一半左右，说明其与 ATP 的亲和力显著提高。而突变型 Pro51 的反应速率常数虽然与野生型相比有一定的下降，但与 ATP 的亲和力却增大了 100 倍以上，专一性常数（$k_{cat}/K_{M,ATP}$）也提高了 50 倍。这一结果出人意料，因为一般认为 Pro 残基的加入会扭曲 α-螺旋，从而降低酶结合底物的能力。

以上例子都表明，尽管人们还不能准确地预测蛋白质的结构与功能的关系，但通过定点突变确实可以改进酶的性能。在蛋白质结构与功能研究中，应用定位突变技术，已经成功地鉴别了大量具有特定功能的结构元件。将定位突变技术与氨基酸缺失、亲和标记、核磁共振分析等技术相结合，在阐明蛋白质-蛋白质相互作用，蛋白质与配体的作用部位，酶的催化性、专一性、稳定性和蛋白质折叠等一系列重要的基础理论研究中作出了重要贡献。蛋白质工程现已被广泛用于工业领域，以及促进人类疾病治疗的研究。

6.2.2　易错 PCR

用热稳定 DNA 聚合酶扩增目的 DNA 时，会以一定的频率发生碱基错配。这对高保真要求的 DNA 扩增来说当然是不利的，但这一现象恰好也提供了一种对特定基因进行随机诱变的可能方法。这种利用 PCR 过程中出现的碱基错配对特定基因进行随机诱变的技术就称为易错 PCR（error-prone PCR，EP-PCR）（图 6.16）。

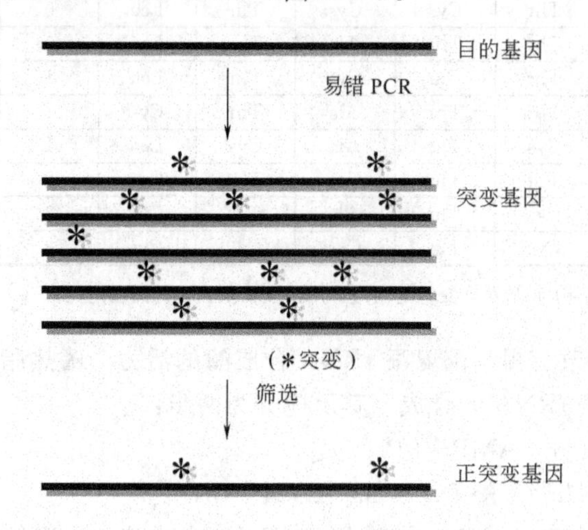

图 6.16 易错 PCR 示意图

在 PCR 技术发展初期，人们就已经注意到它的易错本性。但是，如果想将这种易错本性用于创造突变基因，即便是保真度最低的 *Taq*DNA 聚合酶，在常规的 PCR 反应条件下，其 DNA 复制的精确程度还是太高。

为了降低 PCR 中 DNA 复制的精确度，研究者想出了多种办法。其中最直接也是最常用的方法是在 *Taq* DNA 聚合酶催化的 PCR 反应体系中加入一定量的 Mn^{2+}（替代天然的辅助因子 Mg^{2+}），并同时使反应体系中各种 dNTP 的比例失衡（通常是将其中的一种 dNTP 降至 5%～10%）。这样，由于 *Taq*DNA 聚合酶缺乏校对活性，其错配率会大大增加，通常可以达到每千碱基对 1 个突变左右。另外，还可以加入 dITP 等脱氧核苷三磷酸类似物来控制错配水平，采用这种方法可以将错配率提高到最高达每 5 个碱基对 1 个突变。当然，错配率并不是越高越好，一般认为，理想的突变频率为每个基因 1.5～5 个点突变。

从易错 PCR 的操作过程可以看到，易错 PCR 与传统诱变育种技术的最大差别在于，前者是基因水平上的随机诱变，而后者则是细胞水平上的随机诱变。而且易错 PCR 一般只产生点突变，因此它产生的突变体在多样性方面尚有一定缺陷。但作为一种能够从单一基因产生丰富的随机突变体的技术，易错 PCR 仍得到了广泛的应用。

有时经一次突变的基因很难获得满意的结果，因此又发展了连续易错 PCR 策略，通过连续几代的随机突变和筛选积累氨基酸突变，成功地提高酶在非自然环境中活性和对非天然底物的活性。K. Chen 等人应用随机突变以提高枯草杆菌蛋白酶 E 在非自然环境——高浓度有机溶剂二甲基甲酰胺（DMF）中的活力。通过连续多轮突变后，筛选得到突变体 PC3。PC3 与野生酶相比，在 60%二甲基甲酰胺溶液中对多肽底物的水解活性提高了 256 倍。同时，带有不同的氨基酸置换组合的枯草杆菌蛋白酶 PC3 和其他突变体在二甲基甲酰胺和其他有机溶剂中能有效地催化转酯作用和肽链的合成。

6.2.3 DNA 重排

DNA 重排（DNA shuffling）是 20 世纪 90 年代中期发展起来一种新的体外定向进化技

术。该技术体外模拟自然进化的过程，它不仅能产生点突变，而且可以重组DNA片段，在分子水平上创造分子的多样性，结合灵敏的筛选技术，迅速得到理想的变异。Stemmer在1994年首先采用DNA重排技术对β-内酰胺酶进行定向进化，经随机突变获得β-内酰胺酶基因的突变库，然后再进行3轮DNA重排和两轮亲本回交，筛选出一株比野生型抗性提高32000倍的突变体。Yano等利用DNA重排技术对天冬氨酸氨基转移酶进行改造，结果表明其中6个氨基酸对保持酶活是必需的，但是仅有一个位于酶的活性中心。还有科技工作者也用同种方法对水母的绿荧光蛋白进行定向进化，在3轮的重排循环后，得到突变蛋白的荧光信号强度提高45倍的突变体。从1994年到现在，DNA重排技术快速发展，已经成功运用于酶分子改造、药物蛋白、小分子药物、基因治疗等领域。

6.2.3.1　DNA重排的原理和操作程序

DNA重排也称为有性PCR（sexual PCR），它与PCR技术密切相关，但与通常的PCR不同。在DNA重排的PCR过程不需要加入引物。DNA重排的基本原理如图6.17所示，首先将同源基因（单一基因的突变体或基因家族）切成随机DNA片段，然后进行PCR重聚。那些带有同源性和核苷酸序列差异的随机DNA片段，在每一轮PCR循环中互为引物和模板，经多次PCR循环后能迅速产生大量的重组DNA，从而创造出新基因。最后将重排后的基因片段插入到载体中，并转移到宿主细胞中表达。

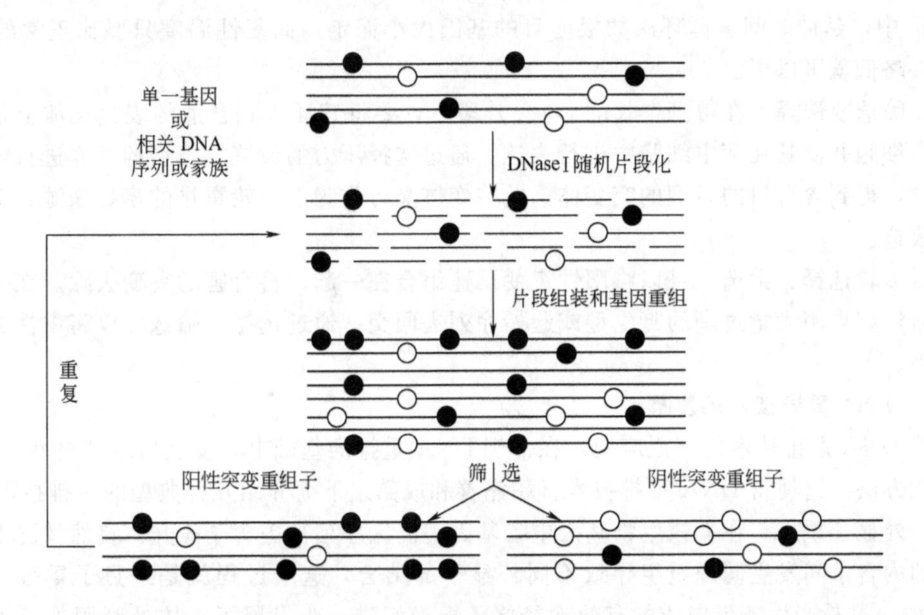

图6.17　DNA重排的原理及步骤

DNA重排的操作程序如下。

(1) 基因片段的获取　DNA重排技术的操作对象可以是单一基因的突变体或相关的家族基因，也可以是多个基因、一个操纵子、质粒甚至整个基因组。基因片段的获得可以采用PCR或酶切的方法，具体采取哪种方法依据实验的需要和方便而决定。如果用PCR方法获得基因片段，则在PCR后必须除去多余的引物，否则会污染全长的模板导致重组频率降低。

(2) 随机片段化　用化学（DNaseⅠ）或物理（超声波）的手段将基因片段随机切断成一定长度范围内的小片段。对随机片段长度的选择依赖于基因片段的大小，基因片段越大，利用较小片段进行重聚越困难。另一方面，小片段越长，得到嵌合基因的概率越小。一般

1000bp 以内的基因片段被切割成 50bp 左右的小片段，而 1000bp 以上的基因片段则被切割成 200bp 左右的小片段。在随机片段化过程中，可以通过调节酶的用量、作用时间来控制小片段的大小。

（3）重聚 PCR/无引物 PCR　不添加引物，进行 PCR 反应。由于没有额外添加引物，在变性、退火过程中，根据不严格的序列同源性，小片段之间就会随机进行配对、缓慢延伸，经过多轮循环，产生一系列由不同大小分子组成的混合物，最后加入引物组装成全长的嵌合基因。在这个过程中，由于配对的不精确性，就会引入各种形式多样的突变，可以包括点突变、缺失、插入、重组等自然界广泛存在的突变类型，而后几种突变类型在常规的突变中是无法引入的。突变的频率则可以通过控制缓冲溶液的组成、DNA 随机片段的大小、耐热 DNA 聚合酶的种类（*Tag*、*Pfu*、*Pwo* 等）来控制，常常可以控制在 0.05%～0.7%之间。

由于任何同源短序列之间都可以配对，因此其重组是非位点特异性的、随机的。同源序列的配对形式是群体式的而非两两配对，而且对同源性要求不高，这样扩大了配对的可能性。

通过 PCR 进行小片段的重聚是 DNA 重排中最为关键的一步，其中模板浓度的控制尤为重要，过低的模板浓度难以进行重聚，合适的模板浓度为 10mg/L 以上。在不加引物的 PCR 反应中，延伸时间、循环次数根据目的基因大小而定，而复性温度只要比正常的 PCR 反应条件略低就可以了。

（4）筛选或选择　在得到全长的 DNA 片段后，要将其插入到合适的表达载体上，然后转化宿主细胞并使其在宿主细胞中进行表达。通过选择压力的设置、模型的建立进行定向选择或筛选，得到含有目的表型的突变体。此突变体又可作为下一轮重排的模板来源，继续进行定向改造。

通过多轮选择、筛选，可以将阳性突变迅速组合在一起，将有害的突变去除。在每一轮重排之后，如果用大量过剩的野生型或起始序列去回交，通过选择、筛选可以将中性突变也区分出来。

6.2.3.2　DNA 重排技术的发展

随着 DNA 重排技术的广泛应用，在常规 DNA 重排的基础上，发展出多种类型的 DNA 体外进化方法，这使得 DNA 重排技术日臻完善和成熟。下面介绍几种典型的重排技术。

（1）外显子重排　在真核生物基因中，基因编码区序列被内含子隔开。自然情况下，不同分子的内含子间发生同源重组导致不同外显子的结合，这个过程就是外显子重排（exon shuffling），这是产生新蛋白质的有效途径之一。人们进一步发展了在体外利用外显子重排的方法进行蛋白质的定向进化。首先使用嵌合寡核苷酸引物分别扩增编码结构域的外显子或外显子组，然后混合这些 PCR 产物，经过无引物 PCR，使这些混合物连接成不同组装形式的全长基因，形成外显子重排文库。例如 Van Rijk 等利用外显子重排将仓鼠热休克蛋白 αA-晶体蛋白基因进行定向进化，获得了超 αA-晶体蛋白。这说明了通过外显子交换可以产生新功能的蛋白质。与 DNA 重排不同的是，外显子重排是靠同一种分子间内含子的同源性带动，而 DNA 重排不受任何限制，发生在整个基因片段上。

（2）交叉延伸程序　交叉延伸程序（staggered extension process，StEP）是一种简化并改进的 DNA 重排技术，由 F. H. Arnold 等人于 1998 年建立，其原理如图 6.18 所示。引物首先在一个模板链上延伸，随之进行多轮变性、短暂复性（延伸）过程，在每一轮 PCR

循环中，那些部分延伸的片段可以随机地杂交到含不同突变的模板上继续延伸，由于模板转换而实现不同模板间的重组，这样重复进行直到获得全长基因片段，重组的程度可以通过调整 PCR 延伸时间和退火温度来控制。此方法省去了将 DNA 酶切成片段这一步，因而简化了 DNA 重排方法。该技术已成功地重组了由易错 PCR 产生的 5 个热稳定的枯草芽胞杆菌蛋白酶 E 的突变体，采用连续提高培养温度的方法进行突变菌株的筛选，最终获得一株最适反应温度提高 17℃、在 65℃半衰期延长 200 倍的有益突变株。

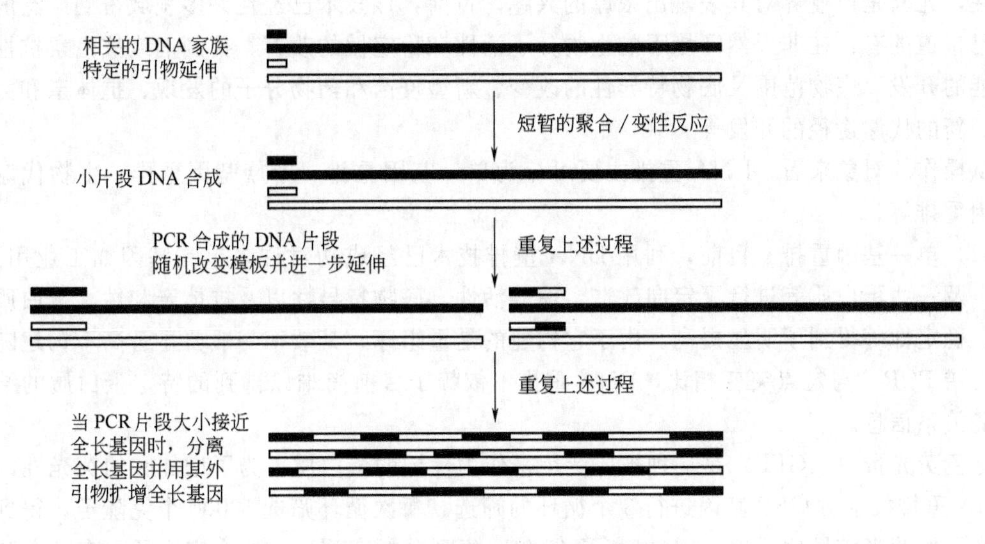

图 6.18　交叉延伸程序的基本过程

（3）随机引物体外重组　随机引物体外引发重组（random-priming in vitro recombination，RPR）是 Shao 等在 1998 年建立的一种 DNA 重排的新方法。以单链 DNA 为 PCR 模板，用一套随机序列的引物产生大量互补于模板不同位点的 DNA 短片段。由于碱基的错配和错误引发，在这些 DNA 短片段中含有少量的突变碱基。接下来进行的 PCR 循环中，这些短片段可以互为引物和模板，进行 DNA 的重组，直到组合成完整的基因序列。再经常规 PCR 进一步扩增基因序列，随后克隆筛选出阳性克隆子。

与常规 DNA 重排技术相比，RPR 具有两个主要特点：一是，可以直接利用单链 DNA、mRNA 或者 cDNA 为模板，进行常规 DNA 重排时，在基因重组前必须将残留的 DNase Ⅰ去除干净，但 RPR 则不需要这个过程，可直接进行基因序列的重组；二是，RPR 所使用的随机引物序列长度要一致，这样不会产生序列顺序的偏向性，使得模板上的碱基发生突变和重组的随机性增强。该方法介导的 DNA 重排不受 DNA 模板长度的限制，且模板所需的 DNA 量比常规 DNA 重排少很多（仅为常规 DNA 重排的 1/20～1/10）。

Arnold 等人利用该方法成功地对耐热枯草芽胞杆菌蛋白酶 E 进行定向改造，获得热稳定性比野生型提高 8 倍的突变株，经序列测定分析其氨基酸 Asn181 突变为 Asp，Asn218 突变为 Ser。

（4）合成重排　合成重排（synthetic shuffling）是定向进化的一种新方法。根据宿主细胞密码子的偏爱性和同源基因的序列一致性，并尽量反映出同源基因中心区的多样性，化学合成一系列简并寡核苷酸。通过多轮重聚 PCR 反应，将简并寡核苷酸装配成全长的目的基因。由于所有的基因都是人工合成的，其合成的多样性不受亲本基因的同源性所限制，改变氨基酸来自亲本的倾向性，使其产生的突变体彼此远离，不再簇集在亲本基因周围，大大增加突变体的多样性。Ness 等在 2002 年，利用合成重排方法对 15 种枯草芽胞杆菌蛋白酶基因进行定向进化，成功筛选出具有组合性质的嵌合酶，蛋白酶的多样性被全部集中在 30 个寡核苷酸中。

6.2.3.3 DNA 重排技术的应用

DNA 重排技术由于可以产生丰富的重组突变体文库，自出现以来，就受到了人们的极大关注，尤其是产业界对其表现出浓厚的兴趣。目前，该技术已经在许多领域得到广泛的应用，已报道的有：在非天然环境下的生物分子活性和稳定性的改善、抑制剂或抗生素抗性和新功能的开发、底物范围及底物特异性的改变、新型疫苗和药物分子的发现、抗体亲和力的提高、新的代谢途径的开发等。

从操作的对象来看，DNA 重排主要可分为单一基因重排、家族基因重排、生物代谢途径基因重排等。

(1) 单一基因重排　目前，利用 DNA 重排技术已经成功对许多单一基因如工业用酶、抗体以及一些蛋白质等进行了定向改造，使酶活性、底物特异性以及抗体亲和性、蛋白质的功能、稳定性等得到了明显提高。由于它构建的是重组库，其效率一般要显著高于构建随机库的易错 PCR。与定点突变相比，DNA 重排不依赖于目前尚难以得到的特定蛋白质的结构与功能关系信息。

绿色荧光蛋白（GFP）是一种被广泛用来作为标记的蛋白质。为了增加它的荧光性，采用 DNA 重排技术对 GFP 基因进行 3 个循环的筛选，每次循环筛选 10000 个克隆子，得到最好突变子的荧光信号比天然 GFP 提高了 45 倍。序列分析表明，在这个突变子中有三个疏水性氨基酸被亲水氨基酸残基所取代。另外，在大肠杆菌中超量表达时，大多数野生型 GFP 形成包涵体，只有少量可溶的 GFP 具有荧光性。而经 DNA 重排后的更多的 GFP 保持了可溶性和荧光性，其原因在于三个位置上的突变使 GFP 避免聚集并保持蛋白质的可溶性和正确的折叠，而这种正确的折叠正是荧光发色基团的自催化激活所必需的。这个例子表明，通过 DNA 重排，在优化某一特定功能时，蛋白质的多种其他特性如密码子的使用、蛋白质的折叠、蛋白酶的敏感性以及基因表达强度等可同时得到优化，这是基于定点突变的理性设计无法一次完成的。

(2) 家族基因重排　当用 DNA 重排技术对单一基因进行改造时，多样性来源于 PCR 过程中引入的随机点突变。由于绝大多数点突变都是有害的或中性的，因此随机突变频率必须非常低，目的功能的进化比较缓慢。但自然进化产生的同源序列由于有害突变在漫长的进化过程中已经被淘汰掉了，因此富含“功能性”的多样性。利用这些自然进化产生的家族同源基因序列作为起始模板，进行 DNA 重排，可以迅速地将来源于不同种属的 DNA 组合在一起，从中筛选得到不同序列的优势组合的可能性大大增加。

下面以头孢菌素酶基因为例来说明家族基因重排相对单基因重排更具优越性(图 6.19)。首先从四种不同的细菌——*Citrobacter*、*Kiebsiella*、*Enterobacer* 和 *Yersinia* 中分别获得长度为 1.6kb 的头孢菌素酶基因。它们的 DNA 同源性很低，从 58%到 82%不等。然后每个基因分别重排，从各自的文库中选出 50000 个克隆移入含羟羧氧酰胺头孢菌素的平板。从平板上筛选得到最好的突变子，它对羟羧氧酰胺头孢菌素的抗性相对于亲本来说大约增加了 8 倍。

作为比较，对四个基因进行家族基因重排来构造头孢菌素酶基因的重组文库。同样选出

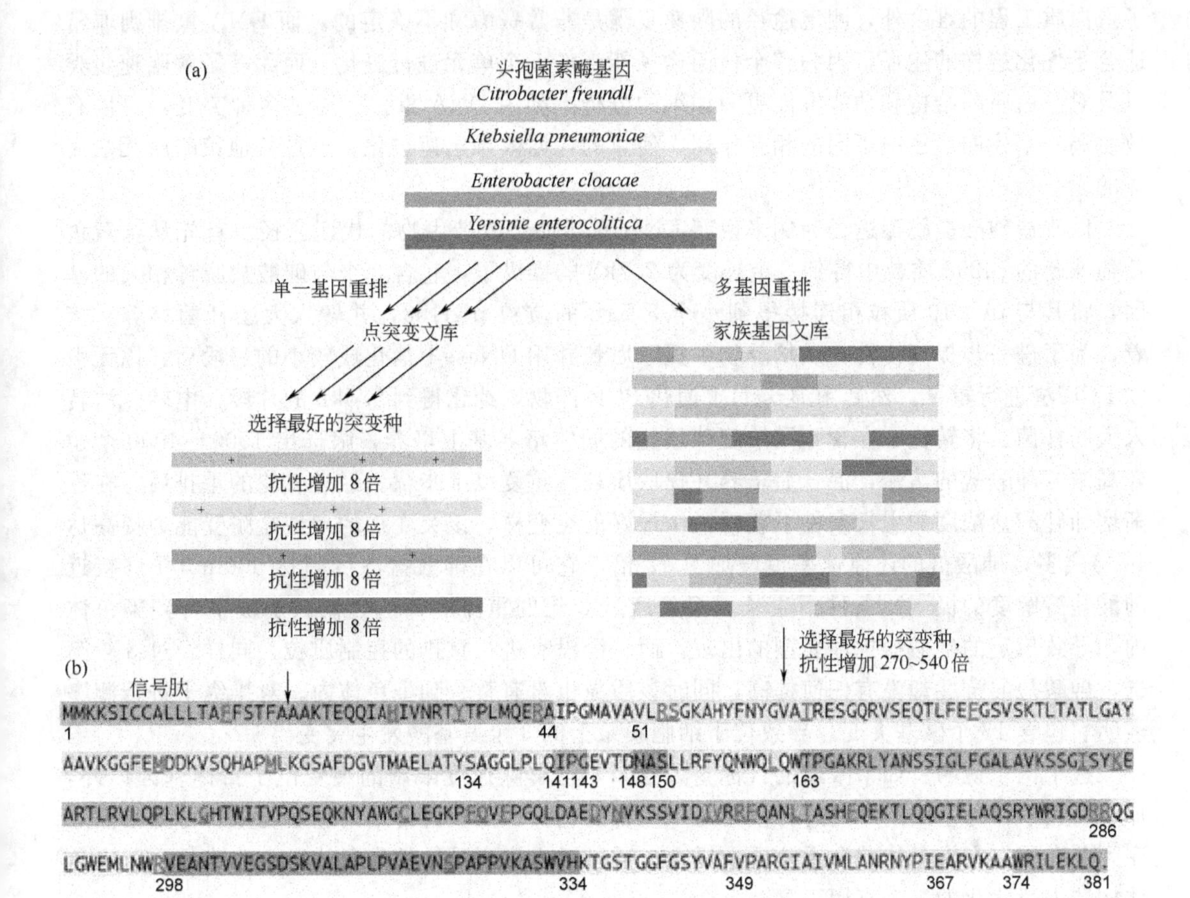

图 6.19 头孢菌素酶基因的单基因重排和家族基因重排

50000 个克隆移入含羟羧氧酰胺头孢菌素的平板，从中筛选出最好的克隆，与抗性较强的亲本相比，其抗性增加了 270 倍（从 0.38μg/mL 到 200μg/mL）；与抗性较弱的亲本相比，其抗性增加了 540 倍（从 0.75μg/mL 到 200μg/mL）。由此可以看出，家族基因重排的效果要比单基因重排好得多。

对家族基因重排中得到的性状最优良的突变株进行进一步研究表明它含有来源于 4 个不同亲本中 3 个亲本的 8 个片段，7 个交叉的地方都发生在序列同源的区域，并且这个突变株含有高达 33 个的点突变。

由于上述 4 个基因是来源于不同种属，因此与经典的杂交育种技术相比，DNA 重排可以迅速地将来源不同种属的 DNA 组合在一起，打破了传统物种之间由于生殖隔离导致的界限。上述实验的成功同时也表明，利用不同种属之间的同源序列，通过家族 DNA 重排可以加速体外定向进化过程，这是体外分子进化的一大进步。

（3）生物代谢途径的改造　长期以来，人类一直利用微生物生产许多小分子药物如抗生素、抗真菌剂、杀虫剂、抗肿瘤药物以及免疫抑制剂、心血管药物等。在许多情况下，编码相关生物合成酶的基因多是未知的，并且常常出现于一个操纵子中或以基因簇的形式出现。而且参与生物合成的酶又常常是一些多酶复合体系，因此利用常规蛋白质工程或体外定向进化技术，很难对这些生物合成途径进行理性化的改造以提高产量或产生新的同系物，因为除了蛋白质工程的难度外，测定途径的限速步骤是非常费力和不确定的。而DNA重排则非常适合于优化这样的途径，因为整个代谢途径能当作一个单元进行进化，而无需了解限速步骤以及对蛋白质的结构和功能方面更为详细的分析。利用DNA重排，通过多种突变，可以有效协调一个代谢途径中不同的相互作用，使总的代谢效果迅速进化，这是其他策略所无法完成的。

以改造砷酸盐脱毒途径为例来说明DNA重排如何改造生物的代谢途径。首先从金黄色葡萄球菌的pI258质粒中得到一个长度为2.7kb的操纵子，它含3个与砷酸盐脱毒相关的基因，将其与pUC19质粒相连接得到一个5.5kb的质粒pGJ103，并转入大肠杆菌培养。接着，为了进一步提高抗性，从培养物中提取质粒并用DNaseⅠ消化成较小的片段后，以无引物PCR法进行重聚。然后用*Bam*HⅠ消化PCR产物，纯化得到5.5kb的片段，电转化法转入大肠杆菌。将转化子在含不同浓度砷酸盐的固体培养基上培养，筛选出1500～4000个耐较高浓度砷酸盐的菌落，混合后培养并提取质粒，重复以上步骤。经过3轮的重排后，在逐渐增加砷酸盐浓度的生长条件下获得一个最好的突变株。该突变株的砷酸盐耐受能力提高达40倍之多，砷酸盐的还原速率也增加了12倍。它可以在砷酸盐浓度高达500mol/L（接近砷酸盐溶解度的极限）条件下生长。而且经过3轮的重排和筛选，操纵子被整合到染色体内，导致稳定的砷酸盐抗性表型的出现。而一个没有进行重排的控制质粒，同样经过3轮筛选，砷酸盐的抗性却没有任何提高，同时该质粒也没有整合到染色体内。对操纵子进行测序表明它包含13个碱基突变，导致位于细胞膜泵上的3个氨基酸发生突变。

这个例子说明：如果限速的目标基因已知，且解除速度限制的突变位于目标基因以外，那么对大于目标基因的序列进行重排是个明智的选择。该实验的结果也表明重排可激活插入序列并介导它在染色体的合适位置上插入。通过插入序列重排的染色体插入策略是用于染色体构造表达优化的一个有用工具。

DNA重排除了可以对单一代谢途径进行优化外，还可以同时对多个代谢途径进行组合性改造，形成多样性的合成途径，导致小分子多样性的出现，产生“非天然”的天然小分子文库，用于先导化合物的筛选，这就是所谓的组合生物合成。这些策略和方法实际上已经属于代谢工程研究范畴。

6.3 代谢工程

构成生命体代谢活动的最基本元素是生物化学反应。代谢可以看作是细胞中所有生物化学反应的总和。代谢途径（metabolic pathway）是指由一系列彼此密切相关的生化反应组成的代谢过程，前面一步反应的产物正好是后面一步反应的底物。代谢工程（metabolic engineering），又称途径工程（pathway engineering）、代谢途径工程（metabolic pathway engineering）或代谢设计（metabolic design）等，是在分析细胞代谢网络的基础上，理性化设计细胞代谢途径，利用DNA重组技术修饰细胞中特定生物化学反应（代谢途径）或引入新的生物化学反应，定性地改变细胞内代谢流走向，调整原有代谢网络，以提高特定代谢物的产量或改善细胞的其他性能。

在生物体内，各种代谢途径通过一些共同（共享）的反应物相互交织，构成复杂的代谢网络（metabolic networks）。代谢网络实际上是由一系列酶催化的级联化学反应以及特异性的膜转移系统所构成。然而，细胞这种自身固有的代谢网络相对实际应用而言其遗传特性往往并非最佳，这就需要对细胞的代谢途径进行功利性的修饰。代谢工程的基本理论及其应用战略就是在这一发展背景下形成的。早在重组 DNA 技术尚未出现的 20 世纪 70 年代初，Chakrabarty 等就利用细菌的接合作用和细菌质粒的体内自发重组过程构建了一种携有多个相容性质粒的能降解石油中存在的多种烃类的“超级细菌（superbug）”。尽管该重组菌最后未能实际应用于清除石油污染，但它作为第一个获得专利的重组微生物，对生物产业的发展起到了重要的促进作用。重组 DNA 技术的发展为代谢途径操作提供了技术支持，利用这一技术可以对代谢途径中特定的酶反应进行精确的修饰，从而进行遗传背景意义明确的菌种构建。1985 年 Anderson 等报道的利用重组草生欧文氏菌生产 2-酮基-L-古龙酸的工作是最早的例子之一。1991 年，J. E. Bailey 在“Science”上发表的题为“Toward a Science of Metabolic Engineering”的文章，则被认为是代谢工程向一门系统学科发展的转折点。

近年来，随着分子生物学研究的不断深入，生物体越来越多的生物合成途径被人们所认识。目前已经完成近千种生物基因组的全序列测定，还有数千余种生物的基因组测序正在进行或正准备进行。代谢途径的定性、定量分析及调控方式研究，为我们利用重组 DNA 技术修饰、改造和设计代谢途径提供了良好基础。随着人类对各种细胞的代谢途径的控制手段的加强，代谢工程的应用领域也越来越宽广。

从代谢途径修饰所达的目的来看，代谢工程的应用领域主要有以下几个方面：①提高细胞已有的代谢产物的产量；②产生宿主细胞本身不能合成的新物质；③扩展细胞的底物使用范围；④形成降解毒性物质的新催化活性；⑤修饰细胞的其他生物学特性。

6.3.1 代谢工程的基本原理和研究方法

6.3.1.1 基本原理

代谢工程的实质是对代谢流量及其控制进行定量分析，在此基础上进行代谢途径改造，最大限度地提高目的代谢产物的产率。与传统的育种技术不同，它是通过理性地组合细胞代谢途径和重构代谢网络，达到改良生物体遗传性状的目的。代谢工程涉及生理学、生物化学、分子生物学等多门学科，一般遵循下列基本原理。

① 细胞物质代谢规律及代谢网络的生物化学原理，以提供生物体的基本代谢图谱和生化反应的分子机理。

② 细胞生理状态平衡的细胞生理学原理，为细胞代谢机制提供了全面的描述。

③ 细胞代谢流推动力的酶学原理，包括酶反应动力学、变构抑制效应、修饰激活效应等。

④ 细胞代谢流及其控制分析的化学计量学、分子反应动力学、热力学和控制学原理，是代谢途径修饰的理论依据。

⑤ 基因操作与控制的分子生物学和分子遗传学原理，不但阐明了基因表达的基本规律，同时也提供了基因操作的一整套相关技术。

⑥ 生物信息收集、分析和应用的基因组学、蛋白质组学原理，随着基因组计划的深入发展，为代谢途径设计提供了更为充分的生物信息基础，推动了代谢工程技术的迅猛发展和广泛应用。

⑦发酵工艺和工程控制的生化过程和化学工程原理，特别是化学工程将工程方法运用于生物系统的研究中，融入了综合、定量、相关等概念，用于分析速率过程受限制系统，在代谢工程领域中有着举足轻重的意义。

6.3.1.2 研究策略

代谢工程是个复杂的系统工程，为了有效修饰代谢网络，产生符合人们需要的目标性状，目前主要采取的代谢工程策略如下。

① 在现存途径中提高目标产物的代谢流　在处于正常状态下的生物细胞内，对于某一特定产物的生物合成途径而言，增加目标产物的积累可以从以下几个方面入手：增加限速步骤酶编码基因的拷贝数；强化以启动子为主的关键基因的表达系统；提高目标途径激活因子的合成速率；灭活目标途径抑制因子的编码基因；阻断与目标途径相竞争的代谢途径。

② 在现存途径中改变其物质流的性质　在天然存在的代谢途径中改变物质流的性质主要是指：利用原有途径更换初始底物或中间物质，以达到获得新产物的目的。至少有两种方法可以改变物质流的性质：一是利用某些代谢途径中酶对底物的相对专一性，投入非理想型初始底物（如己糖及其衍生物）参与代谢转化，进而合成细胞原本不存在的化合物，酶对底物的相对专一性在一些原核细菌中较为普遍，大量生物代谢途径的研究结果表明，参与次级代谢的酶编码基因大多是从初级代谢基因池（gene pool）中演化而来的，这种在自然条件下发生的演化作用使得酶分子对底物的结构表现出一定程度的宽容性；二是在酶对底物的专一性较强的情况下，通过定向进化修饰酶分子的结构域或功能域，以扩大酶对底物的识别与催化范围。

③ 利用已有途径构建新的代谢旁路　在明确已有生物合成途径、相关基因以及各步反应的分子机制后，通过相似途径的比较，利用多基因间的协同作用构建新的代谢途径是可能的。这种战略包括修补和完善细胞内部分途径以合成新的产物，以及转移某一完整代谢途径以构建杂合代谢网络等。

自然界中存在的遗传和代谢多样性提供了一个具有广泛底物吸收谱和产物合成谱的生物群集合，然而许多天然的生物物种对实际应用而言并非最优，它们的性能有时可通过对天然代谢途径的拓展而提高，借助于少数几个精心选择的异源基因的安装，天然的代谢物可以转化为更优良的新型产物。

另外，也可以将一系列编码某一完整生物合成途径的基因转移至受体细胞中。这样得到的重组细胞或者能提高目标产物的产量，或者允许使用相对廉价的原料，而且这些实验结果对生物物种内特定多步代谢途径的调控和功能的诠释也是很有价值的。这种战略的应用在链霉菌的抗生素生物合成途径改良中具有天然的便利条件，因为这些功能相关的基因往往以基因簇的形式存在。

④ 逆代谢工程　逆代谢工程是从限制生物活性的主要因素入手，鉴别所希望得到的表型，并确定该表型的决定基因，然后利用基因重组技术将相关基因克隆到宿主菌中，使宿主菌得到所希望的表型。逆代谢工程避免了对复杂代谢网络必需的充分认识过程。

总之，与传统育种技术相比，代谢工程最显著的特征就是它采用重组 DNA 技术对代谢途径进行分子水平的定向改造。由于采用重组 DNA 技术，代谢工程带来的细胞的代谢途径的变化往往具有明确的遗传基础，而且易于控制，构建菌株所需的工作量大大降低。

6.3.1.3 研究方法和技术

代谢工程是在对代谢网络系统分析的基础上，采用基因工程技术改造细胞代谢体系，以改进细胞性能、提高目标产物量。为了实现这一目标，代谢工程至少包括代谢设计、基因操作、效果分析三个基本过程，这些过程所涉及的基因通常不止一个。

① 代谢设计：在代谢网络的代谢流定量分析和控制分析的基础上首先对代谢途径（网

络）进行设计，确定合适的操作靶点。靶点通常包括拟修饰的基因、拟导入代谢途径和拟阻断代谢途径的位点，传统的育种方法选育优良品种所获得的信息对靶点的设计常常有很大的帮助。

② 基因操作：代谢网络设计好之后，需要用适当方法对靶基因（簇）进行操作，常见的方法有克隆、表达、修饰、敲除、基因沉默、调控、整合等。这是代谢工程的核心内容，但应注意掌握好对代谢网络修饰的强度，只有适度的修饰才能获得既不破坏细胞内的精细平衡状态，而又能达到高产或合成新目标代谢产物的目的。

③ 效果分析：在代谢工程中，一次基因操作通常只涉及与单一的代谢途径相关的基因构件的改变或修饰，效果通常不能达到生产要求。因此，对构建的工程菌株的代谢网络进行全面的效果分析是非常必要的。效果分析显示出的问题往往又会成为新一轮实验的改进目标。经过多轮遗传操作后，往往可以获得优良的可用于生产的工程菌株。

以上三个过程构成一个循环，实际研究中可根据具体情况从其中任意一个过程开始。

常规的基因工程以高效表达外源基因为主要目标，但重组子的过量表达会消耗大量的营养，如碳源、氮源、能源等，这给宿主细胞造成很重的代谢负担。为了减缓这种生理不利影响，宿主细胞往往在分裂期间改变重组质粒的结构，或将之逐出胞外，造成重组子的遗传不稳定性。在代谢工程中，外源基因的引入主要是为了提高目标产物的积累，因此新导入基因的遗传稳定性比其超量表达更为重要。此外，代谢工程需要有一定特性的基因表达工具。因此，代谢工程在基因操作方面的显著特征是定位整合、稳定遗传和适度表达。

外源基因整合在宿主细胞的染色体上是实现稳定表达的有效方法，目前主要有两种策略，即由同源序列介导的体内同源重组以及由转座元件介导的非同源整合。前者借助质粒或病毒载体，使得外源基因与宿主基因组的同源序列进行体内重组，将外源基因置入染色体DNA 的特定位点上；后者则借助于转座元件将外源基因随机导入宿主基因组内，同时灭活不期望的功能基因。其中以同源重组的应用最为普遍。

在生物细胞中，DNA 或 RNA 分子间或分子内的同源序列能在自然条件下以一定的频率发生重新组合，这个过程称为同源重组（homologous recombination)。同源重组的频率与DNA 或 RNA 序列的同源程度、同源区域大小以及生物个体的遗传特性密切相关。一般来说，同源程度越高、同源区域越大，重组的频率就越高。同源重组在代谢工程操作中的实际应用如下。

① 利用同源重组技术定向灭活靶基因。为了使目的基因不在目标生物上表现功能，首先克隆待灭活的靶基因，然后体外构建该基因结构部分缺失的重组质粒，再导入宿主细胞，质粒上的缺陷基因通过与染色体上的靶基因发生两次同源重组将之交换下来，同时自身进入染色体中，转化子原靶基因控制的性状便会消失，如图 6.20。如果待灭活的靶基因是宿主细胞生长代谢所必需的，那么要充分考虑必需基因的灭活是否会抑制细菌的生长。

② 利用同源重组技术扩增代谢途径关键基因。为了疏通细胞内代谢途径中的限速步骤，常采用增加关键酶基因拷贝数的方法，为此，可将克隆的关键酶基因加装强启动子，与标记基因串联到无复制能力的载体质粒上，并转化宿主细胞进行同源整合反应，最后利用标记基因筛选所需要的同源整合子。本操作简便，但整合后染色体的双拷贝之间易发生二次重组，所以在大规模生产应用过程中需要定时更新菌种，以保证其不退化。

③ 利用同源重组技术引入新基因。在宿主染色体 DNA 的特定位点引入新基因，首先要

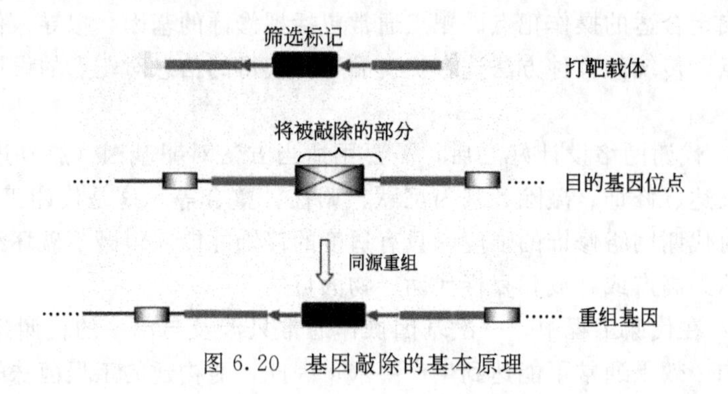

图 6.20　基因敲除的基本原理

克隆包括该位点的一段序列，然后体外将待引入新基因和一个合适的筛选标记基因插入其内部，并与无复制能力的载体质粒进行拼接。上述构建的重组分子转化宿主细胞，新基因和标记基因两侧的DNA序列与染色体上的同源序列便发生同源交换，最终以标记基因筛选突变株。

除同源重组外，还有转座重组应用于代谢工程。具有转位功能的一段DNA序列称为转位因子。转位因子不含复制子结构，其在DNA分子内部的移动过程也不依赖于任何染色体外的DNA元件。在代谢工程操作中，常将外源基因插在转位因子内部，利用所形成的重组转座子将外源基因带到宿主细胞染色体的某些部位。

此外，功能基因组学的发展为从全基因组范围理解、模拟和操作细胞提供了新的工具和途径。利用这些功能基因组学工具可以在代谢工程分析中直接寻找改变表型的研究目标。例如，DNA芯片技术的转录组分析在代谢工程分析中很常用，最直接的应用是利用DNA芯片技术鉴定生理学上有差别的（比如高产）特性的基因。

6.3.2　初级代谢产物的代谢工程

生物体正常生理功能所必需的生化反应过程称为初级代谢，其同化途径（合成反应）和异化途径（分解反应）的产物直接支撑着生物的生长、发育和繁殖。除此之外，与上述反应序列紧密偶联的能量代谢途径、辅因子代谢途径、分子调控途径以及信号转导途径也属于初级代谢研究的范畴。

初级代谢产物具有广泛的应用范围，代谢工程在工业上获得实质性成功的大多数例子也集中在这个方面。由于细胞对初级代谢途径存在极大的依赖性，这些途径编码的基因大多属于“看家基因”（house keeping），因此阻断甚至仅仅减缓原有途径的代谢流便会严重干扰细胞正常的生理生化过程，直至产生致死效应。上述特征决定了初级代谢的代谢工程往往采用代谢流扩增和底物谱拓展的所谓“加法战略”，尽量避免实施代谢途径阻断和基因敲除的“减法战略”操作。也就是说，当特定氨基酸产量只达到一个有限的水平时，通过重组DNA技术来扩增其生物合成基因，氨基酸产量会急剧提高。

在分支代谢途径中，代谢流有一定的分布，要提高所需产物的产量，应使代谢流向有关的分支转移。Sano等将消除反馈抑制的高丝氨酸脱氢酶基因转到产赖氨酸的棒状杆菌中，使赖氨酸产量由65g/L下降到4g/L，而苏氨酸产量增加到50g/L。

重组DNA技术对提高苏氨酸和色氨酸的产量能起非常重要的作用，但实际上，重组DNA技术在其他多种氨基酸发酵中实现普遍应用还是很困难的，这可能是由于以下的原因。

① 氨基酸是活体细胞普通组成成分，氨基酸合成基因普遍存在于几乎每一种原养型微

生物中。利用重组DNA技术引入远缘基因改造看家基因组成的代谢网络可能会遭遇宿主细胞遗传体系特别强有力的保护性反抗。

② 由于氨基酸的生物合成通常为负调控型，脱抑制或脱阻遏酶的潜在活性一般非常高。因此，不用基因扩增的方法常常也能获得高产。

③ 对于初级基因产物而言，克隆具有强启动子的基因确实是获得高产所必需的。相反，氨基酸是小分子的代谢产物，是大量初级基因产物（酶）共同作用的结果，利用重组DNA技术协调表达几个必需的基因是很困难的。

④ 在成功的例子中，细胞密度约为20g/L的培养物，会产生60g/L以上的氨基酸，因此，代谢流的主要部分直接进入氨基酸合成。在这种情况下，增加氨基酸生物合成酶并不提高产量，因为这时产量可能会受出发原料的可用性限制。

在高产辅酶Q_{10}基因工程菌的构建中，利用多种相似途径的细微差别，人工设计出较理想的代谢新旁路。不同生物细胞内辅酶Q生物合成的限速步骤均为对羟基苯甲酸与聚异戊二烯的缩合反应。根据这一原理，将大肠杆菌中的关键酶基因*ubi*A克隆在光合细菌中，通过强化该基因的表达以期得到辅酶Q_{10}的高产菌株。另一方面，由于光合细菌并不是一个成熟的基因工程受体菌，而且其大规模发酵较困难，故转向寻找以大肠杆菌为受体菌的代谢途径。辅酶Q的侧链长度也是由基因（如*ispB*、*coql*、*sdsA*等）控制的，而且这些基因是细菌生长所必需的。在不同的生物细胞中，由于所含的侧链长度控制基因各异，其辅酶Q主要成分的侧链长度也不同。大肠杆菌高密度培养简单，且外源基因的表达系统成熟，但其合成的辅酶Q主要成分为CoQ_8。因此可设想从产CoQ_{10}的细菌中克隆控制C_{10}侧链的基因，引入到大肠杆菌细胞内，同时灭活其自身的C_8侧链控制基因*ispB*，最终实现在重组大肠杆菌中大规模生产CoQ_{10}。目前，松田英幸等人的研究表明在*E. coli*中实现CoQ_{10}的合成是完全可行的。

6.3.3 次级代谢产物的代谢工程

6.3.3.1 代谢途径不太清楚的代谢工程

次级代谢产物主要有抗生素、生长刺激素、色素、生物碱与毒素等不同类型。与初级代谢产物相比，次级代谢产物无论在数量上还是在产物的类型上都要比初级代谢产物多得多和复杂得多。目前就整体来说，对次级代谢产物的研究远远不及对初级代谢产物研究那样深人。对次级代谢网络的生化途径、编码生物合成酶的基因和基因表达调控等缺乏全面认识和理解。因此，对次级代谢产物进行全面的代谢工程研究存在很大困难。尽管如此，目前仍可以在代谢网络的某些层次上进行一些代谢工程研究，仍能使得代谢途径流量的增加。以抗生素为例，次级代谢物的代谢工程的一般策略见图6.21。

（1）结构基因的操作

① 扩增整个代谢途径　代谢工程的一种方法是扩增整个次级代谢产物生物合成途径的基因簇或大部分途径的基因簇。通常，被扩增的途径包括从把前体装配起来开始的反应步骤，但不包括前体的生物合成。例如，通过鸟枪法将*Streptomyces cattleya*编码头霉素生物合成途径的整个基因簇作为一个29.3kb的DNA片段克隆，转入不产头霉素的*Streptomyces lividans*并从中筛选产头霉素的转化子。接着，整个生物合成基因簇的拷贝被引入头霉素C产生菌中，导致头霉素C产量增加2～3倍。但头霉素C产量增加的原因不完全清楚，可能是由于结构基因或调控基因的拷贝数增加所致。

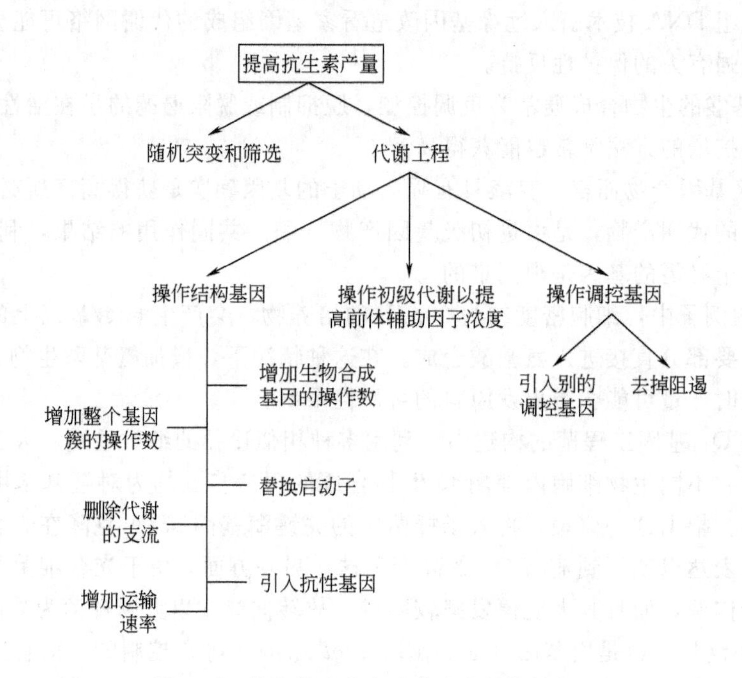

图 6.21 提高抗生素产生菌生产性能的方法

② 扩增途径的片段 虽然扩增编码次级代谢产物整个生物合成途径的基因是可能的，但实际上这种操作是不多见的，常常也是不必要的或不是非常有效的。通常的做法是扩增单个基因或生物合成途径的一部分从而提高产物合成。如果被扩增的基因片段含有编码限速酶基因，则这种方法是非常有效的。然而，也有这样的情形，生物合成途径中不是单个限速酶，而是多个酶限制产物合成的流量。在限速酶已知的情况下，扩增编码限速酶基因肯定能增加产量。

另一方面，即使限速酶未知，引入编码生物合成途径的基因簇的不同片段可以鉴定限速酶并导致产量的增加。基因片段通过质粒被引入，并保留在质粒中。而一旦限速酶已知，最好将基因片段整合到染色体上使该酶稳定表达，因为在含质粒的转化子中可能存在对抗生素产量改善有害的质粒效应。

在 *Streptomyces glaucescens* 中由Ⅱ型聚酮酶复合体合成的一聚酮体 tetracenomycin，由于生物合成基因的拷贝数增加导致中间体和终产物的增加。聚酮合成酶（β-酮酰基：酰基运转蛋白合成酶）和酰基运转蛋白在聚酮生物合成的早期步骤中起主要作用，通过在由强启动子控制其表达的多拷贝质粒中增加这些酶的基因剂量，中间体 TcmD3 的积累增加近 30 倍，tetracenomycin C 产量增加 30%。

③ 提高抗生素抗性 抗生素产生菌具有抗性机制以保护自己不受自身产生的抗生素的伤害。细胞的自我保护机制包括通过化学修饰使药物失活、靶位修饰，药物结合，以及利用外排泵系统降低细胞内浓度。编码抗生素生物合成和抗生素抗性的基因通常是成族排列的，它们的表达是相互依赖的。

在卡那霉素产生菌 *Streptomyces kanamyceticus* 和新霉素产生菌 *Streptomyces fradiae* 中，氨基糖苷 6′-*N*-乙酰转移酶通过使氨基糖苷类抗生素分子中 2-脱氧链霉胺的 *N*-乙酰化而使宿主细胞对这些抗生素产生抗性。Crameri 和 Davies 克隆了氨基糖苷 6′-*N*-乙酰转移酶

AAC6′的基因 *aacA*，并利用高拷贝质粒 pIJ702 将 *aacA* 基因转入新霉素和卡那霉素的产生菌中。结果转化子 *S. kanamyceticus* 的卡那霉素产量提高了 3～4 倍，转化子 *S. fradiae* 的新霉素产量提高了 7 倍。这些转化菌株对许多氨基糖苷类抗生素的抗性也有所提高。

④ 改善供氧状况　氧气供应是制约好氧菌发酵的重要控制条件之一，采用基因工程技术可将外源的相关基因转移到发酵菌中，从而改善在供氧不足条件下微生物的生长和次级代谢产物的生产。透明颤菌为专性好氧细菌，生存于有机腐烂的死水池塘，在氧限量下，菌体的血红蛋白（VHB）受到诱导，合成量可扩大几倍。这个血红蛋白基因已在大肠杆菌中克隆，经细胞内定位研究证明大量的 VHB 存在于细胞间区，其功能是为细胞提供更多的氧给细胞器。VHB 最大诱导表达是在微氧条件下，调节发生在转录水平，转录在完全厌氧条件下降低许多，而在低氧又不完全厌氧的情况下，诱导作用达到最大。如把血红蛋白基因克隆到天蓝色链霉菌中，在氧限量的条件下，血红蛋白基因的表达可使放线紫红素的产量提高十倍。血红蛋白基因工程的研究和应用必将大大降低抗生素工业和其他发酵工业的能耗。

⑤ 膜运输改进　大多数工业微生物产生抗生素水平超过 10g/L，达到与生物量相同的水平。在高产抗生素生产过程中，发酵液中抗生素的产量能高达 100mol/L。若没有主动运输机制，则细胞内的抗生素浓度应比发酵液中更高。对这样的高产微生物，必须有产物分泌的主动运输机制或很高的胞内产物浓度。后者是不可能的，因为高产物浓度会导致细胞质发生生理变化如 pH 发生变化。因此必须有一个运输因子或膜结合蛋白允许在细胞膜的胞质侧局部高产物浓度。

改进次级代谢产物生产的运输系统能产生很好的效果。在许多产生抗生素的放线菌中已发现了抗生素运输蛋白。这些运输因子中的一类是依靠质子依赖的跨膜梯度，另一类被称为 ABC（ATP 结合盒）的运输因子也已在许多产生抗生素的放线菌中被发现。

由于最近几年对抗生素运输系统的重要性的认识日益增强，将有可能看到这一策略在不久的将来得到成功应用。在药物抗性肿瘤中进行基因扩增以过量表达膜移位酶。如存在特异性的运输因子，则相似的机制可能被用于产生菌增加抗生素运输速率。另一方面，如果运输是通过被动机制，则增加运输的一个方法是通过引入非特异性运输因子。

(2) 调控基因的操作　抗生素生物合成的调控发生在基因水平和生化水平。在产生多种次级代谢产物的链霉菌中，多效性调控子控制其生物合成途径的全部或部分，而途径特异性激活剂通常仅控制单一抗生素。除了途径特异性激活剂外，在某些情况下途径特异性阻遏物也调节抗生素的生物合成。

虽然控制产量的大部分调控分子在细胞内，但也存在具有类似激素特性的细胞外影响因子。最典型的例子是 *Streptomyces griseus* 中的 A-因子和 *streptomyces virginae* 中的维吉尼亚丁酯。A-因子和维吉尼亚丁酯是自调控因子，它们由产生菌自身合成，刺激孢子形成和抗生素合成。它们被分泌到细胞外诱导邻近细胞抗生素合成和孢子形成。

微生物也通过各种手段控制前体和辅助因子进入次级代谢的流量以确保这些前体和辅助因子不被转移用于细胞生长。这类控制不同于常规的反馈抑制、阻遏和诱导，因为它们受到代谢网络中流量平衡的影响，而不是仅参与单个生物合成途径。

从调控的观点看，有许多方法可以增加生产能力。增加正调控因子的拷贝数可以提高抗生素产量。缺失负调控因子（阻遏物）使生物合成途径组成型表达。诱导调控因子来操作抗生素合成的时间。然而目前对次级代谢的调控机制以及初级代谢和次级代谢的代谢网络之间的相互作用的认识水平还不能为人们提供一个预测调控结构改变的结果。在大多数情况下，结果是通过实验观察到的，还不能进行预先的数量分析。

① 扩增正调控因子

a. 途径特异性调控因子　基因水平调控包括在代谢途径中酶表达的诱导和阻遏。正调控子基因编码与次级代谢产物的生物合成的结构基因的启动子结合的激活剂蛋白。这些激活剂或正调控因子基因的转录本身受上一级的转录控制。增加正调控因子基因的基因产物浓度常常能提高生物合成基因转录，后者导致次级代谢产物增产。通过改变正调控因子基因的启动子为组成型启动子或可诱导型启动子，可改变次级代谢产物的生产情况。

编码转录激活剂的调控基因 *srmR* 是 *Streptomyces ambofaciens* 螺旋霉素生物合成基因转录启动所必需的，在螺旋霉素生物合成中起重要的作用。通过多拷贝质粒引入该基因能使螺旋霉素产量从 100μg/mL 提高到 500μg/mL。在 *Streptomyces clavuligerus* 头霉素 C 基因族中一个途径特异性调控因子已被鉴定，在多拷贝质粒中该调控基因的增加导致头霉素和克拉维酸的产量增加近 2 倍。

b. 普遍性调控因子　除了途径特异性调控因子外，在链霉菌中普遍性和多效性调控因子也是增加次级代谢产物产量的遗传操作的目标。在 *Streptomyces coelicolor* 中 *absA* 基因编码抗生素合成负调控的两组分调控因子的一个组分。*absA* 基因的失活导致抗生素放线紫红素和十一烷基灵菌红素过产。在 *S. lividans* 中已发现了一个类似的两组分信号传导系统 *cutRS*。在这两个基因中任一基因的插入失活导致放线紫红素合成增加约 3 倍。在 *S. lividans* 中已鉴定另一这样的多效性调控因子 *afsR2*，它编码一个 63 个氨基酸的蛋白质。该基因在多拷贝数质粒中表达，能刺激放线紫红素和十一烷基灵菌红素合成。

② 阻遏物缺失　在一些抗生素生物合成基因族中已鉴定了编码转录阻遏物的基因。这些基因包括 *Streptomyces coelicolor* 中的次甲霉素基因族的 *mmyR* 和放线紫红素基因族的 *act* Ⅱ-*orf* Ⅰ，*Streptomyces glaucescens* 中 tetracenomycin 基因族的 *tcmR*，*Streptomyces peucetius* 中柔红霉素基因族的 *dnrO*，*Streptomyces venezuelae* 中 jadomycin 基因族的 *jadR2*。*mmyR* 介导途径特异性的负调控，它的失活导致 *Streptomyces coelicolor* 次甲霉素过产。一些其他的阻遏物已显示调节邻近的抗性基因。这种阻遏物的缺失或失活对抗生素合成具有正效应。然而，这种遗传改变只能影响抗生素合成的暂时情况，而不是全合成所必需的。

6.3.3.2　代谢途径清楚的代谢工程

对于次级代谢产物的代谢工程来说，透彻理解生化途径、遗传特性和生物合成的调节机制是至关重要的。如果能得到这些信息，就有可能测定出前体和中间产物的流量，再依据代谢网络进行代谢流量分析和代谢控制分析，并识别限速步骤，从而为代谢工程提供推理依据（见图 6.22）。

（1）动力学分析与遗传操作相结合　抗生素生物合成途径是由许多酶介导的反应组成的。抗生素生物合成系统的动力学模型能帮助我们理解途径的动力学性质并鉴定限速步骤。进行敏感分析或代谢控制分析可以鉴定对生物合成速率影响最大的步骤。

Malmber 和 Hu 应用动力学分析方法分析了 *S. clavuligerus* 和 *Cephalosporium acremonium* 两菌株的头孢菌素的生物合成，确定了形成 δ-L-α-氨基己二酸-L-半胱氨酸-D-缬氨酸（ACV）三肽的缩合反应为两菌株的限速步骤。在野生型 *S. clavuligerus* 中头孢菌素生物合成的体内动力学模拟和敏感分析也确定中间体己二酸（α-AAA）的生物合成为在三肽

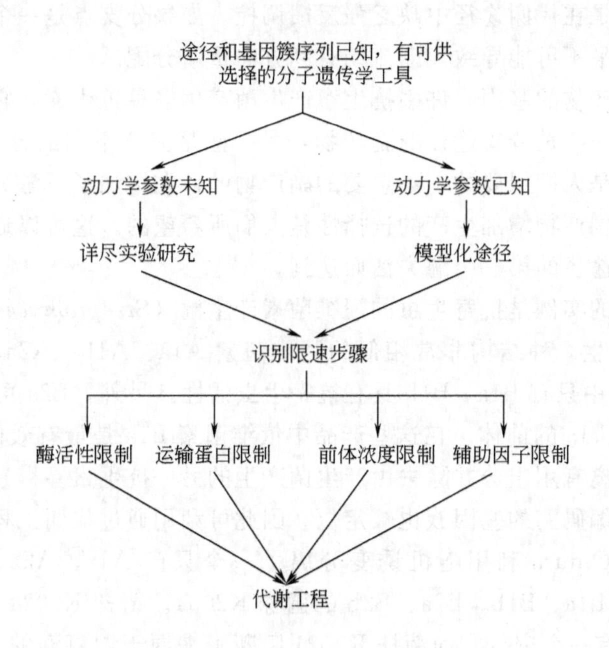

图 6.22 代谢工程推理图

的三个前体中有最重要的速度控制强度。为提高 α-AAA 的流量，将基因 *lat* 通过同源整合转入 *S. clavuligerus* 染色体中。基因 *lat* 编码催化从赖氨酸转化到 α-AAA 的第一步反应的赖氨酸氨基转移酶（LAT）。结果重组菌的生产能力提高了 2～5 倍，α-AAA 的胞内水平也有所提高。

（2）增加限速酶的启动子强度　一旦参与生物合成途径的限速酶已确定，可以增加限速酶的基因剂量从而提高产物合成速率，也可以用强启动子取代原启动子来提高转录水平和酶活性。在产生青霉素 *Aspergillus nidulans* 的代谢工程中，用可诱导的乙醇脱氢酶启动子取代原启动子使 ACV 合成酶过量表达。*A. nidulans* 在含 10mmol/L 环戊酮诱导剂中生长，与在不含诱导剂中生长相比，ACV 合成酶水平提高 100 倍。该菌株在诱导条件下发酵，青霉素产量比野生型提高了 30 倍。

（3）改变代谢流到导向产物的分支　在分支途径中，一个分支流向终产物，而其他分支则会浪费原料。通过阻断不想要的分支或提高流向终产物的反应速率可使反应中间体流向终产物。头孢菌素 C 工业生产菌株 *C. acremonium* 的发酵液发现有青霉素 N 积累，细胞外青霉素 N 与头孢菌素 C 的平均摩尔比为 0.3。由此推测青霉素 N 转化为脱乙酰氧基头孢菌素 C（DAOC）的反应较上游途径慢，结果细胞内青霉素 N 积累，导致高水平分泌到培养液中。为了降低细胞内青霉素 N 向细胞外分泌，克隆了 DAOC 合成酶基因 *cefEF*，再将其导入头孢菌素 C 生产菌株，结果转化子的头孢菌素 C 产量提高了 25%，而青霉素 N 的积累减少了 15 倍。分析表明转化子的 *cefEF* 基因剂量和脱乙酰氧基头孢菌素 C 合成酶表达量都增加了 1 倍。该工程菌已用于工业发酵，使工业发酵效价提高了 15%。

另一个改变代谢流的成功例子是始旋链霉菌中消除了不想要的产物原始霉素 $PⅡ_B$。$PⅡ_B$是合成原始霉素 $PⅡ_A$ 途径的一个中间体，$PⅡ_A$ 合成酶使 $PⅡ_B$ 转化为 $PⅡ_A$。过量表达编码 $PⅡ_A$ 合成酶的基因使菌株只产生 $PⅡ_A$。

上述两个例子都是扩增一个酶使代谢流导向人们所希望的产物。这种改变代谢流的策略是成功的，部分原因是在代谢途径中缺乏强反馈调控。如果分支点是一个刚性节点，则仅仅增加下游反应的酶水平不可能导致代谢流朝有利方向重新分配。

（4）灭活导致副产物的基因　许多抗生素产生菌产生多种抗生素，它们中一些是生物合成途径中的中间体，一些是分支途径的副产物，另一些是完全不同的分子。在许多情况下，只有一种或少数几种是人们想要的，不想要的副产物的存在增加了下游分离过程的难度并限制总产量。通过消除副产物增加生产的选择性是人们所希望的。这可以通过阻断导致副产物的整个途径或使分支途径的第一个酶失活而达到。

这方面比较典型的实例是抗寄生虫的阿维菌素产生菌（*Streptomyces avermitilis*）的选育。*S. avermitilis* 产生 8 种结构非常相似的阿维菌素 A1a、A1b、A2a、A2b、B1a、B1b、B2a、B2b。这些组分中只有 B1a、B1b 具有抗寄生虫活性。另外，B2a 可用作生产半合成阿维菌素——依维菌素 B1a 的前体。在这些产品中依维菌素 B1a 是最有效的抗寄生虫化合物。下游过程的挑战是分离有用组分并除去由产生菌产生的另一抗生素寡霉素。由于生物合成的主要组分已被阐明，编码酶的基因族也被定位，因此可利用通过代谢工程获得的菌株来设计一个过程。Ikeda 和 Omura 利用随机诱变分离了一个只产 A1a、A2a、B1a、B2a 的菌株 K2021 和另一个只产 B1a、B1b、B2a、B2b 的菌株 K2034。菌株 K2034 在编码 5-*O*-甲基转移酶的基因 *aveD* 上有一个突变，而菌株 K2021 阻断了来源于缬氨酸的支链脂肪酸的掺入。通过原生质体的融合得到了同时具有上述两个突变的重组体，它只产生 B1a、B2b。然后阻断负责转化 B2a 到 B1a 的脱氢步骤的基因 *aveC*，得到的克隆菌株 K2099 只产生单一的阿维菌素 B2a。但是该克隆菌株仍然产生寡霉素。为了阻断寡霉素生产，在野生型 *S. avermitilis* 中利用转座子 Tn4560 产生阻断克隆菌株。从这些阻断株中亚克隆染色体 DNA 片段到温度敏感质粒，并用于在 K2099 中阻断寡霉素的生物合成，从而得到一个只产生单一组分阿维菌素的菌株。

（5）半合成产物的生物合成　对次级代谢产物进行生物转化或化学修饰常常能得到性能更好的抗生素。由微生物产生的化合物通常要进行进一步的化学处理过程。代替多步化学处理，通过引入来源于另一微生物的酶到产生菌中能得到单一步骤的合成。实际上这包括组合两个互补途径使次级代谢的代谢流导向一个新产物。通常将新的酶引入到高产的工业生产菌株中以利用工业生产菌株的已有的高产优势。

7-氨基脱乙酰氧基头孢烷酸（7-ADCA）或 7-氨基头孢烷酸（7-ACA）是半合成头孢菌素的两个主要起始物质。这两个起始物质是从头孢菌素通过化学法或酶法除去 D-α-氨基己二酸侧链而制备的。Isogai 等将两个分别编码 D-氨基氧化酶和头孢菌素酰化酶的异源细菌基因转入产生菌 *C. acremonium* 中生产 7-ACA。为确保这些基因在真菌中表达，通过加入来自克隆菌株 *C. acremonium* 碱性蛋白酶基因的表达信号来修饰这些基因。所构建的菌株能够合成和分泌 7-ACA，说明利用代谢工程引入抗生素生物合成途径片段是有潜力的。近年来已发展了另一个 7-ADCA 和 7-ACA 的生物合成途径。来自 *S. clavuligerus* 和 *C. acremonium* 的基因被引入青霉素生产菌株 *P. chrysogenum* 中，转化子在含己二酸的培养基中生长时产生含己二酸侧链的头孢菌素。再通过酰胺酶介导的转化将己二酸侧链除去，产生所需要的头孢菌素中间体。

（6）在异源菌株中合成抗生素　在许多链霉菌和真菌中，一个生物合成途径的整个基因族或部分基因的异源表达已被用于生产新的抗生素。在异源菌株中生产抗生素有许多优点，包括在受体菌中较高的前体流量，对终产物较好的抗性以及较少的副产物。在异源宿主中进行代谢工程也是非常有吸引力的，因为宿主有更先进的可使用的遗传学工具或比较了解的生理特性。

用两个分别编码异青霉素 N 异构酶和 DAOC 合成酶的杂合基因转化工业生产菌株 *P. chrysogenum*，能产生 DAOC。在途径中引入了从中间体异青霉素 N 开始的新分支，导致产生 DAOC。然而，该菌株保留了产生青霉素 V 的能力，因为流向青霉素 V 的途径没有被阻断。阻断这一途径非常困难，因为生产菌株编码负责转化异青霉素 N 为青霉素 V 的酰基转移酶的基因有多个拷贝。

总之，代谢工程正在被越来越多地用来开发微生物次级代谢的巨大潜力。分子遗传学工具的发展大大加深了人们对次级代谢产物合成的遗传结构和生理调控的认识，这反过来又大大提高了人们改造次级代谢的能力。然而，迄今次级代谢产物的代谢工程仍然局限于工程“局部”途径，即与生物合成直接有关的途径的设计。由于基本认识的不足，次级代谢与其他途径和细胞功能在生理学方面的相互作用，例如能量生产和消耗反应以及核糖体调控等，都在很大程度上被忽视。今后，随着基因组信息的大量积累，将大大促进代谢工程的发展。尽管工业微生物学家已成功地开发了大量的次级代谢产物，并且极大地提高了其产量，但是微生物合成次级代谢产物的潜力仍没有被充分开发出来，次级代谢的代谢工程任重道远。

6.4 系统生物技术与合成生物学

6.4.1 系统生物技术

6.4.1.1 系统生物学发展背景及概况

代谢工程的发展离不开对细胞生理活动规律的认识，自代谢工程诞生以来，已经取得了一定的进展，而其主要的研究手段就是针对某一特定的通路，在代谢流分析的基础上，通过超表达限速酶、去除关键酶的反馈抑制及反馈阻遏来提高产量。但细胞本身是一个受到严格调控、多通路、多层次的网络系统，能在很大程度上对抗外界扰动，这无疑降低了基因改造的效果，因此，要想使代谢工程取得更大的进展，就必须不断加深对细胞生理活动规律的认识。

人类基因组计划开始了对生物全面、系统研究的探索，特别是随着各种高通量实验技术的广泛应用，基因组、转录组、代谢组数据大量产生，与此同时，逐步完善的生物信息学方法，从大量数据中挖掘有价值信息的能力不断增强，系统生物学应运而生。21 世纪初，L. Hood 和 H. Kitano 等科学家发表系列文章以系统的观点阐述了生物学研究，标志着系统生物学已经形成了一门独立学科。系统生物学（systems biology）研究一个生物系统中的所有因子，包括基因、mRNA、蛋白质和代谢物等，对系统的行为进行数学或者图像建模，最后通过重新设计系统或者用药物等修饰系统，进而获得全新的系统特性或是使系统保持良好的功能。

系统生物学的研究过程可分为四个阶段：第一，对选定的某一生物系统的所有组分进行了解和确定，描绘出该系统的结构，包括基因相互作用网络和代谢途径，以及细胞内和细胞间的作用机理，以此构造出一个初步的系统模型；第二，系统地改变被研究对象的内部组成成分（如基因突变）或外部生长条件，然后观测在这些情况下系统组分或结构所发生的相应变化，包括基因表达、蛋白质表达和相互作用、代谢途径等的变化，并把得到的有关信息进行整合；第三，把通过实验得到的数据与根据模型预测的情况进行比较，并对初始模型进行优化；第四，根据优化后模型的预测或假设，设定和实施新的改变系统状态的实验，重复第二步和第三步，不断地通过实验数据对模型进行优化。

系统生物技术（systems biotechnology 或 biosystems technology），是指在对细胞生命活动规律的整体理解的基础上，改造某一代谢通路以提高目标产物产量。用系统生物技术来研究微生物内在的生理变化、微生物之间以及与外界环境的相互作用，其最大的特点是全域性研究，特别是全基因组基因表达的时序及环境适用性研究、蛋白质组的时序及环境适用性研究、代谢组的时序及环境适用性研究等。这种全域性的研究可以发掘微生物生物合成的调控基因，为菌种改进、重构微生物基因组及表达调控系统提供更全面的理论基础。与传统育种技术结合，通过对出发菌株和改良菌株的性能进行比较、建模、验证，将有助于缩短菌种选育时间，使菌种选育更具靶向性。该技术在氨基酸、有机酸、维生素、抗生素等重要微生物代谢产物的微生物代谢网络及其调控的分析、重要工业微生物代谢途径和产物及细胞性能的优化与改造、大规模功能菌种选育与高通量筛选，改造和构建新的工程菌株，提高微生物初级代谢与次级代谢产物途径优化等方面具有重要作用。

系统生物技术的研究内容主要包括：①组学（omics）系统生物技术，涉及高通量生物芯片技术、纳米生物技术，基因组、蛋白质组、代谢组学等生物技术；②计算系统生物技术，涉及生物信息学、生物系统数学模型、生物技术软件包、细胞信号传导与基因调控网络模型等；③合成、转基因系统生物技术，涉及基因、全基因、基因组的合成与工程设计技术与建构（construction），转基因生物技术，以及人工碱基的 DNA 合成等。下面对这些技术在微生物育种中的应用情况加以介绍。

6.4.1.2　组学技术在微生物育种中的应用

（1）基因组学技术的应用　微生物的基因组序列是代谢途径工程的基础，其中含有细胞现实的和可能的代谢途径信息。目前已有天蓝色链霉菌等微生物的全基因组序列测定结果，而在 NCBI 的基因组项目中有 294 种微生物的基因组已经测序和功能注释，这些基因组的信息表明微生物具有生产多种次级代谢产物的潜能。基因组的比较分析能鉴定出哪些基因对于一个想要的代谢表型是应该导入、删除或修饰的。通过删除非必要的基因，保留细胞生存和产目的产物必需的基因，可以构建一个没有基因组和代谢组冗余的最小菌株。也就是说，通过运用基因组信息来对菌种进行改造是完全可能的。

首先，相对简单的方法是在保持细胞正常生长和目标产物的生产情况下改变一些非必须基因，从而实现菌种改良的目的。如 Ohnishi 等采用基于基因组的工程菌构建策略，构建了赖氨酸工程菌。首先比对不同赖氨酸工程菌基因组，结果发现，*hom* 基因 Val59 突变为 Ala、*tysC* 基因 Thr311 突变为 Ile、*pyc* 基因 Pro458 突变为 Ser 对赖氨酸产量提高起重要作用。将 *hom* 和 *tysC* 突变基因分别整合到染色体上，结果前者赖氨酸产量达到 8g/L，后者达到 55g/L；将上述两个突变基因共整合则产量达到 75g/L；而 3 个突变基因共整合后，工程菌的赖氨酸产量达到 80g/L。

其次，根据全基因组序列模拟出微生物的代谢模型，进而快速评价代谢特征、产生假说并提出菌种改进的可能工程策略。如研究人员已对大量生存在缺氧而富含二氧化碳的牛瘤胃中的细菌 *Mannheimia succiniciproducens* 进行全基因组测定，不但明确了这种细菌的基因图谱，还明确了这种共生菌适于在瘤胃中存活的主要新陈代谢途径，该菌能产生大量的丁二酸，同时也伴随着其他一些有机酸的产生。为提高丁二酸的产量，基于全基因组序列构建了包含 373 个反应和 352 个代谢物的代谢模型；代谢流分析结果表明二氧化碳和磷酸烯醇式丙酮酸羧化成草酰乙酸对细胞生长较为重要，在此基础上又从基因组的角度改进了代谢模型。天蓝色链霉菌（*Streptomyces coelicolor*）的全基因组序列也已经完成，结合系统生物学技术模拟该菌的代谢网络，根据模型分析结果将菌体中编码葡萄糖-6-磷酸脱氢酶的一个基因 *zwf* 删除后的突变株比出发菌株的放线菌素产量明显增加。

（2）转录组学技术的运用　转录组即转录后的所有 mRNA 的总称。与基因组研究相比，转录组更接近于细菌表型。随着基因芯片技术的飞速发展，在很短的时间里，基因表达数据大量产生，为在 RNA 水平上分析细菌生理创造了条件。通过比较不同菌株在不同条件下的转录图谱，找到基因型与表型相关方式，阐明细菌生命活动规律，找到影响产量提高的限制性因素，进而对其进行改造。Choi 等分析重组大肠杆菌在高细胞密度培养条件下生产人胰岛素类生长因子Ⅰ融合蛋白（$IGF\text{-}I_f$）时的转录组图谱，发现磷酸核糖焦磷酸合成酶（prsA）和甘油转运蛋白（glpF）表达下调。增加 prsA 和 glpF 基因的表达水平，$IGF\text{-}I_f$的量从 1.8g/L 增加至 4.3g/L。这说明基于系统信息可以获得菌种改良的靶基因。

最近两年许多学者采用转录组分析对氨基酸产生菌 *Corynebacterium glutamicum* 各种生理学方面进行了研究，包括硫、氮、磷的调控和碳代谢，以及添加乙胺丁醇和温度改变触发的谷氨酸的生产、赖氨酸的生成和丝氨酸的代谢，以望找到提高氨基酸产量的有效策略。

（3）蛋白质组学技术的应用　多数细胞代谢活动直接或间接由蛋白介导，蛋白图谱有助于进一步理解细胞代谢状态。其中的一些信息已经成功地运用于指导微生物菌种改造。Han 等用二维凝胶电泳分析了大肠杆菌在过量生产人瘦素（一种富含丝氨酸的蛋白）时菌体蛋白组图谱的变化，发现人瘦素过量生产时一些蛋白延长因子和 30S 核糖体蛋白以及一些氨基酸生物合成相关的酶蛋白表达水平降低，其中丝氨酸家族氨基酸生物合成相关的酶降低尤其显著。基于这些蛋白组信息，Han 等设计了通过操作 *cysK* 基因（编码半胱氨酸合成酶）改进菌种提高人瘦素产量的策略，改进的菌种细胞生长速率提高了两倍，人瘦素的产率增加则达四倍之多，同时另一种富含丝氨酸蛋白（白细胞介素-12β 链）的产量也得到提高。表明这一策略对于提高富含丝氨酸蛋白的含量是非常有用的。同样，有人通过二维凝胶电泳分析和比较大肠杆菌在生产聚 β-羟基丁酸（PHB）和不产 PHB 时的蛋白质组，发现有 13 个蛋白在 PHB 积累时有不同的表达模式，其中 PHB 产生时菌体的生理变化都可通过这些蛋白得到解析，这些信息已直接用于菌种改进和构建不同的相关代谢数据。

（4）代谢组学技术的应用　代谢组主要包含代谢物组和代谢流组分析两个方面的内容，代谢物组主要涉及细胞内代谢物浓度的定量，而代谢流组指的是代谢网络中代谢物之间的反应速率。由于细胞代谢流比较难以直接测定，通常采用计算的方法获得代谢流的分布情况，主要的方法是^{13}C 标记的底物（如葡萄糖）的代谢流分析。

代谢组研究是对所能获取的全部胞内和胞外代谢产物进行鉴别和定量分析，比较不同遗传背景或环境条件下代谢产物的变化或其随时间的变化来研究生物体系的代谢途径，从而利用代谢图谱全面分析细胞的生理状态。代谢组学的高通量分析常用技术有核磁共振（NMR）、气相质谱（GC-MS）以及液相质谱（LC-MS）等。目前已有一些采用代谢组来改造菌种的成功例子。如 Askenazi 等在利用土曲霉菌（*Aspergillus terreus*）生产具有降血压作用的洛伐他汀（lovastatin）这一聚酮类抗生素时，构建了一系列不同洛伐他汀产量的工程菌，并进一步分析了在不同培养条件下各工程菌的代谢组数据，利用统计分析方法找到影响抗生素形成的限制因素，即该菌株发酵液中存在硫赭曲菌素等聚酮衍生物。如果将衍生物合成的聚酮合成酶基因阻断，可以理性地消除硫赭曲菌素等的生成，改造后洛伐他汀产量提高50%。

谷氨酸棒状杆菌（*Corynebacterium glutamicum*）生物合成赖氨酸时存在一步二氨基庚二酸盐脱氢酶路线和四步琥珀酰酶合成路线，其中一步二氨基庚二酸盐脱氢酶路线占通向赖氨酸生物合成代谢流的30%～40%，这两条路线在野生型体内维持动态平衡，并对赖氨酸的生物合成都是必不可少的。这种代谢流分布分析为获取赖氨酸生物合成最大产率提供了明确的菌种改良方向。

(5) 组合组学技术的应用　由于细胞是多层次的复杂系统，在每一个层次上都存在着复杂的调控机制，不论哪一组学都只是反映了细胞生理的一个侧面，不能完全说明整个细胞生命活动规律，因此单从某一组学入手分析细胞生理，预测靶标，还有一定的不确定性。已有实验证实，基因表达量增高并不一定意味着相应蛋白量的增加，某一通路中酶表达量升高并不一定意味着代谢流的加大，与此同时，虽然代谢通路中酶数量基本保持不变，但代谢流也可能发生剧烈变化。因此，已有学者综合分析各种组学数据，分析微生物因扰动产生的生理状态改变，寻找影响产量形成的限制因素，并取得了一定进展。

真正全面综合所有组学分析数据目前仍不现实，但结合多种组学分析进行菌种改良已有成功的报道。如对于谷氨酸棒状杆菌（*Corynebacterium glutamicum*），有报道结合转录组和蛋白组分析来确定菌种改进的靶标，从而提高缬氨酸的生产。而 Huser 等则结合代谢组和转录组分析，设计并构建了谷氨酸棒状杆菌的泛酸酯生产突变株，在控制 pH 的分批发酵中突变株生产泛酸酯的浓度达 8mmol/L，是目前报道的最高产量。Kromer 等将转录组学、代谢组学和代谢流组分析结合起来研究 *C. glutamicum* 在摇床培养不同时期的 L-赖氨酸的生产。这些例子说明将各种组学技术有机结合起来能为微生物菌株的理性改良和生产提供有价值的信息。

6.4.1.3　微生物育种的计算机建模与仿真

计算机建模与仿真也是系统生物技术的重要方面，它可以预测遗传和（或）环境干扰对细胞新陈代谢的影响，其分析结果能够指导设计菌株改良策略。

(1) 计算机模型构建　研发、修改和完善各种各样数据库来分析从单核苷酸序列到复杂途径等海量的数据信息，特别是全基因组序列使得基因组尺度的计算机代谢建模成为可能。这些模型主要分为两类：化学计量模型和动态模型。化学计量模型是用一系列的化学方程式表示系统中的生化反应来描述代谢网络。它研究的系统稳态不考虑参数的时间依赖性，属于静态模型。因此，由它计算的平衡系统常常不足以说明某一理论或者现象，并且这一模型的分析需要一些前提条件。

动态模型是将明确的细胞过程动力学特征和化学计量学结合起来描绘代谢网络，能给予代谢和调控行为更精确的画面。但是目前面临的主要问题是缺乏动态数据，并且动力学参数在体内和体外的差异太大，因此动态模型的应用有限。在更高级的动态基因组尺度模型被研发出来以前，仍然主要用静态化学计量模型来对全细胞进行模拟。

Edwards 和 Palsson 利用注释的 *Haemophilus influenzae* 全基因组序列和已知的生化信息定义了该菌的代谢基因型，包括488个代谢反应，控制343种代谢物的合成，表明用注释基因组构建化学计量模型是可行的，并且这种模型能够用于分析和解释基因型的表型行为。

Covert 等根据 ASAP（A Systematic Annotation Package）数据库中存在的13750种大肠杆菌生长表型数据建立了该菌的模型（$iMC1010^{v1}$，电子菌株），然后选择转录因子作为目的基因，比较实验菌株和计算机模拟电子菌株的转录因子敲除后的表型结果，得到78.8%的符合率。他们又比较了转录因子突变株和野生型菌株在有氧和厌氧条件下RNA表达谱的差异。实验结果显示模型预测的准确率为49%，但覆盖率只有15%，这说明模型还有很大的改进空间。因此，他们根据基因表达实验的结果，通过调整基因表达的调控规律，构建了第2代的电子菌株（iMC1010^{v2}），利用它预测了在有氧和厌氧条件下基因表达的结果，并与实验结果进行了比较。结果显示表型的预测符合率仍然是79%，但基因表达预测的准确率高达98%，预测覆盖率提高到66%，说明模型正确性大大提高。因此，高通量的实验结果与全基因组水平的计算机模拟模型的相互调节，能够系统有效地描绘细菌调节网络的组成成分，并阐明它们的相互作用。

（2）计算机模拟代谢　模型构建好后，计算机虚拟实验能够量化代谢流分布和预测各种条件下的表型行为。比较研究不同遗传背景或环境干扰条件下的菌株代谢，能够鉴定菌株性能改善所需修饰的靶标。

由于数据的不充分和技术方法的欠缺，早期建立起来的模型大多都是针对某一代谢通路进行分析模拟，在代谢通路水平上揭示调控规律，寻找基因操作靶标。为了提高大肠杆菌色氨酸产量，Schmid等建立了一个动态模型。这个模型将从葡萄糖到色氨酸的整个合成途径分为3个亚系统：芳香族氨基酸合成亚系统、中心代谢网络亚系统以及磷酸戊糖亚系统。模型建成后，又从代谢流、代谢控制、非线性优化以及基因表达调控之间相互作用的角度对这个模型进行优化分析。结果表明，用该模型优化整个色氨酸合成通路，工程菌的色氨酸产量确有增高。而且，优化整个通路对提高色氨酸产量的效果要优于优化单个亚系统的效果。

Fong等建立了一个基因组水平上的大规模代谢模型，用于预测基因敲除后细菌表型变化，接着又利用基因敲除技术构建了一系列突变株，并在不同培养条件下培养突变体，用观测数据对模型进行验证。结果发现，78%突变体表型变化与模型预测结果接近，说明在微生物整体层次上进行计算机建模和模拟能够为微生物育种服务，有着巨大的发展潜力。

6.4.1.4　微生物育种的系统整合策略

以高通量组学分析和计算机建模或仿真的系统整合为核心的系统生物技术进行微生物菌种改良是微生物育种技术的发展目标，也是目前最高水平的系统生物学技术策略。图6.23描绘了微生物育种的系统生物技术研究流程。首先构建计算机模型来描述代谢系统，要求这一模型能够用于分析和（或）预测在系统干扰（基因删除或添加等）条件下某一特殊实验情况的系统行为。计算机研究的结果可以提出新的实验设计来检验产生的假说。这些实验不仅仅包括菌株的遗传和代谢工程还有高通量组学实验，得到的数据更全面。结果的观测值与最

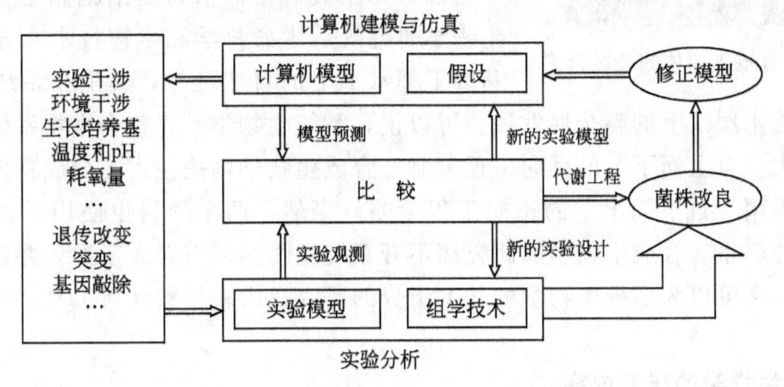

图6.23　微生物育种的系统生物技术研究流程

初的模型预测相比较来修正这一运作的假设模型。计算机建模与实验设计就以这样循环的方式不断地被修正和完善，菌株的代谢性能也随之不断地提高。

6.4.1.5 系统生物技术的前景及存在的问题

所有这些研究结果为微生物系统生物学的进一步研究奠定了基础，但是这些工作还很不完善。例如，缺乏有效的系统工具来描绘脂类-蛋白质或代谢物-转录因子在体内的相互作用，各种路径、基序、模件以及整个网络的拓扑学关系还有待于进一步详细研究。建立整体层次上的模型，在全面、系统理解生命活动规律的前提下，寻找影响产物形成的限制性因素并进而进行改造才算得上真正意义上的系统生物技术，但目前由于各种条件的限制，很多系统生物技术研究工作是通过比较组学数据完成的。建立组学层次模型还不多见。与此同时，系统生物技术涉及生物、数学、物理、计算机、工程等多个学科，要想取得成功，还需要不同专业背景的科学工作者通力合作。随着研究的深入，人们将更全面地掌握微生物学系统水平的各种法则。

系统生物学技术还处于早期发展阶段，面临不同技术的挑战，但其在工业微生物菌种改良中的应用将会越来越广。目前，基因组重排技术改良菌种已成发酵工业的研究热点，通过系统生物学的研究，重新设计和改造微生物菌种，提升工业生物技术产业，能源生物技术、材料生物技术等新产业都将取得快速进展。

6.4.2 合成生物学

6.4.2.1 合成生物学的概念

21世纪初，系统生物学理论与工程生物技术的发展使得合成生物学这一新兴研究领域应运而生。特别是2010年6月C. Venter研究小组合成出的人造细胞"synthia"（意为：合成体）（如图6.24），标志着合成生物学发展到新的高度。他们将人工合成的长度为1080kb的丝状支原体基因组移植到山羊支原体的细胞中，创造出了新的非天然丝状支原体细菌细胞，宣告第一个不依赖天然基因模板、人工合成的具有自主复制能力的细菌诞生了。

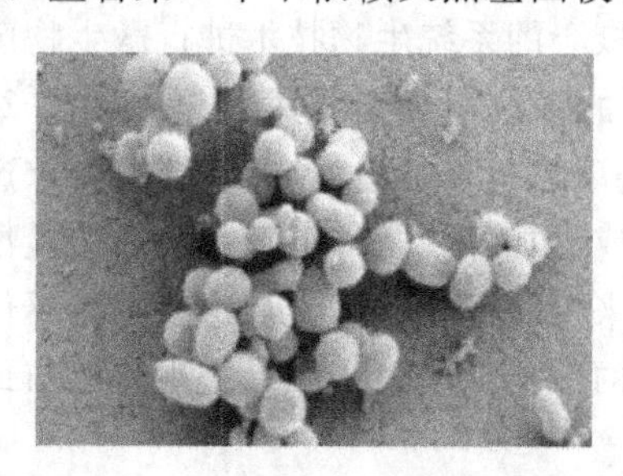

图6.24 人工合成支原体的显微镜图

合成生物学（synthetic biology）是在基因组技术为核心的生物技术基础上，以系统生物学思想为指导，综合生物化学、生物物理和生物信息技术，利用基因和基因组的基本要素及其组合，设计、改造、重建或制造生物分子、生物体部件、生物反应系统、代谢途径与过程乃至具有生命活力的细胞和生物个体。合成生物学研究既是生命科学和生物技术在分子生物学和基因工程水平上的自然延伸，又是在系统生物学和基因组综合工程技术层次上的整合性发展。可以说，系统生物学是将整个生物系统作为整体进行研究，即采用"自上而下"的反向工程策略；合成生物学则关注人工合成新型的材料、设备和系统，即采用"自下而上"的正向工程策略。当然，两个学科也使用了许多相同的方法，具有紧密的联系。合成生物学的研究离不开系统生物学，而对人工设计并建造优化的生物系统的研究，又可以为系统生物学的基本组分的研究提供新材料和新工具，丰富系统生物学的知识。

6.4.2.2 合成生物学的研究内容

合成生物学的研究任务主要有两个方面：①设计与构建新的生物零件、组件和非天然控制的细胞活动的分子网络系统，从而创建全新的完整生物系统乃至人工生命体。或者是对现有的、天然存在的生物系统的重新设计与改造，使其能按照需要完成特定的生物学目标。不难看出，合成生物学具有独特的学科特性，它颠覆了传统生物学通过对宏观个体进行解剖，获得细微结构来分析问题的方法，而是反其道行之，从最基本的元件开始逐步合成完整的生物体。②引入“综合、整体”的思路开发合成生物学技术，综合利用基因工程、DNA 序列自动合成技术和多种工程学等多种工具来进行合成模拟和分析，并建立一些标准的模式来简化人工生物系统的设计过程。通过对现有生物体的有目标的改造，使其能够处理信息、操作化合物合成、制造材料、生产能源、提供食物、改善人类的健康和生存环境，以可预测和可靠的方式得到新的细胞行为。因此，合成生物学具有重要的研究意义和巨大的应用开发潜力。从上述表述中可以看出合成生物学的重要特征：①基于现有知识和技术进行创新研究；②采用工程化手段；③以应用为目标。

合成生物学的基本研究思路是利用生物零件（parts），如启动子、核糖体结合位点、RNA、酶编码基因等组装成装置（devices），即代谢途径或调解环路，并将装置进一步组建成生命系统（systems），包括根据人类的意愿从头设计合成新的生命过程或生命体，以及对现有生物体进行重新设计。由上可以看出，合成生物学强调的是设计、建模、合成和分析 4 个步骤（图 6.25）。设计是以元件、装置和系统所规定技术要求进行；然后通过大量的建模检验工程设计，这是合成生物学的重要步骤；之后进行合成，包括遗传单元和模块的合成、基因线路和网络合成、最小基因组和底盘（chassis）工程的合成等，这是关键步骤；最后是分析，对产品的性能进行检测和验证。此后针对过程中存在的问题重新循环，直至达到所希望的结果。合成生物学其核心是按照工程学的方法设计和改造生命系统，而且这个生命系统的特征是可以预测的。

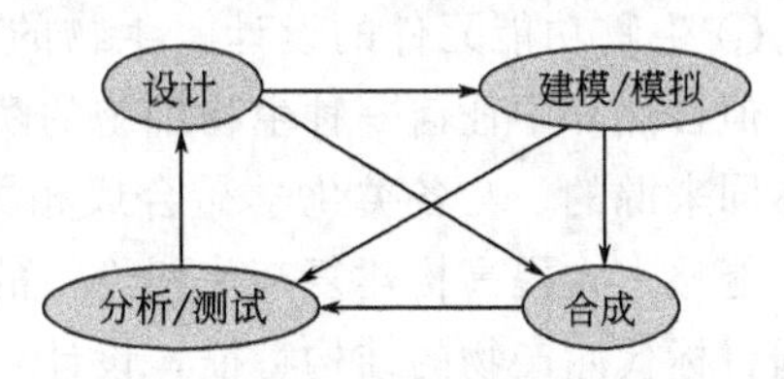

图 6.25　合成生物学基本研究思路

6.4.2.3　合成生物学的研究路径和方法

合成生物学研究基础是工程化的策略，采用标准化的生物元件，构建通用型的生物学模块，在有目的设计的思想指导下，组装具有特定新功能的人工生命系统。合成生物学的研究途径主要包括生物工程、合成基因组学、原细胞合成生物学、非天然的分子生物学、计算机模拟的合成生物学等，其相互关系如图 6.26 所示。

（1）DNA 和基因组的合成　DNA 合成技术是支撑合成生物学发展的重要技术之一，在基因及调控组件的合成、基因回路和生物合成途径的重新设计组装，以及基因组的人工合成等方面都具有重要的应用。21 世纪以来，基因组测序和 DNA 从头合成技术取得了里程碑性的突破。DNA 合成速率在过去 10 年增加了 700 倍以上，且每年都在翻番。更为重要的是，利用可编程的 DNA 微芯片，可实现精确的多通道基因合成，从而可在短时间内合成大的 DNA 片段，而且错误率很低，使 DNA 的合成成本得以大大降低。2008 年，Venter 实验室突破了一些关键技术，首次实现了人工全合成有功能的生殖道支原体基因组。DNA 合成技术的发展使科学家们能够制造完整的基因，最终合成微生物的全基因组。

（2）生物元件的设计、改造与标准化　生物功能元件是合成生物学研究的基石，是指遗传系统中最简单、最基本的生物模块（BioBrick），是具有特定功能的氨基酸或者核苷酸序列，可以在更大规模的设计中与其他元件进一步组合成具有特定生物学功能的生物学装置（device）。

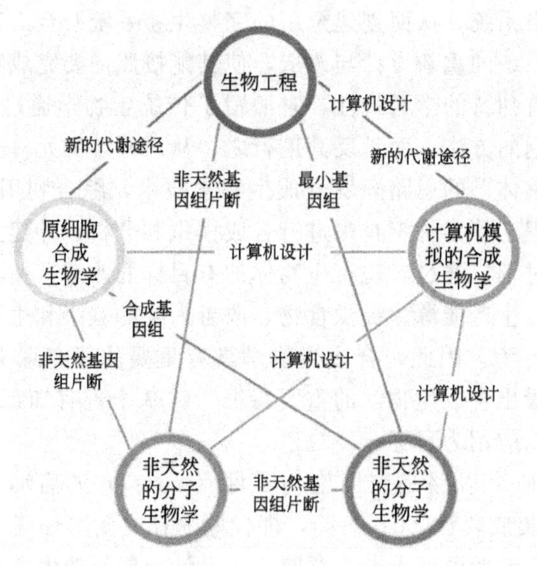

图 6.26 合成生物学研究途径间的相互关系

① 生物功能元件的设计　生物的代谢多样性决定了它们能够合成几乎所有的有机化学品，但自然界中任何一种生物细胞的酶系种类和催化效率有限，一般不能满足生产的需要。将不同来源的、与各类化学品合成相关的代谢途径模块化，并在一定的底盘细胞上进行组装，能够大大提高构建复杂代谢途径的效率，为人造生物功能组合合成的工程化奠定基础。根据目标代谢产物的结构特征，设计生物合成途径，确定相应的生化反应类型，并根据自然代谢的多样性，从基因组数据库中寻找相关的元件，解耦、抽提相应的功能模块。基于对元件的功能表征，利用数学模型模拟计算不同元件组合后的功能输出，在此基础上可实现对元件的优化设计。

② 生物功能元件的人工合成与标准化　目前，用于合成生物学研究的结构元件、调控元件的库容还很有限，对它们的理解和功能表征还很不够。许多自然界的天然元件往往不能直接使用，需要在改造后才能用于合成生物学研究。同时，高通量、低成本、高保真的 DNA 合成技术尚未建立起来，还不能大规模地人工合成新功能元件。发掘自然代谢的多样性，分析基因与蛋白质等生物元件的结构、功能、调控以及分子进化特征，在现有生物学和基因组知识的指导下人工设计合成各种新功能元件，对各类元件进行定量的工程性的功能表征，建立代谢功能和调控功能明确的元件库和模块库，最终目标是实现生物元件组装的自动化，实现这一目标的前提之一是将生物元件标准化，建立标准化的元件组装技术。同时，也为合成生物学的发展提供实用的生物元件库，建立基于标准生物元件的从头合成代谢途径的技术体系，实现人造生物功能的组装合成。

③ 生物功能元件的适配机制　元件与元件之间、元件与模块之间、功能模块之间，以及功能模块和底盘细胞之间的适配程度，决定了生物合成途径的整体效率。建立高通量的检测与调试平台，对器件之间的组合在底盘细胞上进行高通量的测试，在此基础上可认识并且优化器件之间的适配性。从基因、蛋白质、网络、细胞的层面上理解各种模块组合对底盘细胞的影响，可以指导人工生物系统的组装优化。在基因组规模上分析人工细胞生物合成能力对遗传和环境扰动的响应，有利于揭示人工细胞功能进化的遗传机理，深入理解化学品生物合成的调控机制，实现在底盘细胞上模块之间的优化磨合对接，极大地提升合成人工细胞的

能动性和精确度。

（3）基因回路的组装　合成生物学特点就是可以利用已有的生物元件或组件，继续进行基因回路的组装，从而将前人组装出的生物组件合并，设计出更加复杂的基因调控网，并可用强大的工程工具（例如计算机辅助设计）来处理由此而来的复杂性。Gardner 等在大肠杆菌中构建了基因开关（toggle switch），一个合成的双稳态基因调控网络。这种基因回路虽然只是仿真工程中的简单构建，却已经受到科学界的高度重视。目前，基因回路已成为合成生物学的重要组成部分，这些研究不仅可更深入了解生命的构成方式和调控原理，还可设计具有所需功能的基因元件，进而构建合成生物系统。

（4）工程生物系统的计算机模拟　合成生物学主要关注通过合成周期的各个步骤，从而设计工程生物系统。因此，模拟设计过程，在构建之前预测系统的表现是合成生物学一个重要的组成部分。在这一方面，合成生物学与系统生物学一样，都非常依赖于计算机对生物过程进行模拟。不同的是，在系统生物学中，对整个生物系统进行模拟是为了了解生物的复杂程度，从而进行分析；而在合成生物学中，对工程生物系统进行模拟的目的是为了测试、优化和改进生物功能元件、组件或基因回路，而这同样依赖于系统生物学的分析方法。例如，在基因组范围的代谢网络重建，可通过整合各种组学数据，计算机模拟分析，最终得到一个接近真实生物系统的理论模型，对生物体的功能特性做出精确的预测、控制甚至重新设计。因此，可以在某种程度上将合成生物学理解为利用系统生物学的某些方法，来建造新的组件、设备和系统。

6.4.2.4　合成生物学的应用

合成生物学学科还很年轻，具有巨大的应用开发潜力，发展极为迅速。目前主要在三个领域进行菌株改造和合成应用：能源与化工，生物技术和医药，以及合成生物学的技术研发。

（1）基于合成生物学的重大药物设计　通过在不同层面（酶、代谢途径和基因组）对微生物合成过程进行设计、调控和优化，人们不仅能够生产全新的药物和生物燃料，而且能够使目标产物的产量达到最大化。生物工程师们利用合成生物学的设计，将潜在的药物靶标集成到具有特定功能的基因回路中，开发了一系列能够响应小分子化合物的人工基因回路。这些基因回路借助于小分子化合物与受体蛋白的特异性结合，从而有目的地开启或关闭报告基因的表达，实现药物的高通量筛选。目前，合成生物学渗透到了天然产物开发的各个环节中，为天然产物的筛选和制造开辟了一条新的、高效的途径。例如，Dae-KyunRo 等将多个青蒿素生物合成基因导入酵母菌中使其合成了青蒿酸，产量的大幅提高使青蒿素的生产成本显著降低。这是合成生物学在生物制药方面取得的重要突破。

（2）基于合成生物学的能源产品设计　针对重要生物燃料、生物能源产品（如丁醇、氢），以能够利用廉价原料或高耐受性微生物作为生物燃料生产的宿主菌株，导入生物燃料的合成途径，获得能够高效利用木质纤维素热化学裂解产物的生物燃料生产菌株，实现生物燃料的高浓度生产，降低其发酵的生产成本。美国 LS9 公司的研究人员正利用来自多种生物（包括细菌、植物、动物等）的基因及用来生产脂肪酸的生化途径，用合成生物学方法创造出一些代谢模块，插入微生物后，通过不同的组合，这些模块可以诱导微生物生产原油、柴油、汽油或基于烃的化学品。

（3）基于合成生物学的分子机器设计和合成　综合高能量、高灵敏度的筛选以及比较基因组学、酶学、结构生物学、基因工程和蛋白质工程的理论和技术，引入研究蛋白质与配体相互作用的技术，通过设计、改造和合成获得高活性和高稳定性的重要工业用酶或者微生物。Libchaber 等创造了第 1 个模拟人造生物——“囊状生物反应器”（vesicle bioreactors），它由来自不同生物的材料合成，并可由基因控制合成 α-溶血素（α-hemolysin）。C. Venter 合成 synthia 的合成生物学技术过程是：①在组学分析和计算机设计模拟的基础上，首先化学合成了蕈状支原体 DNA 片段，然后将约 100 万个合成 DNA 片段组装成完整的基因组；②将这套外源基因组植入另一个遗传物质被完全去除的山羊支原体细胞内；③经过筛选最终获得完全由外源遗传信息控制的人造生命——支原体。

总之，合成生物学领域还很年轻，人们对天然和合成部件及系统的复杂性和多样性的理解还远远不够，大规模合成及生产所需的技术工具和技能仍然需要进一步的完善。未来，如果经过精心培育和引导，由人类设计的各种微生物或其他人工生命，将广泛应用于医疗、环境治理、能源生产等领域，高效为人类服务。

7 菌种保藏与专利保护

菌种是各个国家的重要自然资源，尤其是优良的工业生产菌种是由野生型菌种经过诱变育种、杂交育种、代谢工程等育种方法筛选得到的，其获得非常不容易，往往要花费很长的时间和大量的人力、物力。为使菌种在长期生产中保持优良的生产性能，便于长期使用，还需要做很多日常的工作，因为微生物菌种在传代繁殖和保藏过程中存在有菌种退化这一种潜在威胁。所以，在科研和生产中应该设法减少菌种的退化和死亡。菌种保藏是一项重要的工业微生物学基础工作，其目的是保证菌种经过较长时间保藏后仍然保持较强的生活力，不被其他杂菌污染，且形态特征和生理性状应尽可能不发生变异。

7.1 菌种的退化与防治

7.1.1 菌种退化的现象

所谓菌种退化（degeneration）是指生产菌种或优良菌种由于传代或保藏之后，群体中的某些生理特性或形态特征逐渐减退或消失。常见的菌种退化现象中，最易观察到的是菌落形态、细胞形态和生理等多方面的改变，如菌落颜色的改变、畸形细胞的出现等；菌株生长变得缓慢，产孢子越来越少直至产孢子能力丧失，例如放线菌、霉菌在斜面上多次传代后产生“光秃”现象等，从而造成生产上用孢子接种的困难；还有菌种代谢产物的生产能力下降或其对寄主的寄生能力明显下降，例如黑曲霉糖化能力的下降，抗生素发酵单位的减少，枯草杆菌产淀粉酶能力的衰退等。但是在生产实践中，必须将由于培养条件的改变导致菌种形态和生理上的变异与菌种退化区别开来。因为优良菌株的生产性能是和发酵工艺条件紧密相关的。如果培养条件发生变化，如培养基中缺乏某些元素，会导致产孢子数量减少，也会引起孢子颜色的改变；温度、pH 值的变化也会使发酵产量发生波动等。所有这些，只要条件恢复正常，菌种原有性能就能恢复正常，因此这些原因引起的菌种变化不能称为菌种退化。

7.1.2 菌种退化的原因

7.1.2.1 基因突变是引起菌种退化的主要原因

微生物在移种传代过程中会发生自发突变，微生物细胞在每一世代中的突变概率一般为 10^{-9}～10^{-8}，保藏在 0～4℃时这一突变概率更小，但仍然不能排除菌种衰退的可能。这些突变包括高产菌株的回复突变和新的负变菌株，它们都是低产菌株。开始时，这些突变菌株在群体所占的比例很小，但由于这些低产菌株的生长速率往往大于高产菌株，所以经过传代后，它们在群体中的数量逐渐增多，直至占优势，表现为退化现象。

在育种过程中经常会出现初筛时产量很高，而复筛时产量又下降了的情况。这其实也是一种退化现象，其主要原因是由表型延迟造成的。一般突变都发生在DNA的单股链上某个位点，经过DNA复制和细胞分裂后，一个细胞为突变细胞，另一个细胞为正常细胞。经过传代繁殖，正常细胞由于生长速率比高产菌株快，因此，在数量上占了优势，导致了产量的下降。

某些丝状菌的生活史中只有菌丝体不产生孢子，其菌丝为多核细胞，如果这些菌丝体在诱变过程中仅其中一个核发生高产基因突变，那么，经过几代繁殖后将会出现分离现象，导致性状退化。

如果突变后产生的后代是非整倍体或部分二倍体，在繁殖过程中也会发生性状分离，出现低产细胞，导致退化。

除了核基因突变外，某些控制产量的质粒脱落或核DNA与质粒DNA复制不一致（如质粒DNA的复制速度比核DNA的低）也会导致菌种退化。

7.1.2.2 连续传代是加速菌种退化的直接原因

微生物自发突变都是通过繁殖传代发生的，移种代数越多，发生突变的概率就越高。传代培养具有某种选择作用。通常所说的菌种优良性状和大量生成目的产物的有关的高产菌株往往表现出生活力弱、生长繁殖速度慢的特点。这些特点使得传代培养实质上具有富集低产菌株的作用。在开始仅发生在个别细胞的基因突变，如果不传代，个别低产细胞不会影响群体的表型。只有通过传代繁殖后，低产细胞才能在数量上占优势，使群体表型发生变化，即导致菌种退化。

7.1.2.3 培养条件和保藏条件可以从多方面影响菌种的性状

（1）不同的环境条件可以诱发不同功能的基因显性　生物体的显性和隐性是相对的，它们可以随着环境条件的改变而变化。一个优良菌株在不良的培养条件或保藏条件下，其高产性状也会变成隐性性状，即高产特性不会表现出来。

（2）培养基的影响　培养基会影响不同类型细胞或细胞核的数量。这是由于不同培养基会影响群体细胞中高产突变细胞和低产野生型细胞的生长速度，从而使高产细胞和低产细胞的数量发生变化。对丝状微生物来说，不同培养基也会使不同类型细胞核的数量发生变化。培养基也会影响菌种培养特征和形态特征。同一菌种在不同培养基上会出现不同的菌落形态，例如含高氮培养基不利于放线菌气生菌丝和孢子的形成。

自然选育或菌种培养所用的培养基应选择具有菌种传代后生产能力下降不明显、菌体不易衰老和自溶的正常形态菌落、孢子丰富的培养基。

（3）培养条件的影响　除了培养基外，培养条件如温度、湿度、pH、O_2等也会影响菌种退化，尤其是高温对菌种非常不利，这可能与高温容易使某些酶失活和容易引起质粒脱落有关。

（4）保藏条件　菌种的保藏主要是通过控制低温、干燥、缺氧等条件，使微生物营养体或休眠体处于不活泼的状态，维持最低代谢水平，尽可能保证活力和不发生变异。但是，各种菌种的保藏法对阻止菌种变异的效果不尽相同，用效果较差的条件保藏菌种时，菌种就较易发生衰退。此外，保藏操作不当也会影响保藏效果，甚至导致菌种的变异。

7.1.3 菌种退化的防止

要防止菌种衰退，应该做好保藏工作，使菌种优良的特性得以保存，尽量减少传代次数。如果菌种已经发生退化，产量下降，则要进行分离复壮。

(1) 菌种的分离　菌种发生衰退的同时，并不是所有的菌种都衰退，其中未衰退的菌体往往是经过环境条件考验的、具有更强生命力的菌体。因此，采用单细胞菌株分离的措施，即用稀释平板法或用平板划线法，以取得单细胞所长成的菌落，再通过菌落和菌体的特征分析和性能测定，就可获得具有原来性状的菌株，甚至性能更好的菌株。如对芽胞杆菌，可先将菌液用沸水处理几分钟，再用平板进行分离，从所剩下的胞子中挑选出最优的菌体。如果遇到某些菌株即使进行单细胞分离仍不能达到复壮的效果，则可改变培养条件，达到复壮的目的。如 AT3.942 栖土曲霉的产孢子能力下降，可适当提高培养温度，恢复其能力。同时通过实验选择一种有利于高产菌株而不利于低产菌株的培养条件。

(2) 菌种的复壮　菌种的复壮有狭义的复壮和广义的复壮之分。狭义的复壮指的是菌种已经发生衰退后，再通过纯种分离和性能测定等方法，从衰退的群体中找出尚未衰退的少数个体，以达到恢复该菌种原有典型性状的一种措施。而广义的复壮应该是一种积极的措施，即在菌种的生产性能尚未衰退前就经常有意识地进行纯种分离和生产性能的测定工作，使菌种的生产性能逐步提高，所以，这实际上是一种利用自发突变（正突变）从生产中不断进行选种的工作。

(3) 提供良好的环境条件　进行合理的传代，减少传代次数可防止由于菌种的遗传稳定性变化而引起的自发突变，以及由于环境条件变化导致的退化。菌种允许使用的传代次数必须通过传代的稳定性试验确定。发酵生产上一般只用三代内的菌种。采用合适的传代条件使培养条件有利于高产菌的生长，而不利于低产菌的生长，减少突变的发生。

(4) 用优良的保藏方法　尽可能采用诸如斜面冰箱保藏法、砂土管保藏法、真空冷冻干燥保藏法以及采用干孢子保藏等优越的保藏方法保藏菌种，以防止菌种的衰退。

(5) 定期纯化菌种　对菌种进行定期的分离纯化，可减少其中自发突变菌株或“突变不完全”产生的退休型菌株的增殖机会，保持原来的优良特性。诸如对营养缺陷型菌种在纯化过程中提供足够的营养物，以保持菌株的优势，避免回复突变体的竞争。同样在进行抗性突变的菌种纯化时在培养基中加入对应于抗性的药物，可保持菌株的抗性优势，避免产生无抗性的回复突变体。采用遗传性稳定的菌体作为菌种、合适的培养基传代等可减少和防止菌种的自身突变。

7.2 菌种的保藏

一个优良的菌种被选育出来以后，只有采用正确的菌种保藏方法，才能保持其生产性能的稳定、不污染杂菌、不死亡。

7.2.1 菌种保藏的原理

菌种保藏主要是根据菌种的生理、生化特性，人工创造条件使菌体的代谢活动处于休眠状态。保藏时，一般利用菌种的休眠体（孢子、芽胞等），创造最有利于休眠状态的环境条件，如低温、干燥、隔绝空气或氧气、缺乏营养物质等，使菌体的代谢活性处于最低状态，同时也应考虑到方法经济、简便。由于微生物种类繁多，代谢特点各异，对各种外界环境因素的适应能力不一致，一个菌种选用何种方法保藏较好，要根据具体情况而定。

7.2.2 常用的菌种保藏方法

7.2.2.1 斜面低温保藏法

利用低温降低菌种的新陈代谢，使菌种的特性在短时期内保持不变。将新鲜斜面上长好的菌体或孢子，置于4℃冰箱中保存。一般的菌种均可用此方法保存1～3个月。保存期间要注意冰箱的温度，不可波动太大，不能在0℃以下保存，否则培养基会结冰脱水，造成菌种性能衰退或死亡。

影响斜面保存时间的突出问题是培养基水分蒸发而收缩，使培养基成分浓度增大，造成“盐害”，更主要的是培养基表面收缩造成板结，对菌种造成机械损伤而使菌种致死。为了克服斜面培养基水分的蒸发，用橡皮塞代替棉塞，有比较好的效果，也可克服棉塞受潮而长霉污染的缺点。

7.2.2.2 液体石蜡保藏法

此方法简便有效，可用于丝状真菌、酵母、细菌和放线菌的保藏。特别对难于冷冻干燥的丝状真菌和难以在固体培养基上形成孢子的担子菌等的保藏更为有效。这种方法是将琼脂斜面或液体培养物或穿刺培养物浸入液体石蜡中于室温下或冰箱中保藏（图7.1）。操作要点是首先让待保藏菌种在适宜的培养基上生长，然后注入经160℃干热灭菌1～2h或湿热灭菌后120℃烘去水分的矿物油，液体石蜡的用量以高出培养物1cm为宜，并以橡皮塞代替棉塞封口，这样可使菌种保藏时间延长至1～2年。以液体石蜡作为保藏方法时，应先对需保藏的菌株预先做试验，以石蜡为碳源或敏感的菌株均不适用该保藏法。为了预防不测，一般保藏菌株2～3年应做一次存活试验。

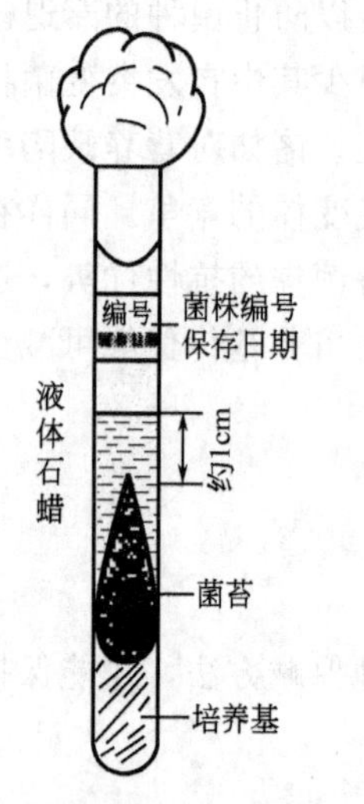

图7.1 液体石蜡保藏法示意图

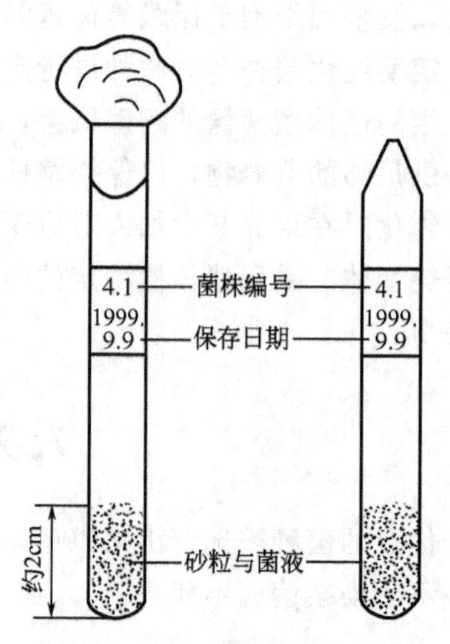

图7.2 砂土管保藏法示意图

7.2.2.3 砂土管保藏法

此方法是用人工方法模拟自然环境使菌种得以栖息。适用于产孢子的放线菌、霉菌以及产芽胞的细菌。砂土是砂和土的混合物，砂和土的比例一般为3∶2或1∶1，将黄砂和泥土分别洗净，过筛，按比例混合后，装入小试管内，装料高度约为1cm，经间歇灭菌2～3次，灭菌烘干，并做无菌检查后备用。将要保存的斜面菌种刮下，直接与砂土混合；或用无菌水洗下孢子，制成悬浮液，再与砂土混合（图7.2）。混合后的砂土管放在盛有五氧化二磷或无水氯化钙的干燥器中，用真空泵抽气干燥后，放在干燥低温环境下保存。此法保存期可达1年以上。

7.2.2.4 真空冷冻干燥法

该方法的原理是在低温下迅速地将细胞冻结以保持细胞结构的完整，然后在真空下使水分升华。这样菌种的生长和代谢活动处于极低水平，不易发生变异或死亡，因而能长期保存，一般为5～10年。此法适用于各种微生物。具体的操作流程见图7.3。将安瓿管洗净，再用2%盐酸浸泡10h左右，用自来水冲洗干净，烘干，塞上棉塞，灭菌后备用。取培养成熟的新鲜斜面，加入适量已灭菌的脱脂牛奶，轻轻刮下菌体或孢子制成菌悬液，尽可能不带培养基。用灭菌过的长形滴管将菌悬液分装到安瓿管内，塞上棉塞，置于低温冰箱中预冻2h左右。将安瓿管放入冷冻干燥机中抽真空4h左右。整个干燥过程，先是升华干燥，然后蒸发除去水分。干燥结束后，在真空下进行熔封。安瓿管密封后以高频电火花检查安瓿管的真空情况，管内呈灰蓝色光表示已达真空。检查时电火花应射向安瓿的上半部，切勿直射样品。制成的安瓿管置于4℃冰箱或室温下保藏。冷冻干燥保藏管见图7.4。

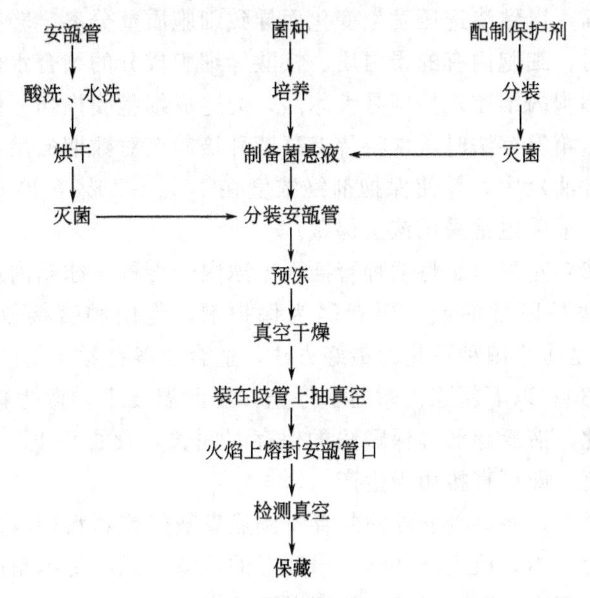

图7.3 冷冻干燥保藏法的操作流程

由于在冷冻干燥过程中和保藏期间细胞容易损伤和死亡，通常需加入脱脂牛奶等作为保护剂。其制备方法如下：取新鲜牛奶，离心除去脂肪，再装入已灭菌过的试管或三角瓶中，进行高压灭菌（常采用115℃灭菌15min）。脱脂牛奶也可用脱脂奶粉来制备，用蒸馏水配制成10%或20%浓度后，分装灭菌。

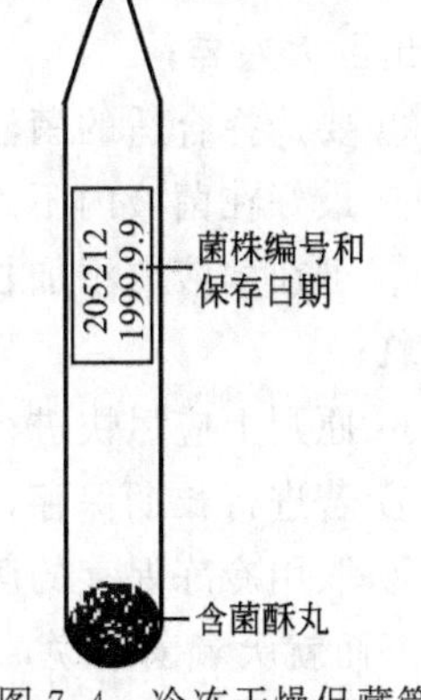

图7.4 冷冻干燥保藏管

在冷冻干燥过程中微生物细胞损伤的主要原因在于冰晶形成、盐浓度变化、细胞膜透性变化和代谢作用损伤，冷冻干燥还可能造成细胞内核酸的损伤而诱导突变体的产生。保护剂的作用是使细胞在冻干过程中免于死亡或损伤，并减少在保藏过程中的死亡；作为支持物，与受体在复水过程中为干物质提供一定的骨架结构，防止复水时引起死亡，并使菌体容易从休眠状态恢复为生长发育状态。

在冷冻干燥过程中预冻的目的是使水分在真空干燥时直接由冰晶升华为水蒸气。预冻一定要彻底，否则，干燥过程中一部分冰会融化而产生泡沫或氧化等副作用，或干燥后不能形成易溶的多孔状菌块，而变成不易溶解的干膜状菌体。预冻的温度和时间很重要，预冻温度一般应在－30℃以下。在－10～0℃范围内冻结，所形成的冰晶颗粒较大，易造成细胞损伤；在－30℃下冻结，冰晶颗粒细小，对细胞损伤小。

7.2.2.5 超低温保藏法

常用的超低温冷冻保存法主要有低温冰箱保存法（－20℃、－50℃或－85℃）、干冰保存法和液氮保存法（－196℃）。适用于抗冻力强的微生物，这些微生物可在其菌体细胞外遭受冻结的情况下而不受损伤，而对其他大多数微生物而言，无论在细胞外冻结还是在细胞内冻结，都会对菌体造成损伤。细胞冷冻损伤主要是细胞内结冰和细胞脱水造成的物理伤害。当细胞冷冻时，细胞内外均会形成冰晶，其冻结的情况因冷冻的速度而异。冷冻速度缓慢时，只有细胞外形成冰晶，细胞内不结冰，此现象称为细胞外冻结。当冷冻速度较快时，细胞内外均形成冰晶，称为细胞内冻结。细胞缓慢冷冻时，主要发生细胞脱水现象。细胞大量脱水后电解质浓度升高，以致渗透压发生变化而导致细胞质壁分离。轻度的质壁分离损伤是可逆的，当脱水严重时，细胞内有的蛋白质、核酸等细胞成分的结合水也被排出，发生永久性损伤，导致死亡。细胞内结冰，特别是大冰晶，会造成细胞膜损伤而使细胞死亡。

在实际应用低温冰箱保存法时，常将待保藏菌种培养至对数期的培养液直接加到已灭过菌的保护剂（牛奶或甘油）中，并使保护剂终浓度在10%～20%，再分装于小试管中，置低温冷冻保藏。基因工程菌也常采用该法保藏。

干冰保存法（－70℃左右）是将菌种管插入干冰内，再置于冰箱内进行冷冻保存。

液氮超低温保藏法是以甘油或二甲亚砜为保护剂，将菌种直接放入液氮瓶中超低温(－196℃)保藏。此法是防止菌种退化的最好方法，适合于各种微生物的菌种保藏。

由于微生物在－130℃以下新陈代谢处于停止，在此温度下，微生物处于休眠状态，可减少死亡或变异。因此，液氮超低温保藏法的保存时间长，死亡率低，变异少，活性稳定，甚至菌种不需再次分离，即可直接用于生产。

液氮超低温保藏过程是将菌种悬浮液封存于圆底安瓿管或塑料的液氮保藏管（材料应能耐受较大温差骤然变化）内，放到－196～－150℃的液氮罐或液氮冰箱内保藏。

在采用低温冷冻保藏方法时，一般应注意以下几点：

① 要选择适于冷冻干燥的菌龄细胞；

② 要选择适宜的培养基，因为某些微生物对冷冻的抵抗力，常随培养基成分的变化而显示出巨大差异；

③ 要选择合适的菌液浓度，通常菌液浓度越高，生存率越高，保存期也越长；

④ 最好在菌液内不添加电解质（如 NaCl 等）；

⑤ 可在菌液内添加甘油、脱脂牛乳等保护剂，以防止在冷冻过程中出现菌体大量死亡的现象；

⑥ 原则上应尽快进行冷冻处理，但当加入保护剂时，可静置一段时间后再进行处理；

⑦ 若进行长期保存，则储藏温度越低越好；

⑧ 取用冷冻保存的菌种时，应采取速融措施，即在35～40℃温水中轻轻振荡使之迅速融解。而就厌氧菌来说，则应选择静置融化的措施。当冷冻菌融化后，应尽量避免再次冷冻，否则菌体的存活率将显著下降。

7.2.3 菌种保藏的注意事项

菌种保藏要获得较好的效果，需注意以下三个方面。

(1) 菌种在保藏前所处的状态　绝大多数微生物的菌种均应保藏其休眠体，如孢子或芽胞。保藏用的孢子或芽胞等宜采用新鲜斜面上生长丰满的培养物。菌种斜面的培养时间和培养温度影响其保藏质量。培养时间过短，保存时容易死亡；培养时间长，生产性能衰退。一般以稍低于最适生长温度下培养至孢子成熟的菌种进行保存，效果较好。

(2) 菌种保藏所用的基质　斜面低温保藏所用的培养基，碳源比例应少些，营养成分贫乏些较好，否则易产生酸，或使代谢活动增强，影响保藏时间。砂土管保藏需将砂和土充分洗净，以防其中含有过多的有机物影响菌的代谢或经灭菌后产生一些有毒的物质。冷冻干燥所用的保护剂，有不少经过加热就会分解或变性的物质，如还原糖和脱脂乳，过度加热往往形成有毒物质，灭菌时应特别注意。

(3) 操作过程对细胞结构的损害　冷冻干燥时，冻结速度缓慢易导致细胞内形成较大的冰晶，对细胞结构造成机械损伤。真空干燥程度也将影响细胞结构，加入保护剂就是为了尽量减轻冷冻干燥所引起的对细胞结构的破坏。细胞结构的损伤不仅使菌种保藏的死亡率增加，而且容易导致菌种变异，造成菌种性能衰退。

7.2.4 菌种保藏机构

菌种作为一种重要的生物资源，国际上许多国家都设立了专门的菌种保藏机构。菌种保藏机构的任务是广泛收集各种微生物菌种，并把它们妥善保藏，使之达到不死、不衰、不乱和便于交换使用的目的。国际上很多国家都设立了菌种保藏机构。例如：中国微生物菌种保藏管理委员会（CCCCM），美国标准菌种保藏中心（ATCC），美国的北部地区研究实验室（NRRL），英国的国家典型菌种保藏所（NCTC），日本的大阪发酵研究所（IFO），东京大学应用微生物研究所（IAM），荷兰的真菌中心收藏所（CBS），法国的里昂巴斯德研究所（IPL），德国的科赫研究所（RKI）等。

中国微生物菌种保藏管理委员会成立于 1979 年，其任务是促进我国微生物菌种保藏的合作、协调与发展，以便更好地利用微生物资源，为我国的经济建设、科学研究和教育事业服务。该委员会下设六个菌种保藏管理中心，其负责单位、代号和保藏菌种的性质如下。

普通微生物菌种保藏管理中心（CCGMC）：中科院微生物所，北京（AS），真菌、细菌；中科院武汉病毒研究所，武汉（AS-IV），病毒。

农业微生物菌种保藏管理中心（ACCC）：中国农业科学院土壤肥料研究所，北京（ISF）。

工业微生物菌种保藏管理中心（CICC）：轻工业部食品发酵工业科学研究所，北京（IFFI）。

医学微生物菌种保藏管理中心（CMCC）：中国医学科学院皮肤病研究所，南京（ID），真菌；卫生部药品生物制品检定所，北京（NICPBP），细菌；中国医学科学院病毒研究所，北京（IV），病毒。

抗生素菌种保藏管理中心（CACC）：中国医学科学院抗生素研究所，北京（IA）；四川抗生素工业研究所，成都（SIA）；华北制药厂抗生素研究所，石家庄（IANP）。

兽医微生物菌种保藏管理中心（CVCC）：农业部兽医药品检察所，北京（CIVBP）。

除上述保藏单位外，我国还有许多从事微生物研究并保藏有一定数量各类专用微生物菌种的科研单位、大专院校及生产企业。

我国菌种保藏一般采用三种方法：①斜面保藏法；②液体石蜡保藏法；③冷冻干燥保藏法。对放线菌还另有砂土法，对丝状真菌另加麸皮法保藏。

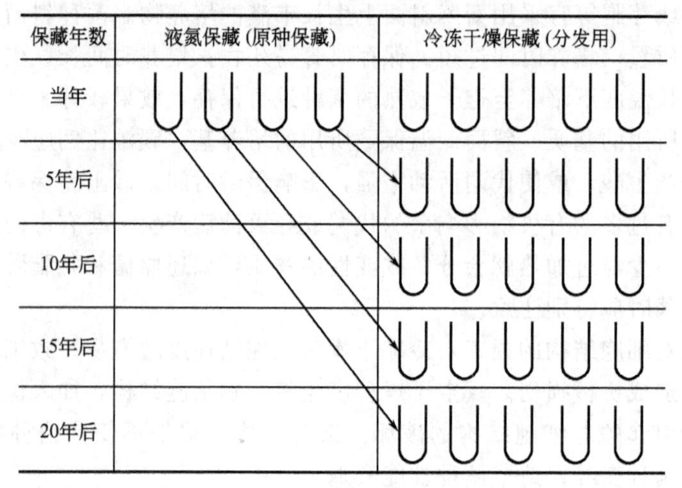

图 7.5　ATCC 采用的两种菌种保藏方法示意图

美国 ATCC（American TypeCulture Collection）目前采用冷冻干燥保藏法和液氮保藏法两种最有效的菌种保藏方法，以达到最大限度减少传代次数，避免菌种退化，见图 7.5。当菌种保藏机构收到合适菌种时，先将原种制成若干液氮保藏管作为保藏菌种，再制成一批冷冻干燥管作为分发用。经 5 年后，假定第一代（原种）的冷冻干燥保藏菌种已分发完毕，就再打开一瓶液氮保藏原种制成一批冷冻干燥管作为分发用。这样，至少在 20 年内，用户获得的菌种，至多只是原种的第二代，这样可以保证所保藏的分发菌种的原有性状。

7.3　微生物菌种保藏及其专利保护

按照各国于 1977 年 4 月 28 日签订、并于 1980 年 9 月 26 日修正的《国际承认用于专利程序的微生物保藏布达佩斯条约》的解释，“微生物菌种保藏”的概念是：“向接收与受理微生物的国际保存单位送交微生物或由国际保存单位储存此种微生物，或兼有上述送交与储存两种行为。”

早期的美国司法判例并不认为微生物应该给予专利法保护。在 1948 年的 Funk Bros. Seed，Co. v. Kalo Inoculant Co 案的判决书中，美国最高法院的大法官这样写道：“对有关自然现象的发现是不能颁发专利的，对细菌等生物特点的认识，是人类对自然法则的揭示，是人类共有的知识库的一部分，因而应该为人类所自由使用，不应该被任何人独占，”法院据此认定该案中一种对固氮菌的结合是对自然客观规律的发现，不是专利法中所称的发明，不应该被授予专利权。1980 年，在 DIAMOND V CHAKARABARTY 一案中，美国最高法院作出了一项在生物技术专利保护史上具有里程碑意义的判决，否定了美国专利局的意见，认定研究人员查克拉巴蒂（Chakabarty）对自己制出的一种叫做“超菌株”的微生物新菌种本身拥有专利权。

此案的判决打开了一个生物技术专利保护的闸门，为生物科技的专利法保护扫清了障碍。发明人要想获得微生物和基因的专利权，在分离该基因并分析该基因序列外，不再要求发明人具体说明该成果的工业实用性，而是只要具有工业实用的可能性即可视为满足了实用性的要求要件。美国确立了生物技术发明专利保护以后，在1995年1月1日起生效的《与贸易有关的知识产权协定》（TRIPs）明确规定：所有技术领域中的任何发明，不论它是产品还是方法，都可申请专利。显然，微生物、微生物方法和非生物方法不在排除范围之内。

7.3.1 微生物菌种专利申请文件

对于发明涉及新的微生物、微生物学方法或其产品，而且使用的微生物是公众不能得到的，在申请专利前或最迟在申请日，须按照各国专利法的有关规定对微生物进行保藏，申请专利时需提供相应的申请文件。我国专利法除要求该申请应当符合专利法之外，申请人还应当办理下列手续。

① 在申请日前，或者最迟在申请日，将该微生物菌种提交专利局指定的微生物菌种保藏单位保藏；并在申请时或最迟申请日起三个月内提交保藏单位出具的保藏证明。我国指定的微生物菌种保藏单位为北京中国普通微生物菌种保藏中心和武汉中国典型培养物保藏中心。

② 在申请文件中，提供有关微生物特征的资料。

③ 在请求书中写明该微生物分类命名（注明拉丁文名称）和保藏该微生物菌种的单位名称、提交日期和保藏编号，并且附具该单位的证明。

7.3.2 国际承认用于专利程序的微生物保藏布达佩斯条约

微生物保藏《布达佩斯条约》对微生物保存的承认与效力、微生物的重新保藏作了较为详细的说明，主要内容如下。

7.3.2.1 国际间微生物保存的承认与效力

（1）缔约国允许或要求保存用于专利程序的微生物的，应承认为此种目的而在任一国际保存单位所做的微生物保存。这种承认由该国际保存单位说明的保存事实和交存日期，以及承认提供的样品是所保存的微生物样品。

（2）任一缔约国均可索取由国际保存单位发出的（1）项所述保存的存单副本。

7.3.2.2 就本条约和施行细则所规定的事务而言，任何缔约国均无需遵守和本条约及施行细则的规定不同的或另外的要求。

7.3.2.3 对微生物的重新保藏

（1）国际保存单位由于任何原因，特别是由于下列原因而不能提供所保存的微生物样品：①这种微生物不能存活时；②提供的样品需要送出国外，而因出境或入境限制向国外送出或在国外接受该样品有阻碍时，该单位在注意到它不可能提供样品后，应立即将这种不可能情况通知交存人，并说明其原因。根据本款规定，交存人享有将原来保存的微生物重新提交保存的权力。

（2）重新保存应向原接受保存的国际保存单位提交，但下列情况不在此限：

①原接受保存机构无论是全部或仅对保存的微生物所属种类丧失了国际保存单位资格时，或者原接受保存的国际保存单位对所保存的微生物暂时或永久停止履行其职能时，应向另一国际保存单位保存；

②在（1）项第②目所述情况下，可同另一国际保存单位保存。

（3）任一重新保存均应附具有交存人签字的文件，声明重新提交保存的微生物与原来保存的微生物相同。如果对交存人的声明有争议时，应根据适用的法律确定举证责任。

（4）除第（1）项至第（3）项和第（5）项另有规定应适用各该规定外，如果涉及原保存微生物存活能力的所有文件都表明该微生物是能存活的，而且交存人是在收到第（1）项所述通知之日起三个月内重新保存的，该重新保存的微生物应视为在原保存日提出。

（5）如果属于第（2）项第①目所述情况，但在国际局将第（2）项第①目所述丧失或限制国际保存单位资格或停止保存公告之日起六个月内，交存人仍未收到第（1）项所述通知时，则第（4）项所述的三个月期限应自上述公告之日起算。

（6）如果保存的微生物已经移交另一国际保存单位，只要另一国际保存单位能够提供这种微生物样品，第一款第（1）项所述的权利即不存在。

7.3.3 国际专利菌种保藏机构

《布达佩斯条约》的签订使得一个保藏机构的微生物菌种保藏能在多国专利程序中有效，简化了微生物菌种保藏手续，方便了涉及微生物的专利申请。某成员国的国民就同一个涉及微生物菌种的发明，向不同的成员国提交专利申请时，除递交专利申请文本之外，只需提交一份某个国际微生物菌种保存单位出具的保藏证明。1995 年 3 月 30 日，我国政府向世界知识产权组织递交了《布达佩斯条约》加入书，自 1995 年 7 月 1 日起，正式成为该公约的成员国。目前国际确认的专利培养物保藏机构详见表 7.1。

表 7.1 国际确认的专利培养物保藏机构（International Depository Authorities，简称 IDA）

保藏单位(简称)	所在国家	保藏范围
中国典型培养物保藏中心(CCTCC)	中国	各类培养物
中国普通微生物菌种保藏中心(CGMCC)	中国	普通微生物
澳大利亚国家分析试验室(AGAL)	澳大利亚	微生物
保加利亚菌种保藏库(NBIMCC)	保加利亚	微生物
比利时微生物保藏中心(BCCM)	比利时	大多数微生物
德国微生物保藏中心(DSM)	德国	普通微生物
俄罗斯国家工业微生物保藏中心(VKPM)	俄罗斯	工业微生物
俄罗斯科学院微生物理化所(IBFM-VKM)	俄罗斯	各类培养物
俄罗斯微生物保藏中心(VKM)	俄罗斯	工业微生物
法国微生物保藏中心(CNCM)	法国	各类培养物
国际真菌学研究所(IMI)	英国	真菌、细菌等
韩国典型培养物保藏中心(KCTC)	韩国	各类培养物
韩国微生物保藏中心(KCCM)	韩国	微生物
韩国细胞系研究联盟(KCLRF)	韩国	动植物细胞
荷兰真菌保藏所(CBS)	荷兰	真菌
捷克微生物保藏所(CCM)	捷克	普通微生物
美国北方农业研究所培养物保藏中心(NRRL)	美国	以微生物为主
美国典型培养物保藏中心(ATCC)	美国	各类培养物
欧洲动物细胞保藏中心(ECACC)	英国	动物细胞系等
日本国家生命科学和人类技术研究所(NIBH)	日本	各类培养物
斯洛伐克酵母保藏所(CCY)	斯洛伐克	酵母菌
西班牙普通微生保藏中心(CECT)	西班牙	普通微生物菌种
匈牙利国家农业和工业微生物保藏中心(NCAIM)	匈牙利	工业微生物
英国国家典型培养物保藏中心(NCTC)	英国	普通微生物
英国国家工业和海洋细菌保藏中心(NCIMB)	英国	工业及海洋细菌
英国国家酵母菌保藏中心(NCYC)	英国	酵母菌
英国国家食品细菌保藏中心(NCFB)	英国	工业细菌
英国藻类和原生动物保藏中心(CCAP)	英国	藻类、原生动物

7.4 基因的专利保护

7.4.1 基因资源的有限性

人类基因组只有一套，总共只有10多万种基因，基因工程制药、基因诊断、基因治疗都依赖于这10万种基因的开发与应用。目前在全球公开基因数据库和商业基因数据库中，大约有1万多种基因已被申请专利权。无论是从科技开发，还是从商业领域的应用，一旦基因专利已被确认申请，对于后来者都是相当被动的。而自20世纪90年代“人类基因工程”计划启动之日起，美国、日本和欧洲等展开了一场激烈的基因专利争夺战。因为谁拥有专利，就意味着谁就能在国际上获得垄断基因产业的“王牌”，谁就拥有今后包括基因药物、基因诊断、基因治疗等基因开发的庞大市场。生物医药企业只有在获得基因专利权的前提下，才能进行该基因相关药物的开发和利用，基因专利的多少决定着企业的生存空间大小。

微生物基因的破译与争抢也是一场争斗。目前微生物基因的研究还局限于少数几种微生物，对于大多数工业微生物的基因研究还未开始。而用于改造微生物的目的基因是有限的。谁占有较多的基因专利，谁就将在商业开发上争得主动。

7.4.2 对基因的占有方式是“基因专利”

基因是生物制药产业的源头、生长点和制高点，源于基因的技术拓展将是21世纪制药企业开发新产品的基础，基因研究现已成为全球瞩目的焦点。目前，世界上各大制药、化工和农业公司都在积极地进行改组、合并和建立新联盟，以通过基因相关的研究和开发加强自己的竞争实力。基因专利保证了专利拥有者对基因应用领域的高度垄断，其潜在经济价值和高额回报使得各国的研究机构和大小公司纷纷投入巨额资金。难以想象，如果没有专利的保护，制药公司还会不会对基因开发下这么大的赌注，还会不会有基因相关产品走向市场。正是因为基因专利所赋予的高度垄断，生物技术领域每一项重要产品的问世几乎都会引来激烈的专利之争。

7.4.3 基因专利的商业价值

基因专利是对“以基因为基础的相关预防、诊断、治疗药物和仪器（包括生物芯片所涉及的基因专利问题）的一种垄断性保护”，一个基因的专利基本涵盖了该基因今后可能被开发的所有用途，制药企业只有在获得基因专利许可权的前提下，才能进行该基因相关产品的开发利用。基因专利是研制开发基因相关产品的基础，基因专利的权利人可以通过专利合作或转让获得收益，还可以从基于该基因专利的基因药物以及其他衍生产品后期销售收入中按一定比例提成。一个具有重要功能的疾病相关基因的专利，转让价值一般以千万美元计，而以此开发的基因药物年销售额可高达几十亿美元。基因的商业价值可从一些经典的基因转让案例中得以体现，如肥胖基因：1994年11月，美国Amgen公司出资2000万美元向Rockefeller大学购买了一条肥胖基因的独占型开发许可权。此次，Amgen付给Rockefeller大学不少于3000万美元的阶段性付费以及后期产品销售提成。中枢神经系统疾病相关基因：1996年7月，美国Millennium公司与Wyeth-Ayerst公司签定中枢系统疾病相关基因合作协议，Wyeth-Ayerst公司在七年内向Millennium支付包括阶段性付费和产品提成的专利费和研发费用约 9000 万美元。抑制端粒酶基因的相关基因：1997 年 3 月，美国 Geron 公司与 Pharmacia & Upjohn 签订协议，合作开发抑制端粒酶基因的新一代抗癌药物，Pharmacia & Upjohn 向 Geron 支付 5800 万美元，包括 1000 万美元的股权投资，研究基金和阶段性付费，Geron 公司还将获得后期产品销售收入的提成和部分美国市场合作销售权。目前基因专利权是保护基因功能开发应用的唯一有效工具，而商家将基因研究从学术界引入私营企业，以基因科学从市场获利。

7.4.4 基因专利的法律效力

基因专利受法律的保护，专利侵权将要受到法律的制裁，而专利授予与否的问题也应服从于法律。一度引起轰动的 HIV 受体基因专利垄断事件足以说明这一点。2000 年 2 月，美国主要从事人类基因测序和商业化开发的人类基因组科技股份有限公司（Human Genomics Science Inc，HGS）宣布其已向美国专利和商标局（PTO）成功申请了一个在 HIV（艾滋病病毒）感染中起关键作用的基因的专利，该基因编码一个称作 CCR5 的细胞表面受体蛋白，该蛋白是 HIV 病毒侵入人体细胞所必须结合的位点。HGS 预计，“以 CCR5 为药靶开发的新药，包括艾滋病治疗类药物以及抗溃疡和抗过敏类药物，每年的销售额能达到 400 亿美元”。消息公布后，HGS 股价当天创出新高，达到 188 美元/股，一天内涨幅高达 21%。

HGS 仅仅因为对 CCR5 基因测了序，就获得了基于 CCR5 的有关专利权，而 1996 年那些首先发现“HIV 通过与 CCR5 受体结合而侵染人体免疫细胞”的科学家以及那些在艾滋病研究领域作出了巨大贡献的科学家，却因在专利申请上比 HGS 晚了一步而无法享用基于 CCR5 基因的有关专利。这一事实令科学家们认为“这实在不太公平”。专利局的态度是，他们仍然可以受理其他的专利。但专利之间的相互交叉和覆盖势必会产生碰撞，难免带来严重的法律问题。

虽然 HGS 承认在提交 CCR5 专利申请的时候并不知道 CCR5 与艾滋病之间的关系，同时认为发现 CCR5 基因的生物学功能的科学家们应该得到认可，将在科研方面与科学家们共享 CCR5 的有关数据和试剂。但在相关药物开发方面，HGS 是要严格执行其专利权利的，正如 HGS 在过去几年所宣布的，他们在基因专利申请上打败了所有的人。

由此可见，谁获得了基因专利，谁就获得了垄断这个基因产业的王牌，基因专利权成为其商业开发中最有效的武器。

参考文献

[1] 金志华，林建平，梅乐和．工业微生物遗传育种学原理与应用．北京：化学工业出版社，2006.
[2] 施巧琴，吴松刚．工业微生物育种学．第3版．北京：科学出版社，2009.
[3] 徐晋麟等．现代遗传学原理．北京：科学出版社，2001.
[4] 孙乃恩等．分子遗传学．南京：南京大学出版社，1990.
[5] 贺秉坤．抗生素产生菌的杂交育种．北京：化学工业出版社，1980.
[6] 章名春．工业微生物诱变育种．北京：科学出版社，1984.
[7] 张蓓．代谢工程．天津：天津大学出版社，2003.
[8] 陈代杰．工业微生物菌种选育与发酵控制技术．上海：上海科学技术文献出版社，1995.
[9] 王嶽，方金瑞．抗生素．北京：科学出版社，1988.
[10] 李友荣，马辉文．发酵生理学．长沙：湖南科学技术出版社，1989.
[11] 岑沛霖，蔡谨．工业微生物学．第2版．北京：化学工业出版社，2008.
[12] 周德庆．微生物学教程．第2版．北京：高等教育出版社，2002.
[13] 沈萍，陈向东．微生物学．北京：高等教育出版社，2006.
[14] 黄秀梨，辛明秀．微生物学．北京：高等教育出版社，2009.
[15] 黄秀梨，辛明秀．微生物学实验指导．第2版．北京：高等教育出版社，2008.
[16] 闵航．微生物学．杭州：浙江大学出版社，2005.
[17] 诸葛健．工业微生物资源开发应用与保护．北京：化学工业出版社，2002.
[18] 诸葛健．工业微生物育种学．北京：化学工业出版社，2006.
[19] 诸葛健，李华钟，王正祥．微生物遗传育种学．北京：化学工业出版社，2009.
[20] 王镜岩，朱圣庚，徐长法．生物化学．第3版．北京：高等教育出版社，2002.
[21] 吴乃虎．基因工程原理．第2版．北京：科学出版社，1998.
[22] 张惠展．途径工程——第三代基因工程．北京：中国轻工业出版社，2002.
[23] 张克旭等．代谢控制发酵．北京：中国轻工业出版社，1998.
[24] 曹军卫，马辉文．微生物工程．北京：科学出版社，2002.
[25] 俞俊棠，唐孝宣．生物工艺学．上海：华东理工学院出版社，1991.
[26] 诸葛健，王正祥．工业微生物实验技术手册．北京：中国轻工业出版社，1994.
[27] Glick B R , Pasternack J J. Molecular Biotechnology: Principles and Applications of Recombinat DNA. 3rd Edition. Washington: ASM Press, 2003.
[28] Sanbrook J , Russell D E. Molecular Cloning: A Laboratory Mannual. 3rd Edition. New York: Cold Spring Harbor Laboratory Press, 2001.
[29] Adams A, Gottschling D E, Kaiser C A , Steams T. Methods in Yeast Genetics: A Cold Spring Harbor Laboratory Course Mannual. New York: Cold Spring Harbor Laboratory Press, 1998 .
[30] Nichlin J, Graeme-Cook K, Paget T , Killington R. Instant Notes in Microbiology. Oxford: BIOS Scientific Publishers Limited, 1999.
[31] Winter P C, Hichey G I , Fletcher H L. Instant Notes in Genetics. Oxford: BIOS Scientific Publishers Limited, 1998.
[32] Demain A D , Davies J E, ed. Manual of Industrial Microbiology and Biotechnology. second edition. Washington: ASM Press, 1996.
[33] Jin Z H, Wang M R , Cen P L. Production of Teicoplanin by Valine Analog Resistant Mutant Strains of *Actinoplanes teichomyceticus*. Appl Microbiol Biotechnol. 2002, 58: 63-66.
[34] Jin Z H, Lin J P, Xu Z N , Cen P L. Improvement of industry-applied rifamycin B producing strain *Amycolatoposis mediterranei* by rational screening. J Gen Appl Microbiol, 2002, 48 (6): 329-334.
[35] Stemmer W P C. Rapid evolution of a protein *in vitro* by DNA shuffling. Nature, 1994, 370: 389-391.
[36] Stemmer W P C. Molecular breeding of genes, pathways and genomes by DNA shuffling. Journal of Molecular Cataly-

sis B: Enzymatic, 2002, 19-20: 3-12.

[37] Patten P A, Howard R J, Stemmer W P C. Applications of DNA shuffling to pharmaceuticals and vaccines. Curr Opin Biotechnol, 1997, 8: 724-733.

[38] Crameri A, Raillard S A, Bermudez E, Stemmer W P C. DNA shuffling of a family of genes from diverse species accelerates directed evolution. Nature, 1998, 391: 288-291.

[39] Zhang Y X, Perry K, Vinci V A, Powell K, Stemmer W P C, del Cardayré S B. Genomes shuffling leads to rapid phenotypic improvement in bacteria. Nature, 2002, 415: 644-646.

[40] Patnaik R, Louie S, Gavrilovic V, Perry K, Stemmer W P C, Ryan C M, del Cardayré S. Genome shuffling of Lactobacillus for improved acid tolerance. Nat Biotechnol, 2002, 20 (7): 707-712.

[41] Stephanopoulos G. Metabolic engineering by genome shuffling. Nat Biotechnol, 2002, 20 (7): 666-668.